上海市食品从业人员食品安全知识培训系列教程

上海市食品从业人员
食品安全知识培训教程
餐饮服务分册

上海市食品安全工作联合会　编

華東理工大學出版社
EAST CHINA UNIVERSITY OF SCIENCE AND TECHNOLOGY PRESS
·上海·

图书在版编目(CIP)数据

上海市食品从业人员食品安全知识培训教程. 餐饮服务分册/上海市食品安全工作联合会编. —上海：华东理工大学出版社,2022.8(2023.8重印)
ISBN 978-7-5628-6871-2

Ⅰ.①上… Ⅱ.①上… Ⅲ.①饮食业—商业服务—食品安全—安全培训—教材 Ⅳ.①TS201.6②F719.3

中国版本图书馆CIP数据核字(2022)第129139号

内容提要

本书主要介绍餐饮服务环节食品安全相关法律、法规、标准等相关食品安全要求和知识,全书共分为四篇：第一篇食品安全法律法规,含食品安全法律法规体系基础知识,餐饮服务一般规定,餐饮服务过程控制,食品的标签、说明书、广告,食品安全事故处置,食品安全监督管理,食品安全法律责任;第二篇食品安全标准,含食品安全标准基础知识、食品安全国家标准、食品安全地方标准、企业标准;第三篇食品安全基础知识,含食品安全危害与风险的基本知识、食品的生物性危害、食品的化学性危害、食品的物理性危害、食源性疾病与食物中毒、食品相关产品的基础知识、食品添加剂基础知识;第四篇餐饮服务的职业道德,含餐饮服务的职业道德概述,餐饮服务职业道德主要内容、行为准则,餐饮服务企业的诚信体系建设等。

本书附有《上海市餐饮服务提供单位食品安全知识培训大纲》,可供上海市餐饮服务提供单位的负责人、食品安全管理人员、关键环节操作人员及其他相关从业人员,按照其不同的岗位职责选择该岗位需要掌握、熟悉、了解的内容开展食品安全知识培训。也可供本市食品安全监督管理部门对餐饮服务提供单位进行食品安全培训监督抽查考核参考。

项目统筹/马夫娇 韩 婷
责任编辑/韩 婷
责任校对/陈 涵
装帧设计/徐 蓉
出版发行/华东理工大学出版社有限公司
地址：上海市梅陇路130号,200237
电话：021-64250306
网址：www.ecustpress.cn
邮箱：zongbianban@ecustpress.cn
印　　刷/江苏凤凰数码印务有限公司
开　　本/787 mm×1092 mm 1/16
印　　张/23
字　　数/568千字
版　　次/2022年8月第1版
印　　次/2023年8月第2次
定　　价/98.00元

上海市食品生产经营单位食品安全培训系列教程
（餐饮服务分册）

编 委 会

序言

食品安全，是公众身体健康和生命安全的保障。食品生产经营企业是食品安全的第一责任人，保障食品安全不仅仅是食品安全管理人员和企业负责人的职责，更是每一位食品从业人员的职责。强化食品从业人员的食品安全责任意识要从食品安全知识培训抓起，提高从业人员对食品安全知识和法律责任的认识，加强其食品安全意识及科学应对风险的能力，使其能自觉遵守各项食品安全制度，降低食品安全风险，保障食品安全卫生。

《上海市食品安全条例》明确规定要建立科学、标准、社会化的食品从业人员培训制度。原上海市食品药品监督管理局制定的《上海市食品从业人员食品安全知识培训和考核管理办法》建立了分级分类的“精准”培训制度，将食品生产经营行业分为食品生产（A）、食品销售（B）、餐饮服务（C）和网络食品交易第三方平台提供者、食品贮运服务经营者（D）四大类行业；对每种行业的从业人员根据其工作岗位又分成食品安全管理人员（1）、企业负责人（2）和关键环节操作人员及其他相关从业人员（3）三类，根据其从事的行业与岗位，确定其需掌握的食品安全知识，旨在使不同岗位的从业人员各司其职、各尽其责，杜绝“一刀切”，使食品从业人员培训制度得以真正落地。

上海市食品安全监督管理部门还引入了社会第三方开展食品安全培训机制，委托上海市食品安全工作联合会组织编写了上海市食品安全培训大纲、教材和考核题库，既促进了食品安全社会共治，又解决了部分中小型企业无法自行组织培训或未能达到培训要求的问题。

结合上海市的实际情况，参照国家和上海市食品安全法律法规和技术标准，上海市食品安全工作联合会组织相关专家编写《上海市食品生产单位食品从业人员食品安全知识培训教程》，包括食品安全法律法规的发展历程、食品安全相关的标准、食品企业和政府监管部门各自的职责以及食品生产、包装、检验的要求；各类食品企业主要的食品安全风险及其控制，还包含了大量具有上海特色的地方性法规，内容较为全面，可供食品生产企业开展食品安全培训时使用，也可供监管部门参考学习。

这本教程的出版有利于推动本市食品安全建设，对落实食品企业的主体责任意识具有重要意义。本书也可以作为中国其他地区开展食品从业人员培训的参考材料。鉴于此，我愿将这本书推荐给食品生产经营者、有关社会团体和食品安全监管人员。

食品从业人员责任重大，事关每一位公民“舌尖上的安全”。愿每一位食品从业人员都能不忘初心，将食品安全放在首位，也愿《上海市食品生产单位食品从业人员食品安全知识培训教程》一书能成为食品安全培训领域的一盏明灯！

前　言

食品生产经营者是保证食品安全的第一责任人，《中华人民共和国食品安全法》第四十四条中规定："食品生产经营企业应当配备食品安全管理人员，加强对其培训和考核。经考核不具备食品安全管理能力的，不得上岗。食品安全监督管理部门应当对企业食品安全管理人员随机进行监督抽查考核并公布考核情况。"

《上海市食品安全条例》第三十一条规定："食品生产经营者应当自行组织或者委托社会培训机构、行业协会，对本单位的从业人员进行上岗前和在岗期间的食品安全知识培训，学习食品安全法律、法规、规章、标准和食品安全知识，并建立培训档案。参加培训的人员可以按照规定，享受本市企业职工培训补贴。食品生产经营者应当对食品安全管理人员、关键环节操作人员及其他相关从业人员进行考核。考核不合格的，不得上岗。相关行业协会负责制定本行业食品生产经营者培训、考核标准，并提供相应的指导和服务。市食品药品监督管理、区市场监督管理部门应当对食品生产经营者的负责人、食品安全管理人员、关键环节操作人员及其他相关从业人员随机进行监督抽查考核并公布考核情况。监督抽查考核不得收取费用。"

2017 年 10 月 31 日，原上海市食品药品监督管理局印发《上海市食品从业人员食品安全知识培训和考核管理办法》（沪食药监协〔2017〕216 号），规定："本市建立食品从业人员分类培训制度，按照食品生产经营者从事的生产经营活动分为食品生产（A）、食品销售（B）、餐饮服务（C）和网络食品交易第三方平台提供者、食品贮运服务提供者（D）四类行业；按照食品从业人员从事的岗位可分为食品安全管理人员（1）、负责人（2）和关键环节操作人员及其他相关从业人员（3）三种岗位。"

为贯彻落实《中华人民共和国食品安全法》《上海市食品安全条例》《上海市食品从业人员食品安全知识培训和考核管理办法》，协助上海市各食品生产经营企业及时组织开展食品安全管理人员培训、考核工作，落实食品企业食品安全主体责任，受原上海市食品药品监督管理局委托，上海市食品安全工作联合会组织专家，编写了上海市食品从业人员食品安全知识培训系列教程，本系列教程包括食品生产、食品销售、网络食品经营与食品贮运及餐饮服务等四个分册。

本书为餐饮服务分册，共分为四篇：第一篇食品安全法律法规，含食品安全法律法规体系基础知识，餐饮服务一般规定，餐饮服务过程控制，食品的标签、说明书、广告、食品安全事故处置，食品安全监督管理，食品安全法律责任；第二篇食品安全标准，含食品安全标准基础知识、食品安全国家标准、食品安全地方标准、企业标准；第三篇食品安全基础知识，含食品安全危害与风险的基本知识、食品的生物性危害、食品的化学性危害、食品的物理性危害、食源性疾病与食物中毒、食品相关产品的基础知识、食品添加剂基础知识；第四篇餐饮服务的职业道德，含餐饮服务的职业道德概述、餐饮服务职业道德主要内容、行为准则、餐饮服务企业的诚信体系建设等。

本教程以 2022 年 2 月底前，国家和上海市颁布、公布、发布的法律、行政法规、地方法规、部门规章、地方规章、规范性文件以及国家、行业、地方标准为依据，特别是涵盖了《中华人民共和国食品安全法实施条例》的有关要求。读者阅读本教程时可参考最新发布的相关法律法规和技术标准。

上海市餐饮服务提供企业的负责人、食品安全管理人员、关键环节操作人员及其他相关从业人员，可依据本教程所附的《上海市餐饮服务提供单位食品安全知识培训大纲》的要求，按照其不同的岗位职责选择该岗位需要掌握、熟悉、了解的内容开展食品安全知识培训。本教程可供食品安全培训机构开展食品安全知识培训时选用，也可供上海市食品安全监督管理部门对上海市餐饮服务提供企业进行食品安全培训监督抽查考核参考。

谨此，对关心和支持本教程编写的单位及辛苦付出的编委会成员表示由衷的感谢！本教程涉及的内容广泛，受时间和编写水平所限，书中如有不妥和疏漏之处，敬请批评指正，以利再版更正。

上海市食品安全工作联合会

2022 年 4 月

目　录

第一篇　食品安全法律法规

第二篇 食品安全标准

第三篇 食品安全基础知识

第一篇　食品安全法律法规

第1章　食品安全法律法规体系基础知识

1.1　食品安全法律法规体系

1.1.1　法律、行政法规、部门规章及规范性文件

我国法律法规体系是国家宪法、法律、行政法规、地方法规、行政规章、地方规章及其他规范性文件等的总和。食品安全法律法规是食品生产经营者从事食品生产经营活动必须遵守的行为准则，也是政府及相关部门实施食品安全监督管理的法律依据。建立科学的食品安全法律规范体系是实现食品安全法治管理的前提。

1. 法律效力

国家宪法具有最高的法律效力，一切法律、行政法规、地方性法规、自治条例和单行条例、规章都不得同宪法相抵触。国家法律的效力高于行政法规、地方性法规、规章。行政法规的效力高于地方性法规、规章。地方性法规的效力高于本级和下级地方政府规章。省、自治区的人民政府制定的规章的效力高于本行政区域内的设区的市、自治州的人民政府制定的规章。

部门规章之间、部门规章与地方政府规章之间具有同等效力，在各自的权限范围内施行。

同一机关制定的法律、行政法规、地方性法规、规章，特别规定与一般规定不一致的，适用特别规定；新的规定与旧的规定不一致的，适用新的规定。

2. 法律效力的裁决

法律之间对同一事项的新的一般规定与旧的特别规定不一致，不能确定如何适用时，由全国人民代表大会常务委员会裁决。行政法规之间对同一事项的新的一般规定与旧的特别规定不一致，不能确定如何适用时，由国务院裁决。

地方性法规、规章之间不一致时，由有关机关依照下列规定的权限作出裁决。

（1）同一机关制定的新的一般规定与旧的特别规定不一致时，由制定机关裁决。

（2）地方性法规与部门规章之间对同一事项的规定不一致，不能确定如何适用时，由国务院提出意见，国务院认为应当适用地方性法规的，应当决定在该地方适用地方性法规的规定；认为应当适用部门规章的，应当提请全国人民代表大会常务委员会裁决。

（3）部门规章之间、部门规章与地方政府规章之间对同一事项的规定不一致时，由国务院裁决。

(4) 根据授权制定的法规与法律规定不一致，不能确定如何适用时，由全国人民代表大会常务委员会裁决。

根据食品安全法律规范体系的具体表现形式及其法律效力层级，我国当前食品安全法律规范体系如图 1-1 所示。

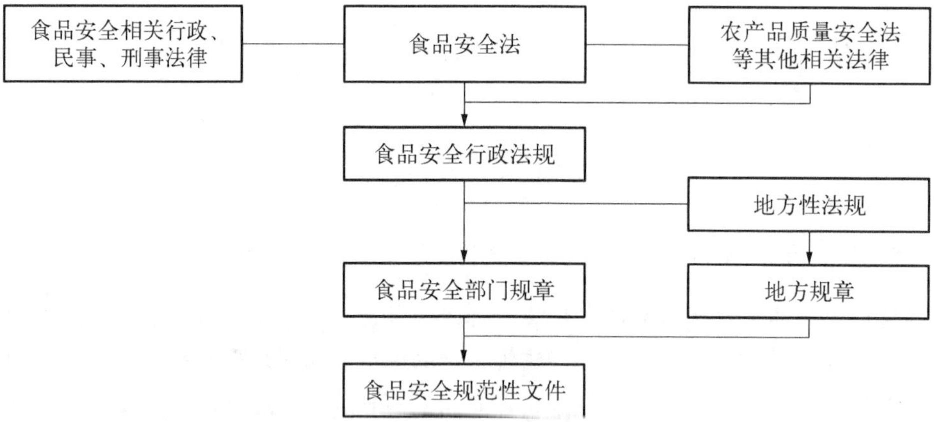

图 1-1 我国当前食品安全法律规范体系

1.1.2 法律

法律是由享有立法权的立法机关（全国人民代表大会和全国人民代表大会常务委员会）行使国家立法权，依照法定程序制定、修改并由国家主席签署主席令予以公布，并由国家强制力保证实施的基本法律和普通法律总称，其地位和效力仅次于宪法。全国人民代表大会常委会具有法律解释权，法律有以下情况之一的，由全国人民代表大会常务委员会解释：一是法律的规定需要进一步明确具体含义的；二是法律制定后出现新的情况，需要明确适用法律依据的。

在食品安全监管中，还应遵从相关基本法律，如《中华人民共和国行政许可法》《中华人民共和国行政处罚法》《中华人民共和国行政强制法》等相关法律。

1.1.3 行政法规和地方性法规

法规包括行政法规和地方性法规。国务院制定颁布的法规称为行政法规。省、自治区、直辖市人大及其常委会按照有关地方性法规立法条例的规定制定并进行备案的法规称为地方性法规。省、自治区人民政府所在地的市，经国务院批准的较大的市的人大及其常委会，也可以制定地方性法规，报省、自治区的人大及其常委会批准后施行。

1. 行政法规

行政法规是作为国家最高行政机关的国务院根据宪法和法律所制定的规范性文件，其法律地位和效力仅次于宪法和法律，高于地方性法规和规章。行政法规可以就下列事项作出规定：一是为执行法律的规定需要制定行政法规的事项；二是《宪法》第八十九条规定的国务院行政管理职权的事项。

应当由全国人民代表大会及其常务委员会制定法律的事项，国务院根据全国人民代表大会及其常务委员会的授权决定先制定的行政法规，经过实践检验，制定法律的条件成熟时，国务院应当及时提请全国人民代表大会及其常务委员会制定法律。

2. 地方性法规

地方性法规是省、自治区、直辖市以及省级人民政府所在地的市和国务院批准的较大市的人民代表大会及其常务委员会，根据本行政区域的具体情况和实际需要，在不同宪法、法律、行政法规相抵触的前提下，可以制定地方性法规。地方性法规可以就下列事项作出规定：一是为执行法律、行政法规的规定，需要根据本行政区域的实际情况作具体规定的事项；二是属于地方性事务需要制定地方性法规的事项。

1.1.4　行政规章

行政规章是指国务院各部委以及各省、自治区、直辖市的人民政府和省、自治区的人民政府所在地的市以及国务院批准的较大市的人民政府根据宪法、法律和行政法规等制定和发布的行政性法律规范文件，其法律效力低于法律、行政法规。国务院各部委制定的行政规章称为部门规章，其余的称为地方规章。部门规章之间，部门规章和地方政府规章之间具有同等效力，在各自的权限范围内施行。

1. 部门规章

国务院各部、委员会、中国人民银行、审计署和具有行政管理职能的直属机构，可以根据法律和国务院的行政法规、决定、命令，在本部门的权限范围内，制定部门规章。部门规章规定的事项应当属于执行法律或者国务院的行政法规、决定、命令的事项。没有法律或者国务院的行政法规、决定、命令的依据，部门规章不得设定减损公民、法人和其他组织权利或者增加其义务的规范，不得增加本部门的权力或者减少本部门的法定职责。

部门规章应当经部务会议或者委员会会议决定。由部门首长签署命令予以公布。

2. 地方规章

省、自治区、直辖市人民政府，可以根据法律、行政法规和本省、自治区、直辖市的地方性法规，制定地方政府规章。地方政府规章可以就下列事项作出规定：一是为执行法律、行政法规、地方性法规的规定需要制定规章的事项；二是属于本行政区域的具体行政管理事项。

应当制定地方性法规但条件尚不成熟的，因行政管理迫切需要，可以先制定地方政府规章。规章实施满两年需要继续实施规章所规定的行政措施的，应当提请本级人民代表大会或者其常务委员会制定地方性法规。

地方政府规章应当经政府常务会议或者全体会议决定。由省长、自治区主席、市长签署命令予以公布。

1.1.5　规范性文件

规范性文件，是指行政机关及被授权组织为实施法律和执行政策，在法定权限内制定的除行政法规或规章以外的决定、命令等具有普遍性行为规则的总称。在目前食品安全法律规范体系中，食品安全规范性文件数量最多，适用最广。

1.2 国家食品安全法律法规

1.2.1 国家食品安全法律法规概况

为规范食品生产经营行为，我国出台一系列食品生产经营安全监督管理的法律、法规、规章和规范性文件等。食品安全相关的法律包括《中华人民共和国食品安全法》《中华人民共和国产品质量法》《中华人民共和国动物防疫法》《中华人民共和国进出口商品检验法》《中华人民共和国消费者权益保护法》等；食品安全相关的行政法规包括《中华人民共和国食品安全法实施条例》等；食品安全相关的部门规章和规范性文件包括《食品经营许可管理办法》《食品生产经营监督检查管理办法》《网络食品安全违法行为查处办法》《网络餐饮服务食品安全监督管理办法》《国家食品药品监督管理总局关于印发食品经营许可审查通则（试行）的通知》等。

1.2.2 食品安全法律

1.《中华人民共和国食品安全法》

《中华人民共和国食品安全法》（以下简称《食品安全法》）是我国进行食品安全监督管理的基本法律，是制定从属性食品安全法规、规章以及其他规范性文件的依据，是构建我国食品安全法律法规体系的核心。

1）我国食品卫生（安全）法律的渊源

1982 年 11 月 19 日，中华人民共和国第五届全国人民代表大会常务委员会第二十五次会议审议通过了首部《中华人民共和国食品卫生法（试行）》。1995 年 10 月 30 日，第八届全国人民代表大会常务委员会第十六次会议审议通过了修订的《中华人民共和国食品卫生法》。2009 年 2 月 28 日第十一届全国人民代表大会常务委员会第七次会议审议通过了修订的首部《食品安全法》。2015 年 4 月 24 日，第十二届全国人大常委会第十四次会议审议通过了修订后的《食品安全法》。这也是中华人民共和国成立以后第四部食品卫生（安全）法律，这标志着我国食品安全监督管理制度法制化的进步。2018 年 12 月 29 日，第十三届全国人民代表大会常务委员会第七次会议审议通过了《全国人民代表大会常务委员会关于修改〈中华人民共和国产品质量法〉等五部法律的决定》修正，包括 2015 年版的《食品安全法》。2021 年 4 月 29 日，第十三届全国人民代表大会常务委员会第二十八次会议审议通过了《全国人民代表大会常务委员会关于修改〈中华人民共和国道路交通安全法〉等八部法律的决定》修正，包括《食品安全法》。

2）现行《食品安全法》的主要内容

修订后的《食品安全法》共十章，一百五十四条，具体内容如下。

（1）第一章总则（共十三条）是整部法律的纲领性的规定，是法律的灵魂。分别为立法目的、调整范围、工作原则、食品生产经营者的社会责任、部门及地方政府职责、评议考核制度、部门沟通配合、协会责任、宣传教育、举报、表彰与奖励等内容。

(2) 第二章食品安全风险监测和评估（共十条），主要是食品安全风险监测、风险评估、风险警示、风险交流的规定和要求。

(3) 第三章食品安全标准（共九条），分别规定了食品安全标准制定原则、制定内容、制定主体及程序和标准的公布、跟踪评价。

(4) 第四章食品生产经营（共五十一条），占到全法条款的三分之一，包括一般规定、生产经营过程控制、标签说明书和广告、特殊食品等四节。主要规定了食品生产经营者在生产经营过程中必须遵守的各项义务要求。食品生产经营者是保障食品安全最直接、最重要、最关键的因素，对食品安全负第一位的主体责任。新法在这一部分增加了食品安全风险自查、全程追溯、责任约谈等 20 多项制度。

(5) 第五章食品检验（共七条），分别对食品检验机构、检验人的资质和职责、监督抽验、复检、委托检验等进行规定。

(6) 第六章食品进出口（共十一条），主要明确了进出口食品安全的监督管理部门及进出口食品的监管要求。

(7) 第七章食品安全事故处置（共七条），主要对食品安全事故应急预案，应急处置、报告、通报，以及事故责任的调查进行了规定。

(8) 第八章监督管理（共十三条），主要规定了食品安全监督管理的职责内容。其中，明确了县级以上食品安全监管部门开展监督检查、抽查检验以及风险管理、信用档案、责任约谈以及食品安全信息的统一公布、报告、通报，执法人员培训、考核及监督，以及涉嫌食品安全犯罪案件的移送等。

(9) 第九章法律责任（共二十八条），主要规定了食品生产经营者、政府、监督管理部门、风险监测与评估、检验、认证等机构和人员违反本法规定所应承担的法律责任，包括行政责任、刑事责任及民事责任。

(10) 第十章附则（共五条），主要规定了用语含义，转基因食品、食盐、铁路和民航运输的食品、保健食品、食品相关产品、国境口岸食品、军队专用食品的管理要求，监管体制的调整以及施行日期等。

3) 2015 年版《食品安全法》修订的内容

2009 年版《食品安全法》将“食品卫生”转变成“食品安全”，对规范食品生产经营活动、保障食品安全发挥了重要作用，食品安全整体水平得到提升，食品安全形势总体稳中向好。与此同时，我国食品企业违法生产经营现象依然存在。食品安全事件时有发生，监管体制、手段和制度等尚不能完全适应食品安全需要，法律责任偏轻，食品安全形势依然严峻。贯彻落实党的十八大“实施食品安全战略，让人民吃得放心”的战略部署，建立最严格的食品安全监管制度，实施食品安全战略的总体要求，2015 年版《食品安全法》主要修订了以下几点。

(1) 落实党中央和国务院完善食品安全监管体制的成果，完善统一权威的食品安全监管机构。

(2) 明确建立最严格的全过程监管制度。对食品生产、销售、餐饮服务和食用农产品销售等各个环节，食品添加剂、食品相关产品等各有关事项，以及网络食品经营等新兴食品销售业态有针对性地补充完善相关制度，突出生产经营过程控制，强化企业的主体责任和监管部门的监管责任。

（3）更加突出预防为主、风险防范。进一步完善食品安全风险监测、风险评估和食品安全标准等基础性制度，增设责任约谈、风险分级管理等重点制度，重在消除隐患和防患于未然。

（4）实行食品安全社会共治。充分发挥消费者和消费者协会、行业协会、新闻媒体等方面的监督作用，形成发挥消费者和消费者协会、行业协会、新闻媒体等方面的监督作用，形成食品安全社会共治格局。

（5）突出对特殊食品的严格监管。通过产品注册、备案等措施，对保健食品、婴幼儿配方食品和特殊医学用途配方食品等特殊食品实施比一般食品更加严格的监管。

（6）建立最严格的法律责任制度。对违法生产经营者加大惩处力度，提高违法行为成本，发挥法律的重典治乱威慑作用。

新法的颁布，有利于从法律制度上更好地保障人民群众食品安全，促进食品行业的健康发展。

4）《食品安全法》修改的主要内容

（1）2018 年 3 月，第十三届全国人民代表大会第一次会议批准了国务院机构改革方案，将原国家工商行政管理总局、原国家质量监督检验检疫总局、原国家食品药品监督管理总局以及国务院有关部门的相关职责进行整合，组建国家市场监督管理总局，承担包括食品安全监管在内的市场监管职责。2018 年 12 月 29 日第十三届全国人民代表大会常务委员会第七次会议对 2015 年版《食品安全法》进行了如下修改：① 将第五条等条款中的“食品药品监督管理”修改为“食品安全监督管理”；② 删去第十四条等条款中的“质量监督”；③ 将第四十一条等条款的“质量监督”修改为“食品安全监督管理”；④ 将第一百一十条中的“食品药品监督管理、质量监督部门履行各自食品安全监督管理职责”修改为“食品安全监督管理部门履行食品安全监督管理职责”；⑤ 将第一百二十一条第三款中的“环境保护”修改为“生态环境”。

（2）党的十九大以来，党中央和国务院作出改善营商环境、减轻企业负担、减少行政许可事项的一系列决定。2021 年 4 月 29 日第十三届全国人民代表大会常务委员会第二十八次会议审议通过《全国人民代表大会常务委员会关于修改〈中华人民共和国道路交通安全法〉等八部法律的决定》，其中对《食品安全法》作出如下修改。

将第三十五条第一款修改为：“国家对食品生产经营实行许可制度。从事食品生产、食品销售、餐饮服务，应当依法取得许可。但是，销售食用农产品和仅销售预包装食品的，不需要取得许可。仅销售预包装食品的，应当报所在地县级以上地方人民政府食品安全监督管理部门备案。”

2. 其他有关法律、决定

（1）《中华人民共和国农产品质量安全法》

2006 年 4 月 29 日，第十届全国人民代表大会常务委员会第二十一次会议审议通过了《中华人民共和国农产品质量安全法》（以下简称《农产品质量安全法》），自 2006 年 11 月 1 日起施行。法律分为总则、安全标准、农产品产地、农产品生产、包装标识、监督检查、法律责任和附则等八章，共计五十六条，对食用农产品的质量安全作出相应的管理规定。

2018 年 10 月 26 日，第十三届全国人民代表大会常务委员会第六次会议对《农产品质量安全法》作出修改，将“环境保护行政主管部门”修改为“生态环境主管部门”；将“食品药品监督管理部门”修改为“市场监督管理部门”；将“工商行政管理部门”修改为“市场监督管理部门”。

(2)《中华人民共和国产品质量法》

1993 年 2 月 22 日，第七届全国人民代表大会常务委员会第三十次会议审议通过了《中华人民共和国产品质量法》（以下简称《产品质量法》）。2000 年 7 月 8 日，第九届全国人民代表大会常务委员会第十六次会议审议通过《关于修改〈中华人民共和国产品质量法〉的决定》。2009 年 08 月 27 日，第十一届全国人民代表大会常务委员会第十次会议审议通过的《全国人民代表大会常务委员会关于修改部分法律的决定》，对《产品质量法》进行第二次修改。2018 年 12 月 29 日，根据第十三届全国人民代表大会常务委员会第七次会议《关于修改〈中华人民共和国产品质量法〉等五部法律的决定》，《产品质量法》第三次修改。《产品质量法》共分为总则，产品质量的监督，生产者、销售者的产品质量责任和义务（生产者的产品质量责任和义务、销售者的产品质量责任和义务），损害赔偿，罚则和附则等六章，共七十四条，对包括食品相关产品在内的工业产品质量安全管理作出相应规定。

(3)《中华人民共和国反食品浪费法》

2021 年 4 月 29 日，第十三届全国人民代表大会常务委员会第二十八次会议审议通过了《中华人民共和国反食品浪费法》（以下简称《反食品浪费法》）。《反食品浪费法》对食品和食品浪费的定义、反食品浪费的原则和要求、政府及其部门的职责、各类主体的责任、实行社会共治、加强监管、完善约束措施等作出相应规定，特别是餐饮服务经营者为防止食品浪费应当采取的措施作出具体规定。

(4)《关于全面禁止非法野生动物交易、革除滥食野生动物陋习、切实保障人民群众生命健康安全的决定》

2020 年 2 月 24 日，第十三届全国人民代表大会常务委员会第十六次会议通过《全面禁止非法野生动物交易、革除滥食野生动物陋习、切实保障人民群众生命健康安全的决定》（以下简称《决定》）。《决定》作出如下规定：一是强调凡野生动物保护法和其他有关法律明确禁止猎捕、交易、运输野生动物的，必须严格禁止；二是与全面禁止食用野生动物的规定相一致，全面禁止以食用为目的的猎捕、交易、运输在野外环境自然生长繁殖的陆生野生动物的行为；三是规定严格的法律责任，加大执法力度。

1.2.3　食品安全行政法规

2009 年 7 月 8 日，国务院第 73 次常务会议审议通过《中华人民共和国食品安全法实施条例》（以下简称《食品安全法实施条例》）。《食品安全法实施条例》根据《食品安全法》（2009 年版）的法律要求作出相应的规定。2019 年 3 月 26 日，国务院第 42 次常务会议审议通过了新修订的《食品安全法实施条例》，于 2019 年 12 月 1 日起正式实施。全文共十章八十六条。修订的重点集中在以下五个方面。

(1) 细化食品安全法的原则规定。细化了食品生产经营企业主要负责人的责任；细化了学校等集中用餐单位食品安全责任；细化了生产经营、贮存运输、追溯体系、市场退出等全过程管理要求；细化了“情节严重”的情形规定等，为督促落实生产经营者主体责任提供更具操作性的制度规范。

（2）强化对违法违规行为的惩罚。提高违法成本，增设“处罚到人”制度，最高可处法定代表人及相关责任人年收入10倍的罚款；建立严重违法食品生产经营者“黑名单”制度，实施信用联合惩戒；健全食品安全行政执法与公安机关行政拘留衔接机制等，让不法分子不敢以身试法。

（3）明晰新的监管举措。禁止利用会议、讲座、健康咨询等任何方式对食品进行虚假宣传；对特殊食品检验、销售、标签说明书、广告等管理作出规定；禁止发布没有法定资质的检验机构所出具的检验报告；明晰了进口商对境外出口商和生产企业审核的内容等，解决监管执法中遇到的问题。

（4）优化风险管理制度机制。坚持预防为主、源头治理，促进食品安全科学监管。比如，完善农业投入品的风险评估制度；建立食品安全风险监测会商机制；明确了风险交流的内容、程序和要求等，推动食品安全社会共治共享。

（5）固化实践中行之有效的做法。建设食品安全职业化检查员队伍；对企业内部举报人给予重奖；制定并公布食品中非法添加物质名录、补充检验方法等，进一步提高监管工作效能。

1.2.4 食品安全部门规章

国家市场监管总局和原国家食品药品监督管理总局制定的有关食品安全部门规章有：《食品经营许可管理办法》《食品生产经营监督检查管理办法》《网络食品安全违法行为查处办法》《网络餐饮服务食品安全监督管理办法》《保健食品原料目录与保健功能目录管理办法》《食品安全抽样检验管理办法》《食盐质量安全监督管理办法》《食品召回管理办法》等。原国家卫生部（卫生计生委）制定的有关食品安全的部门规章有：《新食品原料安全性审查管理办法》《食品添加剂新品种管理办法》等。此外，还有由教育部、市场监管总局和国家卫健委联合颁布的《学校食品安全与营养健康管理规定》。

1.《食品经营许可管理办法》

《食品经营许可管理办法》（2015年8月31日原国家食品药品监督管理总局令第17号公布，根据2017年11月7日原国家食品药品监督管理总局局务会议《关于修改部分规章的决定》修正）规定，在中华人民共和国境内，从事食品销售和餐饮服务活动，应当依法取得食品经营许可。食品经营许可的申请、受理、审查、决定及其监督检查，适用该办法。

2.《食品生产经营监督检查管理办法》

《食品生产经营监督检查管理办法》（以下简称《办法》）是加强对食品生产经营活动的日常监督检查、落实食品生产经营者主体责任、保证食品安全而制定的规章。2021年12月24日，国家市场监督管理总局以第49号总局令公布了，经2021年11月3日市场监管总局第15次局务会议通过修订后的《食品生产经营监督检查管理办法》，自2022年3月15日起施行。《办法》强化监管部门监管责任，构建检查体系，确定检查要点，充实检查内容，明确检查要求，严格落实食品生产经营主体责任，切实把全面从严贯穿于食品安全工作始终。《办法》共7章55条，重点内容包括：一是落实“四个最严”要求，实施“全覆盖”

检查；二是划分风险等级，强化食品安全风险管理；三是落实“六稳”“六保”，营造法治化营商环境；四是强化法治保障，以制度力量压实监管责任。

3.《网络食品安全违法行为查处办法》

为依法查处网络食品安全违法行为，加强网络食品安全监督管理，原国家食品药品监督管理总局制定颁布了《网络食品安全违法行为查处办法》（国家食品药品监督管理总局令第 27 号），自 2016 年 10 月 1 日起施行，共四十八条，包括立法宗旨、适用范围、网络食品安全义务、网络食品安全违法行为查处管理、法律责任等内容。

4.《网络餐饮服务食品安全监督管理办法》

为加强网络餐饮服务食品安全监督管理、保证餐饮食品安全、保障公众身体健康，原国家食品药品监督管理总局制定颁布了《网络餐饮服务食品安全监督管理办法》（国家食品药品监督管理总局令第 36 号），自 2018 年 1 月 1 日起施行，共四十六条，包括立法宗旨、适用范围、网络餐饮服务交易第三方平台提供者、通过第三方平台和自建网站提供餐饮服务的餐饮服务提供者义务、监督管理以及法律责任等内容。

《网络餐饮服务食品安全监督管理办法》属于与《网络食品安全违法行为查处办法》并列的规章。按照后法优于先法、特别法优于一般法的原则，对于网络餐饮服务食品安全的监督管理，优先适用《网络餐饮服务食品安全监督管理办法》。《网络餐饮服务食品安全监督管理办法》对网络餐饮服务食品安全违法行为的查处未作规定的，按照《网络食品安全违法行为查处办法》的规定执行。

5.《学校食品安全与营养健康管理规定》

为保障学生和教职工在校集中用餐的食品安全与营养健康，加强监督管理，教育部、国家市场监管总局和国家卫健委于 2019 年 2 月 20 日（教育部、国家市场监管总局和国家卫健委令第 45 号）发布《学校食品安全与营养健康管理规定》，自 2019 年 4 月 1 日起施行。

《学校食品安全与营养健康管理规定》规定了学校集中用餐实行预防为主、全程监控、属地管理、学校落实的原则，建立教育、食品安全监督管理、卫生健康等部门分工负责的工作机制。围绕学校集中用餐的食品采购、贮存、加工、配送、供餐等关键环节，应健全学校食品安全风险防控体系，保障食品安全，促进营养健康等作出相关要求。规定了学校、教育部门、食品安全监督管理部门和卫生健康主管部门在学校食品安全和营养健康的职责以及学校、学校食堂和供餐单位违法规定应当承担的法律责任。

1.2.5　国家食品安全规范性文件

近年来，原国家食品药品监管管理总局制定发布的涉及餐饮服务的规范性文件主要有《国家食品药品监督管理总局关于印发食品经营许可审查通则（试行）的通知》《餐饮服务食品安全操作规范》等。

1.《食品经营许可审查通则（试行）》

根据《国家食品药品监督管理总局关于印发食品经营许可审查通则（试行）的通知》

（食药监食监二〔2015〕228号），《食品经营许可审查通则（试行）》自2015年9月30日发布之日起施行。《食品经营许可审查通则（试行）》规定，主体业态包括食品销售经营者、餐饮服务提供者、单位食堂。如申请通过网络经营、内设中央厨房或者从事集体用餐配送的，应当在主体业态后以括号标注。《食品经营许可审查通则（试行）》从一般要求，冷食类、生食类食品制售许可审查要求，糕点类食品制售许可审查要求，自制饮品制售许可审查要求，中央厨房审查要求以及集体用餐配送单位许可审查要求等六方面对餐饮服务许可审查要求作出了规定。其中第五章将进一步明确单位食堂许可审查要求的特殊规定。

2.《餐饮服务食品安全操作规范》

为指导餐饮服务提供者规范经营行为、履行食品安全主体责任、提升食品安全管理能力，2018年6月22日，国家市场监督管理总局修订发布了《餐饮服务食品安全操作规范》，自2018年10月1日起施行。《餐饮服务食品安全操作规范》内容涉及餐饮服务食品安全的通用要求，建筑场所与布局，设施设备，原料（含食品添加剂和食品相关产品）管理，加工制作，供餐、用餐与配送，检验检测，清洗消毒，废弃物管理，有害生物防制，食品安全管理，人员要求，文件和记录等各个环节的标准和基本规范，规定了进货查验记录表格、食品留样记录表格、餐饮服务预防食物中毒注意事项等。

3.《关于当归等6种新增按照传统既是食品又是中药材的物质公告》

2019年11月25日，国家卫生健康委员会、国家市场监督管理总局发布《关于当归等6种新增按照传统既是食品又是中药材的物质公告》（2019年第8号），将当归等6种物质纳入按照传统既是食品又是中药材的物质目录管理，仅作为香辛料和调味品使用。公告规定，按照传统既是食品又是中药材的物质作为食品生产经营时，其标签、说明书、广告、宣传信息等不得含有虚假宣传内容，不得涉及疾病预防、治疗功能。

4.《关于落实主体责任强化校园食品安全管理的指导意见》

2019年12月2日，国家市场监管总局、教育部、国家卫生健康委、公安部联合印发了《关于落实主体责任强化校园食品安全管理的指导意见》（市监食经〔2019〕68号）（以下简称《指导意见》）。《指导意见》进一步强化供餐单位食品安全管理，要求供餐单位从业人员“定期参加食品安全培训考核，每周进行一次集中学习，掌握食品安全法律法规要求”，“每周开展食品安全自查，发现食品安全问题和隐患，立即采取整改措施，确保整改到位，并向属地市场监管部门报告”。

1.3 上海地方食品安全法规规章

1.3.1 上海地方食品安全法规规章概况

根据宪法、法律、行政法规，结合上海市的实际情况，上海市人民代表大会常务委员会制定了食品安全地方性法规包括：《上海市食品安全条例》《上海市消费者权益保护条例》等。

上海市食品安全监管相关的地方规章及规范性文件，主要有《上海市食品安全信息追溯管理办法》《上海市集体用餐配送监督管理办法》《上海市生猪产品质量安全监督管理办法》《上海市餐厨废弃油脂处理管理办法》《上海市小型餐饮服务提供者临时备案监督管理办法》《上海市人民政府关于本市禁止生产经营食品品种的通告》《上海市流动餐车管理办法（试行）》，以及上海市市场监督管理局和原上海市食品药品监督管理局《关于发布〈上海市高风险食品生产经营企业目录〉的通知》《上海市食品经营许可管理实施办法》《关于印发〈上海市食品经营许可管理实施办法（试行）实施指南〉的通知》《上海市食品摊贩经营管理办法》《餐饮服务团体膳食外卖卫生规范》《关于进一步加强餐饮服务团体膳食外卖许可和监管工作的通知》《上海市餐饮外卖食品安全封签使用管理办法（试行）》《上海市食品安全事故报告和调查处置办法》《上海市食品从业人员食品安全知识培训和考核管理办法》等。总体上形成了与国家法律法规、部门规章互补，又符合上海大都市实际和特色、层次分明、内容完整的食品安全管理法律法规体系。

1.3.2　上海地方食品安全法规

1. 上海市食品卫生（安全）法规的演变

1985 年 7 月 5 日，根据《中华人民共和国食品卫生法（试行）》的规定，上海市第八届人民代表大会常务委员会第十五次会议颁布《上海市城乡集市贸易食品卫生管理规定》，这是首部上海市食品卫生地方法规。1996 年 10 月 31 日，根据《中华人民共和国食品卫生法》的规定，上海市人民代表大会常务委员会第三十一次会议审议通过了《上海市城乡集市贸易食品卫生管理规定（修正）》。2011 年 7 月 29 日，上海市第十三届人民代表大会常务委员会第二十八次会议审议通过了《上海市实施〈中华人民共和国食品安全法〉办法》，这是上海市首部综合性食品安全地方法规。2017 年 1 月 20 日，上海市第十四届人民代表大会第五次会议审议通过了《上海市食品安全条例》。

2.《上海市食品安全条例》

《上海市食品安全条例》（以下简称《条例》）于 2017 年 3 月 20 日实施。《条例》围绕贯彻落实中央关于食品安全“四个最严”和《食品安全法》要求，完善上海市食品安全法律、法规体系，以法治思维和法治方式保障上海市食品安全以及公众身体健康和生命安全这一目的。此次立法在指导思想上，始终坚持党对立法工作的领导；在立法方式上，坚持人大主导，体现科学立法、民主立法要求；在制定内容上，坚持以人民为中心的发展理念，既贯彻落实国家法律规定，又体现上海创制新特点。同时，突出“四个最严”：“最严谨的标准”，坚持最严谨的准入和产品标准，倒逼企业落实主体责任；“最严格的监管”，坚持在上海地方立法中突出创制性特点，严格落实食品生产经营企业主体责任，实施最严格的全过程监管；“最严厉的处罚”，坚持“零容忍”，严厉处罚各种违法行为，提高违法成本；“最严肃的问责”，明确各级政府和部门职责，严肃问责不履职、履责不到位的行为。

《条例》在原《上海市实施〈中华人民共和国食品安全法〉办法》的基础上，从六章扩展为八章，保留“总则”“食品生产加工小作坊和食品摊贩”“监督管理”“法律责任”“附则”五章；调整一章，将“一般规定”更名为“食品生产经营”；增加“食品安全风险监测、评估和食品安全标准”“食品安全事故预防与处置”两章。条文数量从六十二条增加到一百一十五条，其中，全新条文五十三条，修改条文五十五条，修订幅度达93.8%。内容上，补充细化了市场准入的一般规定、生产经营者的主体责任、食用农产品监管、网络食品经营要求等内容。

《条例》针对餐饮服务环节作出相应的特殊规定。如餐饮服务提供者提供餐饮服务时，经营场所应当符合公共场所卫生要求，营业时段应安排食品安全管理人员开展监督管理工作，根据消费者的要求提供公筷、公匙等公用餐具，不得向消费者提供不符合食品安全标准和要求的餐具、饮具。鼓励餐饮服务提供者采用电子显示屏、透明玻璃墙等方式，公开食品加工过程、食品原料及其来源信息。如从事餐饮配送服务，送餐人员应当依法取得健康证明，配送膳食的箱（包）应当专用，定期清洁、消毒，应当符合保证食品安全所需的温度等特殊要求；应当使用符合食品安全标准的餐具、饮具、容器和包装材料。比如小型餐饮服务提供者从事食品经营活动，应当依法取得食品经营许可。未取得食品经营许可，但经营食品符合食品安全卫生要求、不影响周边居民正常生活的小型餐饮服务提供者，应当向所在地的乡、镇人民政府或者街道办事处办理临时备案。再如建立餐饮服务食品安全量化分级管理制度，评定结果应当向社会公布，并由餐饮服务提供者在经营场所显著位置公示。

1.3.3 上海地方食品安全规章

上海市人民政府制定的食品安全地方性规章有《上海市食品安全信息追溯管理办法》《上海市集体用餐配送监督管理办法》《上海市餐厨废弃油脂处理管理办法》及《上海市生猪产品质量安全监督管理办法》等。

1.《上海市食品安全信息追溯管理办法》

《上海市食品安全信息追溯管理办法》（以下简称《办法》）经2015年3月16日上海市人民政府第76次常务会议通过，2015年7月27日上海市人民政府令第33号公布。该《办法》共二十七条，自2015年10月1日起施行。该《办法》规定了追溯食品类别与品种、政府及其部门的职责、食品生产经营者的责任、追溯系统与平台的对接、追溯食品和食用农产品生产经营企业信息上传的义务和要求、消费者知情权的保护、监督管理和法律责任等。《办法》授权市食品药品监管部门会同市农业、商务、卫生计生等部门确定实施信息追溯管理的食品和食用农产品类别的具体品种及其实施信息追溯管理的时间，报市食品安全委员会批准后，向社会公布。2021年11月24日上海市市场监督管理局发布公告，公布《上海市食品安全信息追溯管理品种目录》（2021年版），包括粮食及其制品、畜产品及其制品、禽及其产品和制品、蔬菜、水果、水产品、豆制品、乳制品、食用油、特殊食品和酒类等11大类44种食品和食用农产品实施食品安全信息追溯管理。

2.《上海市集体用餐配送监督管理办法》

2005年7月11日，上海市人民政府令第51号公布了《上海市集体用餐配送监督管理办法》。根据2010年12月20日上海市人民政府令第52号公布的《上海市人民政府关于修改〈上海市农机事故处理暂行规定〉等148件市政府规章的决定》，《上海市集体用餐配送监督管理办法》进行了修改。《上海市集体用餐配送监督管理办法》分为总则、集体用餐配送单位、集体用餐单位、监督检查、法律责任、附则等六章，共三十三条。其中第二章对集体用餐配送单位的从业许可、生产经营基本条件、生产经营单位的责任人、有关人员的培训和体检、生产工艺、原料采购、原料初加工、成品运输、食用时间和包装等进行了规定，第三章对集体用餐单位的用餐单位负责人责任制、订购要求、用餐单位场所等的要求、事故报告、举报进行了规定。

3.《上海市餐厨废弃油脂处理管理办法》

2012 年 12 月 17 日，上海市政府第 159 次常务会议审议通过了《上海市餐厨废弃油脂处理管理办法》（以下简称《办法》），由市政府令第 97 号发布。《办法》共三十九条，自 2013 年 3 月 1 日起施行。《办法》针对近年来出现的“地沟油”回流餐桌这一现象，通过多种制度和措施，以保证广大市民的食品安全为根本立法目的。其规定了管理部门、产生餐厨废弃油脂单位的主体责任、收运和处置单位的确定和要求、法律责任等。第十五条规定，产生单位应当设置专门的餐厨废弃油脂收集容器。其中，餐饮服务单位还应当按照上海市有关推进计划安装符合要求的油水分离器。油水分离器的技术规范，应当符合《中华人民共和国城镇建设行业标准：餐饮废水隔油器（CJ/T 295—2008）》的要求。新设立的餐饮服务单位未按照要求安装油水分离器的，食品药品监督部门不予核发餐饮服务许可证，出入境检验检疫部门不予核发口岸卫生许可证，环保部门不予批准环境影响评价文件。第十六条规定，产生单位应当保持餐厨废弃油脂收集容器和油水分离器的完好和正常使用。产生单位应当将餐厨废弃油脂单独收集，不得将餐厨废弃油脂混入餐厨垃圾等其他生活垃圾或者裸露存放。

4.《上海市生猪产品质量安全监督管理办法》

2007 年 12 月 6 日，上海市人民政府令第 78 号公布了《上海市生猪产品质量安全监督管理办法》，自 2008 年 3 月 1 日起施行。2011 年 5 月 26 日上海市人民政府令第 66 号公布了《上海市生猪产品质量安全监督管理办法（修正）》。《上海市生猪产品质量安全监督管理办法》对上海市行政区域内生猪的采购、屠宰和生猪产品的采购、销售及其相关的监督管理活动作出相应规定，包括总则、生猪的采购和屠宰、生猪产品的经营（生猪产品经营者的许可和工商登记，生猪产品采购来源、质量安全要求、食品采购合同、运输要求、道口检查、进场查验、违禁药物检测、进货查验和购销台账、销售行为规范以及禁止销售、不可食用生猪产品的处理、生猪产品相关信息报告）、企业责任和监督检查、法律责任、附则等六章，共计五十六条。《上海市生猪产品质量安全监督管理办法》规定，上海市肉制品生产加工企业、集体伙食单位和餐饮服务提供者等单位从外省市采购生猪产品的，应当按照本办法有关大型超市连锁企业从外省市采购生猪产品的规定执行。

1.3.4　上海地方食品安全规范性文件

近年来，上海制定发布的涉及餐饮服务的食品安全规范性文件主要有：上海市人民政府《上海市人民政府关于本市禁止生产经营食品品种的通告》《上海市小型餐饮服务提供者临时备案监督管理办法》；上海市商务委员会等七部门《上海市流动餐车管理办法（试行）》；上海市市场监督管理局和原上海市食品药品监督管理局《关于发布〈上海市高风险食品生产经营企业目录〉的通知》《上海市食品经营许可管理实施办法》《关于印发〈上海市食品经营许可管理实施办法（试行）实施指南〉的通知》《上海市食品摊贩经营管理办法》《餐饮服务团体膳食外卖卫生规范》《关于进一步加强餐饮服务团体膳食外卖许可和监管工作的通知》《上海市餐饮外卖食品安全封签使用管理办法（试行）》《上海市食品安全事故报告和调查处置办法》《上海市食品从业人员食品安全知识培训和考核管理办法》等。

1.《上海市人民政府关于本市禁止生产经营食品品种的通告》

为预防疾病和控制重大食品安全风险，2018 年 12 月 13 日上海市人民政府重新颁布了《上海市人民政府关于本市禁止生产经营食品品种的通告》（沪府规〔2018〕24 号），根据《食品安全法》和国家有关法律法规规定，结合上海实际，明确了上海市禁止生产经营的五大类食品具体品种。

2.《上海市食品经营许可管理实施办法及其实施指南》

2016 年 12 月 23 日，原上海市食品药品监督管理局关于印发《上海市食品经营许可管理实施办法（试行）的通知》（沪食药监法〔2016〕596 号）。该办法在原国家食品药品监督管理总局和上海市有关规定的基础上，进一步规范食品经营许可活动，对涉及网络食品经营、网络订餐的食品经营许可进行了具体规定。

2018 年 4 月 13 日，在试行的基础上，原上海市食品药品监督管理局印发了《上海市食品经营许可管理实施办法（试行）实施指南》（沪食药监餐饮〔2018〕67 号）。2019 年 1 月 25 日，上海市市场监督管理局印发了《上海市食品经营许可管理实施办法》（沪市监规〔2019〕1 号，以下简称《实施办法》）。《实施办法》中的《上海市食品经营许可审查细则》对上海市食品经营许可管理工作提出了具体要求，对各类食品销售企业、即食和非即食食品现制现售等食品经营许可的现场核查和评价方法作出相应规定，细化规定了餐饮服务单位许可审查要求。2021 年 12 月 31 日，上海市市场监督管理局印发《关于贯彻落实“证照分离”改革全覆盖工作要求的通知》（沪市监法规〔2021〕661 号），对食品生产经营单位的食品许可事项实施“证照分离”改革。其中餐饮服务单位的食品经营许可事项实施优化审批服务：包括餐饮服务经营者销售预包装食品的，不需要申请在许可证上标注销售类食品经营项目；不再要求申请人提供营业执照复印件等。

3.《上海市高风险食品生产经营企业目录》

原上海市食品药品监督管理局《关于发布上海市高风险食品生产经营企业目录的通知》《上海市高风险食品生产经营企业目录》已经 2017 年 9 月 12 日第 17 次局务会通过。依据《上海市食品安全条例》第二十七条第三款的规定，已报请原上海市食品药品安全委员会批准后发布，自 2017 年 12 月 5 日起施行，有效期至 2022 年 12 月 4 日。在餐饮服务环节，将集体用餐配送膳食的桶盒饭、中央厨房，现制现售即食食品的冷加工糕点，大型以上饭店以及规模以上连锁餐饮企业纳入目录当中。

4.《关于进一步加强餐饮服务团体膳食外卖许可和监管工作的通知》

2014 年 8 月 13 日，原上海市食品药品监督管理局印发了《关于进一步加强餐饮服务团体膳食外卖许可和监管工作的通知》（沪食药监餐饮〔2014〕636 号），规定了餐饮服务团体膳食外卖许可的专用加工场所、大于 250 人份以上、食品快速冷却设施设备、运输车辆、检验室面积等许可条件，明确桶饭企业、中央厨房从事团膳外卖应另行申请，要求加强对申请单位食品安全管理体系的审核。其中还要求餐饮服务单位在从事团体膳食外卖活动时，其食品安全管理人员应在团体膳食的加工场所和供餐现场全程开展食品安全管理，做好过程控制、食品快检、食品留样和记录等相关管理工作，全面履行食品安全管理职责。

5.《上海市小型餐饮服务提供者临时备案监督管理办法》

上海市人民政府 2019 年 12 月 20 日印发《上海市小型餐饮服务提供者临时备案监督管理办法》（沪府规〔2019〕44 号），自 2020 年 1 月 1 日起施行，有效期至 2024 年 12 月 31 日。《上海市小型餐饮服务提供者临时备案监督管理办法》规定了符合条件的小型餐饮服务提供者的临时备案及监督管理活动，分别对小型餐饮提供者临时备案的申请材料、申请条件和临时备案办理、禁止行为、其他经营要求以及退出情形等进行了规定。

6.《上海市流动餐车管理办法（试行）》

2020 年 7 月 22 日，上海市商务委员会、上海市公安局、上海市生态环境局、上海市交通委员会、上海市市场监督管理局、上海市绿化和市容管理局、上海市城市管理行政执法局七部门印发了《上海市流动餐车管理办法（试行）》，自 2020 年 8 月 1 日起施行，有效期两年。《上海市流动餐车管理办法（试行）》对流动餐车的点位设置、经营主体要求、餐车要求、额度和牌照管理、登记流程、运营管理要求、公示卡的收回等进行了规定。其中第九条规定，从事流动餐车经营活动的主体，应当具备下列条件：（一）有相应的食品生产经营许可；（二）有符合本办法第十二条规定的流动餐车；（三）有相应的食品安全追溯、食品加工配送、生活垃圾分类收集和管理、餐车停放清洗等经营管理制度；（四）能供应品种丰富、营养健康的食品。第十二条规定，流动餐车应当具备下列条件：（一）符合《道路机动车辆生产企业及产品公告》和机动车国家安全技术标准要求；（二）符合本市机动车现行排放标准要求；（三）驾驶区与加工售卖区隔离；（四）有独立的净水污水存储、排放系统；（五）配备垃圾分类存储区；（六）配备与经营的食品品种、数量相适应的生产、加工、贮存、清洗、消毒、加热、冷藏等设施设备。

7.《上海市食品摊贩经营管理办法》

2020 年 11 月 3 日，《上海市人民政府办公厅关于转发市市场监管局修订的〈上海市食品摊贩经营管理办法〉的通知》（沪府办规〔2020〕16 号）发布，《上海市人民政府办公厅关于转发市食品安全委员会办公室、市食品药品监管局制订的〈上海市食品摊贩经营管理办法〉的通知》（沪府办〔2015〕4 号）同时废止。《上海市食品摊贩经营管理办法》共十七条，规定了本市行政区域内从事食品摊贩经营行为，以及对食品摊贩实施综合规划、信息登记、公示和食品经营监督管理活动，自 2020 年 12 月 1 日起施行，有效期至 2025 年 11 月 30 日。

8.《上海市餐饮外卖食品安全封签使用管理办法（试行）》

2020 年 9 月 22 日，上海市市场监督管理局印发《上海市餐饮外卖食品安全封签使用管理办法（试行）》（以下简称《办法》），自 2020 年 11 月 1 日起施行，有效期至 2022 年 10 月 31 日。该《办法》所称食安封签，是指餐饮服务提供者为了防止外卖食品在配送过程中受到污染，在其外卖食品的包装容器或配送箱（包）上使用的封口包装件。其中第十条规定，餐饮外卖食品配送人员在接收使用食安封签的餐饮外卖食品时，应当检查食安封签的完整性和有效性，对食安封签不完整或者食安封签已被破坏的餐饮外卖食品，有权拒绝接收和配送。餐饮外卖食品配送人员在配送过程中应当保持食安封签的完整性，确保配送过程中食品不受污染。餐饮外卖食品配送人员在消费者接收餐饮外卖食品时，应当告知消费者当面检查食安封签的完整性，要求消费者签收或确认。

9.《上海市食品安全责任保险管理办法（试行）》

2019 年 6 月 5 日，上海市市场监督管理局、中国银行保险监督管理委员会上海监管局联合制定并印发了《上海市食品安全责任保险管理办法（试行）》，自 2019 年 7 月 10 日起施行，有效期至 2021 年 7 月 10 日。2021 年 10 月 12 日，上海市市场监督管理局和中国银行保险监督管理委员会上海监管局修订了《上海市食品安全责任保险管理办法（试行）》（以下简称《办法》），自 2021 年 12 月 1 日起施行，有效期至 2023 年 11 月 30 日。《办法》所称食品安全责任保险，是指以被保险的食品生产经营者因其生产经营的食品或者经营的食用农产品（以下简称食品）导致发生食源性疾病（包括食物中毒）、食品污染等危害或者有可能危害人体健康的食品安全事件，从而产生人身伤亡、财产损失的经济赔偿责任为保险标的的责任保险。《办法》要求列入上海市高风险食品生产经营企业目录内的食品生产经营者应当根据防范食品安全风险的需要，主动投保食品安全责任保险。鼓励其他食品生产经营者参加食品安全责任保险。《办法》对食品安全责任保险的投保方式、食品安全风险管理、信息公示、监管、纠纷处理和政策鼓励作出相应规定。

10.《上海市食品从业人员食品安全知识培训和考核管理办法》

原上海市食品药品监督管理局《关于印发〈上海市食品从业人员食品安全知识培训和考核管理办法〉的通知》（沪食药监规〔2017〕13 号），自 2017 年 12 月 15 日起施行，有效期至 2022 年 12 月 14 日。第十五条对餐饮服务提供者食品从业人员食品安全知识培训要求进行了规定：（一）餐饮服务提供者的食品安全管理人员应当通过 C1 类食品安全知识培训；（二）餐饮服务提供者的负责人应当通过 C2 类食品安全知识培训；（三）餐饮服务提供者的关键环节操作人员及其他相关从业人员应当通过 C3 类食品安全知识培训。

第2章　餐饮服务一般规定

餐饮服务属于食品经营的范畴。本章主要对餐饮服务场所、环境与设备设施的一般要求，餐饮服务许可的类别和条件、餐饮服务环节食品安全追溯的相关要求，以及餐饮服务相关的禁止性规定等进行归纳和阐述，便于从业人员理解、掌握和运用。

2.1　场所、环境与设备设施

餐饮服务者应当具有与经营的食品品种、数量相适应的食品经营和贮存场所。根据《食品安全法》《食品经营许可管理办法》（国家食品药品监督管理总局令第17号）《餐饮服务食品安全操作规范》、GB 31654—2021《食品安全国家标准　餐饮服务通用卫生规范》，以及《上海市食品经营许可管理实施办法》（沪市监规〔2019〕1号）中《上海市食品经营许可审查细则》的要求，餐饮服务者的相关场所、环境和设备设施应符合相应的规定。

2.1.1　餐饮服务场所与环境规定

餐饮服务场所指与食品加工制作、供应直接或间接相关的区域，包括食品处理区、就餐区和辅助区。

1. 选址

（1）餐饮服务场所应选择与经营的食品相适应的地点，保持该场所环境清洁。

（2）餐饮服务场所不应选择对食品有污染风险，以及有害废弃物、粉尘、有害气体、放射性物质和其他扩散性污染源不能有效清除的地点。

（3）餐饮服务场所周围不应有可导致虫害大量孳生的场所，难以避开时应采取必要的防范措施。

2. 设计和布局

餐饮服务单位应具有与经营的食品品种、数量相适应的场所。应根据食品加工、供应流程合理布局，满足食品卫生操作要求，避免食品在存放、加工和传递中发生交叉污染。

应设置独立隔间、区域或者设施用于存放清洁工具（包括扫帚、拖把、抹布、刷子等，下同）。专用于清洗清洁工具的区域或者设施，其位置应不会污染食品，并与其他区域或设施能够明显区分。

食品处理区使用燃煤或者木炭等易产灰固体燃料的，炉灶应为隔墙烧火的外扒灰式。

1）食品处理区

食品处理区指贮存、加工制作食品及清洗消毒保洁餐用具（包括餐饮具、容器、工具等）等的区域。根据清洁程度的不同，可分为清洁操作区、准清洁操作区、一般操作区。

（1）清洁操作区：指为防止食品受到污染，清洁程度要求较高的加工制作区域，包括专间、专用操作区。

① 专间：指处理或短时间存放直接入口食品的专用加工制作间，包括冷食间、生食间、裱花间、中央厨房和集体用餐配送单位的分装或包装间等。

② 专用操作区：指处理或短时间存放直接入口食品的专用加工制作区域，包括现榨果蔬汁加工制作区、果蔬拼盘加工制作区、备餐区（指暂时放置、整理、分发成品的区域）等。

（2）准清洁操作区：指清洁程度要求次于清洁操作区的加工制作区域，包括烹饪区、餐用具保洁区。

① 烹饪区：指对经过粗加工制作、切配的原料或半成品进行热加工制作的区域。

② 餐用具保洁区：指存放清洗消毒后的餐饮具和接触直接入口食品的容器、工具的区域。

（3）一般操作区：指其他处理食品和餐用具的区域，包括粗加工制作区、切配区、餐用具清洗消毒区和食品库房等。

① 粗加工制作区：指对原料进行挑拣、整理、解冻、清洗、剔除不可食用部分等加工制作的区域。

② 切配区：指将粗加工制作后的原料，经过切割、称量、拼配等加工制作成为半成品的区域。

③ 餐用具清洗消毒区：指清洗、消毒餐饮具和接触直接入口食品的容器、工具的区域。

2）就餐区

指供消费者就餐的区域。

3）辅助区

指办公室、更衣区、门厅、大堂休息厅、歌舞台、卫生间、非食品库房等非直接处理食品的区域。

3. 建筑内部结构与材料

（1）基本要求

建筑内部结构应易于维护、清洁、消毒，应采用适当的耐用材料建造。地面、墙壁、门窗、天花板的结构应能避免有害生物侵入和栖息。

（2）天花板

① 餐饮服务场所天花板涂覆或装修的材料应无毒、无异味、防霉、不易脱落、易于清洁。② 食品烹饪、食品冷却、餐用具清洗消毒等区域天花板涂覆或装修的材料应不吸水、耐高温、耐腐蚀。③ 食品半成品、成品和清洁的餐用具暴露区域上方的天花板应能避免灰尘散落，在结构上不利于冷凝水垂直下落，防止有害生物孳生和霉菌繁殖。

（3）墙壁

① 食品处理区墙壁的涂覆或铺设材料应无毒、无异味、不透水、防霉、不易脱落、易于清洁。② 食品处理区内需经常冲洗的场所，在操作高度范围内的墙面还应光滑、防水、不易积聚污垢且易于清洗。

(4) 门窗

① 食品处理区的门、窗应闭合严密，采用不透水、坚固、不变形的材料制成，结构上应易于维护、清洁。应采取必要的措施，防止门窗玻璃破碎后对食品和餐用具造成污染。需经常冲洗场所的门，表面还应光滑、不易积垢。② 餐饮服务场所与外界直接相通的门、窗应采取有效措施（如安装空气幕、防蝇帘、防虫纱窗、防鼠板等），防止有害生物侵入。③ 专间与其他场所之间的门应能及时关闭。专间设置的食品传递窗应专用，可开闭。

(5) 地面

① 食品处理区地面的铺设材料应无毒、无异味、不透水、耐腐蚀，结构应有利于排污和清洗的需要。② 食品处理区地面应平坦防滑，易于清洁、消毒，有利于防止积水。③ 清洁操作区不得设置明沟，地漏应能防止废弃物流入及浊气逸出。

2.1.2 餐饮服务场所虫害控制

(1) 应保持餐饮服务场所建筑结构完好，环境整洁，防止虫害侵入及孳生。

(2) 有害生物防治应遵循优先使用物理方法，必要时使用化学方法的原则。化学药剂应存放在专门设施内，保障食品安全和人身安全。

(3) 应根据需要配备适宜的有害生物防治设施（如灭蝇灯、防蝇帘、风幕机、粘鼠板等），防止有害生物侵入。

(4) 如发现有害生物，应尽快将其杀灭。发现有害生物痕迹的，应追查来源，消除隐患。

(5) 有害生物防治中应采取有效措施，避免食品或者食品容器、工具、设备等受到污染。食品容器、工具、设备不慎污染时，应彻底清洁，消除污染。

2.1.3 餐饮服务设备设施

餐饮服务单位应按规定设置供排水、清洗消毒、洗手、照明、通风排烟、食品储存、废弃物盛放设施，卫生和更衣间以及加工食品的设备等。

1. 供水设施

(1) 应能保证水质、水压、水量及其他要求符合食品加工需要。(2) 食品加工用水的水质应符合 GB 5749—2022《生活饮用水卫生标准》的规定。对加工用水水质有特殊需要的，应符合相应规定。(3) 食品加工用水与其他不与食品接触的用水（如间接冷却水、污水、废水、消防用水等）的管道系统应完全分离，防止非食品加工用水逆流至食品加工用水管道。(4) 自备水源及其供水设施应符合有关规定。供水设施中使用的涉及饮用水卫生安全产品应符合相关规定。

2. 排水设施

(1) 排水设施的设计和建造应保证排水畅通，便于清洁、维护；应能保证食品加工用水不受污染。(2) 需经常冲洗的场所地面和排水沟应有一定的排水坡度。(3) 排水沟应设有可拆卸的盖板，排水沟内不应设置其他管路。(4) 专间、专用操作区不应设置明沟；如设置地漏，应带有水封等装置，防止废弃物进入及浊气逸出。(5) 排水管道与外界相通的出口应有适当措施，以防止有害生物侵入。

3. 清洗消毒和保洁设施

（1）清洗、消毒、保洁设施设备应放置在专用区域，容量和数量应能满足加工制作和供餐需要。（2）食品工用具的清洗水池应与食品原料、清洁用具的清洗水池分开。采用化学消毒方法的，应设置接触直接入口食品的工用具的专用消毒水池。（3）各类水池应使用不透水材料（如不锈钢、陶瓷等）制成，不易积垢，易于清洁，并以明显标识标明其用途。（4）应设置存放消毒后餐用具的专用保洁设施，标识明显，易于清洁。

4. 个人卫生设施和卫生间

（1）洗手设施

① 食品处理区应设置足够数量的洗手设施，就餐区宜设置洗手设施。② 洗手池应不透水，易清洁。③ 水龙头宜采用脚踏式、肘动式、感应式等非手触动式开关。宜设置热水器，提供温水。④ 洗手设施附近配备洗手液（皂）、消毒液、擦手纸、干手器等。从业人员专用洗手设施附近应有洗手方法标识。⑤ 洗手设施的排水设有防止逆流、有害生物侵入及臭味产生的装置。

（2）卫生间

① 卫生间不得设置在食品处理区内。卫生间出入口不应直对食品处理区，不宜直对就餐区。卫生间与外界直接相通的门能自动关闭。② 设置独立的排风装置，有照明；与外界直接相通的窗户设有易拆洗、不易生锈的防蝇纱网；墙壁、地面等的材料不吸水、不易积垢、易清洁；应设置冲水式便池，配备便刷。③ 应在出口附近设置洗手设施，洗手设施符合（1）洗手设施条款的要求。④ 排污管道与食品处理区排水管道分设，且设置有防臭气水封。排污口位于餐饮服务场所外。

（3）更衣区

① 与食品处理区处于同一建筑物内，宜为独立隔间且位于食品处理区入口处。② 设有足够大的更衣空间、足够数量的更衣设施（如更衣柜、挂钩、衣架等）。

5. 照明设施

（1）食品处理区应有充足的自然采光或人工照明设施，工作面的光照强度不得低于220 lux，光源不得改变食品的感官颜色。其他场所的光照强度不宜低于110 lux。（2）安装在暴露食品正上方的照明灯应有防护装置，避免照明灯爆裂后污染食品。（3）冷冻（藏）库应使用防爆灯。

6. 通风排烟设施

（1）食品处理区（冷冻库、冷藏库除外）和就餐区应保持空气流通。专间应设立独立的空调设施。应定期清洁消毒空调及通风设施。（2）产生油烟的设备上方，设置机械排风及油烟过滤装置，过滤器便于清洁、更换。（3）产生大量蒸汽的设备上方，设置机械排风排汽装置，并做好凝结水的引泄。（4）排气口设有易清洗、耐腐蚀并设置能防止有害生物侵入的网罩。

7. 库房及冷冻（藏）设施

（1）根据食品贮存条件，设置相应的食品库房或存放场所，必要时设置冷冻库、冷藏库。（2）冷冻柜、冷藏柜有明显的区分标识。冷冻、冷藏柜（库）设有可正确显示内部温度的温度计，宜设置外显式温度计。（3）库房应设有通风、防潮及防止有害生物侵入的装置。（4）同一库房内贮存不同类别食品和非食品（如食品包装材料等），应分设存放区域，不同区域有明显的区分标识。（5）库房内应设置足够数量的存放架，其结构及位置能使贮存的食品和物品离墙离地，距离地面应在 10 cm 以上，距离墙壁宜在 10 cm 以上。（6）设有存放清洗消毒工具和洗涤剂、消毒剂等物品的独立隔间或区域。

8. 废弃物存放设施

（1）应设置专用废弃物存放设施。废弃物存放设施与食品容器应有明显的区分标识。（2）废弃物存放设施应有盖，能够防止污水渗漏、不良气味溢出和虫害孳生，并易于清洁。

9. 食品容器、工具和设备

（1）根据加工食品的需要，配备相应的容器、工具和设备等。不应将食品容器、工具和设备用于与食品盛放、加工等无关的用途。（2）设备的摆放位置应便于操作、清洁、维护和减少交叉污染。固定安装的设备应安装牢固，与地面、墙壁无缝隙，或者保留足够的清洁、维护空间。（3）与食品接触的容器、工具和设备部件，应使用无毒、无味、耐腐蚀、不易脱落的材料制成，并应易于清洁和保养。有相应食品安全国家标准的，应符合相关标准的要求。（4）与食品接触的容器、工具和设备与食品接触的表面应光滑，设计和结构上应避免零件、金属碎屑或者其他污染因素混入食品，并应易于检查和维护。（5）用于盛放和加工原料、半成品、成品的容器、工具和设备应能明显区分，分开放置和使用，避免交叉污染。

2.2　餐饮服务许可

餐饮服务许可是餐饮服务提供者依法向食品安全监管部门提出行政许可申请，食品安全监管部门依法向申请人作出食品经营行政许可决定的行为。

2.2.1　餐饮服务许可的法律规定

1. 餐饮服务许可的范围

《食品安全法》第三十五条规定，国家对食品生产经营实行许可制度。从事餐饮服务活动的，应当依法取得许可。

《上海市食品安全条例》第十九条规定，从事食品生产经营活动，应当依法取得食品生产经营许可，并按照许可范围依法生产经营。

2. 餐饮服务许可信息的公示

根据《上海市食品经营许可管理实施办法》，餐饮服务提供者在一个经营场所从事食品经营活动，应当取得一张食品经营许可证，并对经营场所内的食品经营活动负责。餐饮服务提供者应当在经营场所的显著位置悬挂食品经营许可证（正本）原件，并设置公示栏，公示食品经营者注册名称、食品经营者食品安全管理人员、许可经办人员、日常监督管理人员和食品安全量化分级管理等信息。

2.2.2 餐饮服务许可的类别

食品经营许可遵循依法、公开、公平、公正、便民、高效的原则，按照食品经营主体业态、经营项目的风险程度分类实施。上海市市场监督管理部门按照主体业态、食品经营项目，并考虑风险高低，对食品经营许可进行了分类。

根据《上海市食品经营许可实施管理办法》，申请食品经营许可，应当按照食品经营主体业态和经营项目分类提出。

1. 主体业态分类

餐饮服务提供者的主体业态分为一级目录和二级目录：一级目录为餐饮服务提供者、单位食堂，二级目录详见表2－1。

表2－1 上海市《食品经营许可证》主体业态分类表

序号	一级目录	二级目录
1	餐饮服务提供者	特大型饭店、大型饭店、中型饭店、小型饭店、饮品店、甜品站、船舶供餐、现制现售、专业网络订餐、集体用餐配送单位（冷藏学生盒饭、加热保温学生盒饭、冷藏社会盒饭、加热保温社会盒饭、桶饭）、中央厨房、团体膳食外卖、其他
		含网络、单纯烧烤、单纯火锅、全部使用半成品加工
2	单位食堂	中小学校、托幼机构食堂，大专院校食堂、养老机构食堂，建筑工地食堂、企事业单位食堂、其他
		全部使用半成品加工

1）各类主体的定义

（1）饭店：指以各类膳食为主要经营品种，向消费者提供消费场所及设施的餐饮服务经营者。

① 特大型饭店：指经营场所使用面积在3 000 m^2以上（不含3 000 m^2），或者就餐座位数在1 000座以上（不含1 000座）的饭店；

② 大型饭店：指经营场所使用面积在500~3 000 m^2（不含500 m^2，含3 000 m^2），或者就餐座位数在250~1 000座（不含250座，含1 000座）的饭店；

③ 中型饭店：指经营场所使用面积在150~500 m^2（不含150 m^2，含500 m^2），或者就餐座位数在75~250座（不含75座，含250座）的饭店；

④ 小型饭店：指经营场所使用面积在150 m^2以下（含150 m^2），或者就餐座位数在75人以下（含75座）以下的饭店。

（2）饮品店：指以供应酒类、咖啡、茶水或者饮料为主的餐饮服务经营者。

（3）甜品站：指餐饮服务提供者在其餐饮主店经营场所内或附近开设，具有固定经营场所，直接销售或经简单加工制作后销售由餐饮主店配送的以冰激凌、饮料、甜品为主的食品的附属店面。

（4）船舶供餐：指在水上客运船舶上为乘客提供餐饮服务的餐饮经营方式。

（5）团体膳食外卖：指根据团体膳食用餐者的临时订购需求，在其加工场所集中加工膳食半成品或成品后，集中配送到团体膳食供餐点供应的餐饮经营方式。

（6）现制现售：是指在同一地点从事食品的现场制作、现场销售，但不提供食品消费场所及设施的加工经营方式。

（7）专业网络订餐：指根据消费者通过网络提出的临时订购需求，集中加工、分散配送食品但不提供就餐场所的餐饮经营方式。

（8）中央厨房：指由连锁餐饮单位建立的，具有独立场所及设施设备，集中完成食品成品或者半成品加工制作并配送至餐饮服务经营或者集体食堂的食品经营者。

（9）集体用餐配送单位：指根据服务对象订购要求，集中加工、分送食品但不提供就餐场所的餐饮服务经营者。

（10）单位食堂：指设于机关、事业单位、社会团体、民办非企业单位、企业等，供应内部职工、学生等集中就餐的餐饮服务提供者。

2）各类主体兼营项目

（1）特大型饭店、大型饭店、中型饭店、小型饭店、饮品店可以同时申请甜品站、现制现售项目。

（2）特大型饭店、大型饭店、集体用餐配送单位、中央厨房可以同时申请团体膳食外卖项目。

（3）各类饭店只经营烧烤、火锅的，加注单纯烧烤、单纯火锅。

（4）各类饭店、单位食堂全部使用半成品加工的，加注全部使用半成品加工。

（5）集体用餐配送单位、专业网络订餐和加注含网络的中型饭店、小型饭店、饮品店、现制现售店铺，需标注单位时间外送量。

2. 经营项目分类

餐饮服务提供者食品经营许可项目又分为一级和二级目录。

（1）一级目录分为热食类食品制售、冷食类食品制售、生食类食品制售、糕点类食品制售、自制饮品制售、其他类食品制售等 6 项。其中具有热、冷、生、固态、液态等多种情形，难以明确归类的食品，可以按照食品安全风险等级最高的情形进行归类。

（2）二级目录分类详见表 2－2。

表 2－2　上海市《食品经营许可证》经营项目分类表

序号	一　级　目　录	二　级　目　录
1	热食类食品制售	简单加热
2	冷食类食品制售	生食果蔬
		简单处理

续 表

序号	一 级 目 录	二 级 目 录
3	生食类食品制售	即食生食品
		冷加工半成品
		热加工半成品
		餐饮原料
4	糕点类食品制售	含/不含/仅冷加工操作
		蒸煮类糕点
		简单处理
5	自制饮品制售	果蔬汁类
		风味饮料
		茶、咖啡、植物饮料
		冷冻饮品
		水果甜品
6	其他类食品制售	

① 一级目录后未标注二级目录的，允许经营该类别所有食品。一级目录后标注二级目录的，仅限经营该二级目录中所列食品。

② 生食类食品制售中的热加工半成品、冷加工半成品、餐饮原料项目仅限中央厨房申请。

(3) 中央厨房经营目录

中央厨房制作即食食品的，二级目录按照表 2－3 表述至品种。

表 2－3 上海市中央厨房加工配送的即食食品品种

类 别	品 种
冷冻饮品	冰淇淋；棒冰雪糕；冰霜刨冰；其他冷冻饮品
饮料	果蔬汁；蛋白饮料；水基调味饮料；茶、咖啡、植物饮料；固体饮料；乳酸菌饮料；其他饮料
焙烤食品	面包；糕点（不含冷加工糕点）；饼干；其他焙烤食品
肉制品	熟肉制品
蛋及蛋制品	熟制蛋制品
水产及其制品	熟制水产品
调味品	酱及酱制品；复合调味料；其他调味品
糖果、可可制品、巧克力制品	可可制品、巧克力和巧克力制品，包括类巧克力和代巧克力；糖果

续　表

类　别	品　种
粮食制品	大米制品；小麦粉制品；杂粮粉制品；淀粉制品；即食谷物，包括碾轧燕麦（片）；方便米面制品；谷类和淀粉类甜品
果蔬	水果类；蔬菜类；食用菌和藻类；豆制品；坚果和籽类
其他食品	果冻；茶叶、咖啡；油炸食品；膨化食品；其他食品

注：其他冷冻饮品、其他饮料、其他焙烤食品、其他调味品和其他食品应填写具体品种。

2.2.3　餐饮服务许可的条件和申请

申请食品经营许可，应当先行取得营业执照等合法主体资格。企业法人、合伙企业、个人独资企业、个体工商户等应当以营业执照载明的主体作为申请人。机关、事业单位、企业、社会团体、民办非企业单位等申办单位食堂以及其他食品经营业态的，应当以机关或者事业单位法人登记证、社会团体登记证或者营业执照等载明的主体作为申请人。

1. 申请餐饮服务许可应当符合下列条件

（1）具有与经营的食品品种、数量相适应的食品原料处理和食品加工、销售、贮存等场所，保持该场所环境整洁，并与有毒、有害场所以及其他污染源保持规定的距离。

（2）具有与经营的食品品种、数量相适应的经营设备或者设施，有相应的消毒、更衣、盥洗、采光、照明、通风、防腐、防尘、防蝇、防鼠、防虫、洗涤以及处理废水、存放垃圾和废弃物的设备或者设施。

（3）具有依法经食品安全知识培训并考核合格的专职或者兼职的食品安全管理人员；大型及以上饭店、学校和托幼机构食堂、供餐人数 500 人以上的机关及企事业单位食堂、集体用餐配送单位、中央厨房、从事团体膳食外卖的餐饮服务提供者应当配备专职食品安全管理人员。

（4）具有保证食品安全的规章制度，应包括下列制度，但不局限于：① 从业人员健康管理制度和培训管理制度；② 食品安全管理员制度；③ 食品安全自检自查与报告制度；④ 食品经营过程与控制制度；⑤ 场所及设施设备清洗消毒和维修保养制度；⑥ 进货查验和查验记录制度；⑦ 主要食品和食用农产品安全信息追溯制度；⑧ 食品贮存（包括有特殊温度、湿度控制要求的食品和食用农产品的全程温度、湿度控制）管理制度；⑨ 废弃物处置制度；⑩ 食品安全信息公示制度；⑪ 食品安全突发事件应急处置方案；⑫ 食品添加剂使用管理制度；⑬ 临近保质期食品集中陈列和消费提示制度；⑭ 法律、法规、规章规定的其他制度。

集体用餐配送单位和中央厨房还应当包括：供应商遴选制度；食品检验制度；问题食品召回和处理方案；关键环节操作规程等。

（5）具有合理的设备布局和工艺流程，防止待加工食品与直接入口食品、原料与成品交叉污染，避免食品接触有毒物、不洁物。

（6）法律、法规规定的其他条件。

此外，产生餐厨废弃油脂的餐饮服务提供者还应当安装符合要求的油水分离器。各类饭店、饮品店（包括饭馆、咖啡馆、酒吧、茶座）还应当具有保证公共场所卫生的规章制度，保持就餐场所的空气流通，卫生间具有独立排风系统，符合公共场所卫生要求。

2. 申请餐饮服务许可，应当向申请人所在地区市场监督管理部门提交下列材料

（1）食品经营许可申请书；

（2）营业执照复印件，或者其他主体资格证明文件（尚未取得的为主管部门同意设立文件）复印件；

（3）与食品经营相适应的主要设备设施布局、操作流程等文件（标明经营场所用途、面积和设备设施位置）；

（4）保证食品安全的规章制度；

（5）各类饭店、饮品店（包括饭馆、咖啡馆、酒吧、茶座）的保证公共场所卫生的规章制度；

（6）产生餐厨废弃油脂的许可事项的餐厨废弃食用油脂管理制度（包括餐厨废弃油脂产生申报、收运合同、收运联单、记录台账以及餐饮服务提供者油水分离器的安装和使用等）；

（7）申请人委托他人办理食品经营许可申请的，代理人应当提交授权委托书以及代理人的身份证明文件；

（8）法律、法规、规章规定的其他材料。

2.2.4 餐饮服务许可的受理

区市场监督管理局对申请人提出的食品经营许可申请，应当根据下列情况分别作出处理。

（1）申请事项依法不需要取得食品经营许可的，应当即时告知申请人不受理。

（2）申请事项依法不属于本部门职权范围的，应当即时作出不予受理的决定，并告知申请人向有关行政机关申请。

（3）申请材料存在可以当场更正的错误的，应当允许申请人当场更正，由申请人在更正处签名或者盖章，注明更正日期。

（4）申请材料不齐全或者不符合法定形式的，应当当场或者在5个工作日内一次告知申请人需要补正的全部内容。当场告知的，应当将申请材料退回申请人；在5个工作日内告知的，应当收取申请材料并出具收到申请材料的凭据。逾期不告知的，自收到申请材料之日起即为受理。

（5）申请材料齐全、符合法定形式，或者申请人按照要求提交全部补正材料的，应当受理食品经营许可申请。对申请人提出的申请决定予以受理的，应当出具受理通知书；决定不予受理的，应当出具不予受理通知书，说明不予受理的理由，并告知申请人依法享有申请行政复议或者提起行政诉讼的权利。

2.2.5 餐饮服务许可的审查与决定

1. 餐饮服务许可的审查

区市场监督管理局对申请人提交的许可申请材料进行审查，需要对申请材料的实质内容进行核实的会进行现场核查。

根据上海市规定，现场核查由符合要求的核查人员进行，自接受现场核查任务之日起 6 个工作日内，完成对经营场所的现场核查。

2. 餐饮服务许可的决定

根据上海市规定，受理申请之日起 12 个工作日内，区市场监督管理局根据申请材料审查和现场核查等情况，作出是否准予行政许可的决定。因特殊原因需要延长期限的，经行政机关负责人批准，可以延长 6 个工作日。自作出决定之日起 6 个工作日内向申请人颁发《食品经营许可证》。

2.2.6　告知承诺方式审批流程

2018 年 4 月 18 日，上海市人民政府发布《上海市行政审批告知承诺管理办法》（上海市人民政府令第 4 号公布）规定，告知承诺是指公民、法人和其他组织提出行政审批申请，行政审批机关一次性告知其审批条件和需要提交的材料，申请人以书面形式承诺其符合审批条件，由行政审批机关作出行政审批决定的方式。

2021 年 11 月 18 日，上海市市场监督管理局发布《关于在部分食品经营许可领域实施告知承诺审批的通知》（沪市监食经〔2021〕586 号）规定，食品经营者依法向上海市各级市场监管部门提出食品经营许可变更（仅限经营者名称、法定代表人/负责人变更，且经营条件未发生变化的）、延续的行政审批，适用本办法。

2021 年 12 月 31 日，上海市市场监督管理局发布《关于贯彻落实“证照分离”改革全覆盖工作要求的通知》（沪市监法规〔2021〕661 号），对实施告知承诺方式申请食品经营许可的餐饮服务单位按照如下流程进行审批：（1）许可机关向申请人发放告知承诺书；（2）申请人愿意作出承诺并在约定的期限内提交告知承诺书及申请材料；（3）许可机关收到符合法定形式的申请材料以及告知承诺书后，作出审批决定；（4）送达审批结果文书和证书；（5）许可机关归档人进行文件归档。

2.2.7　食品经营许可证

1. 食品经营许可证发证日期为许可决定作出的日期，有效期为 5 年

食品经营许可证分为正本、副本。正本、副本具有同等法律效力。
食品经营许可证正本、副本应按照国家食品安全监督管理部门制定的样式。

2. 餐饮服务者应当妥善保管食品经营许可证，不得伪造、涂改、倒卖、出租、出借、转让

餐饮服务者应当在经营场所的醒目位置悬挂食品经营许可证（正本）原件，并设置公示栏，公示食品经营者注册名称、食品经营者食品安全管理人员、许可经办人员、日常监督管理人员和食品安全量化分级管理等信息。

3. 食品经营许可证应当载明下列内容

（1）正本
① 经营者名称：应与营业执照或者其他主体资格证明文件标注的名称保持一致。

② 社会信用代码（身份证号码）：应与营业执照或者其他主体资格证明文件标注的社会信用代码内容保持一致。尚未取得社会信用代码的，企业暂填营业执照注册号，非企业暂填组织机构代码。经营者为个体工商户的，填写经营者有效身份证号码，并隐藏身份证号码中第11位到第14位的数字，以“＊＊＊＊”替代。

③ 法定代表人（负责人）：应与营业执照或者其他主体资格证明文件标注的法定代表人（负责人）内容一致。

④ 住所：应与营业执照或者其他主体资格证明文件标注的内容保持一致。

⑤ 经营场所：填写实施食品经营行为的实际地点。如：营业执照标注住所为××路××号，食品经营位于该地址×层，经营场所应填写××路××号×层。

⑥ 主体业态：主体业态二级目录填写在括弧内。同一主体存在多种业态的，应填写在一张许可证中，主营业态列首位。如：某设有小卖部和食堂的宾馆，应填写为“餐饮服务提供者（大型饭店），单位食堂（企事业单位）”。

⑦ 经营项目：经营项目二级目录填写在括号内。同一主体存在多种业态的，经营项目应分别表述。例如，上述设有小卖部和食堂的宾馆，应填写为“餐饮服务提供者：热食类食品制售、冷食类食品制售、生食类食品制售、糕点类食品制售（含冷加工操作）、自制饮品制售；食品销售经营者：预包装食品销售（不含冷冻冷藏）；单位食堂：热食类食品制售、糕点类食品制售（不含冷加工操作）”。

⑧ 有效期至××××年××月××日：新发、延续的，填写签发日期5年后对应日的前1天；变更、补发的，填写原证的到期日期。

⑨ 许可证编号

⑩ 日常监督管理机构：区市场监督管理部门内，负责该食品经营主体日常监督管理机构的名称。如：××市场监督管理所，××执法大队。

⑪ 日常监督管理人员：日常监督管理机构内负责该食品经营主体日常监督管理的人员或机构负责人的姓名。日常监督管理人员发生变化的，可以通过签章的方式在许可证上标注。

⑫ 发证机关：核发许可证的区市场监督管理部门全称并加盖公章。

⑬ 签发人：签发许可证的区市场监督管理部门负责人。

⑭ 发证日期××××年××月××日：新发、延续的，填写发证机关签发许可的日期；变更、补发的，填写原证的签发日期。

⑮ 其他：“经营项目”栏下方位置填写以下内容：集体用餐配送单位的具体经营方式（冷藏学生盒饭、加热保温学生盒饭、冷藏社会盒饭、加热保温社会盒饭、桶饭）；集体用餐配送单位、专业网络订餐以及加注含网络的中型饭店、小型饭店、饮品店、现制现售店铺核定的单位时间外送量。

（2）副本

应与正本各项填写内容保持一致。经营场所外设有仓库（包括自有和租赁），或者单位食堂分设就餐场所的，应在副本上的经营场所后以括号标注外设仓库或分设就餐场所的具体地址。

2.2.8 餐饮服务许可的变更、延续、补办与注销

1. 餐饮服务许可的变更

食品经营许可证载明的许可事项发生变化的，餐饮服务者应当在变化后10个工作日内

向所在地区市场监督管理局申请变更经营许可。

经营场所发生变化的，应当重新申请食品经营许可。外设仓库（包括自有和租赁）地址发生变化的，餐饮服务者应当在变化后 10 个工作日内向所在地区市场监督管理局报告，区市场监督管理局应在许可证副本附页上进行标注。

申请变更食品经营许可的，应当提交食品经营许可变更申请书、食品经营许可证正本、副本和与变更食品经营许可事项有关的其他材料。

2. 餐饮服务许可的延续

餐饮服务者需要延续依法取得的食品经营许可的有效期的，应当在该食品经营许可有效期届满 30 个工作日前，向所在地区市场监督管理局提出申请，并提交下列材料：① 食品经营许可延续申请书；② 食品经营许可证正本、副本；③ 除营业执照以外的主体资格证明文件复印件；④ 与延续食品经营许可事项有关的其他材料。

3. 食品经营许可证的补办

食品经营许可证遗失、损坏的，应当向原发证的市场监督管理局申请补办，并提交食品经营许可证补办申请书。

食品经营许可证遗失的，申请人应当提交在区市场监督管理局网站或者其他区级以上主要媒体上刊登遗失公告的材料；食品经营许可证损坏的，应当提交损坏的食品经营许可证原件。

4. 食品经营许可证的注销

食品经营者终止食品经营，食品经营许可被撤回、撤销或者食品经营许可证被吊销的，应当在 30 个工作日内向所在地区市场监督管理局申请办理注销手续。

食品经营者申请注销食品经营许可的，应当向所在地区市场监督管理局提交食品经营许可注销申请书，食品经营许可证正本、副本和与注销食品经营许可有关的其他材料。

2.3　食品安全追溯

食品生产经营的链条长，涉及“农田到餐桌”的各个环节。为了实现对食品生产经营的全过程控制，确保食品安全，世界各国普遍建立了食品追溯制度。该制度是在食品供应的整个过程中对食品的各种相关信息进行记录存储的质量保障系统，其目的是在食品出现质量问题时，能够快速有效地查询到出问题的原料或加工环节，必要时进行食品召回，将损失降到最低，实施有针对性的惩罚措施，由此来提高食品安全水平。

2.3.1　食品安全信息追溯的法律规定

《中共中央 国务院关于深化改革加强食品安全工作的意见》（中发〔2019〕17 号）指出，建立食品安全追溯体系。食用农产品生产经营主体和食品生产企业对其产品追溯负责，依法建立食品安全追溯体系，确保记录真实完整，确保产品来源可查、去向可追。国家建立统一的食用农产品追溯平台，建立食用农产品和食品安全追溯标准和规范，完善全程追溯协作机制。加强全程追溯的示范推广，逐步实现企业信息化追溯体系与政府部门监管平台、重要产品追溯管理平台对接，接受政府监督，互通互享信息。集体用餐单位要建立稳定的食材供应渠道和追溯记录，保证购进原料符合食品安全标准。

2009 年颁布的《食品安全法》对食品追溯制度作出了明确规定。2015 年版《食品安全法》继续强化了食品安全追溯的相关要求。《食品安全法》第四十二条规定，国家建立食品安全全程追溯制度。食品生产经营者应当依照本法的规定，建立食品安全追溯体系，保证食品可追溯。国家鼓励食品生产经营者采用信息化手段采集、留存生产经营信息，建立食品安全追溯体系。

2019 年颁布的《食品安全法实施条例》第十七条规定，国务院食品安全监督管理部门会同国务院农业行政等有关部门明确食品安全全程追溯基本要求，指导食品生产经营者通过信息化手段建立、完善食品安全追溯体系。食品安全监督管理等部门应当将婴幼儿配方食品等针对特定人群的食品以及其他食品安全风险较高，或者销售量大的食品的追溯体系建设作为监督检查的重点。第十八条规定，食品生产经营者应当建立食品安全追溯体系，依照食品安全法的规定如实记录并保存进货查验、出厂检验、食品销售等信息，保证食品可追溯。

《上海市食品安全条例》第八十一条规定，本市建立食品安全信息追溯制度。根据食品安全风险状况，对重点监督管理的食品和食用农产品实施信息追溯管理。具体办法由市人民政府另行制定。

为了加强食品安全信息追溯管理，上海市人民政府根据《食品安全法》等法律法规，结合本市实际，制定颁布了《上海市食品安全信息追溯管理办法》（上海市人民政府令第 33 号）。上海市食品安全监督管理部门在整合有关食品和食用农产品信息追溯系统的基础上，建立全市统一的食品安全信息追溯平台。有关食品和食用农产品生产经营者应当按照规定，向统一的食品安全信息追溯平台报送相关信息。

2.3.2 食品安全追溯的基本要求

食品安全信息追溯是通过采集食品及食用农产品种植养殖、生产、流通、餐饮等环节信息，实现来源可查证、去向可追踪、风险可控制、责任可追究，强化全过程质量安全管理与风险控制的有效措施。

上海市食品安全信息追溯制度在明确对本市行政区域内生产（含种植、养殖、加工）、流通（含销售、贮存、运输）以及餐饮服务环节的九大类重点品种实施信息追溯管理基础上，建设全市统一的食品安全信息追溯平台。

追溯食品和食用农产品的生产经营者应当利用信息化技术手段，履行相应的信息追溯义务，接受社会监督，承担社会责任。鼓励追溯食品和食用农产品的其他生产经营者履行相应的信息追溯义务。

2.3.3 上海市食品安全信息追溯的范围

《上海市食品安全信息追溯管理办法》第二条第二款规定，上海市食品安全监管部门会同市农业、商务、卫生健康等部门确定实施信息追溯管理的食品和食用农产品类别的具体品种（以下称追溯食品和食用农产品）及其实施信息追溯管理的时间并向社会公布。2015 年，上海市食品药品安全委员会办公室、上海市食药监局会同市农委、市商务委、市卫生计生委制定发布了《上海市食品安全信息追溯管理品种目录（2015 年版）》，明确 9 大类 20 个重点监管品种的食品和食用农产品生产经营单位上传食品安全追溯信息。

根据《上海市人民代表大会常务委员会关于促进和保障长江流域禁捕工作若干问题的决定》《上海市食品安全信息追溯管理办法》的规定，2021 年 8 月 16 日上海市市场监督管理局发布公告，上海市市场监督管理局、上海市农业农村委员会、上海市商务委员会、上海市卫生健康委员会等部门决定将刀鲚（刀鱼）、凤鲚（凤尾鱼）、长吻鮠（鮰鱼）、鲫鱼、中华绒螯蟹（大闸蟹）等 5 种水产品新增为上海市实施食品安全信息追溯管理的具体品种。

2021 年 11 月 24 日，上海市市场监督管理局发布公告，公布《上海市食品安全信息追溯管理品种目录》（2021 年版），包括粮食及其制品、畜产品及其制品、禽及其产品和制品、蔬菜、水果、水产品、豆制品、乳制品、食用油、特殊食品和酒类等 11 大类 44 种食品和食用农产品实施食品安全信息追溯管理。具体品种见表 2－4。

表 2－4 上海市食品安全信息追溯管理品种目录
（2021 年版）

序号	类 别	品 种	实施时间
1	粮食及其制品	粳米（包装）	2015 年 10 月 1 日
		小麦粉（包装）	2022 年 3 月 1 日
2	畜产品及其制品	猪肉、牛肉（包装）、羊肉（包装）	2015 年 10 月 1 日
		进口冷藏冷冻畜产品	2022 年 1 月 1 日
3	禽及其产品、制品	鸡（活）、肉鸽（活）、冷鲜鸡（包装）	2015 年 10 月 1 日
		进口冷藏冷冻禽产品	2022 年 1 月 1 日
4	蔬菜	豇豆、土豆、番茄、辣椒、冬瓜	2015 年 10 月 1 日
		韭菜、豆芽	2022 年 3 月 1 日
5	水果	苹果、香蕉	2015 年 12 月 1 日
6	水产品	带鱼、黄鱼、鲳鱼	2015 年 12 月 1 日
		刀鲚（刀鱼）、凤鲚（凤尾鱼）、长吻鮠（鮰鱼）、鲫鱼、中华绒螯蟹（大闸蟹）	2021 年 9 月 17 日
		青鱼、草鱼、鲢鱼、鳙鱼、鳊鱼、梭子蟹	2022 年 1 月 1 日
		进口冷藏冷冻水产品	2022 年 1 月 1 日
7	豆制品	内酯豆腐（盒装）	2015 年 12 月 1 日
8	乳制品	灭菌乳（常温）、乳粉（全脂乳粉、脱脂乳粉、部分脱脂乳粉、调制乳粉和乳清粉）	2022 年 3 月 1 日

续 表

序号	类 别	品 种	实施时间
9	食用油	食用植物油（大豆油）	2015年12月1日
		食用油脂制品、食用动物油脂、食用植物油（其他）	2022年3月1日
10	特殊食品	婴幼儿配方乳粉	2015年12月1日
		保健食品、特殊医学用途配方食品	2022年3月1日
11	酒类	白酒	2022年3月1日

2.3.4 信息上传的食品生产经营企业

《上海市食品安全信息追溯管理办法》第三条规定，下列食品和食用农产品的生产经营企业应当上传食品和食用农产品的追溯信息：(1) 食品和食用农产品生产经营的生产企业；(2) 农民专业合作经济组织；(3) 屠宰厂（场）；(4) 批发经营企业、批发市场、兼营批发业务的储运配送企业；(5) 标准化菜市场、连锁超市、中型以上食品店；(6) 集体用餐配送单位、中央厨房、学校食堂、中型以上饭店及连锁餐饮企业等。

2.3.5 食品生产经营企业食品安全信息上传要求

追溯食品和食用农产品的生产经营者应当将其名称、法定代表人或者负责人姓名、地址、联系方式及生产经营许可等资质证明材料上传至食品安全信息追溯平台，形成生产经营者电子档案。信息发生变动的，追溯食品和食用农产品的生产经营者应当自变动之日起2日内，更新电子档案的相关内容。

各类食品生产经营企业食品安全信息上传应符合下列要求。

1. 追溯食品生产企业的上传要求

追溯食品的生产企业应当将下列信息上传至食品安全信息追溯平台：(1) 采购的追溯食品的原料、食品添加剂、食品相关产品的名称、规格、数量、生产日期或者生产批号、保质期、进货日期，以及供货者名称、地址、联系方式等；(2) 出厂销售的追溯食品的名称、规格、数量、生产日期或者生产批号、保质期、检验合格证号、销售日期，以及购货者名称、地址、联系方式等。

2. 追溯食用农产品生产企业的上传要求

追溯食用农产品的生产企业、农民专业合作经济组织、屠宰厂（场）应当将下列信息上传至食品安全信息追溯平台：(1) 使用农业投入品的名称、来源、用法、用量和使用、停用的日期；(2) 动物疫情、植物病虫草害的发生和防治情况；(3) 收获、屠宰或者捕捞的日期；(4) 上市销售的追溯食用农产品的名称、数量、销售日期以及购货者名称、地址、联系方式等；(5) 上市销售的追溯食用农产品的产地证明、质量安全检测、动物检疫等信息。

3. 追溯食品批发经营企业的上传要求

追溯食品和食用农产品的批发经营企业、批发市场的经营管理者以及兼营追溯食品和食用农产品批发业务的储运配送企业应当将下列信息上传至食品安全信息追溯平台：(1) 追溯食品和食用农产品的名称、数量、进货日期、销售日期，以及供货者和购货者的名称、地址、联系方式等；(2) 追溯食品的生产企业名称、生产日期或者生产批号、保质期；(3) 追溯食用农产品的产地证明、质量安全检测、动物检疫等信息。

4. 追溯食品零售经营企业的上传要求

标准化菜市场的经营管理者、连锁超市、中型以上食品店应当将下列信息上传至食品安全信息追溯平台：(1) 经营的追溯食品和食用农产品的名称、数量、进货日期、销售日期，以及供货者的名称、地址、联系方式等；(2) 经营的追溯食品的生产企业名称、生产日期或者生产批号、保质期；(3) 经营的追溯食用农产品的产地证明、质量安全检测、动物检疫等信息。

5. 追溯食品的餐饮服务提供者的上传要求

集体用餐配送单位、中央厨房、学校食堂、中型以上饭店及连锁餐饮企业应当将下列信息上传至食品安全信息追溯平台：(1) 采购的追溯食品和食用农产品的名称、数量、进货日期、配送日期，以及供货者的名称、地址、联系方式等；(2) 采购的追溯食品的生产企业名称、生产日期或者生产批号、保质期；(3) 直接从食用农产品生产企业或者农民专业合作经济组织采购的追溯食用农产品的产地证明、质量安全检测、动物检疫等信息。

集体用餐配送单位、中央厨房还应当将收货者或者配送门店的名称、地址、联系方式等信息上传至食品安全信息追溯平台。

6. 追溯信息上传的其他要求

(1) 批发市场、标准化菜市场的场内经营者应当配合市场的经营管理者履行相应的信息追溯义务。

(2) 实行统一配送经营方式的追溯食品和食用农产品的生产经营企业，可以由企业总部统一实施进货查验，并将相关信息上传至食品安全信息追溯平台。

2.3.6　食品安全追溯信息上传要求与方式

(1) 追溯食品和食用农产品的生产经营者应当在追溯食品和食用农产品生产、交付后的 24 小时内，将相关信息上传至食品安全信息追溯平台。

(2) 追溯食品和食用农产品的生产经营者应当对上传信息的真实性负责。

(3) 追溯食品和食用农产品的生产经营者可以通过与食品安全信息追溯平台对接的信息追溯系统上传信息，或者直接向食品安全信息追溯平台上传信息。

2.3.7　消费者有关追溯信息的知情权

(1) 消费者有权通过食品安全信息追溯平台、专用查询设备等，查询追溯食品和食用农产品的来源信息。

（2）追溯食品和食用农产品的生产经营者应当根据消费者的要求，向其提供追溯食品和食用农产品的来源信息。

（3）鼓励生产经营者在生产经营场所，或者企业网站上主动向消费者公示追溯食品与食用农产品的供货者名称与资质证明材料、检验检测结果等信息，接受消费者监督。

（4）消费者发现追溯食品和食用农产品的生产经营者有违反本办法规定行为的，可以通过食品安全信息追溯平台或者食品安全投诉电话，进行投诉举报。

2.4 禁止性规定

食品生产经营者对其生产经营食品的安全负责。从保障公众身体健康和饮食安全的角度出发，《食品安全法》《上海市食品安全条例》《上海市人民政府关于上海市禁止生产经营食品品种的通告》等法律法规对食品安全监管实践中发现的存在较大食品安全风险或者危害的食品，明令禁止销售。

2.4.1 食品生产经营禁止性规定

1.《食品安全法》禁止性规定

《食品安全法》第三十四条规定，禁止经营下列食品、食品添加剂、食品相关产品。

（1）用非食品原料生产的食品，或者添加食品添加剂以外的化学物质和其他可能危害人体健康物质的食品，或者用回收食品作为原料生产的食品。

① 所谓非食品原料，是指食品原料以外的其他原料，如原卫生部和原国家卫计委曾公布的批次食品中可能违法添加的47种非食用物质名单以及16种邻苯二甲酸酯类物质；

② 所谓食品添加剂以外的化学物质和其他可能危害人体健康的物质，是指除GB 2760—2014《食品安全国家标准　食品添加剂使用标准》和国务院卫生行政部门公告允许使用的食品添加剂以外的各类添加的化学物质或其他可能危害人体健康的物质，如三聚氰胺等。

（2）致病性微生物，农药残留、兽药残留、生物毒素、重金属等污染物质以及其他危害人体健康的物质含量超过食品安全标准限量的食品、食品添加剂、食品相关产品。

（3）用超过保质期的食品原料、食品添加剂生产的食品、食品添加剂。保质期是指预包装食品在标签指明的贮存条件下，保持品质的期限。

（4）超范围、超限量使用食品添加剂的食品。

（5）营养成分不符合食品安全标准的专供婴幼儿和其他特定人群的主辅食品。

（6）腐败变质、油脂酸败、霉变生虫、污秽不洁、混有异物、掺假掺杂或者感官性状异常的食品、食品添加剂。

（7）病死、毒死或者死因不明的禽、畜、兽、水产动物肉类及其制品。

（8）未按规定进行检疫或者检疫不合格的肉类，或者未经检验或者检验不合格的肉类制品。

（9）被包装材料、容器、运输工具等污染的食品、食品添加剂。

（10）标注虚假生产日期、保质期或者超过保质期的食品、食品添加剂。

（11）无标签的预包装食品、食品添加剂。

（12）国家为防病等特殊需要明令禁止生产经营的食品。

（13）其他不符合法律、法规或者食品安全标准的食品、食品添加剂、食品相关产品。

2. 全国人民代表大会常务委员会禁止性规定

《全国人民代表大会常务委员会关于全面禁止非法野生动物交易、革除滥食野生动物陋习、切实保障人民群众生命健康安全的决定》（2020 年 2 月 24 日第十三届全国人民代表大会常务委员会第十六次会议通过）规定，禁止经营下列食品：(1) 凡《中华人民共和国野生动物保护法》和其他有关法律禁止猎捕、交易、运输、食用野生动物的，必须严格禁止；(2) 全面禁止食用国家保护的“有重要生态、科学、社会价值的陆生野生动物”以及其他陆生野生动物，包括人工繁育、人工饲养的陆生野生动物；(3) 全面禁止以食用为目的猎捕、交易、运输在野外环境自然生长繁殖的陆生野生动物。

3. 国务院及有关部门禁止性规定

《国务院办公厅关于加强长江水生生物保护工作的意见》（国办发〔2018〕95 号）提出，到 2020 年，长江流域重点水域实现常年禁捕；推进重点水域禁捕。科学划定禁捕、限捕区域。健全河流湖泊休养生息制度，在长江干流和重要支流等重点水域逐步实行合理期限内禁捕的禁渔期制度。

《市场监管总局关于开展“长江禁捕 打非断链”专项行动的公告》（2020 年 31 号）规定，2020 年 12 月 31 日前，禁止交易来自已经实施禁捕的 332 个自然保护区和水产种质资源保护区非法捕捞渔获物；2021 年 1 月 1 日起，全面禁止交易来自长江干流和岷江、沱江、赤水河、嘉陵江、乌江、汉江、大渡河等重要支流，以及鄱阳湖、洞庭湖等大型通江湖泊非法捕捞渔获物。具体包括：(1) 严禁采购、销售和加工来自禁捕水域的非法捕捞渔获物；(2) 严禁采购、销售和加工无法提供合法来源凭证的水产品；(3) 严禁对水产制品标注“长江野生鱼”“长江野生江鲜”等字样；(4) 严禁餐饮单位经营“长江野生鱼”“长江野生江鲜”等相关菜品；(5) 严禁出售、购买、食用长江流域珍贵、濒危水生野生动物及其制品；(6) 严禁以“长江野生鱼”“长江野生江鲜”为噱头进行宣传；(7) 严禁为出售、购买、利用长江流域非法捕捞渔获物及其制品或者禁止使用的捕捞工具发布广告；(8) 严禁为违法出售、购买、利用长江流域非法捕捞渔获物及其制品或者禁止使用的捕捞工具提供交易服务。

4.《上海市食品安全条例》禁止性规定

《上海市食品安全条例》第二十四条规定，禁止生产经营下列食品、食品添加剂和食品相关产品：(1) 以有毒有害动植物为原料的食品；(2) 以废弃食用油脂加工制作的食品；(3) 市人民政府为防病和控制重大食品安全风险等特殊需要明令禁止生产经营的食品、食品添加剂；(4) 以上所有规定的食品、食品添加剂、食品相关产品作为原料，用于食品、食品添加剂、食品相关产品的生产经营的要求。

5. 上海市人民政府禁止性规定

《上海市人民政府关于禁止生产经营食品品种的公告》（沪府规〔2018〕24 号）规定，

上海市禁止生产经营下列食品：(1) 禁止生产经营毛蚶、泥蚶、魁蚶等蚶类，炝虾和死的黄鳝、甲鱼、乌龟、河蟹、蟛蜞、螯虾和死的贝壳类水产品；(2) 每年5月1日至10月31日期间，禁止生产经营醉虾、醉蟹、醉蟛蜞、咸蟹；(3) 禁止在食品销售和餐饮服务环节制售一矾海蜇、二矾海蜇，经营自行添加亚硝酸盐的食品以及自行加工的醉虾、醉蟹、醉蟛蜞、咸蟹和醉泥螺；(4) 禁止食品摊贩经营生食水产品、生鱼片、凉拌菜、色拉等生食类食品和不经加热处理的改刀熟食，以及现榨饮料、现制乳制品和裱花蛋糕。

2.4.2 食品中不得添加药品的规定

《食品安全法》第三十八条规定，生产经营的食品中不得添加药品，但是可以添加按照传统既是食品又是中药材的物质。按照传统既是食品又是中药材的物质目录由国务院卫生行政部门会同国务院食品安全监管部门制定、公布。

原卫生部于2002年发布《关于进一步规范保健食品原料管理的通知》(卫法监发〔2002〕51号)，公布《既是食品又是药品的物品名单》《可用于保健食品的物品名单》《保健食品禁用物品名单》。原卫生部2007年、2009年分别发布《关于“黄芪”等物品不得作为普通食品原料使用的批复》(卫监督函〔2007〕274号)、《关于普通食品中有关原料问题的批复》(卫监督函〔2009〕326号) 规定，原卫生部2002年公布的《可用于保健食品的物品名单》所列物品仅限用于保健食品。除已公布可用于普通食品的物品外，《可用于保健食品的物品名单》中的物品不得作为普通食品原料生产经营。如需开发《可用于保健食品的物品名单》中的物品用于普通食品生产，应当按照《新食品原料安全性审查管理办法》规定的程序申报批准。对不按规定使用《可用于保健食品的物品名单》所列物品的，应按照《食品安全法》及其实施条例的有关规定进行处罚。

1. 既是食品又是药品的物品名单

原卫生部于2002年发布《关于进一步规范保健食品原料管理的通知》(卫法监发〔2002〕51号)，公布《既是食品又是药品的物品名单》中的物品，可用于生产普通食品。具体物品名单如下：

丁香、八角茴香、刀豆、小茴香、小蓟、山药、山楂、马齿苋、乌梢蛇、乌梅、木瓜、火麻仁、代代花、玉竹、甘草、白芷、白果、白扁豆、白扁豆花、龙眼肉（桂圆)、决明子、百合、肉豆蔻、肉桂、余甘子、佛手、杏仁（甜、苦)、沙棘、牡蛎、芡实、花椒、赤小豆、阿胶、鸡内金、麦芽、昆布、枣（大枣、酸枣、黑枣)、罗汉果、郁李仁、金银花、青果、鱼腥草、姜（生姜、干姜)、枳子、枸杞子、栀子、砂仁、胖大海、茯苓、香橼、香薷、桃仁、桑叶、桑葚、橘红、桔梗、益智仁、荷叶、莱菔子、莲子、高良姜、淡竹叶、淡豆豉、菊花、菊苣、黄芥子、黄精、紫苏、紫苏籽、葛根、黑芝麻、黑胡椒、槐米、槐花、蒲公英、蜂蜜、榧子、酸枣仁、鲜白茅根、鲜芦根、蝮蛇、橘皮、薄荷、薏苡仁、薤白、覆盆子、藿香。

2. 试点的既是食品又是药品的物品名单

2019年11月，国家卫生健康委和国家市场监管总局发布了《关于对党参等9种物质开展按照传统既是食品又是中药材的物质管理试点工作的通知》(国卫食品函〔2019〕311

号），将对党参、肉苁蓉、铁皮石斛、西洋参、黄芪、灵芝、山茱萸、天麻、杜仲叶等 9 种物质开展按照传统既是食品又是中药材的物质（以下简称食药物质）生产经营试点工作。安徽、广西、河北、江西、山东和四川等省卫生健康委和市场监管局分别提出试点工作方案。

3. 可用于保健食品的药品名单

原卫生部于 2002 年发布《关于进一步规范保健食品原料管理的通知》（卫法监发〔2002〕51 号），公布《可用于保健食品的药品名单》，下列药品可以用于保健食品，但不得用于普通食品：

人参、人参叶、人参果、三七、土茯苓、大蓟、女贞子、山茱萸、川牛膝、川贝母、川芎、马鹿胎、马鹿茸、马鹿骨、丹参、五加皮、五味子、升麻、天门冬、天麻、太子参、巴戟天、木香、木贼、牛蒡子、牛蒡根、车前子、车前草、北沙参、平贝母、玄参、生地黄、生何首乌、白及、白术、白芍、自豆蔻、石决明、石斛（需提供可使用证明）、地骨皮、当归、竹茹、红花、红景天、西洋参、吴茱萸、怀牛膝、杜仲、杜仲叶、沙苑子、牡丹皮、芦荟、苍术、补骨脂、诃子、赤芍、远志、麦门冬、龟甲、佩兰、侧柏叶、制大黄、制何首乌、刺五加、刺玫果、泽兰、泽泻、玫瑰花、玫瑰茄、知母、罗布麻、苦丁茶、金荞麦、金樱子、青皮、厚朴、厚朴花、姜黄、枳壳、枳实、柏子仁、珍珠、绞股蓝、葫芦巴、茜草、荜茇、韭菜籽、首乌藤、香附、骨碎补、党参、桑白皮、桑枝、浙贝母、益母草、积雪草、淫羊藿、菟丝子、野菊花、银杏叶、黄芪、湖北贝母、番泻叶、蛤蚧、越橘、槐实、蒲黄、蒺藜、蜂胶、酸角、墨旱莲、熟大黄、熟地黄、鳖甲。

4. 保健食品禁用物品名单

原卫生部于 2002 年发布《关于进一步规范保健食品原料管理的通知》（卫法监发〔2002〕51 号），公布《保健食品禁用物品名单》，下列物品不得用于保健食品：

八角莲、八里麻、千金子、土青木香、山莨菪、川乌、广防己、马桑叶、马钱子、六角莲、天仙子、巴豆、水银、长春花、甘遂、生天南星、生半夏、生白附子、生狼毒、白降丹、石蒜、关木通、农吉痢、夹竹桃、朱砂、米壳（罂粟壳）、红升丹、红豆杉、红茴香、红粉、羊角拗、羊踯躅、丽江山慈姑、京大戟、昆明山海棠、河豚、闹羊花、青娘虫、鱼藤、洋地黄、洋金花、牵牛子、砒石（白砒、红砒、砒霜）、草乌、香加皮（杠柳皮）、骆驼蓬、鬼臼、莽草、铁棒槌、铃兰、雪上一枝蒿、黄花夹竹桃、斑蝥、硫黄、雄黄、雷公藤、颠茄、藜芦、蟾酥。

2.4.3　按照传统既是食品又是中药材的物质目录管理规定

《食品安全法》规定，生产经营的食品中不得添加药品，但是可以添加按照传统既是食品又是中药材的物质（以下简称食药物质）。食药物质目录由国务院卫生行政部门会同食品安全监督管理部门制定、公布。2019 年新修订的《食品安全法实施条例》规定，对按照传统既是食品又是中药材的物质目录，国务院卫生行政部门会同食品安全监督管理部门应当及时更新。2021 年 11 月 10 日，国家卫生健康委员会发布《关于印发〈按照传统既是食品又是中药材的物质目录管理规定〉的通知》（国卫食品发〔2021〕36 号）。该通知对食药物质的定义范围、安全性评价程序和要求、风险监测和动态管理制度等作出了相应规定。

1. 食药物质定义

食药物质是指传统作为食品，且列入《中华人民共和国药典》（以下简称《中国药典》）的物质。

国家卫生健康委会同市场监管总局制定、公布食药物质目录，对目录实施动态管理。

2. 纳入食药物质目录的物质的要求

纳入食药物质目录的物质要符合以下要求：(1) 有传统上作为食品食用的习惯；(2) 已经列入《中国药典》；(3) 安全性评估未发现食品安全问题；(4) 符合中药材资源保护、野生动植物保护、生态保护等相关法律法规规定。

3. 提出修订或增补食药物质目录建议需要提供的材料

省级卫生健康行政部门结合本辖区情况，向国家卫生健康委提出修订或增补食药物质目录的建议，同时提供下列材料：(1) 物质的基本信息（中文名、拉丁学名、所属科名、食用部位等）；(2) 传统作为食品的证明材料（证明已有 30 年以上作为食品食用的历史）；(3) 加工和食用方法等资料；(4) 安全性评估资料；(5) 执行的质量规格和食品安全指标。

4. 食品安全性评估

上述食品安全性评估资料应符合以下要求。(1) 成分分析报告：包括主要成分和可能的有害成分监测结果及检测方法。(2) 卫生学检验报告：3 批有代表性样品的污染物和微生物的检测结果及方法。(3) 毒理学评价报告：至少包括急性经口毒性试验、3 项遗传毒性试验、90 天经口毒性试验和致畸试验。其中，在古代医籍中有两部以上食疗本草记载无毒性、无服用禁忌（包括不宜久食）的品种，可以只提供本条第（1）项和第（2）项试验资料。(4) 药理作用的特殊针对性指标的试验资料，包括对主要药理成分的风险评估报告。

5. 食药物质目录的公布

国家卫生健康委对技术机构报送的综合评估意见进行审核，将符合要求的物质纳入食药物质目录，会同市场监管总局予以公布。公布的食药物质目录应当包括中文名、拉丁学名、所属科名、可食用部位等信息。

2.4.4 食品中可能违法添加的非食用物质

《食品安全法》第三十四条第（1）规定，禁止经营用非食品原料生产的食品，或者添加食品添加剂以外的化学物质和其他可能危害人体健康物质的食品，或者用回收食品作为原料生产的食品。

1. 非法添加的非食用物质的评定

判定一种物质是否属于非法添加物，根据相关法律、法规、标准的规定，可以参考以下原则：(1) 不属于传统上认为是食品原料的；(2) 不属于批准使用的新资源食品的；(3) 不属于卫生部公布的食药两用或作为普通食品管理物质的；（4）未列入我国食品添加剂（GB 2760—2014《食品安全国家标准　食品添加剂使用标准》及卫生部食品添加剂公告）、营养强化剂品种名单（GB 14880—2012《食品安全国家标准　食品营养强化剂使用标准》及卫生部食品添加剂公告）的；（5）其他我国法律法规允许使用物质之外的物质。

2. 非法添加的非食用物质名单

2021 年 12 月 30 日，最高人民法院、最高人民检察院发布《关于办理危害食品安全刑事案件适用法律若干问题的解释》（法释〔2021〕24 号），其中第九条规定，被国务院有关部门列入《食品中可能违法添加的非食用物质名单》《保健食品中可能非法添加的物质名单》和国务院有关部门公告的禁用农药、《食品动物中禁止使用的药品及其他化合物清单》等名单上的物质，应当认定为刑法第一百四十四条规定的“有毒、有害的非食品原料”。国家卫生健康委（原卫生部、原国家卫生计生委）先后颁布 48 种食品中可能违法添加的非食用物质名单（表 2－5）。

表 2－5　食品中可能违法添加的非食用物质名单

序号	名　　称	可能添加的食品品种
1	吊白块	腐竹、粉丝、面粉、竹笋
2	苏丹红	辣椒粉、含辣椒类的食品（辣椒酱、辣味调味品）
3	王金黄、块黄	腐皮
4	蛋白精、三聚氰胺	乳及乳制品
5	硼酸与硼砂	腐竹、肉丸、凉粉、凉皮、面条、饺子皮
6	硫氰酸钠	乳及乳制品
7	玫瑰红 B	调味品
8	美术绿	茶叶
9	碱性嫩黄	豆制品
10	工业用甲醛	海参、鱿鱼等干水产品、血豆腐
11	工业用火碱	海参、鱿鱼等干水产品、生鲜乳
12	一氧化碳	金枪鱼、三文鱼
13	硫化钠	味精
14	工业硫黄	白砂糖、辣椒、蜜饯、银耳、龙眼、胡萝卜、姜等
15	工业染料	小米、玉米粉、熟肉制品等
16	罂粟壳	火锅底料及小吃类

续 表

序号	名　　称	可能添加的食品品种
17	革皮水解物	乳与乳制品 含乳饮料
18	溴酸钾	小麦粉
19	β-内酰胺酶 （金玉兰酶制剂）	乳与乳制品
20	富马酸二甲酯	糕点
21	废弃食用油脂	食用油脂
22	工业用矿物油	陈化大米
23	工业明胶	冰淇淋、肉皮冻等
24	工业酒精	勾兑假酒
25	敌敌畏	火腿、鱼干、咸鱼等制品
26	毛发水	酱油等
27	工业用乙酸	勾兑食醋
28	肾上腺素受体激动剂类药物（盐酸克伦特罗，莱克多巴胺等）	猪肉、牛羊肉及肝脏等
29	硝基呋喃类药物	猪肉、禽肉、动物性水产品
30	玉米赤霉醇	牛羊肉及肝脏、牛奶
31	抗生素残渣	猪肉
32	镇静剂	猪肉
33	荧光增白物质	双孢蘑菇、金针菇、白灵菇、面粉
34	工业氯化镁	木耳
35	磷化铝	木耳
36	馅料原料漂白剂	焙烤食品
37	酸性橙Ⅱ	黄鱼、鲍汁、腌卤肉制品、红壳瓜子、辣椒面和豆瓣酱
38	氯霉素	生食水产品、肉制品、猪肠衣、蜂蜜
39	喹诺酮类	麻辣烫类食品
40	水玻璃	面制品

续 表

序号	名　　称	可能添加的食品品种
41	孔雀石绿	鱼类
42	乌洛托品	腐竹、米线等
43	五氯酚钠	河蟹
44	喹乙醇	水产养殖饲料
45	碱性黄	大黄鱼
46	磺胺二甲嘧啶	叉烧肉类
47	敌百虫	腌制食品
48	邻苯二甲酸酯类物质，主要包括：邻苯二甲酸二（2-乙基）己酯（DEHP）、邻苯二甲酸二异壬酯（DINP）、邻苯二甲酸二苯酯、邻苯二甲酸二甲酯（DMP）、邻苯二甲酸二乙酯（DEP）、邻苯二甲酸二丁酯（DBP）、邻苯二甲酸二戊酯（DPP）、邻苯二甲酸二己酯（DHXP）、邻苯二甲酸二壬酯（DNP）、邻苯二甲酸二异丁酯（DIBP）、邻苯二甲酸二环己酯（DCHP）、邻苯二甲酸二正辛酯（DNOP）、邻苯二甲酸丁基苄基酯（BBP）、邻苯二甲酸二（2-甲氧基）乙酯（DMEP）、邻苯二甲酸二（2-乙氧基）乙酯（DEEP）、邻苯二甲酸二（2-丁氧基）乙酯（DBEP）、邻苯二甲酸二（4-甲基-2-戊基）酯（BMPP）等	乳化剂类食品添加剂、使用乳化剂的其他类食品添加剂或食品等

2.4.5 食品中不得使用国家明令禁止的农业投入品

农业投入品是指在农产品生产过程中使用或添加的物质（包括种子、种苗、肥料、农药、兽药、饲料及饲料添加剂等），农业投入品是影响农产品质量安全的重要因素。

为保障农业生产安全、农产品质量安全和生态环境安全，维护人民生命安全和健康，国家建立了禁止和限制使用的农业投入品目录。禁止使用的农业投入品，由于其巨大的毒性和对人体的危害性，国家规定在农业生产经营活动中一律严格禁止使用。限制使用的农业投入品，虽然国家允许使用，但也必须在规定的使用范围、限定的使用剂量内使用，一旦超范围、超剂量使用，也将给农产品质量安全、人体健康和生命安全造成巨大危害。

《上海市食品安全条例》第四十九条规定，禁止在食用农产品生产经营活动中从事下列行为：(1) 使用国家禁止使用的农业投入品；(2) 超范围或者超剂量使用国家限制使用的农业投入品；(3) 收获、屠宰、捕捞未达到安全间隔期、休药期的食用农产品；(4) 对畜禽、畜禽产品灌注水或者其他物质；(5) 在食用农产品生产、销售、贮存和运输过程中添加可能危害人体健康的物质；(6) 法律、法规、规章规定的其他禁止行为。

2.5 其他要求

2.5.1 明厨亮灶

1. 明厨亮灶要求

明厨亮灶是指餐饮服务提供者采用透明玻璃、视频等方式，向社会公众展示餐饮服务相关过程的一种形式。根据《上海市食品安全条例》和国家市场监管总局2018年5月发布的《餐饮服务明厨亮灶工作指导意见》，鼓励餐饮服务提供者采用电子显示屏、透明玻璃墙等方式，公开食品加工过程、食品原料及其来源信息。

根据上海市规定，新申请或延续申请食品经营许可的中型及以上饭店应当采用电子显示屏、透明玻璃墙等方式，公开烹饪、专间、餐用具清洗消毒等加工操作过程。

2. 明厨亮灶建设标准

上海市食品安全工作联合会组织制定了明厨亮灶建设的系列团体标准：《餐饮业明厨亮灶技术规范　第1部分：通则》（T/SFSF 000004—2020）、《餐饮业明厨亮灶技术规范　第2部分：信息展示》（T/SFSF 000006—2020）、《餐饮业明厨亮灶技术规范　第3部分：互联网+明厨亮灶》（T/SFSF 000007—2020）、《餐饮业明厨亮灶技术规范　第4部分：数据管理》（T/SFSF 000008—2020）、《餐饮业明厨亮灶技术规范　第5部分：设施设备》（T/SFSF 000009—2020）分别对透明厨房、视频厨房和互联网+明厨亮灶等明厨亮灶建设技术提出具体要求。

2.5.2 新食品原料规定

1. 新食品原料的定义

《食品安全法》第三十七条规定，利用新的食品原料生产食品，应当向国务院卫生行政部门提交相关产品的安全性评估材料。

2013年5月31日，原国家卫生和计划生育委员会发布《新资源食品管理办法》（国家卫生和计划生育委员会令第1号），2017年12月26日原国家卫生和计划生育委员会修订发布了《新食品原料安全性审查管理办法》（国家卫生和计划生育委员会令第18号）。该办法规定，新食品原料是指在我国无传统食用习惯的以下物品：动物、植物和微生物；从动物、植物和微生物中分离的成分；原有结构发生改变的食品成分；其他新研制的食品原料。新食品原料不包括转基因食品、保健食品、食品添加剂新品种。传统食用习惯，是指某种食品在省辖区域内有30年以上作为定型或者非定型包装食品生产经营的历史，并且未载入《中华人民共和国药典》。

2. 新食品原料的名单

根据《食品安全法》有关规定，新食品原料应当经过国务院卫生行政部门安全性审查后，方可用于食品生产经营。截至2021年4月底，国务院卫生行政部门批准的新食品原料名单见表2-6。

表 2－6　新食品原料名单

（更新至 2021 年 4 月）

序号	名　称	英文名/拉丁名	食 用 量	使用范围及其他需要说明的情况
1	嗜酸乳杆菌	*Lactobacillus Acidophilus*		（1）乳制品、保健食品，但不包括婴幼儿食品； （2）如菌液，则水分>80%
2	低聚木糖	Xylo-oligosaccharide	≤ 1.2 克/天（以木二糖－木七糖计）	各类食品，但不包括婴幼儿食品（更新为序号 97）
3	透明质酸钠	Sodium Hyaluronates	≤200 毫克/天	保健食品原料
4	叶黄素酯	Lutein Esters	≤12 毫克/天	焙烤食品、乳制品、饮料、即食谷物、冷冻饮品、调味品和糖果，但不包括婴幼儿食品
5	L－阿拉伯糖	L－Arabinose		各类食品，但不包括婴幼儿食品
6	短梗五加	*Accanthopanax Sessiliflorus*	≤4.5 克/天	（1）饮料类、酒类； （2）不适宜人群：哺乳期妇女、孕妇、婴幼儿及儿童
7	库拉索芦荟凝胶	*Aloe Vera* Gel	≤30 克/天	（1）各类食品； （2）不适宜人群：孕妇、婴幼儿
8	低聚半乳糖	Galacto-oligosaccharides	≤15 克/天	婴幼儿食品、乳制品、饮料、焙烤食品、糖果
9	副干酪乳杆菌（菌株号 GM 080、GMNL－33）	*Lactobacillus Paracasei*		乳制品、保健食品、饮料、饼干、糖果、冰淇淋，但不包括婴幼儿食品
10	嗜酸乳杆菌（菌株号 R0052）	*Lactobacillus Acidophilus*		保健食品原料
11	鼠李糖乳杆菌（菌株号 R0011）	*Lactobacillus Rhamnosus*		保健食品原料
12	水解蛋黄粉	Bonepep	≤1 克/天	乳制品、冷冻饮品、豆类制品、可可制品，巧克力及其制品（包括类巧克力和代巧克力）以及糖果、焙烤食品、饮料类、果冻、油炸食品、膨化食品，但不包括婴幼儿食品
13	异麦芽酮糖醇	Isomaltitol	≤100 克/天	各类食品，但不包括婴幼儿食品
14	植物乳杆菌（菌株号 299v）	*Lactobacillus Plantarum*		乳制品、保健食品，但不包括婴幼儿食品

续 表

序号	名　称	英文名/拉丁名	食 用 量	使用范围及其他需要说明的情况
15	植物乳杆菌（菌株号 CGMCC NO. 1258）	*Lactobaciiius Plantarum*		饮料类、冷冻饮品、保健食品
16	植物甾烷醇酯	Plant Stanol Ester	<5 克/天	（1）植物油、植物黄油、人造黄油、乳制品、植物蛋白饮料、调味品、沙拉酱、蛋黄酱、果汁、通心粉、面条和速食麦片； （2）不适宜人群：孕妇和 5 岁以下儿童（更新为序号 87）
17	珠肽粉	Globin Peptide	≤3 克/天	保健食品原料
18	蛹虫草	*Cordyceps Militaris*	≤2 克/天	（1）直接食用、酒类、罐头、调味品、饮料； （2）不适宜人群：婴幼儿、儿童、食用真菌过敏者（更新为序号 86）
19	菊粉	Inulin	≤15 克/天	各类食品，但不包括婴幼儿食品
20	多聚果糖	Polyfructose	≤8.4 克/天	儿童奶粉、孕产妇奶粉
21	γ-氨基丁酸	Gamma Aminobutyric Acid	≤500 毫克/天	饮料、可可制品、巧克力和巧克力制品、糖果、焙烤食品、膨化食品，但不包括婴幼儿食品
22	初乳碱性蛋白粉	Colostrum Basic Protein	≤100 毫克/天	乳制品、含乳饮料、糖果、糕点、冰淇淋，但不包括婴幼儿食品
23	共轭亚油酸	Conjugated Linoleic Acid	<6 克/天	（1）直接食用； （2）脂肪、食用油和乳化脂肪制品，但不包括婴幼儿食品
24	共轭亚油酸甘油酯	Conjugated Linoleic Acid Glycerides	<6 克/天	（1）直接食用； （2）乳及乳制品（纯乳除外），脂肪、食用油和乳化脂肪制品，饮料类，冷冻饮品，可可制品、巧克力和巧克力制品以及糖果，杂粮粉及其制品，即食谷物、焙烤食品、咖啡，但不包括婴幼儿食品
25	植物乳杆菌（菌株号 ST-Ⅲ）	*Lactobacillus Plantarum*		乳制品、乳酸菌饮料，但不包括婴幼儿食品
26	杜仲籽油	*Eucommia Ulmoides* Oliv. Seed Oil	≤3 毫升/天	婴幼儿食品除外
27	茶叶籽油	Tea Camellia Seed Oil	≤15 克/天	使用范围不包括婴幼儿食品

续　表

序号	名　称	英文名/拉丁名	食 用 量	使用范围及其他需要说明的情况
28	盐藻及提取物	*Dunaliella Salina* (extract)	≤15 毫克/天（以 β-胡萝卜素计）	（1）不包括婴幼儿食品； （2）产品的胡萝卜素含量 2%~8%，其标签、说明书标注为盐藻；产品的胡萝卜素含量≥8%，其标签、说明书标注为盐藻提取物
29	鱼油及提取物	Fish Oil (extract)	≤3 克/天	（1）DHA 含量 36~125 mg/g，标签及说明书中标注鱼油；DHA 含量≥125 mg/g，标签及说明书中标注鱼油提取物； （2）在婴幼儿食品中使用应符合相关标准的要求
30	甘油二酯油	Diacylglycerol Oil	≤30 克/天	使用范围不包括婴幼儿食品
31	地龙蛋白	Earthworm Protein	≤10 克/天	本产品不适宜婴幼儿、少年儿童、孕产妇、过敏体质者等人群食用，在产品的标签、说明书中应标注“婴幼儿、少年儿童、孕产妇、过敏体质者不宜食用”
32	乳矿物盐	Milk Minerals	≤5 克/天	使用范围不包括婴幼儿食品
33	牛奶碱性蛋白	Milk Basic Protein	≤200 毫克/天	使用范围不包括婴幼儿食品
34	DHA 藻油	DHA Algal Oil	≤300 毫克/天（以纯 DHA 计）	在婴幼儿食品中使用应符合相关标准的要求
35	棉子低聚糖	Raffino-oligosaccharider	≤5 克/天	使用范围不包括婴幼儿食品
36	植物甾醇酯	Plant Sterol Ester	≤3. 9 克/天	使用范围不包括婴幼儿食品
37	植物甾醇	Plant Sterol Ester	≤2. 4 克/天	使用范围不包括婴幼儿食品
38	花生四烯酸油脂	Arochidonic Acid Oil	≤600 毫克/天（以纯花生四烯酸计）	在婴幼儿食品中使用应符合相关标准的要求
39	白子菜	*Cynura Divaricata* (L.) DC		
40	御米油	Poppyseed Oil	≤25 克/天	（1）仅限用于食用油，不得再生产加工其他食品、食品添加剂； （2）标签、说明书中应当标注不适宜人群和食用限量； （3）生产经营御米油应符合《关于加强罂粟籽食品监督管理工作的通知》（卫监督发〔2005〕349 号）的要求； （4）不适宜人群：婴幼儿

续 表

序号	名 称	英文名/拉丁名	食 用 量	使用范围及其他需要说明的情况
41	金花茶	*Camelliac Hrysantha* (Hu) Tuyama	≤20 克/天	(1) 标签、说明书中应当标注不适宜人群和食用限量； (2) 不适宜人群：婴幼儿、孕妇
42	显脉旋覆花(小黑药)	*Inula Nervosa* Wall. ex DC.	≤5 克/天	(1) 本品作为调味品使用，标签、说明书中应当标注不适宜人群和食用限量； (2) 不适宜人群：婴幼儿
43	诺丽果浆	Noni Puree		使用范围不包括婴幼儿食品
44	酵母 β-葡聚糖	Yeast β-glucan	≤250 毫克/天	使用范围不包括婴幼儿食品
45	雪莲培养物	Tissue Culture of *Saussurea Involucrata*	鲜品≤80 克/天、干品≤4 克/天	(1) 标签、说明书中应当标注不适宜人群和建议食用量； (2) 不适宜人群：婴幼儿、孕妇
46	蔗糖聚酯	Sucrose Ployesters	≤3.1 克/天	(1) 使用范围：炸薯片、即热爆米花、烘烤小甜饼； (2) 婴幼儿不宜食用，标签、说明书中应当标注不适宜人群和食用限量（更新为序号 63）
47	玉米低聚肽粉	Corn Oligo Peptides Powder	≤4.5 克/天	婴幼儿不宜食用，标签、说明书中应当标注不适宜人群和食用限量
48	磷脂酰丝氨酸	Phosphati Dylserine	≤600 毫克/天	使用范围不包括婴幼儿食品
49	雨生红球藻	*Haematococcus Pluvialis*	≤0.8 克/天	使用范围不包括婴幼儿食品
50	表没食子儿茶素没食子酸酯	Epigallocatechi Gallate (EGCG)	≤300 毫克/天(以 EGCG 计)	(1) 使用范围不包括婴幼儿食品； (2) 食品的标签、说明书中应当标注食用限量
51	翅果油	*Elaeagnus Mollis* Diels Oil	≤15 克/天	(1) 使用范围不包括婴幼儿食品； (2) 食品的标签、说明书中应当标注食用限量
52	元宝枫籽油	*Acer Truncatum* Bunge Seed Oil	≤3 克/天	使用范围不包括婴幼儿食品
53	牡丹籽油	Peony Seed Oil	≤10 克/天	使用范围不包括婴幼儿食品
54	玛咖粉	*Lepidium Meyenii* Walp	≤25 克/天	(1) 婴幼儿、哺乳期妇女、孕妇不宜食用； (2) 食品的标签、说明书中应当标注不适宜人群和食用限量
55	蚌肉多糖	*Hyriopsis Cumingii* Polysachride	≤2.5 克/天	调味品、汤料、饮料、冷冻食品

续　表

序号	名　称	英文名/拉丁名	食 用 量	使用范围及其他需要说明的情况
56	中长链脂肪酸食用油	Medium-and Long-chain Triacylglycerol Oil	≤30 克/天	卫生安全指标应符合食用植物油卫生标准
57	小麦低聚肽	Wheat Oligopeptides	≤6 克/天	(1) 婴幼儿不宜食用，标签、说明书中应当标注不适宜人群； (2) 卫生安全指标应符合我国相关标准要求
58	人参（人工种植）	*Panax Cinseng* C. A. Meyer	≤3 克/天	(1) 卫生安全指标应当符合我国相关标准要求； (2) 孕妇、哺乳期妇女及 14 周岁以下儿童不宜食用，标签、说明书中应当标注不适宜人群和食用限量
59	蛋白核小球藻	*Chlorella Pyrenoidesa*	≤20 克/天	(1) 使用范围不包括婴幼儿食品； (2) 卫生安全指标应符合我国相关标准
60	乌药叶	*Linderae Aggregate* Leaf	≤5 克/天	(1) 婴幼儿、儿童、孕期及哺乳期妇女不宜食用，标签、说明书中应当标注不适宜人群； (2) 卫生安全指标应符合我国相关标准
61	辣木叶	*Moringa Oleifera* Lesf		卫生安全指标应符合我国相关标准
62	蔗糖聚酯	Sucrose Ployesters	≤10. 6 克/天	(1) 婴幼儿不宜食用，标签、说明书中应当标注不适宜人群和食用限量； (2) 卫生部 2010 年第 15 号公告蔗糖聚酯相关信息作废
63	茶树花	Tea Blossom		卫生安全指标应符合我国相关标准
64	盐地碱蓬籽油	*Suaeda Salsa* Seed Oil		(1) 使用范围不包括婴幼儿食品； (2) 卫生安全指标应符合我国相关标准
65	美藤果油	Sacha Inchi Oil		(1) 使用范围不包括婴幼儿食品； (2) 卫生安全指标应符合我国相关标准
66	盐肤木果油	Sumac Fruit Oil		(1) 使用范围不包括婴幼儿食品； (2) 卫生安全指标应符合我国相关标准
67	广东虫草子实体	*Cordyceps Guangdongensis*	≤3 克/天	(1) 婴幼儿、儿童及食用真菌过敏者不宜食用，标签、说明书中应当标注不适宜人群； (2) 卫生安全指标应符合应我国相关标准

续 表

序号	名 称	英文名/拉丁名	食 用 量	使用范围及其他需要说明的情况
68	阿萨伊果			卫生安全指标应符合我国相关标准
69	茶藨子叶状层菌发酵菌丝体		≤50 克/天	(1) 婴幼儿、儿童及食用真菌过敏者不宜食用，标签、说明书中应当标注不适宜人群和食用限量； (2) 卫生安全指标应当符合我国相关标准要求
70	裸藻	*Euglena Gracilis*		(1) 使用范围不包括婴幼儿食品； (2) 卫生安全指标应符合我国相关标准
71	1，6－二磷酸果糖三钠盐	D－Frunctose 1，6－Diphosphate Trisodium Salt	≤300 毫克/天	(1) 运动饮料； (2) 婴幼儿、孕妇不宜食用，标签、说明书中应当标注不适宜人群和食用限量； (3) 卫生安全指标应当符合我国相关标准
72	丹凤牡丹花	*Paeonia Ostii* T. Hong et J. X. Zhang		卫生安全指标应当符合我国相关标准
73	狭基线纹香茶菜	*Isodon lophanthoides* (Buchanan-Hamilton Exd. Don) H. Hara var. Gerardianus (Bentham) H. Hara	≤8 克/天	(1) 茶饮料类； (2) 婴幼儿、少年儿童及孕妇不宜食用，标签、说明书中应当标注不适宜人群和食用限量； (3) 卫生安全指标应当符合我国相关标准
74	长柄扁桃油	Amygdalus Pedunculata Oil		(1) 使用范围不包括婴幼儿食品； (2) 卫生安全指标应当符合我国相关标准
75	光皮梾木果油	Swida Wilsoniana Oil		(1) 使用范围不包括婴幼儿食品； (2) 卫生安全指标应当符合我国相关标准
76	青钱柳叶	*Cyclocarya Paliurus*		(1) 食用方式：冲泡； (2) 卫生安全指标应当符合我国相关标准
77	低聚甘露糖	Mannan Oligosaccharide (MOS)	≤1.5 克/天	(1) 使用范围不包括婴幼儿食品； (2) 卫生安全指标应当符合我国相关标准
78	显齿蛇葡萄叶	*Ampelopsis Grossedentata*		(1) 食用方式：冲泡； (2) 卫生安全指标应当符合我国相关标准

续 表

序号	名 称	英文名/拉丁名	食 用 量	使用范围及其他需要说明的情况
79	磷虾油	Krill Oil	≤3 克/天	(1) 婴幼儿、孕妇、哺乳期妇女及海鲜过敏者不宜食用，标签、说明书中应当标注不适宜人群； (2) 卫生安全指标应当符合我国相关标准
80	马克斯克鲁维酵母	*Kluyveromyces Marxianus*		(1) 批准为可食用菌种； (2) 卫生安全指标应当符合我国相关标准
81	塔格糖	Tagatose		(1) 使用范围不包括婴幼儿食品； (2) 卫生安全指标应当符合我国相关标准
82	奇亚籽	Chia Seed		(1) 使用范围不包括婴幼儿食品； (2) 卫生安全指标应当符合我国相关标准
83	圆苞车前子壳	Psyllium Seed Hust		(1) 批准可用于婴幼儿食品； (2) 卫生安全指标应当符合我国相关标准
84	罗伊氏乳杆菌（菌株号 DSM17938）	*Lactobacillus Reuteri*		(1) 婴幼儿、儿童、食用真菌过敏者不宜食用，标签、说明书中应当标注不适宜人群； (2) 卫生安全指标应当符合我国相关标准
85	植物甾烷醇酯	Plant Stanol Ester	<5 克/天	(1) 孕妇和 5 岁以下儿童不宜食用，标签、说明书中应当标注不适宜人群； (2) 卫生安全指标应当符合我国相关标准
86	茶叶茶氨酸	Theanine	≤0.4 克/天	(1) 使用范围不包括婴幼儿食品； (2) 卫生安全指标应当符合我国相关标准
87	番茄籽油	Tomato Seed Oil		卫生安全指标应当符合我国相关标准
88	枇杷叶	*Eriobotryajaponica* (Thunb) Lindl	≤10 克/天	卫生安全指标应当符合我国相关标准
89	阿拉伯半乳聚糖	Arabinogalactan	≤15 克/天	(1) 使用范围不包括婴幼儿食品； (2) 卫生安全指标应当符合我国相关标准

续 表

序号	名　称	英文名/拉丁名	食 用 量	使用范围及其他需要说明的情况
90	湖北海棠（茶海棠）叶	*Malus Hupehensis* (Pamp.) Rehd Leaf	≤15 克/天	(1) 食用方式：冲泡； (2) 孕妇、哺乳期妇女及婴幼儿不宜食用，标签、说明书中应当标注不适宜人群； (3) 卫生安全指标应当符合我国相关标准
91	竹叶黄酮	Bamboo Leaf Flavone	≤2 克/天	(1) 使用范围不包括婴幼儿食品； (2) 卫生安全指标应当符合我国相关标准
92	燕麦 β-葡聚糖	Oat β-glucan	≤5 克/天	(1) 使用范围不包括婴幼儿食品； (2) 卫生安全指标应当符合我国相关标准
93	清酒乳杆菌	*Lactobacillus Sakei*		(1) 批准为可食用菌种； (2) 卫生安全指标应当符合我国相关标准
94	产丙酸丙酸杆菌	*Propionibacterium* Acidipropionici		(1) 批准为可食用菌种； (2) 卫生安全指标应当符合我国相关标准
95	低聚木糖	Xylo-oligosaccharide	≤3.0 克/天（以木二糖-木七糖计）	(1) 使用范围不包括婴幼儿食品； (2) 卫生安全指标应当符合我国相关标准
96	乳木果油	Shea Butter (Sheanut Oil, Shea Oil)		(1) 使用范围：巧克力、糖果、冰激淋、烘焙产品及煎炸油，但不包括婴幼儿食品； (2) 卫生安全指标应当符合我国相关标准
97	(3R, 3′R)-二羟基-β-胡萝卜素	Zeaxanthin	≤4 毫克/天［以（3R, 3′R）二羟基-β-胡萝卜素计］	(1) 使用范围不包括婴幼儿食品； (2) 卫生安全指标应当符合相关标准要求； (3) 通过微囊化和/或其他稀释工艺生产的低浓度（3R, 3′R）二羟基-β-胡萝卜素，其食用量应当按产品浓度折合计算
98	宝乐果粉	Borojo Powder	≤30 克/天	(1) 婴幼儿不宜食用，标签及说明书中应当标注不适宜人群； (2) 卫生安全指标应当符合我国相关标准
99	*N*-乙酰神经氨酸	Sialic Acid	≤500 毫克/天	卫生安全指标应当符合我国相关标准

续　表

序号	名　称	英文名/拉丁名	食 用 量	使用范围及其他需要说明的情况
100	顺-15-二十四碳烯酸	Cis-15-Tetracosenoic Acid	≤300毫克/天	(1) 婴幼儿不宜食用，标签及说明书中应当标注不适宜人群； (2) 使用范围：食用油、脂肪和乳化脂肪制品、固体饮料、乳制品、糖果、方便食品； (3) 卫生安全指标应当符合我国相关标准
101	西兰花种子水提物	Aqueous Extract of Seed of Broccoli	≤1.8克/天	(1) 使用范围不包括婴幼儿食品； (2) 卫生安全指标应当符合我国相关标准
102	米糠脂肪烷醇	Rice Bran Fatty Alcohol	≤300毫克/天	(1) 婴幼儿、孕妇不宜食用，标签及说明书中应当标注不适宜人群； (2) 卫生安全指标应当符合我国相关标准
103	γ-亚麻酸油脂（来源于刺孢小克银汉霉）	Gamma Linolenic Acid Oil	≤6克/天	卫生安全指标应当符合我国相关标准
104	β-羟基-β-甲基丁酸钙	Calcium β-hydroxy-β-methyl Butyrates (CaHMB)	≤3克/天	(1) 饮料、乳及乳制品、可可制品、巧克力及巧克力制品、糖果、烘焙食品、运动营养食品、特殊医学用途配方食品； (2) 婴幼儿、儿童、孕妇及哺乳期妇女不宜食用，标签、说明书中应当标注不适宜人群和食用限量； (3) 卫生安全指标应当符合我国相关标准
105	木姜叶柯	*Lithocarpus Litseifolius* Folium	≤10克/天（以干品计）	(1) 食用方式：冲泡； (2) 婴幼儿不宜食用，标签及说明书中应当标注不适宜人群； (3) 卫生安全指标应当符合我国相关标准
106	黑果腺肋花楸果	Black Chokebrerry	≤10克/天（以鲜品计）	(1) 婴幼儿、孕妇及哺乳期妇女不宜食用，标签及说明书中应当标注不适宜人群； (2) 食品安全指标按照食品安全国家标准中有关水果的规定执行
107	球状念珠藻（葛仙米）	*Nostoc Sphaeroides*	≤3克/天（以干品计）	(1) 婴幼儿、孕妇及哺乳期妇女不宜食用，标签及说明书中应当标注不适宜人群； (2) 食品安全指标按照食品安全国家标准中食用藻类规定执行

续　表

序号	名　称	英文名/拉丁名	食 用 量	使用范围及其他需要说明的情况
108	弯曲乳杆菌	*Lactobacillus Curvatus*		（1）使用范围：发酵肉制品、发酵乳及乳制品，但不包括婴幼儿食品； （2）婴幼儿不宜食用，标签及说明书中应当标注不适宜人群； （3）食品安全指标应当符合我国相关标准
109	明日叶	Ashitaba Stem and Leaf	鲜品≤50 克/天（干品推荐食用量以鲜品折算）	（1）婴幼儿、孕妇及哺乳期妇女不宜食用，标签及说明书中应当标注不适宜人群； （2）食品安全指标按照我国现行食品安全国家标准中有关蔬菜的规定执行
110	枇杷花	Loquat Flower	干品≤8 克/天	（1）婴幼儿、孕妇及哺乳期妇女不宜食用，标签及说明书应当标注不适宜人群； （2）食品安全指标按照我国现行食品安全国家标准中有关干制蔬菜（叶类蔬菜）的规定执行
111	瑞士乳杆菌 R0052	*Lactobacillu Helveticus* R0052		（1）批准为可用于婴幼儿食品的菌种； （2）食品安全指标应当符合我国相关标准
112	婴儿双歧杆菌 R0033	*Bifidobacterium Infantis* R0033		（1）批准为可用于婴幼儿食品的菌种； （2）食品安全指标应当符合我国相关标准
113	两歧双歧杆菌 R0071	*Bifidobacterium Bifidum* R0071		（1）批准为可用于婴幼儿食品的菌种； （2）食品安全指标应当符合我国相关标准
114	赶黄草	*Penthorum Chinense* Pursh.	≤8 克/天	食用方式：泡饮
115	蝉花子实体（人工培植）	*Isaria Cicadae* Miq.	≤3 克/天（以干品计）	婴幼儿、孕妇、哺乳期妇女及食用菌过敏者不宜食用，标签及说明书应当标注不适宜人群
116	透明质酸钠	Sodium Hyaluronate	≤200 毫克/天	（1）乳及乳制品（0.2 g/kg），饮料类（液体饮料≤50 mL 包装 2.0 g/kg，51～500 mL 包装 0.20 g/kg，固体饮料按照冲调后液体体积折算），酒类（1.0 g/kg），可可制品、巧克力和巧克力制品（包括代可可脂巧克力及制品）以及糖果（3.0 g/kg），冷冻饮品（2.0 g/kg）； （2）婴幼儿、孕妇及哺乳期妇女不宜食用，标签及说明书应当标注不适宜人群，并标注推荐食用量≤200 毫克/天

续　表

序号	名　称	英文名/拉丁名	食 用 量	使用范围及其他需要说明的情况
117	马乳酒样乳杆菌马乳酒样亚种	*Lactobacilluskefir Anofaciens* Subsp. *Kefiranofaciens*		(1) 批准为可食用菌种，使用范围不包括婴幼儿食品； (2) 食品安全指标应当符合我国相关标准
118	β-1，3/α-1，3-葡聚糖	β-1，3-/α-1，3-glucan	≤3克/天	(1) 婴幼儿、孕妇及哺乳期妇女不宜食用，标签、说明书应当标注不适宜人群； (2) 食品安全指标应当符合我国相关标准
119	二氢槲皮素	Dihydroquercetin	≤100毫克/天	(1) 使用范围和最大使用量：饮料(20 mg/L)，发酵乳和风味发酵乳（20 mg/kg），可可制品、巧克力和巧克力制品（70 mg/kg）； (2) 婴幼儿、儿童（14岁及以下）、孕妇、哺乳期妇女不宜食用，标签、说明书应当标注不适宜人群； (3) 食品安全指标应当符合我国相关标准
120	鼠李糖乳杆菌MP108	*Lactobacillus Rhamnosus* MP108		(1) 可用于婴幼儿食品的菌种； (2) 食品安全指标应符合我国相关标准
121	拟微球藻	*Nannochloropsis Gaditana*		(1) 婴幼儿、孕妇及哺乳期妇女不宜食用，标签及说明书中应当标注不适宜人群； (2) 食品安全指标按照食品安全国家标准中食用藻类的规定执行

经营的食品中含有新食品原料的，其产品标签标识应当符合国家法律、法规、食品安全标准和国务院卫生行政部门公告要求。

3. 新食品原料的终止审查

原国家卫生计生委颁发的《新食品原料安全性审查规程》（国卫食品发〔2013〕23号）规定，有下列情况之一的，专家评审委员会作出“终止审查”的技术评审结论：① 经审核为普通食品或与普通食品具有实质等同的；② 与已公告的新食品原料具有实质等同的；③ 其他终止审查的情况。

1）被判定终止审查，按新食品原料管理的情形

与已公告的新食品原料实质等同。根据《新食品原料安全性审查管理办法》，实质等同是指如某个新申报的食品原料与食品或者已公布的新食品原料在种属、来源、生物学特征、主要成分、食用部位、使用量、使用范围和应用人群等方面相同，所采用工艺和质量要求基本一致，可以视为它们是同等安全的，具有实质等同性。

2）被判定终止审查，按地方特色食品管理的情形

国内省、自治区、直辖市人民政府卫生行政部门出具了在当地民间作为食品有长期食用历史和食用习惯，作为地方特色食品管理的证明，如三七花、三七茎叶。按《食品安全法》第二十九条有关规定执行。省、自治区、直辖市人民政府卫生行政部门可以制定并公布食品安全地方标准，报国务院卫生行政部门备案。食品安全国家标准制定后，该地方标准即行废止。此处使用了“长期食用历史”而不是传统食用习惯，由于没有相关法规条文对“长期食用历史”有详细的定义与解释，是否与传统食用习惯有异，尚不清楚。

3）被判定终止审查，按普通食品管理的情形

概括起来有以下几种。

（1）已有国家标准，如大豆低聚糖。

（2）已公告为普通食品，如海藻糖。

（3）普通食品的一个栽培品种，如天瓜粉。

（4）省级相关部门出具当地具有传统食用习惯和或长期食用历史的证明，如黑果枸杞、连翘叶、橡胶树种子油、优遁草（后更名为鳄嘴花）。

（5）以可食用的动物或植物蛋白质为原料，经 GB 2760—2014《食品安全国家标准　食品添加剂使用标准》规定允许使用的食品用酶制剂酶解制成的物质（依据卫生部 2013 年第 7 号公告），如弹性蛋白（又更名为鲣鱼弹性蛋白肽）。

（6）可食用原料经简单、或传统、或被普遍认可的工艺加工制成。此种情况较为复杂，这些被认可的工艺包括：① 简单水提如桑叶提取物；② 白糖焦化如焦糖粉、焦糖浆；③ 物理分离处理（过滤、膜分离、离心、超滤、压榨、研磨沉淀等），如浓缩牛奶蛋白、牛奶磷脂、星油藤蛋白粉（后更名为美藤果蛋白）、楂鱼油、马铃薯提取物等；④ 常规酶解工艺，如酶解骨粉；⑤ 常规发酵工艺，如乳清发酵物（粉末、原液）；⑥ 其他简单工艺，如非变性Ⅱ型胶原蛋白（又更名为含Ⅱ型胶原蛋白软骨粉）。

（7）其他没有说明原因被终止审查的，如荞麦苗（又更名为苦荞麦苗）、燕麦苗。

4）终止审查名单

截至 2021 年 6 月，终止审批的新食品原料目录见表 2－7。

表 2－7　新食品原料终止审查目录

（更新至 2021 年 6 月）

序号	名　称	说　明
1	L－阿拉伯糖	本产品是以玉米芯、玉米皮为原料，经稀酸水解、酿酒酵母发酵、分离净化、结晶、干燥等工艺制成，与已批准公告的 L－阿拉伯糖（原卫生部 2008 年 12 号公告）具有实质等同性。作为食品原料使用时，应按照已公告的 L－阿拉伯糖有关内容执行，卫生安全指标按照我国相关标准执行
2	γ－氨基丁酸	本产品是以 L－谷氨酸钠为原料，经短乳杆菌（*Lactobacillus Brevis*）发酵、纯化、过滤浓缩、结晶、分离，喷雾干燥等工艺而制成，与已批准公告的 γ－氨基丁酸（原卫生部 2009 年 12 号公告）具有实质等同性。除生产工艺外，其他要求按照已公告的 γ－氨基丁酸有关内容执行，卫生安全指标按照我国相关标准执行

续 表

序号	名　称	说　明
3	γ-氨基丁酸	本产品是以L-谷氨酸钠为原料，经希氏乳杆菌（*Lactobacillus Hilgardii*）发酵、加热杀菌、冷却、活性炭处理、过滤、结晶、干燥等工艺而制成，与已批准公告的γ-氨基丁酸（原卫生部2009年第12号公告）具有实质等同性。除生产工艺外，其他要求按照已公告的γ-氨基丁酸有关内容执行
4	三七花	云南省卫生计生委出具了三七花在云南民间作为食品有长期食用历史和食用习惯，作为地方特色食品管理的证明，应按《食品安全法》第二十九条有关规定执行
5	三七茎叶	云南省卫生计生委出具了三七茎叶在云南民间作为食品有长期食用历史和食用习惯，作为地方特色食品管理的证明，应按《食品安全法》第二十九条有关规定执行
6	中长碳链甘油三酯	该产品与已批准公告的中长链脂肪酸食用油（原卫生部2012年16号公告）具有实质等同性；质量指标按照企业产品质量规格执行，卫生安全指标按照我国相关标准执行
7	中长链脂肪酸结构油（又更名为中长链脂肪酸食用油）	该产品是以食用植物油和中碳链脂肪酸辛酸或辛癸酸（来源于棕榈仁油和椰子油）为原料，通过固定化脂肪酶催化酸解反应，经分子蒸馏纯化、脱臭等工艺制成，与已批准公告的中长链脂肪酸食用油（原卫生部2012年16号公告）具有实质等同性；质量指标按照企业产品质量规格执行，卫生安全指标按照我国相关标准执行
8	乳清发酵物（原液）	本产品是以乳清为原料，经费氏丙酸杆菌谢氏亚种发酵等工艺而制得的原液，可作为普通食品生产经营。质量指标按照企业产品质量规格执行，卫生安全指标按照我国相关标准执行
9	乳清发酵物（粉末）	本产品是以乳清为原料，经费氏丙酸杆菌谢氏亚种发酵制得的原液，再加入淀粉，经冷冻干燥等工艺而制成，可作为普通食品生产经营。质量指标按照企业产品质量规格执行，卫生安全指标按照我国相关标准执行
10	乳矿物盐	该产品与已批准公告的乳矿物盐（卫生部2009年18号公告）具有实质等同性；质量指标按照产品质量规格执行，卫生安全指标按照我国相关标准执行
11	人参不定根	原卫生部于2012年批准公告人参（人工种植）（*Panax Ginseng* C. A. Meyer）为新资源食品，国际食品法典委员会（CAC）将人参及其制品作为食品制定了相应的标准。人参不定根是人参种源诱导出愈伤组织，经分化培养形成不定根，通过筛选获得工作种源，经培养、清洗、干燥等步骤制成，其生产经营参照人参（人工种植）的有关要求执行，卫生安全指标按照我国相关标准执行
12	人参组织培养物（后更名为人参组培不定根）	人参组织培养物（后更名为人参组培不定根）终止审查通知书意见：原卫生部于2012年批准公告人参（人工种植）（*Panax Ginseng* C. A. Meyer）为新资源食品，国际食品法典委员会（CAC）将人参及其制品作为食品制定了相应的标准。人参组培不定根是人参种源诱导出愈伤组织、分化培养形成不定根，通过筛选获得工作种源，再经三级培养、清洗、干燥等步骤制得，作为食品生产经营参照人参的有关要求执行，卫生安全指标按照我国相关标准执行

续 表

序号	名　称	说　　明
13	养殖暗纹东方鲀	鉴于原农业部办公厅和原国家食品药品监督管理总局办公厅发布《关于有条件放开养殖红鳍东方鲀和养殖暗纹东方鲀加工经营的通知》，且农业农村部已公布其鱼源基地名单，建议终止审查
14	养殖红鳍东方鲀	鉴于原农业部办公厅和原国家食品药品监督管理总局办公厅发布《关于有条件放开养殖红鳍东方鲀和养殖暗纹东方鲀加工经营的通知》，且农业农村部已公布其鱼源基地名单，建议终止审查
15	冠突散囊菌（CGMCCNO. 8730）	所申报菌种使用范围为茶叶，属于《可用于食品菌种名单》中有关“传统上用于食品生产加工的菌种允许继续使用”的范畴，建议终止审查
16	堇叶碎米荠	鉴于该申报产品在我国多省具有长期人群食用历史，建议终止审查，可参照叶菜类蔬菜标准管理：污染物限量应符合 GB 2760—2014《食品安全国家标准　食品添加剂使用标准》的规定，农药残留限量应符合 GB 2763—2021《食品安全国家标准　食品中农药最大残留限量》的规定
17	壳寡糖	本产品是以壳聚糖为原料，经酶解、过滤、喷雾干燥制成，与已批准公告的壳寡糖（国家卫生计生委 2014 年第 6 号公告）生产工艺大体相同，分子式和分子量相同，纯度范围一致，质量要求相同，具有实质等同性。相关要求按照已公告的壳寡糖有关内容执行
18	壳寡糖	该申报产品以壳聚糖为原料，经酶解，过滤、喷雾干燥制成，与已批准公告的壳寡糖（原国家卫生计生委 2014 年第 6 号公告）生产工艺大体相同，分子式和分子量相同，纯度范围一致，质量要求一致。因此，认为申报产品与已公告的壳寡糖具有实质等同性，建议终止审查
19	大豆低聚糖	大豆低聚糖已有国家标准，作为食品原料使用时，应按 GB/T 22491—2008《大豆低聚糖》有关内容执行
20	山参组培不定根（后更名为人参组培不定根）	原卫生部于 2012 年批准公告人参（人工种植）为新资源食品，国际食品法典委员会（CAC）将人参及其制品作为食品制定了相应的标准。本产品是人参种源经清洗、消毒、切片后接入固体培养基进行分化培养，筛选工作种源，再经三级培养、漂洗、干燥等步骤制得，作为食品生产经营参照人参的有关要求执行，卫生安全指标按照我国相关标准执行
21	弹性蛋白（又更名为鲣鱼弹性蛋白肽）	本产品是以来源于鲣鱼心脏的弹性蛋白为原料，经蛋白酶（来源于枯草芽孢杆菌和地衣芽孢杆菌）酶解制成，可作为普通食品生产经营。质量指标按照企业产品质量规格执行，卫生安全指标按照我国相关标准执行
22	当归	鉴于国家卫生健康委员会已发布《关于当归等 6 种新增按照传统既是食品又是中药材的物质公告》，建议终止审查
23	忧遁草（后更名为鳄嘴花）	鳄嘴花［*Clinacanthusnutans*（Burm. f.）Lindau］为爵床科鳄嘴花属植物，别名忧遁草，食用部位为茎叶，在我国海南地区具有传统食用习惯，可作为普通食品生产经营，卫生安全指标按照我国相关标准执行
24	文冠果油	鉴于该产品具有长期人群食用历史，且国家粮食和物资储备局已发布标准《LS/T 3265—2019 文冠果油》，建议终止审查，按普通食品管理
25	明日叶提取物（后更名为明日叶汁粉）	国家卫生健康委已批准公告明日叶为新食品原料（2019 年第 2 号公告）。明日叶汁粉除生产工艺按申报材料外，产品的其他指标按照已公告的明日叶有关内容执行（质量指标按照企业产品质量规格执行）

续 表

序号	名　称	说　明
26	星油藤蛋白粉（后更名为美藤果蛋白）	本产品是以美藤果（南美油藤）种仁为原料，经压榨、粉碎、蒸制、烘干、超微粉碎、灭菌等工艺制成，可作为普通食品生产经营，卫生安全指标按照我国相关标准执行
27	桑叶提取物	本品是以桑叶为原料，经水提、微滤、超滤、浓缩、喷雾干燥等工艺制成，该工艺属传统工艺，与桑叶（卫法监发〔2002〕51 号文中既是食品又是药品的物品名单）具有实质等同性，其卫生安全指标按我国相关食品安全标准执行
28	楂鱼油	本产品是以楂鱼（*Pangasiushypophthalmus*）为原料，经蒸煮、压榨、分离等工艺而制成，可作为普通食品生产经营。质量指标按照企业产品质量规格执行，卫生安全指标按照我国相关标准执行
29	橡胶树种子油	本产品是以巴西三叶橡胶树（*Heveabrasiliensis*）种子为原料，经过清理、烘干、脱壳、压榨、浸出，脱除氰化物和橡胶，精炼制得。本产品在我国云南地区具有传统食用习惯，可作为普通食品生产经营，卫生安全指标按照我国相关标准执行
30	油葡萄（山桐子）油［后更名为“山桐子油（油葡萄油）”］	鉴于该产品具有长期人群食用历史，且国家粮食和物资储备局已发布相关标准《LS/T 3258—2018 山桐子油》，建议终止审查，按普通食品管理
31	浓缩牛奶蛋白	本产品以牛乳（添加或不添加乳清）为原料，经膜分离富集蛋白质后浓缩干燥制成，可作为普通食品生产经营。质量指标按照企业产品质量规格执行，卫生安全指标按照我国相关标准执行
32	海藻糖	海藻糖作为普通食品管理，按照国家卫生和计划生育委员会 2014 年第 15 号公告执行
33	焦糖浆	本产品是以蔗糖为原料，经焦化、冷却、过滤等工艺而制成，可作为普通食品生产经营。质量指标按照企业产品质量规格执行，卫生安全指标按照我国相关标准执行
34	焦糖粉	本产品是以蔗糖为原料，经焦化、冷却、过滤、干燥等工艺而制成，可作为普通食品生产经营。质量指标按照企业产品质量规格执行，卫生安全指标按照我国相关标准执行
35	然波（珠芽蓼果实粉）	鉴于该产品具有地方传统食用习惯，建议按照《食品安全法》第 29 条管理，终止审查
36	燕麦苗	本产品是以燕麦苗的嫩茎叶为原料，经清洗、脱水、粉碎等步骤制成，可作为普通食品生产经营。质量指标按照企业产品质量规格执行，卫生安全指标按照我国相关标准执行
37	牛大力粉	鉴于该产品具有地方传统食用习惯，建议按照《食品安全法》第 29 条管理，终止审查
38	牛奶磷脂	本产品是以牛奶中分离的奶油为原料，经离心、超滤、杀菌、喷雾、干燥等工艺制得，可作为普通食品生产经营。质量指标按照企业产品质量规格执行，卫生安全指标按照我国相关标准执行

续 表

序号	名　称	说　明
39	甜茶	鉴于该产品具有地方传统食用习惯，建议按照《食品安全法》第 29 条管理，终止审查
40	白木香叶	白木香叶属于地方特色食品，建议按地方特色食品管理，终止审查
41	益圣堂牌天瓜粉（又更名为天瓜粉）	本产品是以天瓜（依据物种鉴定是西葫芦的一个栽培品种）果实为原料，经切片、干燥、粉碎等步骤制成，可作为普通食品经营。质量指标按照企业产品质量规格执行，卫生安全指标按照我国相关标准执行
42	磷脂酰丝氨酸	本品以大豆卵磷脂和 L-丝氨酸为原料，采用磷脂酶转化反应后，纯化、干燥后制得，与原卫生部 2010 年第 15 号公告中的磷脂酰丝氨酸具有实质等同性，其卫生安全指标按我国相关食品安全标准执行
43	磷虾油	本产品是以磷虾为原料，经水洗、切碎、酶解去壳、干燥等工艺加工成粉后，再经乙醇提取、过滤、浓缩等工艺制成，与已批准公告的磷虾油（国家卫生计生委 2013 年第 16 号公告）具有实质等同性。除生产工艺中与原公告相比增加酶解工艺外，其他要求按照已公告的磷虾油有关公告内容执行，卫生安全指标按照我国相关食品安全标准执行
44	荒漠肉苁蓉	鉴于国家卫生健康委员会已发布《关于对党参等 9 种物质开展按照传统既是食品又是中药材的物质管理试点工作的通知》，建议终止审查
45	荞麦苗（又更名为苦荞麦苗）	本产品是以苦荞麦苗的嫩茎叶为原料，经清洗、脱水、粉碎等步骤制成，可作为普通食品生产经营。质量指标按照企业产品质量规格执行，卫生安全指标按照我国相关标准执行
46	裂壶藻来源的 DHA 藻油	本产品是以裂壶藻、葡萄糖、酵母粉等为原料，经发酵培养制得菌体，菌体经过过滤、干燥、萃取、精制等工艺而制成，与已批准公告的 DHA 藻油（卫生部 2010 年 3 号公告）具有实质等同性。除生产工艺、原料外，其他要求按照已公告的 DHA 藻油有关内容执行，卫生安全指标按照我国相关标准执行
47	连翘叶	山西省已提供连翘叶的食用历史证明，且正在研制连翘叶食品安全地方标准
48	酶解骨粉	本产品是以牛骨为原料，经蒸煮、粉碎、蛋白酶（来源于枯草芽孢杆菌）酶解，以及干燥等工艺而制成，可作为普通食品生产经营。质量指标按照企业产品质量规格执行，卫生安全指标按照我国相关标准执行
49	金线莲（后更名为金线兰）	鉴于该产品具有地方传统食用习惯，建议按照《食品安全法》第 29 条管理，终止审查
50	铁皮石斛	鉴于国家卫生健康委员会已发布《关于对党参等 9 种物质开展按照传统既是食品又是中药材的物质管理试点工作的通知》，建议终止审查
51	铁皮石斛叶	鉴于该产品具有地方传统食用习惯，建议按照《食品安全法》第 29 条管理，终止审查
52	铁皮石斛花	鉴于该产品具有地方传统食用习惯，建议按照《食品安全法》第 29 条管理，终止审查

续　表

序号	名　称	说　明
53	雨生红球藻油（虾青素油）	雨生红球藻已批准为新资源食品。申报产品中的虾青素成分与雨生红球藻基本一致，建议终止审查。按雨生红球藻中总虾青素折合计算，雨生红球藻油食用量为≤240 mg/天。雨生红球藻油总虾青素含量≥5%，全反式虾青素含量与总虾青素含量比值≥70%，微囊藻毒素 LR、RR、YR 均应<1μg/kg。使用范围不包括婴幼儿食品，食品安全指标参照我国现行食品安全国家标准中植物油的相关规定执行
54	非变性Ⅱ型胶原蛋白（又更名为含Ⅱ型胶原蛋白软骨粉）	本产品是以鸡胸软骨为原料，经清洗、消毒、粉碎后加入氯化钾，在低温条件下烘干后得到的含胶原蛋白的软骨粉，可作为普通食品生产经营。该产品质量指标按照企业标准执行，卫生安全指标按照《食品安全国家标准　食品中污染物限量》（GB 2762—2017）、《食品安全国家标准　预包装食品中致病菌限量》（GB 29921—2021）执行
55	马铃薯提取物	本产品是以马铃薯为原料，经漂洗、研磨、沉淀、过滤、干燥等工艺制成，可作为普通食品生产经营，卫生安全指标按照我国相关标准执行
56	鱼油	本产品与已批准公告的鱼油及提取物（卫生部 2009 年 18 号公告）具有实质等同性，鱼油的组成比例按照产品质量规格执行，其他要求按照已公告的鱼油及提取物有关内容执行，卫生安全指标按照我国相关标准执行
57	鱼油	本产品是以可食用海洋鱼经蒸馏、酯化、还原酯化、精制、除臭等工艺而制成，与已批准公告的鱼油及提取物（卫生部 2009 年 18 号公告）具有实质等同性。除生产工艺外，其他要求按照已公告的鱼油及提取物有关内容执行，卫生安全指标按照我国相关标准执行
58	鱼油（Pronova Pure）	本产品是以可食用海洋鱼经提纯、蒸馏、酯化、包合、还原酯化等工艺而制成，与已批准公告的鱼油及提取物（原卫生部 2009 年 18 号公告）具有实质等同性。除生产工艺外，其他要求按照已公告的鱼油及提取物有关内容执行，卫生安全指标按照我国相关标准执行
59	黑果枸杞	黑果枸杞分布于宁夏、甘肃、西藏等。青海省相关部门出具了黑果枸杞（*Lyciumruthenicum* Murr.）在青海具有长期食用历史的证明，可作为普通食品管理。卫生安全指标按照相关标准执行

2.5.3　食品添加剂新品种规定

《食品安全法》第三十七条规定，生产食品添加剂新品种，应当向国务院卫生行政部门提交相关产品的安全性评估材料。2010 年 3 月 30 日，原卫生部颁发《食品添加剂新品种管理办法》（卫生部令第 73 号）。2017 年 12 月 26 日，原国家卫生和计划生育委员会修订了《食品添加剂新品种管理办法》（国家卫生和计划生育委员会令第 18 号）。该办法规定，食品添加剂新品种是指未列入食品安全国家标准的食品添加剂品种、未列入卫生部公告允许使用的食品添加剂品种，以及扩大使用范围或者用量的食品添加剂品种。

《食品添加剂新品种管理办法》规定了食品添加剂新品种安全评估的相关程序和要求。申请食品添加剂新品种经营的单位或者个人，应当向国务院卫生行政部门提出食品添加剂新品种许可申请。经过评审，国务院卫生行政部门决定对在技术上确有必要性和符合食品安全要求的食品添加剂新品种准予许可并列入允许使用的食品添加剂名单予以公布。

2.5.4 食品相关产品新品种规定

《食品安全法》第三十七条规定，生产食品相关产品新品种，应当向国务院卫生行政部门提交相关产品的安全性评估材料。

2011年3月24日，原卫生部印发《食品相关产品新品种行政许可管理规定》（卫监督发〔2011〕25号）规定，食品相关产品新品种，是指用于食品包装材料、容器、洗涤剂、消毒剂和用于食品生产经营的工具、设备的新材料、新原料或新添加剂，具体包括：尚未列入食品安全国家标准或者卫生部公告允许使用的食品包装材料、容器及其添加剂；扩大使用范围或者使用量的食品包装材料、容器及其添加剂；尚未列入食品用消毒剂、洗涤剂原料名单的新原料；食品生产经营用工具、设备中直接接触食品的新材料、新添加剂。

《食品相关产品新品种行政许可管理》规定，国务院卫生行政部门负责食品相关产品新品种许可工作，制订安全性评估技术规范，对符合食品安全要求的食品相关产品新品种准予许可并予以公告。食品销售经营活动中应当严格按照国务院卫生行政部门公告的内容使用食品相关产品新品种。

第3章　餐饮服务过程控制

3.1　食品从业人员管理

食品从业人员是指餐饮服务单位的负责人、食品安全管理人员、关键环节操作人员及其他相关从业人员。食品从业人员管理是餐饮服务单位落实各项食品安全风险控制措施的重要一环，国家和上海市的食品安全法律、法规、标准及规范性文件对食品从业人员管理有着明确的要求。

3.1.1　食品安全管理人员的配置和职责

原上海市食品药品监督管理局制定的《上海市食品从业人员食品安全知识培训和考核管理办法》明确，食品安全管理人员是指食品生产经营者分管食品安全管理的负责人、内设食品安全管理部门的人员、内设其他部门（如采购管理部门、生产管理部门、检验部门）负责人、负责食品安全管理的人员、食品检验人员、餐饮服务提供者的厨师长，包括直接负责食品安全管理工作的法定代表人或者主要负责人。

《食品安全法》第三十三条规定“食品生产经营应当有专职或者兼职的食品安全专业技术人员、食品安全管理人员”、第四十四条规定“食品生产经营企业应当配备食品安全管理人员”。《上海市食品安全条例》第三十八条规定餐饮服务单位“营业时段安排食品安全管理人员开展监督管理工作”。

GB 31654—2021《食品安全国家标准　餐饮服务通用卫生规范》规定，餐饮服务业企业、网络餐饮服务第三方平台提供者、学校（含幼托机构）食堂、养老机构食堂、医疗机构食堂应配备经食品安全培训，具有食品安全管理能力的专职或者兼职食品安全管理员。《餐饮服务食品安全操作规范》规定，中央厨房、集体用餐配送单位、连锁餐饮企业总部、网络餐饮服务第三方平台提供者应设立食品安全管理机构，配备专职食品安全管理人员。其他特定餐饮服务提供者［指学校（含托幼机构）食堂、养老机构食堂、医疗机构食堂等］应配备专职食品安全管理人员，宜设立食品安全管理机构。

上海市食品安全地方标准 DB 31/2008—2012《中央厨房卫生规范》和 DB 31/2024—2014《集体用餐配送膳食生产配送卫生规范》规定中央厨房和集体用餐配送单位还要配备具备食品安全相关检验检测能力的技术人员。

《餐饮服务食品安全操作规范》规定，食品安全管理人员的基本职责包括：(1) 建立健全食品安全管理制度，明确各岗位的食品安全责任，强化过程管理；(2) 根据食物中毒防控要求和经营实际，确定高风险的食品品种和加工制作环节，实施食品安全风险重点防控，制定加工操作规程；(3) 制订从业人员健康检查、食品安全培训考核及食品安全自查等计划；

（4）落实各项食品安全管理制度、加工操作规程；（5）定期开展从业人员健康检查、食品安全培训考核及食品安全自查，及时消除食品安全隐患；（6）依法处置不合格食品、食品添加剂、食品相关产品；（7）依法报告、处置食品安全事故；（8）建立健全食品安全管理档案；（9）配合市场监督管理部门开展监督检查；（10）食品安全法律、法规、规章、规范性文件和食品安全标准规定的其他要求。

3.1.2 食品从业人员培训考核

餐饮服务提供者应当根据餐饮服务工作的特点和实际情况，对全体食品从业人员开展食品安全知识培训，增加其法律意识和技术水平，提升食品安全意识。

《食品安全法》第四十四条规定，食品生产经营企业应当建立健全食品安全管理制度，对职工进行食品安全知识培训，加强食品检验工作，依法从事生产经营活动。食品生产经营企业应当配备食品安全管理人员，加强对其培训和考核。经考核不具备食品安全管理能力的，不得上岗。食品安全监督管理部门应当对企业食品安全管理人员随机进行监督抽查考核并公布考核情况。监督抽查考核不得收取费用。

《上海市食品安全条例》第三十一条规定，食品生产经营者应当自行组织或者委托社会培训机构、行业协会，对本单位的从业人员进行上岗前和在岗期间的食品安全知识培训，学习食品安全法律、法规、规章、标准和食品安全知识，并建立培训档案。参加培训的人员可以按照规定，享受本市企业职工培训补贴。食品生产经营者应当对食品安全管理人员、关键环节操作人员及其他相关从业人员进行考核。

根据《食品安全法》《上海市食品安全条例》要求，原上海市食品药品监管局制订了《上海市食品从业人员食品安全知识培训和考核管理办法》，对本市食品从业人员培训考核工作的组织实施做了具体规定。

1. 餐饮服务单位的培训考核义务

食品生产经营者是食品安全知识培训考核的主体。餐饮服务提供者应当建立健全食品安全知识培训考核管理制度，可以自行组织或委托社会培训机构、行业协会，对本单位的食品安全管理人员、关键环节操作人员及其他相关从业人员进行食品安全知识培训考核。

2. 培训内容

食品安全相关协会负责制定本行业食品从业人员食品安全知识培训大纲，培训大纲应当明确各行业、各岗位食品从业人员需要掌握的食品安全法律法规和标准、基本知识、食品生产经营过程控制等知识，并向社会公布、向市食品安全监督管理部门报备。培训应当包括但不限于以下内容：（1）国家和本市食品安全法律法规和标准；（2）食品安全基本知识；（3）食品安全管理知识；（4）食品安全操作技能；（5）食品安全事故应急处置知识；（6）其他需要培训和考核的内容。

餐饮服务单位和社会培训机构应当选用紧扣培训大纲要求的培训资料和教材。

3. 培训要求

（1）培训和考核。餐饮服务提供者应当对本单位食品从业人员开展上岗前和在岗期间的食品安全知识培训和考核。考核不合格的，不得上岗。

（2）培训时间。餐饮服务单位的负责人、食品安全管理人员在岗期间每 12 个月接受食品安全知识集中培训应当不少于 60 小时，其他食品从业人员在岗期间每 12 个月应当不少于 40 小时。

（3）分类培训制度。上海市建立食品从业人员分类培训制度，按照食品生产经营者从事的生产经营活动分为食品生产（A）、食品销售（B）、餐饮服务（C）和网络食品交易第三方平台提供者、食品贮运服务提供者（D）四类行业；按照食品从业人员从事的岗位可分为食品安全管理人员（1）、负责人（2）和关键环节操作人员及其他相关从业人员（3）三种岗位。餐饮服务提供者的食品安全管理人员、负责人、关键环节操作人员及其他相关从业人员应当分别通过 C1、C2、C3 类别的食品安全知识培训，取得 C1 类培训合格证明的，可以从事 C2、C3 类岗位的工作。

（4）培训合格证明。经网络在线考核合格的食品从业人员可以通过食品安全知识培训和考核信息系统取得相应类别的培训合格证明，培训合格证明有效期 3 年；餐饮服务提供者自行组织食品从业人员培训考核的，可以通过食品安全知识培训和考核信息系统自行制作培训合格证明。

（5）培训考核档案。餐饮服务提供者应当建立食品从业人员食品安全知识培训、考核档案，档案应当记录培训日期、培训课时、培训地点、培训内容、授课师资、培训方式、是否参加考核及考核成绩等信息。

4. 监督抽查考核

食品安全监管部门应当对食品生产经营者的负责人、食品安全管理人员、关键环节操作人员及其他相关从业人员随机进行监督抽查考核并公布考核情况。食品生产经营者的负责人、食品安全管理人员、关键环节操作人员及其他相关从业人员监督抽查考核不合格的，或者未按照规定培训、考核的，可按照《上海市食品安全条例》第九十四条的规定责令改正，给予警告；拒不改正的，处五千元以上五万元以下罚款；情节严重的，责令停产停业，直至吊销许可证或者准许生产证。

3.1.3　食品从业人员健康管理

1. 健康证明

健康证明是指预防性健康检查证明，俗称“健康证”，证明受检者具备从业规定的健康素质。《食品安全法》第四十五条第二款规定“从事接触直接入口食品工作的食品生产经营人员应当每年进行健康检查，取得健康证明后方可上岗工作”。餐饮服务单位接触直接入口食品工作是指清洁操作区内的加工制作及切菜、配菜、烹饪、传菜、餐饮具清洗消毒，从业人员包括新参加和临时参加工作的从业人员。

2. 动态健康管理

人的健康具有动态的特点。因此，食品安全管理人员应每天对从业人员上岗前的健康状况进行检查。患有发热、腹泻、咽部炎症等病症及皮肤有伤口或感染的从业人员，应主动向食品安全管理人员等报告，暂停从事接触直接入口食品的工作，必要时进行临时健康检查，待查明原因并将有碍食品安全的疾病治愈后方可重新上岗。

手部有伤口的从业人员，使用的创可贴宜颜色鲜明，并及时更换。佩戴一次性手套后，可从事非接触直接入口食品的工作。

患有国务院卫生行政部门规定的有碍食品安全疾病的人员，不得从事接触直接入口食品的工作。根据原国家卫生计生委《关于印发有碍食品安全的疾病目录的通知》，有碍食品安全的疾病包括：霍乱、细菌性和阿米巴性痢疾、伤寒和副伤寒、病毒性肝炎（甲型、戊型）、活动性肺结核、化脓性或者渗出性皮肤病，国务院卫生行政部门会根据食品安全需要和相关疾病预防控制情况等因素适时对目录进行调整。

3.1.4 食品从业人员卫生管理

《食品安全法》第三十三条第一款第（八）项规定“食品生产经营人员应当保持个人卫生，生产经营食品时，应当将手洗净，穿戴清洁的工作衣、帽等”。《上海市食品安全条例》第三十二条第二款规定“食品生产经营者应当严格执行食品生产经营场所卫生规范制度，从业人员应当保持个人卫生、着装清洁”。要求食品从业人员应保持良好的个人卫生，具体管理要求如下。

1. 个人卫生

食品从业人员不得留长指甲、涂指甲油，工作时，应穿清洁的工作服，不得披散头发，佩戴的手表、手镯、手链、手串、戒指、耳环等饰物不得外露。食品处理区内的从业人员不宜化妆，应戴清洁的工作帽，工作帽应能将头发全部遮盖住。

2. 手部清洗消毒

（1）食品从业人员在加工制作食品前，应洗净手部，手部清洗宜符合《餐饮服务从业人员洗手消毒方法》（附录I）。

（2）加工制作过程中，应保持手部清洁。出现下列情形时，应重新洗净手部：① 加工制作不同存在形式的食品前；② 清理环境卫生、接触化学物品或不洁物品（落地的食品、受到污染的工具容器和设备、餐厨废弃物、钱币、手机等）后；③ 咳嗽、打喷嚏及擤鼻涕后。

（3）使用卫生间、用餐、饮水、吸烟等可能会污染手部的活动后，应重新洗净手部。

（4）加工制作不同类型的食品原料前，宜重新洗净手部。

（5）从事接触直接入口食品工作的从业人员，加工制作食品前应洗净手部并进行手部消毒，手部清洗消毒应符合《餐饮服务从业人员洗手消毒方法》（附录I）。加工制作过程中，应保持手部清洁。出现下列情形时，应重新洗净手部并消毒：① 接触非直接入口食品后；② 触摸头发、耳朵、鼻子、面部、口腔或身体其他部位后；③ 出现本条（2）情形的，应重新洗净手部。

3. 口罩佩戴

专间的从业人员应佩戴清洁的口罩，专用操作区内从事现榨果蔬汁加工制作、果蔬拼盘加工制作、植物性冷食类食品（不含非发酵豆制品）加工制作、对预包装食品进行拆封、装盘、调味等简单加工制作后即供应、调制供消费者直接食用的调味料、备餐的从业人员应佩戴清洁的口罩，其他接触直接入口食品的从业人员，宜佩戴清洁的口罩。

4. 工作服

食品从业人员工作服宜为白色或浅色，应定点存放，定期清洗更换；从事接触直接入口食品工作的从业人员，其工作服宜每天清洗更换；食品处理区内加工制作食品的从业人员使用卫生间前，应更换工作服；工作服受到污染后，应及时更换；待清洗的工作服不得存放在食品处理区；清洁操作区与其他操作区从业人员的工作服应有明显的颜色或标识区分；专间内从业人员离开专间时，应脱去专间专用工作服。

进入食品处理区的非加工制作人员，也应符合以上从业人员卫生要求。

附录 I

餐饮服务从业人员洗手消毒方法

（资料性附录）

一、洗手程序

（一）打开水龙头，用自来水（宜为温水）将双手弄湿。

（二）双手涂上皂液或洗手液等。

（三）双手互相搓擦 20 秒（必要时，以洁净的指甲刷清洁指甲）。工作服为长袖的应洗到腕部，工作服为短袖的应洗到肘部。

（四）用自来水冲净双手。

（五）关闭水龙头（手动式水龙头应用肘部或以清洁纸巾包裹水龙头将其关闭）。

（六）用清洁纸巾、卷轴式清洁抹手布或干手机干燥双手。

二、标准的清洗手部方法

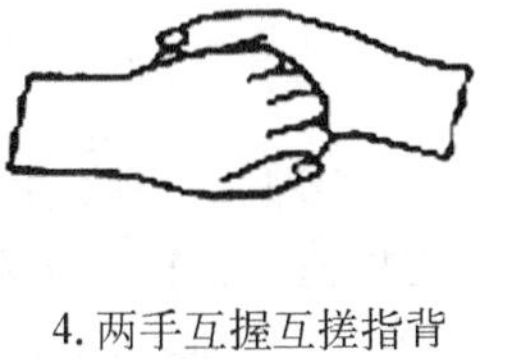

1. 掌心对掌心搓擦

2. 手指交错掌心对手背搓

3. 手指交错掌心对掌心搓擦

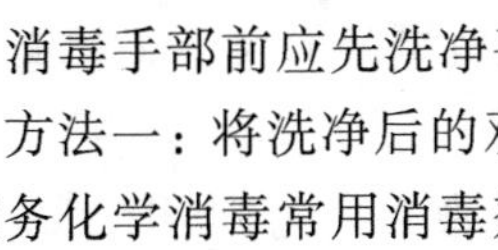

4. 两手互握互搓指背

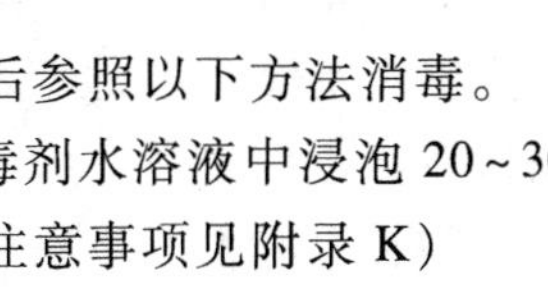

5. 拇指在掌中转动搓擦

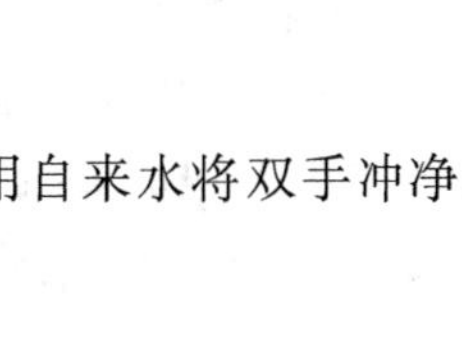

6. 指尖在掌心中搓擦

三、标准的消毒手部方法

消毒手部前应先洗净手部，然后参照以下方法消毒。

方法一：将洗净后的双手在消毒剂水溶液中浸泡 20~30 秒，用自来水将双手冲净。（餐饮服务化学消毒常用消毒剂及使用注意事项见附录 K）

方法二：取适量的乙醇类速干手消毒剂于掌心，按照标准的清洗手部方法充分搓擦双手20～30秒，搓擦时保证手消毒剂完全覆盖双手皮肤，直至干燥。

3.2 食品安全管理制度与管理体系

餐饮行业是食品安全风险最高、发生食物中毒最为集中的食品生产经营业态。餐饮服务提供者是食品安全第一责任人，安全的食品源自良好的管理。《食品安全法》明确规定食品生产经营者要依照法律、法规和食品安全标准从事生产经营活动，应建立健全本单位的食品安全管理制度，确保食品的安全。国家鼓励食品生产经营企业符合良好生产规范要求，实施危害分析与关键控制点体系，提高食品安全管理水平。

3.2.1 餐饮服务提供者应当建立的食品安全管理制度

为使餐饮服务全过程规范有序，餐饮服务提供者应根据自身业态、经营项目、供餐对象、供餐数量等应当建立的食品安全管理制度包括：(1) 从业人员健康管理和培训制度、(2) 食品安全自查制度、(3) 食品进货查验记录制度、(4) 原料贮存与加工制度、(5) 食品加工与烹饪制度、(6) 设施设备维护保养制度、(7) 食品添加剂使用制度、(8) 餐厨废弃物处置制度、(9) 有害生物防制制度、(10) 餐饮具和工用具清洗消毒与保洁制度、(11) 环境卫生管理制度、(12) 留样制度、(13) 食品安全事故处置方案等。

各项食品安全管理制度要定期检查、落实和修订完善。

3.2.2 餐饮食品安全管理体系简介

1. HACCP 等通用的管理体系

HACCP 体系是 Hazard Analysis Critical Control Point 的英文缩写，即“危害分析与关键控制点体系”，是国际上共同认可和接受的食品安全保证体系，主要对食品中微生物、化学和物理危害进行安全控制。该体系核心内容包括七大原理：危害分析，确定关键控制点，建立关键限值，建立关键点的监控程序，建立纠偏程序，建立验证程序，建立有效的记录及保存系统。2002 年我国正式启动对 HACCP 体系认证机构的认可试点工作。

国际标准化组织（ISO）在 HACCP 体系的基础上，制定出了 ISO22000 食品安全管理体系标准《食品安全管理体系食物链中各组织的要求》，可适用食品生产经营全过程管理。

2. 餐饮行业常用的食品安全管理体系

2014 年 1 月 1 日，原上海市食品药品监督管理局融合 ISO22000 相关理念，制定出台了我国首部用于指导餐饮单位开展食品安全管理的食品安全标准——DB 31/2015—2013《餐饮服务单位食品安全管理指导原则》，并推出了“餐饮服务单位食品安全 ABC 规范化管理”，主要内容由 A、B、C 三部分构成，其中 A 部分是食品安全管理的基础工作，B 部分是六个重点环节的管理措施，C 部分是开展管理状况评估和针对性改进的方法，该体系较为浅显，且具有较强的针对性和可操作性。

餐饮行业行之有效的管理体系还有“五常”——常组织、常整顿、常清洁、常规范、常自律，“6T”——天天处理、天天整合、天天清扫、天天规范、天天检查、天天改进，“4D”——整理到位、责任到位、培训到位、执行到位等，大都借鉴吸收了 HACCP 的相关原理。

3.3　餐饮服务全过程的控制

餐饮服务的全过程包括原料采购、运输贮存、粗加工、烹调、凉菜配置、点心加工、餐饮具清洗消毒等一系列过程，涉及许可证照、设置布局、设施设备、采购贮存、加工操作、清洗消毒、废弃物处置等方面的要求。

3.3.1　采购与查验

1. 食品供应商合规性查验

(1) 食品供应商合规性查验的要求

食品供应商合规性查验，是指餐饮服务提供者根据国家和本市有关规定，对供货者的资质和采购食品的安全性进行审查，符合规定的才可以采购。餐饮服务提供者在采购食品时，应当严格审查食品供应商的条件，认真查验其许可证和食品合格证明文件，确保所采购的食品符合标准。

(2) 食品供应商合规性查验的内容

食品供应商进货查验主要包括以下内容。

① 供应商企业资质情况：供应商营业执照、食品生产或经营许可证。从食用农产品个体生产者直接采购食用农产品的，查验其有效身份证明。从农民专业合作经济组织采购食用农产品的，查验其专业合作社证明、所在地地方政府证明或社会信用代码。

② 供应商证照的有效性情况：营业执照和许可证是否一致，是否在有效期内，且生产经营范围与进货食品是否相符，并保留相应的复印件。

③ 供应商信用情况：是否具备良好食品生产经营的信誉、相关设备设施和保证食品安全的条件和认证体系。

2. 高风险食品供应商检查评价

(1) 供应商检查评价制度

《上海市食品安全条例》第二十七条规定，高风险食品生产经营企业应当建立主要原料和食品供应商检查评价制度，定期或者随机对主要原料和食品供应商的食品安全状况进行检查评价，并做好记录。记录保存期限不得少于二年。高风险食品生产经营企业可以自行或者委托第三方对主要原料和食品供应商的食品安全状况进行实地查验。发现存在严重食品安全问题的，应当立即停止采购，并向本企业、主要原料和食品供应商所在地的食品药品监督管理或者市场监督管理部门报告。第一百一十四条规定，食品生产经营预包装冷链膳食、集体用餐配送膳食、现制现售的即食食品等食品的企业属于高风险食品生产经营企业。

《餐饮服务食品安全操作规范》6.1.2 规定，特定餐饮服务提供者应建立供货者评价和退出机制，对供货者的食品安全状况等进行评价，将符合食品安全管理要求的列入供货者名录，及时更换不符合要求的供货者。鼓励其他餐饮服务提供者建立供货者评价和退出机制。6. 1. 3 规定特定餐饮服务提供者应自行或委托第三方机构定期对供货者食品安全状况进行现场评价。

（2）供应商检查评价要求

学校（含托幼机构）食堂、养老机构食堂、医疗机构食堂、中央厨房、集体用餐配送单位、连锁餐饮企业等特定餐饮服务提供者以及生产预包装冷链膳食等高风险餐饮服务提供者应当建立主要原料和食品供应商检查评价制度，并进行供应商检查评价：

① 自行或委托第三方机构定期或者随机对主要原料和食品供应商进行现场食品安全状况检查评价，并做好记录。记录保存期限不得少于二年。

② 发现存在严重食品安全问题的，应当立即停止采购，并向本企业、主要原料和食品供应商所在地的食品药品监督管理或者市场监督管理部门报告。

3. 食品进货查验

食品进货查验包括食品供应商资质查验和食品实物查验。

（1）食品供应商资质查验

主要查验保证食品安全的证书、证明文件、检验报告等，并符合下列内容要求。

① 食品合格证明文件：食品出厂合格证或者其他合格证明文件。食品合格证明文件由食品生产企业自行出具或委托具有资质的第三方检验检测机构出具；检验项目应覆盖国家、地方和企业标准规定的全项目，并采用标准规定的方法进行检验。

② 畜禽肉类应查验动物产品检疫合格证明；采购猪肉的，还应查验肉品品质检验合格证明。

③ 熟食卤味和豆制品（含豆芽）应提供专用送货单。

④ 进口食品还应提供口岸出入境检验检疫部门出具的入境货物检验检疫证明。

⑤ 保健食品、特殊医学用途配方食品和婴幼儿配方食品还应提供国家批准的相关注册、备案文件。

⑥ 绿色、有机、无公害和地理标志食品（农产品）还应提供相关证明文件。

上述①~④证明文件必须每批食品随货同行。

（2）各种采购来源的索证要求

餐饮服务提供者开展进货查验有几种情况。

① 从食品生产者采购食品的，查验其食品生产许可证和产品合格证明文件等，采购食品添加剂、食品相关产品的，查验其营业执照和产品合格证明文件等。

② 从食品销售者（商场、超市、便利店等）采购食品的，查验其食品经营许可证等，采购食品添加剂、食品相关产品的，查验其营业执照等。

③ 从食用农产品个体生产者直接采购食用农产品的，查验其有效身份证明。

④ 从食用农产品生产企业和农民专业合作经济组织采购食用农产品的，查验其社会信用代码和产品合格证明文件。

⑤ 从集中交易市场采购食用农产品的，索取并留存市场管理部门或经营者加盖公章（或负责人签字）的购货凭证。

（3）食品实物查验

餐饮服务提供者应当制定并实施原料采购查验制度，并交由具有相当专业技能知识的人进行查验。食品查验制度应当对所要采购的各种原料作出详细的具体规定，如原料产地、等级、性能、大小、数量、包装要求、冷冻状况等。进货时应对每批食品进行下列实物查验。

① 卸货前送货车辆应保持清洁：食品堆放科学合理，避免造成食品的交叉污染。如对温度有要求的食品应确定食品的温度，记录送货车辆温度，并记录存档。

② 商品包装检查：外包装应清洁、形状完整，无严重破损或受潮；外包装名称和包装内食品一致；内包装应无破损，食品的形状完好无损。

③ 食品质量的检查：食品应清洁，并符合企业相关验收标准；应无损伤、腐烂现象，无寄生虫或已受虫害现象；对温度有要求的食品应确定食品的温度与包装上指示温度一致，冷冻食品没有曾经解冻痕迹。

④ 食品标签检查：预包装食品应当依据 GB 7718—2011《食品安全国家标准 预包装食品标签通则》和 GB 28050—2011《食品安全国家标准 预包装食品营养标签通则》进行检查；散装食品应根据《食品安全法》的相关要求，仔细核对相关强制性标示的内容是否符合规定（参阅本教程相关章节）。食品的保质期是否在允许收货的期限。

4. 查证记录

餐饮服务提供者应该向供货商索取进货查验和食品查验中规定供应商资质和食品合格证明文件，如实记录食品的名称、规格、数量、生产日期或者批号、保质期、进货日期以及供货者名称、地址、联系方式等内容，并妥善保存相关凭证。记录和凭证保存期限不得少于产品保质期满后六个月；没有明确保质期的，保存期限不得少于两年。食用农产品记录和凭证保存期限不得少于六个月。

5. 对统一配送餐饮服务提供者的特别规定

根据《食品安全法》规定，实行统一配送经营方式的食品经营企业，可以由企业总部统一查验供货者的相关资质证明和食品合格的证明文件，留存每笔购物或送货凭证。各门店能及时查询、获取相关证明文件复印件或凭证。

6. 禁止采购

《上海市食品安全条例》第三十三条的规定，禁止餐饮服务提供者向两类食品生产经营主体采购食品、食品添加剂、食品相关产品用于经营：一是未依法取得相关许可证件或者相关许可证件超过有效期限的生产经营者；二是超出许可类别和经营项目从事生产经营活动的生产经营者。

7. 入库查验

采购的食品原料要进行入库验收，确保符合以下要求。

① 预包装食品的包装完整、清洁、无破损，标识与内容物一致；具有正常的感官性状；食品标签标识符合相关要求；食品在保质期内。

② 冷冻食品无解冻后再次冷冻情形；冷藏食品表面温度与标签标识的温度要求不得超过+3℃，冷冻食品表面温度不宜高于-9℃。无具体要求且需冷冻或冷藏的食品，其温度可参考表 3－1 的相关温度要求。

表 3－1　食品及食品原料建议存储温度

（1）蔬菜类		
种　类	环境温度	涉及产品范围
根茎菜类	0～5℃	蒜薹、大蒜、长柱山药、土豆、辣根、芜菁、胡萝卜、萝卜、竹笋、芦笋、芹菜
	10～15℃	扁块山药、生姜、甘薯、芋头
叶菜类	0～3℃	结球生菜、直立生菜、紫叶生菜、油菜、奶白菜、菠菜（尖叶型）、茼蒿、小青葱、韭菜、甘蓝、抱子甘蓝、菊苣、乌塌菜、小白菜、芥蓝、菜心、大白菜、羽衣甘蓝、莴笋、欧芹、茭白、牛皮菜
瓜菜类	5～10℃	佛手瓜和丝瓜
	10～15℃	黄瓜、南瓜、冬瓜、冬西葫芦（笋瓜）、矮生西葫芦、苦瓜
茄果类	0～5℃	红熟番茄和甜玉米
	9～13℃	茄子、绿熟番茄、青椒
食用菌类	0～3℃	白灵菇、金针菇、平菇、香菇、双孢菇
	11～13℃	草菇
菜用豆类	0～3℃	甜豆、荷兰豆、豌豆
	6～12℃	四棱豆、扁豆、芸豆、豇豆、豆角、毛豆荚、菜豆
（2）水果类		
核果类	0～3℃	杨梅、枣、李、杏、樱桃、桃
	5～10℃	橄榄、芒果（催熟果）
	13～15℃	芒果（生果实）
仁果类	0～4℃	苹果、梨、山楂
浆果类	0～3℃	葡萄、猕猴桃、石榴、蓝莓、柿子、草莓
柑橘类	5～10℃	柚类、宽皮柑橘类、甜橙类
	12～15℃	柠檬
瓜类	0～10℃	西瓜、哈密瓜、甜瓜和香瓜
热带、亚热带水果	4～8℃	椰子、龙眼、荔枝
	11～16℃	红毛丹、菠萝（绿色果）、番荔枝、木菠萝、香蕉
（3）畜禽肉类		
畜禽肉（冷藏）	-1～4℃	猪、牛、羊和鸡、鸭、鹅等肉制品
畜禽肉（冷冻）	-12℃以下	猪、牛、羊和鸡、鸭、鹅等肉制品
（4）水产品		
水产品（冷藏）	0～4℃	罐装冷藏蟹肉、鲜海水鱼

续 表

种 类	环境温度	涉 及 产 品 范 围
水产品（冷冻）	-15℃以下	冻扇贝、冻裹面包屑虾、冻虾、冻裹面包屑鱼、冻鱼、冷冻鱼糜、冷冻银鱼
	-18℃以下	冻罗非鱼片、冻烤鳗、养殖红鳍东方鲀
水产品（冷冻生食）	-35℃以下	养殖红鳍东方鲀

注：摘录自《餐饮服务食品安全操作规范》附录M。

3.3.2 食品贮存

食品由于其质量特性，品质易发生变化。贮存不当易使食品腐败变质，丧失原有的营养物质，降低或失去应有的食用价值，甚至对人体构成危害。科学合理的贮存环境和运输条件是避免食品污染和腐败变质、保障食品安全的重要手段。

1. 贮存环境的要求

（1）贮存食品的场所、设备应当保持清洁，定期清扫，无积尘、无食品残渣，无霉斑、鼠迹、苍蝇、蟑螂，不得存放有毒、有害物品（如杀鼠剂、杀虫剂、洗涤剂、消毒剂等）及个人生活用品。

（2）食品应当分类、分架存放，距离墙壁、地面均在10 cm以上，并定期检查，变质和过期食品应及时清除。

（3）食品冷藏、冷冻贮藏的温度应分别符合冷藏和冷冻的温度范围要求。冷藏、冷冻柜（库）应有明显区分标志，外显式温度（指示）计便于对冷藏、冷冻柜（库）内部温度的监测。

（4）冷藏、冷冻柜（库）应由专人负责检查，定期除霜、清洁和维修，保持霜薄气足，无异味、臭味，以确保冷藏、冷冻温度达到要求并保持卫生。

2. 食品贮存管理

（1）食品的贮存应由专人管理，并制定有效的防潮、防虫害、清洁卫生等管理措施。应当定期检查库存食品，通过检查及时发现变质或者超过保质期的食品。

（2）仓库内存放的食品应分类、分架，并按下列要求存储食品。

① 常温存放的食品应贮存在温度适宜（按不同产品的具体要求）、干燥的库区，避免阳光照射。

② 食品在冷藏、冷冻柜（库）内贮存时，应做到植物性食品、动物性食品和水产品分类摆放；食品在冷藏、冷冻柜（库）内贮存时，为确保食品中心温度达到冷藏或冷冻的温度要求，不得将食品堆积、挤压存放。

③ 有明确的保存条件和保质期的食品，应按照保存条件和保质期贮存。需冷藏冷冻的食品及食品原料可参照表3-1建议存储温度，并应建立严格的记录制度来保证不存放和使用超期食品或原料，防止食品腐败变质。

④ 冷库要定期检查、记录温度、定期进行除霜、清洁保养和维护。

(3) 食品外包装应完整，无积尘，码放整齐，隔墙离地，要便于检查清点，便于先进先出。

(4) 与食品直接接触的内包装应使用符合食品安全标准的食品包装材料；外包装要满足相关运输和存储安全及质量要求。散装食品入库前应转移进带盖的食品专用周转箱存放。

3.3.3 临近保质期食品

1. 临近保质期食品定义

临近保质期食品和食品添加剂一般是指接近但尚未超过包装上标明的保质日期的食品和食品添加剂。临近保质期的期限与该食品和食品添加剂的特性及其保质期的期限有关。食品安全风险较高的食品和食品添加剂的临近保质期限较短，食品和食品添加剂保质期较短的，其临近保质期限也较短，一般约小于1/3保质期；但保质期越长，临近保质期的期限占保质期的比例越小。

上海市食品安全工作联合会制定的T/SFSF 000002—2021《守信超市管理规范》对临近保质期作出如下规定：① 保质期在1年及以上的食品，对应的临近保质期限不低于期满之日前30天；② 保质期在半年及以上但不足1年的食品，对应的临近保质期限不低于期满之日前20天；③ 保质期90天及以上但不足半年的食品，对应的临近保质期限不低于期满之日前15天；④ 保质期30天及以上但不足90天的食品，对应的临近保质期限不低于期满之日前10天；⑤ 保质期16天及以上但不足30天的食品，对应的临近保质期限不低于期满之日前5天；⑥ 保质期3天及以上但少于15天的，对应的临近保质期限不低于期满之日前2天。

注：GB 7718—2011《食品安全国家标准　预包装食品标签通则》规定可豁免标注保质期的食品以及保质期小于等于3天的食品，可不设临保期限。

2. 临近保质期食品和食品添加剂管理制度

《上海市食品安全条例》第二十九条第一款，要求食品生产经营者建立临近保质期食品和食品添加剂管理制度，将临近保质期的食品和食品添加剂集中存放、陈列、出售，并作出醒目提示。

餐饮服务提供者应当建立临近保质期食品和食品添加剂管理制度，对临近保质期食品可以采用下列方法处理：① 在保质期内加工烹饪菜肴；② 集中陈列处理，如降价销售；③ 在保质期内捐赠。

3.3.4 烹饪加工

1. 基本要求

(1) 加工制作的食品品种、数量与场所、设施、设备等条件相匹配。

(2) 加工制作食品过程中，应采取下列措施，避免食品受到交叉污染：① 不同类型的食品原料、不同存在形式的食品（原料、半成品、成品，下同）分开存放，其盛放容器和加工制作工具分类管理、分开使用，定位存放；② 接触食品的容器和工具不得直接放置在地面上或者接触不洁物；③ 食品处理区内不得从事可能污染食品的活动；④ 不得在辅助区

（如卫生间、更衣区等）内加工制作食品、清洗消毒餐饮具；⑤ 餐饮服务场所内不得饲养和宰杀禽、畜等动物。

（3）加工制作食品过程中，不得存在下列行为：① 用非食品原料加工制作食品；② 在食品中添加食品添加剂以外的化学物质和其他可能危害人体健康的物质；③ 使用回收食品作为原料，再次加工制作食品；④ 使用超过保质期的食品、食品添加剂；⑤ 超范围、超限量使用食品添加剂；⑥ 使用腐败变质、油脂酸败、霉变生虫、污秽不洁、混有异物、掺假掺杂或者感官性状异常的食品、食品添加剂；⑦ 使用被包装材料、容器、运输工具等污染的食品、食品添加剂；⑧ 使用无标签的预包装食品、食品添加剂；⑨ 使用国家为防病等特殊需要明令禁止经营的食品（如织纹螺等）；⑩ 在食品中添加药品（按照传统既是食品又是中药材的物质除外）；⑪ 法律法规禁止的其他加工制作行为。

（4）对国家法律法规明令禁止的食品及原料，应拒绝加工制作。

2. 加工制作区域的使用

食品应在相应的加工制作区域内加工操作，并符合下列要求。

（1）中央厨房和集体用餐配送单位的食品冷却、分装等应在专间内进行。

（2）下列食品的加工制作应在专间内进行：① 生食类食品；② 裱花蛋糕；③ 冷食类食品［（3）除外］。

（3）下列加工制作既可在专间也可在专用操作区内进行：① 备餐；② 现榨果蔬汁、果蔬拼盘等的加工制作；③ 仅加工制作植物性冷食类食品（不含非发酵豆制品）；④ 对预包装食品进行拆封、装盘、调味等简单加工制作后即供应的；⑤ 调制供消费者直接食用的调味料。

（4）学校（含托幼机构）食堂和养老机构食堂的备餐宜在专间内进行。

（5）各专间、专用操作区应有明显的标识，标明其用途。

3. 粗加工制作与切配

粗加工切配是指对原料进行挑拣、整理、解冻、清洗、剔除不可食用部分，再经过切割、称量、拼配等加工制作成为半成品的操作程序。

（1）冷冻（藏）食品出库后，应及时加工制作。冷冻食品原料不宜反复解冻、冷冻。

（2）宜使用冷藏解冻或冷水解冻方法进行解冻，解冻时合理防护，避免受到污染。使用微波解冻方法的，解冻后的食品原料应被立即加工制作。

（3）应缩短解冻后的高危易腐食品原料在常温下的存放时间，食品原料的表面温度不宜超过 8℃。

（4）蔬菜、畜禽肉和水产品应在不同水池内清洗。

（5）食品原料应洗净后使用。盛放或加工制作不同类型食品原料的工具和容器应分开使用。盛放或加工制作畜肉类原料、禽肉类原料及蛋类原料的工具和容器宜分开使用。

（6）使用禽蛋前，应清洗禽蛋的外壳，必要时消毒外壳。破蛋后应单独存放在暂存容器内，确认禽蛋未变质后再合并存放。

（7）应及时使用或冷冻（藏）贮存切配好的半成品。

（8）预包装食品（原料）开封后应及时使用，不得超过原保质期限。除原包装标签已有规定的使用期限除外，应根据原料特性和保存条件，制定各类预包装食品开封后的使用期限。一般应符合下列要求：① 乳制品开封后应冷藏，并当天使用；② 罐头食品开封后应冷藏，并当天或者次日使用；③ 冷冻食品应规定解冻时间与解冻后的保存条件和使用期限；④ 固体食品开封后应根据原预包装食品储存条件，冷藏或者干燥保存。

4. 烹饪加工

（1）烹饪加工的一般要求

食品原料经过粗加工切配后，进入烹饪加工程序。烹饪加工一般应符合下列要求。

① 烹饪食品的温度和时间应能保证食品安全。

② 需要烧熟煮透的食品，加工制作时食品的中心温度应达到70℃以上。对特殊加工制作工艺，中心温度低于70℃的食品，应严格控制原料质量安全状态，确保经过特殊加工制作工艺制作成品的食品安全。

③ 盛放调味料的容器应保持清洁，使用后加盖存放，宜标注预包装调味料标签上标注的生产日期、保质期等内容及开封日期。

④ 宜采用有效的设备或方法，避免或减少食品在烹饪过程中产生有害物质。

⑤ 加工制作食品过程中，应采取下列措施，避免食品受到交叉污染：不同类型的食品原料、不同存在形式的食品分开存放，其盛放容器和加工制作工具分类管理、分开使用，定位存放；接触食品的容器和工具不得直接放置在地面上或者接触不洁物。

⑥ 食品处理区内不得从事可能污染食品的活动；不得在辅助区（如卫生间、更衣区等）内加工制作食品、清洗消毒餐饮具；餐饮服务场所内不得饲养和宰杀禽、畜等动物。

（2）油炸类食品的要求

① 选择热稳定性好、适合油炸的食用油脂。

② 与炸油直接接触的设备、工具内表面应为耐腐蚀、耐高温的材质（如不锈钢等），易清洁、维护。

③ 油炸食品前，应尽可能减少食品表面的多余水分。油炸食品时，油温不宜超过190℃。油量不足时，应及时添加新油。定期过滤在用油，去除食物残渣。

（3）烧烤类食品

① 烧烤场所应具有良好的排烟系统。

② 烤制食品的温度和时间应能使食品被烤熟。

③ 烤制食品时，应避免食品直接接触火焰或烤制温度过高，减少有害物质产生。

（4）火锅类食品

① 不得重复使用火锅底料。

② 使用醇基燃料（如酒精等）时，应在没有明火的情况下添加燃料。使用炭火或煤气时，应通风良好，防止一氧化碳中毒。

（5）糕点类食品

① 使用烘焙包装用纸时，应考虑颜色可能对产品的迁移，并控制有害物质的迁移量，不应使用有荧光增白剂的烘烤纸。

② 使用自制蛋液的，应冷藏保存蛋液，防止蛋液变质。

（6）自制饮品

自制饮品是指餐饮服务提供者现场制作，供消费者直接饮用的饮料，一般包括现榨饮料和现调饮料。现榨饮料是以新鲜水果、蔬菜、谷类、豆类等为主要原料，经压榨、粉碎、加热或不加热等工艺，现场制作的饮料。现调饮料是以浓缩液、固体饮料、糖浆等为主要原料，添加或不添加现榨饮料，稀释调配而成的饮料。

① 加工制作现榨果蔬汁、食用冰等的用水，应为预包装饮用水、使用符合相关规定的水净化设备或设施处理后的直饮水、煮沸冷却后的生活饮用水。

② 自制饮品所用的原料乳，宜为预包装乳制品。

③ 煮沸生豆浆时，应将上涌泡沫除净，煮沸后保持沸腾状态 5 分钟以上。

5. 专间与专区操作

（1）专间操作

专间指处理或短时间存放直接入口食品的专用加工制作间，包括冷食间、生食间、裱花间、中央厨房和集体用餐配送单位的分装或包装间等。内操作应符合下列要求。

① 专间内温度不得高于 25℃。

② 每餐（或每次）使用专间前，应对专间空气进行消毒。消毒方法应遵循消毒设施使用说明书要求。使用紫外线灯消毒的，应在无人加工制作时开启紫外线灯 30 分钟以上并做好记录。

③ 由专人加工制作，非专间加工制作人员不得擅自进入专间。进入专间前，加工制作人员应更换专用的工作衣帽并佩戴口罩。加工制作人员在加工制作前应严格清洗消毒手部，加工制作过程中适时清洗消毒手部。

④ 应使用专用的工具、容器、设备，使用前使用专用清洗消毒设施进行清洗消毒并保持清洁。

⑤ 及时关闭专间的门和食品传递窗口。

⑥ 蔬菜、水果、生食的海产品等食品原料应清洗处理干净后，方可传递进专间。预包装食品和一次性餐饮具应去除外层包装并保持最小包装清洁后，方可传递进专间。

⑦ 在专用冷冻或冷藏设备中存放食品时，宜将食品放置在密闭容器内或使用保鲜膜等进行无污染覆盖。

⑧ 加工制作生食海产品，应在专间外剔除海产品的非食用部分，并将其洗净后，方可传递进专间。加工制作时，应避免海产品可食用部分受到污染。加工制作后，应将海产品放置在密闭容器内冷藏保存，或放置在食用冰中保存并用保鲜膜分隔。放置在食用冰中保存的，加工制作后至食用前的间隔时间不得超过 1 小时。

⑨ 加工制作裱花蛋糕，裱浆和经清洗消毒的新鲜水果应当天加工制作、当天使用。蛋糕胚应存放在专用冷冻或冷藏设备中。打发好的奶油应尽快使用完毕。

⑩ 加工制作好的成品宜当餐供应。

⑪ 不得在专间内从事非清洁操作区的加工制作活动。

（2）专区操作

专区指处理或短时间存放直接入口食品的专用加工制作区域，包括现榨果蔬汁加工制作区、果蔬拼盘加工制作区、备餐区（指暂时放置、整理、分发成品的区域）等。专区操作应符合下列要求。

① 由专人加工制作。加工制作人员应穿戴专用的工作衣帽并佩戴口罩。加工制作人员在加工制作前应严格清洗消毒手部，加工制作过程中适时清洗消毒手部。

② 应使用专用的工具、容器、设备，使用前进行消毒，使用后洗净并保持清洁。

③ 在专用冷冻或冷藏设备中存放食品时，宜将食品放置在密闭容器内或使用保鲜膜等进行无污染覆盖。

④ 加工制作的水果、蔬菜等，应清洗干净后方可使用。

⑤ 加工制作好的成品应当餐供应。

⑥ 现调、冲泡、分装饮品可不在专用操作区内进行。

⑦ 不得在专用操作区内从事非专用操作区的加工制作活动。

6. 高危易腐食品的加工

高危易腐食品是指蛋白质或碳水化合物含量较高［通常酸碱度（pH）大于 4.6 且水分活度（A_W）大于 0.85］，常温下容易腐败变质的食品。高危易腐食品也是食品安全高风险食品。

（1）高危易腐食品冷却

① 需要冷冻（藏）的熟制半成品或成品，应在熟制后立即冷却。

② 应在清洁操作区内进行熟制成品的冷却，并在盛放容器上标注加工制作时间等。

③ 冷却时，可采用将食品切成小块、搅拌、冷水浴等措施或者使用专用速冷设备，使食品的中心温度在 2 小时内从 60℃降至 21℃，再经 2 小时或更短时间降至 8℃。

（2）高危易腐食品再加热

① 高危易腐食品熟制后，在 8~60℃条件下存放 2 小时以上且未发生感官性状变化的，食用前应进行再加热。

② 再加热时，食品的中心温度应达到 70℃以上。

7. 食品添加剂的使用

食品添加剂的使用应符合下列要求。

（1）使用食品添加剂的，应在技术上确有必要，并在达到预期效果的前提下尽可能降低使用量。

（2）按照 GB 2760—2014《食品安全国家标准　食品添加剂使用标准》规定的食品添加剂品种、使用范围、使用量，使用食品添加剂。

（3）不得采购、贮存、使用亚硝酸盐（包括亚硝酸钠、亚硝酸钾）。

（4）食品添加剂专柜（位）存放，并标注“食品添加剂”字样。使用容器盛放拆包后的食品添加剂的，应在盛放容器上标明食品添加剂名称，并保留原包装。

（5）应专册记录使用的食品添加剂名称、生产日期或批号、添加的食品品种、添加量、添加时间、操作人员等信息，GB 2760—2014《食品安全国家标准　食品添加剂使用标准》规定按生产需要适量使用的食品添加剂除外。使用有 GB 2760—2014《食品安全国家标准　食品添加剂使用标准》“最大使用量”规定的食品添加剂，应精准称量使用。

8. 食品相关产品的使用

食品相关产品是指用于食品的包装材料、容器、洗涤剂、消毒剂和用于食品生产经营的工具、设备。餐饮服务提供者使用食品相关产品时应符合下列要求。

(1) 使用的食品相关产品应符合食品安全国家标准和相关要求。

(2) 各类工具和容器应有明显的区分标识，可使用颜色、材料、形状、文字等方式进行区分，防止发生交叉污染。

(3) 工具、容器和设备，宜使用不锈钢材料，不宜使用木质材料。必须使用木质材料时，应避免对食品造成污染。盛放热食类食品的容器不宜使用不耐热塑料材料。

(4) 添加邻苯二甲酸酯类物质制成的塑料制品不得盛装、接触油脂类食品和乙醇含量高于 20% 的食品。

(5) 一次性使用的用品、餐具、吸管和打包盒应采用可降解材料制成。且不得重复使用。

9. 食品的留样

(1) 留样的餐饮服务提供者

① 学校（含托幼机构）食堂、养老机构食堂、医疗机构食堂、中央厨房、集体用餐配送单位、建筑工地食堂（供餐人数超过 100 人）和餐饮服务提供者（集体聚餐人数超过 100 人或为重大活动供餐），每餐次的食品成品应留样。

② 其他餐饮服务提供者宜根据供餐对象、供餐人数、食品品种、食品安全控制能力和有关规定，进行食品成品留样。

(2) 留样要求

① 餐饮服务提供者应将留样食品按照品种分别盛放于清洗消毒后的专用密闭容器内，在专用冷藏设备中冷藏存放 48 小时以上。

② 每个品种的留样量应能满足检验检测需要，且不少于 125 g。

③ 在盛放留样食品的容器上应标注留样食品名称、留样时间（月、日、时），或者标注与留样记录相对应的标识。

3.3.5 供餐、用餐与配送烹饪加工

1. 供餐

(1) 分派菜肴、整理造型的工具使用前应清洗消毒。

(2) 加工制作围边、盘花等的材料应符合食品安全要求，使用前应清洗消毒。

(3) 在烹饪后至食用前需要较长时间（超过 2 小时）存放的高危易腐食品，应在高于 60℃ 或低于 8℃ 的条件下存放。在 8～60℃ 条件下存放超过 2 小时，且未发生感官性状变化的，应按加工规范要求再加热后方可供餐。

(4) 供餐过程中，应对食品采取有效防护措施，避免食品受到污染。使用传递设施（如升降笼、食梯、滑道等）的，应保持传递设施清洁。

(5) 供餐过程中，应使用清洁的托盘等工具，避免从业人员的手部直接接触食品（预

包装食品除外)。

2. 用餐服务

(1) 餐饮服务单位应按照《中华人民共和国反食品浪费法》要求，开展光盘行动和文明用餐宣传，在就餐场所显著位置或餐桌上摆放相关宣传内容。

(2) 与餐饮具的食品接触面或者食品接触垫纸、垫布、餐具托、口布等应一客一换。撤换下的物品，应及时清洗消毒（一次性用品除外)。

(3) 消费者就餐时，就餐区应避免从事引起扬尘的活动（如扫地、施工等)。

(4) 餐饮服务单位对外卖外带、剩菜打包应使用符合 T/31SAFCM 004—2018《餐饮服务（网络）外卖（外带）用纸碗通用技术要求》和 T/31SAFCM 005—2018《餐饮服务（网络）外卖（外带）用送餐袋通用技术要求》等环保要求的餐盒（袋）等。禁止使用不可降解塑料盒（袋)。

(5) 鼓励餐饮服务单位按照 DB 31/T 1222—2020《餐饮服务单位分餐制管理规范》的要求，向就餐者提供分餐制服务。

(6) 鼓励餐饮服务单位按照 DB 31/T 1239—2020《餐饮服务单位公筷公勺服务规范》的要求，主动提供公筷、公匙等公用餐具。

3. 食品配送

(1) 一般要求

① 不得将食品与有毒有害物品混装配送。② 应使用专用的密闭容器和车辆配送食品，容器的内部结构应便于清洁。③ 配送前，应清洁运输车辆的车厢和配送容器，盛放成品的容器还应经过消毒。④ 配送过程中，食品与非食品、不同存在形式的食品应使用容器或独立包装等分隔，盛放容器和包装应严密，防止食品受到污染。⑤ 食品的温度和配送时间应符合食品安全要求。

(2) 中央厨房的食品配送

① 食品应有包装或使用密闭容器盛放。容器材料应符合食品安全国家标准或有关规定。② 包装或容器上应标注中央厨房的名称、地址、许可证号、联系方式，以及食品名称、加工制作时间、保存条件、保存期限、加工制作要求等。③ 高危易腐食品应采用冷冻（藏）方式配送。

(3) 集体用餐配送单位的食品配送

① 食品应使用密闭容器盛放。容器材料应符合食品安全国家标准或有关规定。

② 容器上应标注食用时限和食用方法。

③ 从烧熟至食用的间隔时间（食用时限）应符合以下要求：烧熟后 2 小时，食品的中心温度保持在 60℃以上（热藏）的，其食用时限为烧熟后 4 小时；烧熟后按照本规范高危易腐食品冷却要求，将食品的中心温度降至 8℃并冷藏保存的，其食用时限为烧熟后 24 小时。供餐前应按本规范要求对食品进行再加热。

(4) 餐饮外卖

① 送餐人员应保持个人卫生。外卖箱（包）应保持清洁，并定期消毒。

② 使用符合食品安全规定的容器、包装材料盛放食品，避免食品受到污染。

③ 高危易腐食品应冷藏配送，并与热食类食品分开存放。

④ 从烧熟至食用的间隔时间（食用时限）应符合以下要求：烧熟后 2 小时，食品的中心温度保持在 60℃以上（热藏）的，其食用时限为烧熟后 4 小时。

⑤ 使用一次性容器、餐饮具的，应选用符合食品安全要求的材料制成的容器、餐饮具，宜采用可降解材料制成的容器、餐饮具。

⑥ 鼓励餐饮服务单位在餐饮外卖食品盛放容器或者包装上，标注食品加工制作时间和食用时限，并提醒消费者收到后尽快食用。

⑦ 鼓励餐饮服务单位餐饮外送使用符合 DB 31/T 1223—2020《一次性食品安全封签鼓励技术规范》要求的一次性食品安全封签或者电子封签。

3.3.6 清洗消毒

餐具、饮具和盛放直接入口食品的容器和工用具，往往直接与食品和消费者接触，使用前应使用前应当洗净、消毒，消灭病原体，清洗消毒后应定位存放在专用的密闭保洁设施内，保持清洁。

1. 餐用具清洗消毒

（1）餐用具使用后应及时洗净，餐饮具、盛放或接触直接入口食品的容器和工具使用前应消毒。

（2）清洗消毒方法参照《餐饮服务食品安全操作规范》附录 J（推荐的餐用具清洗消毒方法）。鼓励采用洗碗机或者蒸汽等物理方法清洗消毒餐用具；因材料、大小等原因无法采用的，可以采用化学法消毒。

（3）餐用具消毒设备（如自动消毒碗柜等）应连接电源，正常运转。定期检查餐用具消毒设备或设施的运行状态。采用化学消毒的，消毒液应现用现配，并定时测量消毒液的消毒浓度。

（4）从业人员佩戴手套清洗消毒餐用具的，接触消毒后的餐用具前应更换手套。手套宜用颜色区分。

（5）消毒后的餐饮具、盛放或接触直接入口食品的容器和工具，应符合 GB 14934—2016《食品安全国家标准　消毒餐（饮）具》的规定。

（6）宜沥干、烘干清洗消毒后的餐用具。使用抹布擦干的，抹布应专用，并经清洗消毒后方可使用。

（7）不得重复使用一次性餐饮具。

2. 餐用具保洁

（1）消毒后的餐饮具、盛放或接触直接入口食品的容器和工具，应定位存放在专用的密闭保洁设施内，保持清洁。（2）保洁设施应正常运转，有明显的区分标识。（3）定期清洁保洁设施，防止清洗消毒后的餐用具受到污染。

3. 洗涤剂消毒剂

（1）洗涤剂餐饮服务提供者用于洗涤餐饮具、工具用具和食品的洗涤剂应符合

GB 14930.1—2015《食品安全国家标准　洗涤剂》等食品安全国家标准和有关规定。其中A类洗涤剂可以直接用于清洗食品，B类洗涤剂可用于清洗餐饮具以及接触食品的工具、设备、容器和食品包装材料。

（2）消毒剂餐饮服务提供者用于消毒餐饮具、工具用具和蔬菜水果的消毒剂应符合GB 14930.2—2012《食品安全国家标准　消毒剂》等食品安全国家标准和有关规定。

（3）严格按照洗涤剂、消毒剂的使用说明进行操作。

（4）餐饮服务提供者也可以委托餐具饮具集中消毒服务单位提供清洗消毒服务，应当查验、留存餐具饮具集中消毒服务单位的营业执照复印件和消毒合格证明。保存期限不得少于消毒餐具饮具使用期限到期后6个月。

附录J

推荐的餐用具清洗消毒方法

（资料性附录）

一、清洗方法

（一）采用手工方法清洗的，应按以下步骤进行：

1. 刮掉餐用具表面的食物残渣；

2. 用含洗涤剂的溶液洗净餐用具表面；

3. 用自来水冲去餐用具表面残留的洗涤剂。

（二）采用洗碗机清洗的，按设备使用说明操作。

二、消毒方法

（一）物理消毒

1. 采用蒸汽、煮沸消毒的，温度一般控制在100℃，并保持10分钟以上；

2. 采用红外线消毒的，温度一般控制在120℃以上，并保持10分钟以上；

3. 采用洗碗机消毒的，消毒温度、时间等应确保消毒效果满足国家相关食品安全标准要求。

（二）化学消毒

主要为使用各种含氯消毒剂（餐饮服务化学消毒常用消毒剂及使用注意事项见附录K）消毒，在确保消毒效果的前提下，可以采用其他消毒剂和参数。

方法一

使用含氯消毒剂（不包括二氧化氯消毒剂）的消毒方法：

1. 严格按照含氯消毒剂产品说明书标明的要求配制消毒液，消毒液中的有效氯浓度宜在250 mg/L以上；

2. 将餐用具全部浸入配置好的消毒液中5分钟以上；

3. 用自来水冲去餐用具表面残留的消毒液。

方法二

使用二氧化氯消毒剂的消毒方法：

1. 严格按照产品说明书标明的要求配制消毒液，消毒液中的有效氯浓度宜在100~150 mg/L；

2. 将餐用具全部浸入配置好的消毒液中10~20分钟；

3. 用自来水冲去餐用具表面残留的消毒液。

三、保洁方法

1. 餐用具清洗或消毒后宜沥干、烘干。使用抹布擦干的，抹布应专用，并经清洗消毒方可使用，防止餐用具受到污染；

2. 及时将消毒后的餐用具放入专用的密闭保洁设施内。

3.3.7 废弃物处置

1. 废弃物存放容器与设施

（1）食品处理区内可能产生废弃物的区域，应设置废弃物存放容器。废弃物存放容器与食品加工制作容器应有明显的区分标识。

（2）废弃物存放容器应配有盖子，防止有害生物侵入、不良气味或污水溢出，防止污染食品、水源、地面、食品接触面（包括接触食品的工作台面、工具、容器、包装材料等）。废弃物存放容器的内壁光滑，易于清洁。

（3）在餐饮服务场所外适宜地点，宜设置结构密闭的废弃物临时集中存放设施。

2. 废弃物处置

（1）餐厨废弃物应分类放置、及时清理，不得溢出存放容器。餐厨废弃物的存放容器应及时清洁，必要时进行消毒。餐厨垃圾产生单位应按照《上海市餐厨垃圾处理管理办法》的规定，设置符合标准的餐厨垃圾收集容器，将餐厨垃圾交给有资质的单位进行处置。

（2）应索取并留存餐厨废弃物收运者的资质证明复印件（需加盖收运者公章或由收运者签字），并与其签订收运合同，明确各自的食品安全责任和义务。

（3）应建立餐厨废弃物处置台账，详细记录餐厨废弃物的处置时间、种类、数量、收运者等信息。

3. 餐厨废弃油脂

（1）产生餐厨废弃油脂的餐饮服务提供者应按照《上海市餐厨废弃油脂处理管理办法》的规定设置油水分离装置和专门的废物油脂收集容器，将产生的餐厨废弃油脂交由绿化市容行政管理部门招标确定的收运单位收运，并与收运单位签订收运合同。

（2）餐饮用油水分离器应符合团体标准T/SFSF 000003—2019《餐饮用油水分离器》的要求，并餐饮企业产生的废弃油脂量相匹配。

（3）建立餐厨废弃油脂的记录台账，如实记录每日交送餐厨废弃油脂的种类、数量、时间、相关单位名称。不得将餐厨废弃油脂提供给绿化市容行政管理部门招标确定的收运单位以外的其他单位和个人，或者放任其他单位和个人收运本单位产生的餐厨废弃油脂。

3.3.8 有害生物防制

（1）餐饮服务提供者应当按照《食品安全法》的有关规定设置防蝇、防鼠、防虫设施，完善有害生物防制措施。有害生物防制应遵循物理防治（粘鼠板、灭蝇灯等）优先，化学防治（滞留喷洒等）有条件使用的原则，保障食品安全和人身安全。

（2）从场所硬件上，要保持墙壁、地板无缝隙，天花板修葺完整，所有管道（供水、排水、供热、燃气、空调等）与外界或天花板连接处应封闭，所有管、线穿越而产生的孔洞，选用水泥、不锈钢隔板、钢丝封堵材料、防火泥等封堵，使用水封式地漏。人员、货物进出通道应设有防鼠板，门的缝隙应小于 6 mm。排水管道出水口安装的篦子宜使用金属材料制成，篦子缝隙间距或网眼应小于 10 mm。与外界直接相通的通风口、换气窗外，应加装不小于 16 目的防虫筛网。

（3）使用防蝇胶帘的，防蝇胶帘应覆盖整个门框，底部离地距离小于 2 cm，相邻胶帘条的重叠部分不少于 2 cm；使用风幕机的，风幕应完整覆盖出入通道。

（4）在经营过程中要定期检查食品库房或食品贮存区域、固定设施设备背面及其他阴暗、潮湿区域是否存在有害生物活动迹象。发现有害生物，应尽快将其杀灭，并查找和消除其来源途径。

（5）餐饮服务提供者的有害生物风险管理可参考团体标准 T/SFSF 000004—2020《餐饮业有害生物风险管理指南》。

3.4 高风险食品的管理

餐饮环节的高风险食品主要是高危易腐食品。高危易腐食品指蛋白质或碳水化合物含量较高，通常酸碱度（pH）大于 4.6 且水分活度（A_w）大于 0.85，常温下容易腐败变质的食品。尤其是指冷菜生食、冷加工糕点等。此类食品一般无须再加热，食材加工过程中易受到病原体污染变质，因此有较高的食品安全风险，加工制作要求相对较高。

3.4.1 冷菜加工的特殊要求

冷菜加工应符合“五专”的要求，即专间切配、专人操作、专用工具、专用消毒设施和专用冷藏设施。

（1）实行专间切配：为减少冷菜受污染的机会，在专间内进行冷菜切配。非即食食品（原料、半成品、未经清洗的蔬菜水果等）不能进入专间，专间执行环境温度控制和空气消毒措施。

（2）实行专人操作：为防止人员引起的交叉污染，需有专人在专间内操作。专间操作人员配备与其他岗位明显区分的专用工作衣帽、口罩，进入专间时二次更衣，并严格手部消毒措施。

（3）使用专用工具：为防止工用具引起的交叉污染，专间要配备专用的刀、砧板、容器、抹布及其他工具。专间内使用的工具、容器不得接触非即食食品。使用前应严格清洗消毒，操作中也应及时清洗消毒。

（4）配备专用消毒设施：为便于消毒，防止病原体生长繁殖，在二次更衣室内设洗手消毒池，在专间内设工用具和手部消毒设施。

（5）使用专用冷藏设施：为防止生熟食品交叉污染，专间冰箱内不放置食品原料、半成品和不洁物品，冰箱内部要定期消毒、校验温度。

3.4.2 高危易腐食品冷却与再加热

高危易腐食品（包括熟制冷菜）在烹制成熟后需要有冷却过程。冷却过程受到微生物污染，且冷却时间过长会使微生物大量繁殖，极易产生食品安全风险。

1. 冷却

(1) 需要冷冻（藏）的熟制半成品或成品，应在熟制后立即冷却。(2) 应在清洁操作区内进行熟制成品的冷却，并在盛放容器上标注加工制作时间等。(3) 冷却时，先将食品的中心温度在2小时内从60℃以上冷却到21℃（可采用速冷设备或在专间内用电扇、冰浴等方式冷却），再经2小时或更短时间降至8℃。

2. 食品再加热

(1) 高危易腐食品熟制后，在8~60℃条件下存放2小时以上且未发生感官性状变化的，食用前应进行再加热。(2) 再加热时，食品的中心温度应达到70℃以上。

3. 控制供应时间

要尽量缩短冷菜在常温下的存放时间，控制冷菜加工的数量，尽量当餐制作食用。熟制后的食品应当在8~60℃条件下2小时内供应。超过2小时的，应废弃或再彻底加热后供应。供应宴席的单位应配备足够大的专间、足够的冰箱或冷库，满足短时间大量冷菜切配和短时存放的需要。

3.4.3 即食生制动物性水产品加工的特殊要求

即食生制动物性水产品是指以鲜、冻动物性水产品为原料，食用前经洁净加工而不经加热熟制即可直接食用的动物性水产品。即食生制动物性水产品包括腌制生食动物性水产品和即食生食动物性水产品。前者是以活的泥螺、贝类、淡水蟹和新鲜或冷冻海蟹、鱼子等动物性水产品为原料，采用腌渍或糟醉加工制成的可直接食用的腌制品；后者是以鲜活、冷藏、冷冻的鱼类、甲壳类、贝类、头足类等动物性水产品为原料，经洁净加工而未经腌制或熟制的可直接食用的动物性水产品。

由于动物性水产品在生长、捕捞、储运等加工过程极易受到微生物污染，使用前又未经加热熟制或者不充分加热熟制，因此，即食生制动物性水产品具有较大的食品安全风险。即食藻类制品，如海带、紫菜、裙带菜等，属于水生植物，虽未经加热熟制或者不充分加热熟制，但只要经洁净处理，食品安全风险较低，故不在本节讨论。

1. 资质与条件

(1) 行政许可

《食品经营许可管理办法》规定，从事加工经营生食水产品的餐饮服务提供者应当向所在地食品安全监管部门申请食品经营项目为“生食类食品制售”。

《上海市食品经营许可管理实施办法》规定，从事加工经营生食水产品的餐饮服务提供者必须取得食品经营一级项目为“生食类食品制售”，二级目录为“即食生食品”

（2）条件

申请“生食类食品制售”项目的餐饮服务提供者除符合餐饮服务许可的通用要求外，还应设立符合即食生食类食品要求的操作专间。

2. 品种

（1）加工即食生食动物性水产品应选择鲜活、冷藏、冷冻的深海海水鱼类、甲壳类、贝类、头足类等动物性水产品，如三文鱼、金枪鱼、鲷鱼、象鼻蚌、北极贝等。

（2）《上海市人民政府关于本市禁止生产经营食品品种的通告》规定，每年5月1日至10月31日期间，禁止生产经营醉虾、醉蟹、醉蟛蜞、咸蟹，禁止在餐饮服务环节制售自行加工的醉虾、醉蟹、醉蟛蜞、咸蟹和醉泥螺。

3. 加工经营要求

（1）加工即食生食动物性水产品（生鱼片、生食贝类）：加工前应经过超低温冷冻，以杀灭可能存在的寄生虫（可由生产厂处理），如整条（个）加工，应先进行表面清洗消毒，再到专用场所分切，加工好的生鱼片用食用冰保存，并在1小时内食用。

（2）加工腌制生食动物性水产品应取得《食品生产许可证》，具体要求可参阅《上海市食品从业人员食品安全知识培训教材——食品生产分册》相关章节。

3.4.4 河豚鱼加工的特殊要求

2016年9月5日，农业部办公厅和国家食品药品监督管理总局办公厅印发《关于有条件放开养殖红鳍东方鲀和养殖暗纹东方鲀加工经营的通知》，决定有条件放开养殖红鳍东方鲀和养殖暗纹东方鲀加工经营。

1. 可供食用的河豚鱼

《农业部办公厅关于开展养殖河豚鱼源基地备案工作的通知》规定，开展养殖河豚鱼源基地实施备案。经备案基地养殖的红鳍东方鲀和养殖暗纹东方鲀两个品种可供食用。

2. 河豚鱼的加工

（1）河豚鱼加工企业应具有河豚鱼加工设备和技术人员，具备专业分辨河豚鱼品种的能力，熟练掌握河豚鱼安全加工技术，并按照河豚鱼加工技术要求去除有毒部位和河豚毒素，河豚鱼可食部位（皮和肉可带骨）经检验合格后附检验合格证方可出厂。

（2）养殖红鳍东方鲀加工按照GB/T 27624—2011《养殖红鳍东方鲜、冻品加工操作规范》执行，养殖暗纹东方鲀加工按照SC/T 3033—2016《养殖暗纹东方鲀鲜、冻品加工操作规范》执行。

（3）河豚鱼加工企业应当建立了完善的产品质量安全全程可追溯制度和卫生管理制度。

（4）河豚鱼加工产品应当包装，包装上附带可追溯二维码，并标明产品名称、执行标准、原料基地及加工企业名称和备案号、加工日期、保质期、保存条件、检验合格信息等。河豚鱼加工产品应使用统一式样的产品检验合格证明。

（5）河豚鱼产品的河豚毒素含量不得超过 2.2 mg/kg（以鲜品计）。检验方法按 GB 5009.206—2016《食品安全国家标准　水产品中河豚毒素的测定》。

3.5　食品的回收与召回

3.5.1　食品的回收

1. 回收食品的定义

《食品安全法实施条例（2019 版）》第二十九条规定，食品安全法所称回收食品，是指已经售出，因违反法律、法规、食品安全标准或者超过保质期等原因，被召回或者退回的食品，不包括依照食品安全法第六十三条第三款的规定可以继续销售的食品。

《上海市食品安全条例》第三十条规定，回收食品是指符合下列情形之一的食品：（1）由食品生产经营者回收的在保质期内的各类食品及半成品；（2）由食品生产经营者回收的已经超过保质期的各类食品及半成品；（3）因各种原因停止销售，由批发商、零售商退回食品生产者的各类食品及半成品；（4）因产品质量问题而被查封、扣押、没收的各类食品及半成品。

2. 回收食品的处理

（1）无害化处理

根据《上海市食品安全条例》第三十条第一款的规定，餐饮服务提供者应当对回收食品进行登记，在显著标记区域内独立保存，并依法采取无害化处理、销毁等措施，防止其再次流入市场。无害化处理一般包括染色、毁形、焚烧、化制等，也可以通过有资质的单位回收后进行专门处理或转化为饲料、肥料等。需要销毁的，要根据待销毁食品的品种、数量等具体情况，自行或者委托有销毁能力的单位销毁，不得再次影响食品安全。任何单位和个人不得使用回收食品作为原料用于各类食品，或者经过改换包装等方式以其他形式进行销售或者赠送。

（2）标签、标志、说明书的补救措施

根据《上海市食品安全条例》第三十条第三款规定，因标签、标志、说明书不符合食品安全标准而回收的食品，食品生产者在采取补救措施且能保证食品安全的情况下可以继续销售或者赠送；销售或者赠送时应当向消费者或者受赠人明示补救措施。因标签、标志、说明书不符合食品安全标准而回收的食品，采取补救措施属上海的创设内容，在保证食品安全的情况下，采取赠送的方式可以使安全食品获得更好的利用，也可以更好地避免浪费，但继续销售或赠送时应当向消费者或者受赠人明示补救措施。所谓补救措施，通常采用加贴、补印标签或更换说明书等方式，但日期标示不得另外加贴、补印或篡改。

3.5.2　召回食品

《食品安全法》第六十三条规定，国家建立食品召回制度。食品生产者发现其生产的食品不符合食品安全标准或者有证据证明可能危害人体健康的，应当立即停止生产，召回已经上市销售的食品，通知相关生产经营者和消费者，并记录召回和通知情况。食品经营者发现其经营的食品有前款规定情形的，应当立即停止经营，通知相关生产经营者和消费者，并记录停止经营和通知情况。食品生产者认为应当召回的，应当立即召回。由于食品经营者的原因造成其经营的食品有前款规定情形的，食品经营者应当召回。

1. 召回的分类

根据食品召回程序的启动方式，召回可分为主动召回和监管部门责令召回两种。

（1）主动召回

食品的生产者，或者销售者发现其生产，或者经营的食品不符合食品安全标准，或者有证据证明可能危害人体健康的，应当立即停止生产经营，通知相关生产经营者和消费者，并记录停止经营和通知情况。食品生产者接到经营者的通知后，认为应当召回的，应当立即召回。由于食品销售者的原因，如贮存不当，造成其经营的食品有前述规定情形的，应当由食品销售者召回。

（2）责令召回

《食品安全法》第六十三条第五款规定，食品生产经营者未依照本条规定召回或者停止经营的，县以上食品安全监督管理部门可以责令其召回或者停止经营。责令召回是指食品安全监管部门对食品生产经营者应当履行而未履行召回义务时，或者为停止生产经营不安全食品时，可以责令其召回，或者停止生产经营不安全食品。

2. 召回的分级

根据原国家食品药品监督管理总局发布的《食品召回管理办法》，根据食品安全风险的严重和紧急程度，食品召回分为三级：一级召回、二级召回、三级召回。

（1）一级召回：食用后已经或者可能导致严重健康损害甚至死亡的，食品销售者应当在知悉食品安全风险后 24 小时内启动召回，并向县级以上地方食品安全监管部门报告召回计划。

（2）二级召回：食用后已经或者可能导致一般健康损害，食品销售者应当在知悉食品安全风险后 48 小时内启动召回，并向县级以上地方食品安全监管部门报告召回计划。

（3）三级召回：标签、标识存在虚假标注的食品，食品销售者应当在知悉食品安全风险后 72 小时内启动召回，并向县级以上地方食品安全监管部门报告召回计划。标签、标识存在瑕疵，食用后不会造成健康损害的食品，食品销售者应当改正，可以自愿召回。

3. 召回的流程

不安全食品召回流程包括立即停止生产经营、制订召回计划、发布召回公告、实施召回不安全食品、处置召回食品、记录召回结果。

（1）不安全食品　不安全食品是指食品安全法律法规规定禁止生产经营的食品以及其他有证据证明可能危害人体健康的食品。

（2）停止经营不安全食品　餐饮服务提供者发现其经营的食品属于不安全食品的，应当立即停止经营，采取通知或者公告的方式告知相关食品生产经营者停止生产经营、消费者停止食用，并采取必要的措施防控食品安全风险。不安全食品未销售给消费者、尚处于其他食品销售者控制中时，餐饮服务提供者应当立即追回不安全食品，并采取必要措施消除风险。

（3）不安全食品召回计划　餐饮服务提供者应当制订召回不安全食品的工作计划。食品召回计划应当包括下列内容：① 食品销售者的名称、住所、法定代表人、具体负责人、联系方式等基本情况；② 食品名称、商标、规格、生产日期、批次、数量以及召回的区域范围；③ 召回原因及危害后果；④ 召回等级、流程及时限；⑤ 召回通知或者公告的内容及发布方式；⑥ 相关食品生产经营者的义务和责任；⑦ 召回食品的处置措施、费用承担情况；⑧ 召回的预期效果。

（4）不安全食品召回公告　餐饮服务提供者应当发布食品召回公告。食品召回公告应当包括下列内容：① 餐饮服务提供者的名称、住所、法定代表人、具体负责人、联系电话及电子邮箱等；② 食品名称、商标、规格、生产日期及批次等；③ 召回原因、等级、起止日期及区域范围；④ 相关食品生产经营者的义务和消费者退货及赔偿的流程。

4. 不安全食品召回期限

不同等级的召回期限应符合下列要求：（1）实施一级召回的，食品生产经营者应当自公告发布之日起10个工作日内完成召回工作；（2）实施二级召回的，食品生产经营者应当自公告发布之日起20个工作日内完成召回工作；（3）实施三级召回的，食品生产经营者应当自公告发布之日起30个工作日内完成召回工作。

情况复杂的，经县级以上地方食品安全监管部门同意，食品生产经营者可以适当延长召回时间并公布。

5. 召回食品的处理

一般情况下，召回的食品不符合食品安全标准或者可能存在食品安全隐患，餐饮服务提供者应当对召回的食品采取无害化处理、销毁等措施，防止其再次流入市场。召回的食品可以按下列方法处理。

（1）对召回的违法添加非食用物质、腐败变质、病死畜禽等严重危害人体健康和生命安全的不安全食品，应当立即就地销毁；不具备就地销毁条件的，可以集中销毁处理。

（2）对因标签、标志或者说明书不符合食品安全标准而被召回的食品，餐饮服务提供者可以让食品生产者在采取补救措施且能保证食品安全的情况下可以继续销售，但销售时应当向消费者明示补救措施。补救措施不得涂改生产日期、保质期等重要的标识信息，不得欺瞒消费者。

（3）对不安全食品进行无害化处理，能够实现资源循环利用的，餐饮服务提供者可以按照国家有关规定进行处理。

（4）餐饮服务提供者对不安全食品处置方式不能确定的，应当组织相关专家进行评估，并根据评估意见进行处置。

（5）餐饮服务提供者应当如实记录停止生产经营、召回和处置不安全食品的名称、商标、规格、生产日期、批次、数量等内容。记录保存期限不得少于二年。

6. 不安全食品召回的报告

餐饮服务提供者应当将不安全食品召回和处理情况向所在地食品安全监督管理部门报

告。需要对召回的食品进行无害化处理、销毁的，应当提前报告时间、地点。食品安全监督管理部门认为必要的，可以赴无害化处理或者销毁现场进行监督，以确保存在安全隐患的被召回食品不会再次流入市场。

餐饮服务提供者因其业态特点，食品供应周期短，多数情况下对供应的食品难以实施召回，但是也应当建立自己的食品召回制度，特别是中央厨房，要严格执行食品召回的有关法律法规和规定。

3.6 特定餐饮服务提供者

3.6.1 特定餐饮服务提供者的定义

学校（含托幼机构）食堂、养老机构食堂、医疗机构食堂、中央厨房、集体用餐配送单位、连锁餐饮企业等餐饮服务提供者因涉及就餐人数多、社会影响大、食品安全风险突出，《餐饮服务食品安全操作规范》将这几类餐饮服务提供者归为特定餐饮服务提供者。

3.6.2 特定餐饮服务提供者的特殊管理要求

（1）原料采购方面　特定餐饮服务提供者应建立供货者评价和退出机制，对供货者的食品安全状况等进行评价，将符合食品安全管理要求的列入供货者名录，及时更换不符合要求的供货者，应自行或委托第三方机构定期对供货者食品安全状况进行现场评价。

（2）机构人员方面　特定餐饮服务提供者应配备专职食品安全管理人员，中央厨房、集体用餐配送单位、连锁餐饮企业总部、网络餐饮服务第三方平台提供者还应设立食品安全管理机构，每半年对其从业人员进行一次食品安全培训考核。

（3）经营过程管理方面　应制定加工操作规程，应每周至少开展一次自查，增加食品留样、设施设备清洗维护校验、卫生杀虫剂和杀鼠剂的使用等管理记录。

（4）检验检测方面　中央厨房和集体用餐配送单位应制定检验检测计划，定期对大宗食品原料、加工制作环境等自行或委托具有资质的第三方机构进行检验检测，其他的特定餐饮服务提供者宜定期开展食品检验检测。

3.6.3 学校食堂及承包单位

2019 年教育部、国家市场监督管理总局、国家卫生健康委员出台了《学校食品安全与营养健康管理规定》，对各级各类学校（含托幼机构）集中用餐的食品安全与营养健康管理进行了规定，明确学校食品安全实行校长（园长）负责制，中小学、幼儿园应当建立集中用餐陪餐制度、集中用餐信息公开制度等管理制度，不得制售冷荤类食品、生食类食品、裱花蛋糕，不得加工制作四季豆、鲜黄花菜、野生蘑菇、发芽土豆等高风险食品。

引入社会力量承包或者委托经营学校食堂的，应当以招投标等方式公开选择依法取得食品经营许可、能承担食品安全责任、社会信誉良好的餐饮服务单位或者符合条件的餐饮管理单位。学校应当与承包方或者受委托经营方依法签订合同，明确双方在食品安全与营养健康方面的权利和义务，承担管理责任，督促其落实食品安全管理制度、履行食品安全与营养健康责任。承包方或者受委托经营方应当依照法律、法规、规章、食品安全标准以及合同约定进行经营，对食品安全负责，并接受委托方的监督。

3.6.4　集体用餐配送单位和中央厨房

由原上海市食品药品监督管理局发布的食品安全地方标准《集体用餐配送膳食生产配送卫生规范》《中央厨房卫生规范》对中央厨房、集体用餐配送单位经营过程中原料采购、加工、包装、贮存和配送等环节的场所、设施、人员等基本要求和管理准则进行了规定，属于在上海市范围内从事中央厨房、集体用餐配送经营活动的强制性标准。

3.7　网络餐饮服务

网络餐饮服务是网络食品交易行为，涉及的市场主体有网络餐饮服务第三方平台、餐饮服务提供者，也有餐饮服务提供者自建网络平台开展经营活动。《食品安全法》《食品安全法实施条例》《上海市食品安全条例》《网络食品安全违法行为查处办法》《上海市网络餐饮服务监督管理办法》等法律、法规、规章对这一业态的食品安全管理作出相应的规定。

3.7.1　网络餐饮服务的基本概念

(1) 网络餐饮服务　网络交易又称电子商务，是指通过互联网等信息网络提供服务的经营活动。网络餐饮服务，即指通过互联网等信息网络提供餐饮服务的经营活动。网络餐饮服务的主要方式，一是在互联网等信息网络上开设网络餐饮服务第三方平台，为供需各方提供服务；二是在网络餐饮服务第三方平台开设网上店铺进行餐饮服务；三是餐饮服务提供者在自建的网站上进行餐饮服务。

(2) 网络餐饮服务第三方平台　网络餐饮服务第三方平台是指在网络餐饮服务活动中为交易双方或者多方提供网页空间、虚拟经营场所、交易规则、交易撮合、信息发布等服务，供交易双方或者多方独立开展交易活动的信息网络系统。网络餐饮服务交易平台一般分为网络餐饮服务第三方平台，平台自身并不参与餐饮服务，只是根据与买卖双方分别订立的协议，提供技术服务以保证网上交易的顺利进行。网络餐饮服务提供者是指在网络餐饮服务第三方平台开设线上店铺直接从事餐饮服务活动的餐饮服务提供者，有的则是线上线下同时提供餐饮服务。

3.7.2　网络餐饮服务第三方平台的基本要求

1. 备案要求

《上海市食品安全条例》第五十一条规定，网络餐饮服务第三方平台提供者应当按照下列规定办理备案手续。

(1) 在上海市注册登记的网络餐饮服务第三方平台提供者，应当在通信管理部门批准后 30 个工作日内，向市食品安全监督管理部门备案，取得备案号。

(2) 在外省市注册登记的网络餐饮服务第三方平台提供者，应当自在上海市提供网络食品交易第三方平台服务之日起 30 个工作日内，将其在上海市实际运营机构的地址、负责人、联系方式等相关信息向市食品安全监督管理部门备案。

（3）通过自建网站提供餐饮服务的，应当在通信管理部门批准后 30 个工作日内，向所在地的区市场监督管理部门备案，取得备案号。

2. 管理要求

《网络食品安全违法行为查处办法》第十四条规定，网络餐饮服务第三方平台提供者应当设置专门的网络食品安全管理机构或者指定专职食品安全管理人员，对平台上的食品经营行为及信息进行检查。

网络餐饮服务第三方平台提供者应当每年对食品安全管理人员进行培训和考核。培训和考核记录保存期限不得少于 2 年。经考核不具备食品安全管理能力的，不得上岗。

网络餐饮服务第三方平台提供者应当建立食品安全管理制度，履行下列管理责任：

（1）明确入网餐饮服务提供者的准入标准和食品安全责任，并签订协议食品安全协议，明确食品安全责任；

（2）对入网餐饮服务提供者进行实名登记，公示餐饮单位名称、地址、食品经营许可证、量化分级信息，公示的信息应当真实；

（3）通过与监管部门的许可信息进行比对、现场核查等方式，对入网餐饮服务提供者的许可证件进行审查；

（4）对平台上的食品经营行为及信息进行检查，并公布检查结果；

（5）公示入网餐饮服务提供者的食品安全信用状况；

（6）及时制止入网餐饮服务提供者的食品安全违法行为，并向其所在地的区市场监督管理部门报告；

（7）对平台上经营的食品进行抽样检验；

（8）法律、法规、规章规定的其他管理责任。

3. 记录和保存登记及交易信息要求

《食品安全法实施条例》第三十二条规定，网络餐饮服务第三方平台提供者应当妥善保存入网餐饮服务提供者的登记信息和交易信息。《网络食品安全违法行为查处办法》第十三条规定，网络餐饮服务第三方平台提供者和通过自建网站提供餐饮服务的应当记录、保存食品交易信息，保存时间不得少于产品保质期满后 6 个月；没有明确保质期的，保存时间不得少于 2 年。因此平台应当具备数据备份、故障恢复等技术条件，保障网络食品经营数据和资料的可靠性与安全性。

网络订餐的订单信息，包括食品的名称、下单时间、送餐人员、送达时间以及收货地址等。

4. 提供信息要求

《食品安全法实施条例》第三十二条规定，网络餐饮服务第三方平台提供者应当妥善保存入网食品经营者的登记信息和交易信息。县级以上人民政府食品安全监督管理部门开展食品安全监督检查、食品安全案件调查处理、食品安全事故处置确需了解有关信息的，经其负责人批准，可以要求网络餐饮服务第三方平台提供者提供，平台提供者应当按照要求提供。

5. 检查、报告和停止服务要求

《网络食品安全违法行为查处办法》第十条规定，网络餐饮服务第三方平台提供者应当建立入网餐饮服务提供者审查登记、食品安全自查、食品安全违法行为制止及报告、严重违法行为平台服务停止、食品安全投诉举报处理等制度，并在网络平台上公开。

《上海市食品安全条例》第五十三条第二款规定，网络餐饮服务第三方平台提供者发现入网餐饮服务提供者存在未经许可从事食品经营、经营禁止生产经营的食品、发生食品安全事故等严重违法行为的，应当立即停止为其提供网络交易平台服务。

《网络食品安全违法行为查处办法》第十五条规定，网络餐饮服务第三方平台提供者发现入网餐饮服务提供者有下列严重违法行为之一的，应当停止向其提供网络交易平台服务：

（1）入网餐饮服务提供者因涉嫌食品安全犯罪被立案侦查或者提起公诉的；

（2）入网餐饮服务提供者因食品安全相关犯罪被人民法院判处刑罚的；

（3）入网餐饮服务提供者因食品安全违法行为被公安机关拘留或者给予其他治安管理处罚的；

（4）入网餐饮服务提供者被市场监督管理部门依法作出吊销许可证、责令停产停业等处罚的；

（5）未经许可从事食品经营的；

（6）经营禁止生产经营的食品的；

（7）发生食品安全事故的。

3.7.3　仅提供信息发布服务平台的基本要求

《上海市食品安全条例》第五十三条第三款规定，仅为入网食品经营者提供信息发布服务的网络第三方平台提供者，应当履行下列管理责任：（1）明确入网食品经营者的准入标准和食品安全责任；（2）对入网食品经营者进行实名登记；（3）通过与监管部门的许可信息进行比对、现场核查等方式，对入网食品经营者的许可证件进行审查；（4）对平台上的食品经营信息进行检查，及时删除或者屏蔽入网食品经营者发布的违法信息。

3.7.4　入网餐饮服务提供者的基本要求

1. 许可要求

入网餐饮服务经营者应当具有实体经营门店并依法取得食品经营许可证。《网络食品安全违法行为查处办法》第十六条规定，入网餐饮服务提供者应当依法取得许可，按照许可的类别范围提供餐饮服务。法律、法规规定不需要取得食品生产经营许可的除外。

2. 信息公示

《上海市食品安全条例》第五十二条规定，网络餐饮服务提供者应当依法取得食品生产经营许可，并按照规定在自建交易网站或者网络餐饮服务第三方平台的首页显著位置或者经营活动主页面醒目位置，公示其营业执照、食品生产经营许可证件、从业人员健康证明、食品安全量化分级管理、菜品名称和主要原料名称等信息。相关信息应当完整、真实、清晰，发生变化的，应当在十日内更新。

3. 禁止行为

《网络食品安全违法行为查处办法》第十七条规定，入网餐饮服务提供者不得从事下列行为：

（1）网上刊载的食品名称、成分或者配料表、产地、保质期、贮存条件，生产者名称、地址等信息与食品标签或者标识不一致；

（2）网上刊载的非保健食品信息明示或者暗示具有保健功能；

（3）对在贮存、运输、食用等方面有特殊要求的食品，未在网上刊载的食品信息中予以说明和提示；

（4）不得销售在许可加工操作区外加工的食品，不得将订单委托其他食品经营者加工制作；

（5）不得销售与实体店销售的餐饮食品质量不一致的餐饮食品；

（6）法律、法规规定禁止从事的其他行为。

3.7.5 网络餐饮食品配送的基本要求

1. 网络餐饮食品配送单位的要求

网络餐饮食品配送单位应具备下列条件：（1）遵守有关法律、法规和标准对贮存、运输食品以及餐具、饮具、容器和包装材料的要求；（2）加强对配送人员的培训和管理。

2. 网络餐饮食品配送人员的要求

网络餐饮食品配送人员应符合下列要求：（1）送餐人员应当依法取得健康证明；（2）配送膳食的箱（包）应当专用，定期清洁、消毒；（3）符合保证食品安全所需的温度等特殊要求；（4）使用符合食品安全标准的餐具、饮具、容器和包装材料；（5）鼓励使用食安封签，防止配送过程发生污染；（6）法律、法规、规章规定的其他要求。

3.8 食品摊贩

食品摊贩是指临时占用道路及其他公共场所从事食品经营活动的经营者。《食品安全法》第三十六条规定，食品摊贩从事食品经营活动“应当符合本法规定的与其生产经营规模、条件相适应的食品安全要求，保证所生产经营的食品卫生、无毒、无害”。具体管理办法由省、自治区、直辖市制定。

3.8.1 食品摊贩信息登记

《上海市食品安全条例》第六十二条规定，食品摊贩应在区人民政府依法划定的临时区域（点）和固定时段从事食品摊贩经营活动。在划定的区域（点）、时段内经营的，应当向经营所在地的乡、镇人民政府或者街道办事处登记相关信息。乡、镇人民政府或者街道办事处应当向符合条件的食品摊贩发放临时经营公示卡。

食品摊贩在从事食品经营活动前，应当通过现场办理或网上办理的方式，向经营所在地的乡、镇政府或者街道办事处提供下列信息和材料，作出食品安全责任承诺，并取得《上海市食品摊贩临时经营公示卡》：（1）食品摊贩经营信息登记表；（2）户籍或上海市居住证明、摊主身份证件以及从事直接入口食品工作的食品从业人员有效健康证明；（3）在划定的临时区域（点）、规定的时段，从事经登记的食品经营活动的书面承诺。

3.8.2 食品摊贩的基本条件

食品摊贩从事食品经营，应当具备下列条件：

（1）摊位与公共厕所、倒粪池、化粪池、污水池、垃圾场（站）等污染源直线距离在25 m以上；

（2）有与经营的食品品种、数量相适应的生产、加工、贮存、清洗、消毒、冷藏等设施或者设备；

（3）需要在现场对食品或者工具、容器进行清洗的，应当配备具有给排水条件的清洁设施或者设备；

（4）配有防雨、防尘、防污染、防虫、防蝇等设施以及加盖或者密闭的废弃物收集容器。

禁止食品摊贩在距离幼儿园、中小学校门口100 m范围内设摊经营。

3.8.3 食品摊贩的基本要求

食品摊贩从事食品经营，应当遵循下列要求。

（1）持有并公示有效健康证明，经过食品安全知识的培训。

（2）悬挂食品摊贩临时经营公示卡，并按照公示卡所载明的事项从事经营活动。

（3）不得经营生食水产品、生鱼片、凉拌菜、色拉等生食类，不经加热处理的改刀熟食，现榨饮料、现制乳制品和裱花蛋糕以及不符合法律、法规、规章或者食品安全标准规定的其他食品。

（4）保留载有所采购的食品、食品添加剂、食品相关产品的票据凭证。票据凭证保存期限不得少于三十日。

（5）使用无毒、无害、清洁的食品包装材料、容器和售货工具，提供符合食品安全标准和要求的餐具、饮具，不主动提供限制使用的一次性餐具。

（6）从业人员应当保持个人卫生，将手洗净，穿戴清洁的工作衣、帽。

（7）用水应当符合国家规定的生活饮用水卫生标准，使用的洗涤剂、消毒剂应当对人体安全、无害，防止对食品造成污染。

（8）现场需进行食品或工具、容器清洗的，应当设置具有排水条件的清洁设施或设备，污水排放应当不影响周边环境。

（9）符合《上海市生活垃圾管理条例》对生活垃圾管理的相关规定，餐厨垃圾和餐厨废弃油脂应当存放在专用加盖或者密闭容器中，不得污染周边环境，遵守市容环境卫生管理的有关规定，保证市容环境整洁。

（10）法律、法规、规章规定的其他要求。

3.9 小型餐饮服务提供者

根据《食品安全法》《上海市食品安全条例》等法律法规，上海市人民政府制定出台了《上海市小型餐饮服务提供者临时备案监督管理办法》，对上海市行政区域内，尚未取得食品经营许可，但是人民群众有需求且不影响周边居民正常生活，符合食品安全和加工卫生要求的小型餐饮服务提供者采取临时备案措施，实施监督管理。

3.9.1 小型餐饮服务提供者临时备案的申请条件

申请小型餐饮提供者临时备案的，应当具备下列条件。

（1）可经营品种包括各类热加工糕点、自制饮品和热食类食品。其中，经营场所在居民小区以内的，可经营品种限定为蒸煮糕点、自制饮品和不产生油烟、废气、异味的热食类食品。

（2）经营场所位于固定建筑物内，与公共厕所、倒粪池、化粪池、污水池、垃圾场等污染源直线距离 25 m 以上，经营场所内无圈养、宰杀活的禽畜类动物的区域。

（3）经营场所不兼用于个人日常生活，具有合理的工艺流程布局，防止待加工食品与直接入口食品、原料与成品交叉污染，避免食品接触有毒物、不洁物；符合餐厨垃圾、餐厨废弃油脂处置的相关要求。

（4）具有与经营的食品品种、数量相适应并符合食品安全要求的经营场所和设备设施（具体要求由市市场监管局另行组织制定，并向社会公布）。

（5）相关食品从业人员依法经食品安全培训并考核合格。

3.9.2 小型餐饮服务提供者临时备案的办理

小型餐饮提供者需要申请临时备案的，应当向所在地的镇（乡）政府或街道办事处提供《上海市小型餐饮服务提供者临时备案监督管理办法》规定的材料，镇（乡）政府和街道办事处在根据实际征求相关部门、经营场所周围居民、物业等方面的意见后予以临时备案。小型餐饮提供者临时备案的有效期为 1 年，可以延续不超过 2 次。

3.9.3 小型餐饮服务提供者的经营要求

经临时备案的小型餐饮提供者除依法从事食品经营外，还应当符合下列要求：（1）按照临时备案的经营品种和方式从事食品经营活动，不得超范围从事食品经营活动；（2）在经营场所醒目位置悬挂《便民饮食店临时备案公示卡》、公示从业人员健康证明和食品安全量化分级等信息；（3）食品从业人员保持个人卫生、着装清洁；（4）记录和保留载有所采购的食品、食品添加剂、食品相关产品的票据凭证；（5）避免食品在加工、存放、操作中产生交叉污染或腐败变质；（6）使用符合食品安全要求的食品包装材料、容器、售货工具和洗涤剂、消毒剂；（7）依法使用符合食品安全标准和要求的餐饮具，不主动提供一次性餐具；（8）食品加工用水符合国家规定的生活饮用水卫生标准，使用的洗涤剂、消毒剂对人体安全、无害，防止对食品造成污染；（9）符合市容环境卫生责任制要求，搞好环境卫生管理，不跨门和占道经营，餐厨废弃油脂、餐厨垃圾由符合规定的单位收运，并保存收运服务联单；

(10) 符合生态环境要求，排放的油烟、烟尘等污染物不超过生态环境规定的标准；(11) 符合消防安全要求，经营场所符合防火规范规定。

3.9.4　小型餐饮服务提供者的禁止行为

经临时备案的小型餐饮提供者禁止从事以下行为：(1) 经营违反法律、法规、规章规定的食品的行为；(2) 经营冷食类食品、冷加工糕点、生食水产品、凉拌菜和预先拌制的色拉等高风险食品的行为；(3) 经营产生油烟、异味、废气的热食类食品和糕点类等可能影响周边居民正常生活的食品的行为。

3.10　进口食品

随着我国经济社会的发展与人民生活水平的提高，人们的食品结构悄然发生了改变，进口食品逐渐成为我国食品市场中重要组成部分。然而，进口食品种类与数量与日俱增，不断发生的全球食品安全问题对我国进口食品管理提出了新的要求。因此，近年来，国家各级政府不断探索完善进口食品的监督管理制度，保障食品安全，促进经济发展。本节主要介绍我国进口食品的监督管理要求。

3.10.1　进口食品监督管理部门

(1) 海关总署

2018 年 3 月中共中央发布了《深化党和国家机构改革方案》，明确“将国家质量监督检验检疫总局的出入境检验检疫管理职责和队伍划入海关总署”。根据部门职责，海关总署主管全国进出口食品安全（包括进口食品添加剂、食品相关产品）监督管理工作。主管海关负责所辖区域进出口食品安全监督管理工作。

海关总署对进口食品境外生产企业实施注册管理，对向中国境内出口食品的出口商或者代理商实施备案管理，对进口食品实施检验，对出口食品生产企业实施备案管理，对出口食品原料种植、养殖场实施备案管理，对出口食品实施监督、抽检，对进出口食品实施分类管理、对进出口食品生产经营者实施诚信管理。

(2) 国家市场监管总局

进口的婴幼儿配方食品、保健食品、特殊医学用途配方食品等特殊食品的注册、备案由国家市场监管总局负责。

(3) 国家卫生健康委员会

进口无食品安全国家标准的食品、食品添加剂所执行的相关国家（地区）标准或者国际标准的审查由国家卫生健康委员会负责。

3.10.2　进口食品的基本要求

《进出口食品管理办法》（海关总署令第 249 号）第九条规定，进口食品应当符合中国法律法规和食品安全国家标准，中国缔结或者参加的国际条约、协定有特殊要求的，还应当符合国际条约、协定的要求。第十条规定，海关依据进出口商品检验相关法律、行政法规的规定对进口食品实施合格评定。进口食品合格评定活动包括：向中国境内出口食品的境外国家（地区）［以下简称境外国家（地区）］食品安全管理体系评估和审查、境外生产企业注册、进出口商备案和合格保证、进境动植物检疫审批、随附合格证明检查、单证审核、现场查验、监督抽检、进口和销售记录检查以及各项的组合。

1. 进口食品应当符合国家标准

（1）已制定食品安全国家标准的进口食品

《食品安全法》第九十二条第一款规定，“进口的食品、食品添加剂、食品相关产品应当符合我国食品安全国家标准。”

进口的食品、食品添加剂以及食品相关产品应当符合进口国的强制性食品安全标准，这是国际通行做法，其目的在于保障进口国的食品安全。因此，从国外进口到我国的食品、食品添加剂、食品相关产品，以及从香港特别行政区、澳门特别行政区和台湾地区进口到我国内地的食品、食品添加剂、食品相关产品，必须符合我国的食品安全国家标准。

（2）尚未制定食品安全国家标准的进口食品

《食品安全法》第九十三条规定，“进口尚无食品安全国家标准的食品，由境外出口商、境外生产企业或者其委托的进口商向国务院卫生行政部门提交所执行的相关国家（地区）标准或者国际标准。国务院卫生行政部门对相关标准进行审查，认为符合食品安全要求的，决定暂予适用，并及时制定相应的食品安全国家标准。进口利用新的食品原料生产的食品或者进口食品添加剂新品种、食品相关产品新品种，依照本法第三十七条的规定办理。

出入境检验检疫机构按照国务院卫生行政部门的要求，对前款规定的食品、食品添加剂、食品相关产品进行检验。检验结果应当公开。”

2. 境外生产企业注册管理

《进出口食品管理办法》规定，海关总署对向中国境内出口食品的境外生产企业实施注册管理，并公布获得注册的企业名单。《进口食品境外生产企业注册管理规定》（海关总署第 248 号令）第六条规定，进口食品境外生产企业注册方式包括所在国家（地区）主管当局推荐注册和企业申请注册。

（1）所在国家（地区）主管当局推荐注册

下列食品的境外生产企业由所在国家（地区）主管当局向海关总署推荐注册：肉与肉制品、肠衣、水产品、乳品、燕窝与燕窝制品、蜂产品、蛋与蛋制品、食用油脂和油料、包馅面食、食用谷物、谷物制粉工业产品和麦芽、保鲜和脱水蔬菜以及干豆、调味料、坚果与籽类、干果、未烘焙的咖啡豆与可可豆、特殊膳食食品、保健食品。

（2）推荐注册的要求

所在国家（地区）主管当局应当对其推荐注册的企业进行审核检查，确认符合注册要求后，向海关总署推荐注册并提交以下申请材料：① 所在国家（地区）主管当局推荐函；② 企业名单与企业注册申请书；③ 企业身份证明文件，如所在国家（地区）主管当局颁发的营业执照等；④ 所在国家（地区）主管当局推荐企业符合本规定要求的声明；⑤ 所在国家（地区）主管当局对相关企业进行审核检查的审查报告。

（3）企业申请注册

除（1）所列食品以外的其他食品境外生产企业，应当自行或者委托代理人向海关总署提出注册申请并提交以下申请材料：① 企业注册申请书；② 企业身份证明文件，如所在国家（地区）主管当局颁发的营业执照等；③ 企业承诺符合本规定要求的声明。

(4) 企业注册申请书内容

企业注册申请书内容应当包括企业名称、所在国家（地区）、生产场所地址、法定代表人、联系人、联系方式、所在国家（地区）主管当局批准的注册编号、申请注册食品种类、生产类型、生产能力等信息。

3. 境外出口商或者代理商和食品进口商的备案

《进出口食品管理办法》规定，向中国境内出口食品的境外出口商或者代理商（以下简称境外出口商或者代理商）应当向海关总署备案。食品进口商应当向其住所地海关备案。境外出口商或者代理商、食品进口商办理备案时，应当对其提供资料的真实性、有效性负责。境外出口商或者代理商、食品进口商备案名单由海关总署公布。

4. 进口的食品应当经海关检验

《食品安全法》第九十二条第一款规定，进口的食品、食品添加剂应当经出入境检验检疫机构依照进出口商品检验相关法律、行政法规的规定检验合格。检验检疫流程如下：

(1) 进口食品的进口商或者其代理人报检

进口食品的进口商或者其代理人应当按照规定，持下列材料向海关报检：① 合同、发票、装箱单、提单等必要的凭证；② 相关批准文件；③ 法律法规、双边协定、议定书以及其他规定要求提交的输出国家（地区）官方检疫（卫生）证书；④ 首次进口预包装食品，应当提供进口食品标签样张和翻译件；⑤ 首次进口尚无食品安全国家标准的食品，应当提供国务院卫生行政部门出具的许可证明文件；⑥ 进口食品应当随附的其他证书或者证明文件。

报检时，进口商或者其代理人应当将所进口的食品按照品名、品牌、原产国（地区）、规格、数/重量、总值、生产日期（批号）及海关总署规定的其他内容逐一申报。

(2) 检验机构审核与受理

检验检疫机构对进口商或者其代理人提交的报检材料进行审核，符合要求的，受理报检。检验检疫机构应当对标签内容是否符合法律法规和食品安全国家标准要求以及与质量有关内容的真实性、准确性进行检验，包括格式版面检验和标签标注内容的符合性检测。

进口食品标签、说明书中强调获奖、获证、产区及其他内容的，或者强调含有特殊成分的，应当提供相应证明材料。

(3) 进口食品取得合格证明前的存放

进口食品在取得检验检疫合格证明之前，进口食品应当存放在海关指定或者认可的监管场所，未经海关许可，任何单位和个人不得动用。

(4) 检验检疫结果

进口食品经检验检疫合格的，由海关出具合格证明，准予销售、使用。进口食品经检验检疫不合格的，由海关出具不合格证明。涉及安全、健康、环境保护项目不合格的，由海关责令当事人销毁，或者出具退货处理通知单，由进口商办理退运手续。其他项目不合格的，进口商可以在海关的监督下进行技术处理，经重新检验合格后，方可销售、使用。

5. 随附证明材料

根据《食品安全法》第九十二条第三款规定，进口的食品、食品添加剂应当按照国家出入境检验检疫部门的要求随附合格证明材料。

关于进口的食品、食品添加剂随附的合格证明材料，是指境外生产企业或者境外出口商根据出口国家（地区）的食品安全标准，自行或委托出口国家（地区）的食品检验机构对进口到我国境内的食品、食品添加剂进行检验后，所出具的合格证明材料。该证明至少能证明进口到我国境内的食品、食品添加剂符合出口国家（地区）的食品安全标准。

3.10.3 进口食品经营的基本要求

《食品安全法》第五十三条第二款规定，食品经营企业应当建立食品进货查验记录制度，如实记录食品的名称、规格、数量、生产日期或者生产批号、保质期、进货日期以及供货者名称、地址、联系方式等内容，并保存相关凭证。进口食品经营者在经营进口食品时，应当向进口该食品的进口商索取相应资质证明并保留。此外，进口食品经营者还应查验进口食品的标签、说明书是否符合相关法律法规。

1. 资质证明

上一小节详述了进口食品的基本要求，包括进口食品应当符合国家标准，进口食品应当依法进行检验检疫并随附合格证明材料。进口食品经营者应当向进口商索要进口商资质证明、进口食品检验检疫合格证明、进口的食品具体信息材料（包括品名、品牌、原产国或地区、规格、数/重量、总值、生产日期/批号等）并保存。此外，进口食品经营者还应保留进口食品的送货单据。

2. 进口食品（包括食品添加剂）的标签、说明书要求

根据《食品安全法》第九十七条规定，进口的预包装食品、食品添加剂应当有中文标签；依法应当有说明书的，还应当有中文说明书。标签、说明书应当符合本法以及我国其他有关法律、行政法规的规定和食品安全国家标准的要求，并载明食品的原产地以及境内代理商的名称、地址、联系方式。预包装食品没有中文标签、中文说明书或者标签、说明书不符合本条规定的，不得进口。

《进出口食品管理办法》第三十条规定，进口食品的包装和标签、标识应当符合中国法律法规和食品安全国家标准；依法应当有说明书的，还应当有中文说明书。

（1）进口鲜冻肉类产品。其内外包装上应当有牢固、清晰、易辨的中英文或者中文和出口国家（地区）文字标识，标明以下内容：产地国家（地区）、品名、生产企业注册编号、生产批号；外包装上应当以中文标明规格、产地（具体到州/省/市）、目的地、生产日期、保质期限、储存温度等内容，必须标注目的地为中华人民共和国，加施出口国家（地区）官方检验检疫标识。

（2）对于进口水产品。其内外包装上应当有牢固、清晰、易辨的中英文或者中文和出口国家（地区）文字标识，标明以下内容：商品名和学名、规格、生产日期、批号、保质期限和保存条件、生产方式（海水捕捞、淡水捕捞、养殖）、生产地区（海洋捕捞海域、淡水捕

捞国家或者地区、养殖产品所在国家或者地区）、涉及的所有生产加工企业（含捕捞船、加工船、运输船、独立冷库）名称、注册编号及地址（具体到州/省/市）、必须标注目的地为中华人民共和国。

(3) 进口保健食品、特殊膳食用食品的中文标签必须印制在最小销售包装上，不得加贴。

(4) 进口食品内外包装有特殊标识规定的其他食品，应按照相关规定执行。

3. 进口食品的进口商进口和销售记录要求

《食品安全法》第九十八条规定，进口商应当建立食品、食品添加剂进口和销售记录制度，如实记录食品、食品添加剂的名称、规格、数量、生产日期、生产或者进口批号、保质期、境外出口商和购货者名称、地址及联系方式、交货日期等内容，并保存相关凭证。记录和凭证保存期限不得少于产品保质期满后 6 个月；没有明确保质期的，保存期限不得少于 2 年。

为掌握进口食品来源和流向，确保进口食品可塑性，加强食品进口记录和销售记录的监督管理，由国家质量监督检验检疫总局制定的《食品进口记录和销售记录管理规定》于 2012 年 10 月 1 日正式施行，明确了进口商应当建立完善的食品进口记录和销售记录制度并严格执行。

进口商应当建立专门的食品进口记录，并指派专人负责。食品进口记录是指记载食品及其相关进口信息的纸质或者电子文件。食品进口记录应当包括以下内容：进口食品的名称、品牌、规格、数重量、货值、生产批号、生产日期、保质期、原产地、输出国家或者地区、生产企业名称及在华注册号、出口商或者代理商备案编号、名称及联系方式、贸易合同号、进口口岸、目的地、根据需要出具的国（境）外官方或者官方授权机构出具的相关证书编号、报检单号、入境时间、存放地点、联系人及电话等内容。

第4章　食品的标签、说明书、广告

本章所称食品，包括食品和食品添加剂。食品标签包括预包装食品、散装食品和食品添加剂标签以及预包装食品的营养标签、预包装特殊膳食用食品营养标签。

4.1　食品标签基本要求

4.1.1　食品标签的概念、作用

GB 7718—2011《食品安全国家标准　预包装食品标签通则》规定，食品标签是指在食品包装上的文字、图形、符号及一切说明物。食品标签的基本功能是通过对被标识食品的名称、规格、生产者名称等进行清晰、准确的描述，科学地向消费者传达该食品的安全特性等信息。

4.1.2　食品标签的标准体系

我国食品和食品添加剂标签的标准体系主要是强制性食品安全国家标准，包括GB 7718—2011《食品安全国家标准　预包装食品标签通则》、GB 28050—2011《食品安全国家标准　预包装食品营养标签通则》、GB 13432—2013《食品安全国家标准　预包装特殊膳食用食品标签》、GB 29924—2013《食品安全国家标准　食品添加剂标识通则》《农业转基因生物标签的标识》（农业部869号公告-1-2007）以及推荐性国家标准GB/T 32950—2016《鲜活农产品标签标识》等。

4.1.3　食品标签的法律法规

1. 禁止性条款

《食品安全法》第七十一条规定，食品标签、说明书不得含有虚假内容，不得涉及疾病预防、治疗功能。《食品安全法》第七十八条规定，保健食品的标签、说明书不得涉及疾病预防、治疗功能，内容应当真实，与注册或者备案的内容相一致，载明适宜人群、不适宜人群、功效成分或者标志性成分及其含量等，并声明“本品不能代替药物”。

2. 预包装食品

《食品安全法》第六十七条和七十八条规定，预包装食品的包装上应当有标签。标签应当标明下列事项：（1）名称、规格、净含量、生产日期；（2）成分或者配料表；（3）生产者的名称、地址、联系方式；（4）保质期；（5）产品标准代号；（6）贮存条件；（7）所使用的

食品添加剂在国家标准中的通用名称；(8) 生产许可证编号；(9) 专供婴幼儿和其他特定人群的主辅食品，其标签还应当标明主要营养成分及其含量；(10) 保健食品的标签、说明书应当载明适宜人群、不适宜人群、功效成分或者标志性成分及其含量等，并声明"本品不能代替药物"；(11) 法律、法规或者食品安全标准规定必须标明的其他事项。

3. 散装食品

散装食品是指无预先定量包装、需要计量销售的食品，包括裸装和带非定量包装的食品。

《食品安全法》第六十八条规定，食品经营者销售散装食品，应在散装食品的容器、外包装上标明食品的名称、生产日期或者生产批号、保质期以及生产经营者名称、地址、联系方式等内容。

4. 食品添加剂

《食品安全法》第六十七条规定，食品添加剂标签、说明书应当载明的规定事项包括：名称、规格、净含量、生产日期、成分或者配料表、生产者的名称、地址、联系方式、保质期、产品标准代号、贮存条件、适用范围、用量、使用方法、生产许可证编号以及法律、法规或者食品安全标准规定必须标明的其他事项。

《食品安全法》第七十条规定，食品添加剂应当有标签、说明书和包装。标签、说明书应当载明以下内容，并在标签上载明"食品添加剂"字样。

5. 进口预包装食品和食品添加剂

《食品安全法》第九十七条规定，进口的预包装食品、食品添加剂应当有中文标签；依法应当有说明书的，还应当有中文说明书。标签、说明书应当符合本法以及我国其他有关法律、行政法规的规定和食品安全国家标准的要求，并载明食品的原产地以及境内代理商的名称、地址、联系方式。预包装食品没有中文标签、中文说明书或者标签、说明书不符合本条规定的，不得进口。

4.2 预包装食品标签通则

4.2.1 预包装食品的基本概念

GB 7718—2011《食品安全国家标准 预包装食品标签通则》规定，预包装食品是指预先定量包装或者制作在包装材料和容器中的食品，包括预先定量包装以及预先定量制作在包装材料和容器中并且在一定量范围内具有统一的质量或体积标识的食品。

4.2.2 预包装食品标签的基本要求

GB 7718—2011《食品安全国家标准 预包装食品标签通则》规定，预包装食品标签应符合法律、法规的规定，并符合下列相应的基本要求。

(1) 应清晰、醒目、持久；应使消费者购买时易于辨认和识读。

（2）应通俗易懂、准确、有科学依据，不得标示封建迷信、黄色、贬低其他食品或违背科学营养常识的内容。

（3）应当真实准确，不得以虚假、使消费者误解或欺骗性的文字、图形等方式介绍食品，也不得利用字号大小或色差误导消费者。

（4）不得以直接或间接暗示性的语言、图形、符号，导致消费者将购买的食品或食品的某一性质与另一产品混淆。

（5）不应标注或者暗示具有预防、治疗疾病作用的内容，非保健食品不得明示或者暗示具有保健作用。

（6）不得与包装物（容器）分离。应使用规范的汉字，但不包括注册商标。

（7）应使用规范的汉字（商标除外）。具有装饰作用的各种艺术字，应书写正确，易于辨认。可以同时使用拼音或少数民族文字，但不得大于相应的汉字。可以同时使用外文，但应与汉字有对应关系（进口食品的制造者和地址，国外经销者的名称和地址、网址除外）。所有外文不得大于相应的汉字（国外注册商标除外）。

（8）包装物或包装容器最大表面面积大于35 cm^2时，强制标示内容的文字、符号、数字的高度不得小于1.8 mm。

（9）含有多个销售单元的包装应符合下列要求：① 一个销售单元的包装中含有不同品种、多个独立包装可单独销售的食品，每件独立包装的食品标识应当分别标注；② 若外包装易于开启识别或透过外包装物能清晰地识别内包装物（容器）上的所有强制标示内容或部分强制标示内容，可不在外包装物上重复标示相应的内容；否则应在外包装物上按要求标示所有强制标示内容。

4.2.3 预包装食品标签的一般要求

1. 直接向消费者提供的预包装食品标签的一般要求

1）食品名称

（1）应在食品标签的醒目位置，清晰地标示反映食品真实属性的专用名称：① 当国家标准、行业标准或地方标准中已规定了某食品的一个或几个名称时，应选用其中的一个，或等效的名称；② 无国家标准、行业标准或地方标准规定的名称时，应使用不使消费者误解或混淆的常用名称或通俗名称。

（2）标示“新创名称”“奇特名称”“音译名称”“牌号名称”“地区俚语名称”或“商标名称”时，应在所示名称的同一展示版面标示食品真实属性的专用名称：① 当“新创名称”“奇特名称”“音译名称”“牌号名称”“地区俚语名称”或“商标名称”含有易使人误解食品属性的文字或术语（词语）时，应在所示名称的同一展示版面邻近部位使用同一字号标示食品真实属性的专用名称；② 当食品真实属性的专用名称因字号或字体颜色不同易使人误解食品属性时，也应使用同一字号 及同一字体颜色标示食品真实属性的专用名称。

（3）为不使消费者误解或混淆食品的真实属性、物理状态或制作方法，可以在食品名称前或食品名称后附加相应的词或短语。如干燥的、浓缩的、复原的、熏制的、油炸的、粉末的、粒状的等。

2）配料表

（1）预包装食品的标签上应标示配料表，配料表中的各种配料应按食品名称的要求标示具体名称，并符合下列要求。

① 配料表应以“配料”或“配料表”为引导词。当加工过程中所用的原料已改变为其他成分（如酒、酱油、食醋等发酵产品）时，可用“原料”或“原料与辅料”代替“配料”“配料表”，并按该标准相应条款的要求标示各种原料、辅料和食品添加剂。加工助剂不需要标示。

② 各种配料应按制造或加工食品时加入量的递减顺序一一排列；加入量不超过 2% 的配料可以不按递减顺序排列。

③ 如果某种配料是由两种或两种以上的其他配料构成的复合配料（不包括复合食品添加剂），应在配料表中标示复合配料的名称，随后将复合配料的原始配料在括号内按加入量的递减顺序标示。当某种复合配料已有国家标准、行业标准或地方标准，且其加入量小于食品总量的 25% 时，不需要标示复合配料的原始配料。

④ 食品添加剂应当标示其在 GB 2760—2014《食品安全国家标准　食品添加剂使用标准》中的食品添加剂通用名称。食品添加剂通用名称可以标示为食品添加剂的具体名称，也可标示为食品添加剂的功能类别名称并同时标示食品添加剂的具体名称或国际编码（INS 号）。在同一预包装食品的标签上，应选择一种形式标示食品添加剂。当采用同时标示食品添加剂的功能类别名称和国际编码的形式时，若某种食品添加剂尚不存在相应的国际编码，或因致敏物质标示需要，可以标示其具体名称。食品添加剂的名称不包括其制法。加入量小于食品总量 25% 的复合配料中含有的食品添加剂，若符合 GB 2760—2014《食品安全国家标准　食品添加剂使用标准》规定的带入原则且在最终产品中不起工艺作用的，不需要标示。

⑤ 在食品制造或加工过程中，加入的水应在配料表中标示。在加工过程中已挥发的水或其他挥发性配料不需要标示。

⑥ 可食用的包装物也应在配料表中标示原始配料，国家另有法律法规规定的除外。

（2）下列食品配料，可以选择按表 4-1 的方式标示。

表 4-1　配料标示方式

配　料　类　别	标　示　方　式
各种植物油或精炼植物油，不包括橄榄油	“植物油”或“精炼植物油”；如经过氢化处理，应标示为“氢化”或“部分氢化”
各种淀粉，不包括化学改性淀粉	“淀粉”
加入量不超过 2% 的各种香辛料或香辛料浸出物（单一的或合计的）	“香辛料”“香辛料类”或“复合香辛料”
胶基糖果的各种胶基物质制剂	“胶姆糖基础剂”“胶基”
添加量不超过 10% 的各种果脯蜜饯水果	“蜜饯”“果脯”
食用香精、香料	“食用香精”“食用香料”“食用香精香料”

3）配料的定量标示

（1）如果在食品标签或食品说明书上特别强调添加了或含有一种或多种有价值、有特性的配料或成分，应标示所强调配料或成分的添加量或在成品中的含量。

（2）如果在食品的标签上特别强调一种或多种配料或成分的含量较低或无时，应标示所强调配料或成分在成品中的含量。

（3）食品名称中提及的某种配料或成分而未在标签上特别强调，不需要标示该种配料或成分的添加量或在成品中的含量。

4）净含量和规格

（1）净含量的标示应由净含量、数字和法定计量单位组成。

（2）应依据法定计量单位标示包装物（容器）中食品的净含量：① 液态食品，用体积升（L）、毫升（mL），或用质量克（g）、千克（kg）；② 固态食品，用质量克（g）、千克（kg）；③ 半固态或黏性食品，用质量克（g）、千克（kg）或体积升（L）、毫升（mL）。

（3）净含量的计量单位应按表 4－2 标示。

表 4 2 净含量计量单位的标示方式

计量方式	净含量（Q）的范围	计量单位
体积	Q<1 000 mL Q≥1 000 mL	毫升（mL） 升（L）
质量	Q<1 000 g Q≥1 000 g	克（g） 千克（kg）

（4）净含量字符的最小高度应符合表 4－3 的规定。

表 4－3 净含量字符的最小高度

净含量（Q）的范围	字符的最小高度/mm
Q≤50 mL；Q≤50 g	2
50 mL<Q≤200 mL；50 g<Q≤200 g	3
200 mL<Q≤1 L；200 g<Q≤1 kg	4
Q>1 kg；Q>1 L	6

（5）净含量应与食品名称在包装物或容器的同一展示版面标示。

（6）含有固、液两相物质的食品，且固相物质为主要食品配料时，除标示净含量外，还应以质量或质量分数的形式标示沥干物（固形物）的含量。

（7）同一预包装内含有多个单件预包装食品时，大包装在标示净含量的同时还应标示规格。

（8）规格的标示应由单件预包装食品净含量和件数组成，或只标示件数，可不标示“规格”二字。单件预包装食品的规格即指净含量。

5）生产者和（或）经销者的名称、地址和联系方式

（1）生产者名称和地址应当是依法登记注册、能够承担产品安全质量责任的生产者的名称、地址。有下列情形之一的，应按下列要求予以标示。① 依法独立承担法律责任的集团公司、集团公司的子公司，应标示各自的名称和地址。② 不能依法独立承担法律责任的集团公司的分公司或集团公司的生产基地，应标示集团公司和分公司（生产基地）的名称、地址；或仅标示集团公司的名称、地址及产地，产地应当按照行政区划标注到地市级地域。③ 受其他单位委托加工预包装食品的，应标示委托单位和受委托单位的名称和地址；或仅标示委托单位的名称和地址及产地，产地应当按照行政区划标注到地市级地域。

（2）依法承担法律责任的生产者或经销者的联系方式应标示以下至少一项内容：电话、传真、网络联系方式等，或与地址一并标示的邮政地址。

（3）进口预包装食品应标示原产国国名或地区区名（如香港、澳门、台湾），以及在中国依法登记注册的代理商、进口商或经销者的名称、地址和联系方式，可不标示生产者的名称、地址和联系方式。

6）日期标示

（1）应清晰标示预包装食品的生产日期和保质期。如日期标示采用“见包装物某部位”的形式，应标示所在包装物的具体部位。日期标示不得另外加贴、补印或篡改。

（2）当同一预包装内含有多个标示了生产日期及保质期的单件预包装食品时，外包装上标示的保质期应按最早到期的单件食品的保质期计算。外包装上标示的生产日期应为最早生产的单件食品的生产日期，或外包装形成销售单元的日期；也可在外包装上分别标示各单件装食品的生产日期和保质期。

（3）应按年、月、日的顺序标示日期，如果不按此顺序标示，应注明日期标示顺序，并符合下列要求。① 日期中的年、月、日可用空格、斜线、连字符、句点等符号分隔，或不用分隔符。年代号一般应标示 4 位数字，小包装食品也可以标示 2 位数字。月、日应标示 2 位数字。日期的标示可以有如下形式：如 2019 04 20、2019/04/20、20190420、20 日 4 月 2019 年、4 月 20 日 2019 年、（月/日/年）：04202019，04/20/2019，04202019。② 保质期可以有如下标示形式：最好在……之前食（饮）用；……之前食（饮）用最佳；……之前最佳；此日期前最佳……；此日期前食（饮）用最佳……；保质期（至）……；保质期××个月（或××日，或××天，或××周，或×年）。

7）贮存条件

贮存条件可以标示“贮存条件”“贮藏条件”“贮藏方法”等标题，或不标示标题；贮存条件可以有如下标示形式：常温（或冷冻，或冷藏，或避光，或阴凉干燥处）保存；××～××℃保存；请置于阴凉干燥处；常温保存，开封后需冷藏；温度：≤××℃，湿度：≤××%。

8）食品生产许可证编号

预包装食品标签应标示食品生产许可证编号的，标示形式按照相关规定执行。

9）产品标准代号

在国内生产并在国内销售的预包装食品（不包括进口预包装食品）应标示产品所执行的标准代号和顺序号。

10）其他标示内容

（1）辐照食品：经电离辐射线或电离能量处理过的食品，应在食品名称附近标示“辐照食品”。经电离辐射线或电离能量处理过的任何配料，应在配料表中标明。

（2）转基因食品：转基因食品的标示应符合相关法律、法规的规定。

（3）特殊膳食类食品和专供婴幼儿的主辅类食品：应当标示主要营养成分及其含量，标示方式按照 GB 13432—2013《食品安全国家标准　预包装特殊膳食用食品标签》执行。

（4）质量（品质）等级：食品所执行的相应产品标准已明确规定质量（品质）等级的，应标示质量（品质）等级。

2. 非直接提供给消费者的预包装食品标签的一般要求

非直接提供给消费者的预包装食品标签中食品名称、规格、净含量、生产日期、保质期和贮存条件等内容应符合 4.2.3 节第 1 点的要求，其他内容如未在标签上标注，则应在说明书或合同中注明。

4.2.4　预包装食品标签的豁免

（1）下列预包装食品可以免除标示保质期：酒精度大于等于 10%的饮料酒、食醋、食用盐、固态食糖类、味精。

（2）当预包装食品包装物或包装容器的最大表面面积小于 10 cm^2时，可以只标识产品名称、净含量、生产者（或经销商）的名称和地址。

4.2.5　预包装食品标签的推荐标示内容

1. 批号

根据产品需要，可以标示产品的批号。

2. 食用方法

根据产品需要，可以标示容器的开启方法、食用方法、烹调方法、复水再制方法等对消费者有帮助的说明。

3. 致敏物质

以下食品及其制品可能导致过敏反应，如果用作配料，宜在配料表中使用易辨识的名称，或在配料表邻近位置加以提示：（1）含有麸质的谷物及其制品（如小麦、黑麦、大麦、燕麦、斯佩耳特小麦或它们的杂交品系）；（2）甲壳纲类动物及其制品（如虾、龙虾、蟹等）；（3）鱼类及其制品；（4）蛋类及其制品；（5）花生及其制品；（6）大豆及其制品；（7）乳及乳制品（包括乳糖）；（8）坚果及其果仁类制品。

如加工过程中可能带入上述食品或其制品，宜在配料表邻近位置加以提示。

4.2.6　进口预包装食品标签

（1）进口预包装食品的食品标签可以同时使用中文和外文，也可以同时使用繁体字。GB 7718—2011《食品安全国家标准　预包装食品标签通则》中强制要求标示的内容应全部标示，推荐标示的内容可以选择标示。进口预包装食品同时使用中文与外文时，其外文应与中文强制标识内容和选择标示的内容有对应关系，即中文与外文含义应基本一致，外文字号不得大于相应中文汉字字号。对于特殊包装形状的进口食品，在同一展示面上，中文字体高度不得小于外文对应内容的字体高度。

（2）对于采用在原进口预包装食品包装外加贴中文标签方式进行标示的情况，加贴中文标签应按照 GB 7718—2011《食品安全国家标准　预包装食品标签通则》的方式标示；原外文标签的图形和符号不应有违反 GB 7718—2011《食品安全国家标准　预包装食品标签通则》及相关法律法规要求的内容。

（3）进口预包装食品外文配料表的内容均须在中文配料表中有对应内容，原产品外文配料表中没有标注，但根据我国的法律、法规和标准应当标注的内容，也应标注在中文配料表中（包括食品生产加工过程中加入的水和单一原料等）。

（4）进口预包装食品应标示原产国或原产地区的名称，以及在中国依法登记注册的代理商、进口商或经销者的名称、地址和联系方式；可不标示生产者的名称、地址和联系方式。原有外文的生产者的名称地址等不需要翻译成中文。

（5）进口预包装食品的原产国国名或地区区名，是指食品成为最终产品的国家或地区名称，包括包装（或灌装）国家或地区名称。进口预包装食品中文标签应当如实准确标示原产国国名或地区区名。

（6）进口预包装食品可免于标示相关产品标准代号和质量（品质）等级。如果标示了产品标准代号和质量（品质）等级，应确保真实、准确。

4.2.7 其他

按国家相关规定需要特殊审批的食品，其标签标识按照相关规定执行。

4.3 预包装食品营养标签

GB 28050—2011《食品安全国家标准　预包装食品营养标签通则》规定了预包装食品营养标签上营养信息的描述和说明，但不适用于保健食品及预包装特殊膳食用食品的营养标签标示。

4.3.1 营养标签的基本概念

营养标签是指预包装食品标签上向消费者提供食品营养信息和特性的说明，包括营养成分表、营养声称和营养成分功能声称。营养标签是预包装食品标签的一部分。

4.3.2 基本要求

预包装食品营养标签标示的任何营养信息，应真实、客观，不得标示虚假信息，不得夸大产品的营养作用或其他作用。预包装食品营养标签应使用中文。如同时使用外文标示的，其内容应当与中文相对应，外文字号不得大于中文字号。营养成分表应以一个“方框表”的形式表示（特殊情况除外），方框可为任意尺寸，并与包装的基线垂直，表题为“营养成分表”。食品营养成分含量应以具体数值标示，数值可通过原料计算或产品检测获得。各营养成分的营养素参考值（NRV）可参考《食品安全国家标准　预包装食品营养标签通则》附录A食品标签营养素参考值（NRV）及其使用方法。营养标签应标在向消费者提供的最小销售单元的包装上。

营养标签的格式可参考GB 28050—2011《食品安全国家标准　预包装食品营养标签通则》附录B，食品企业可根据食品的营养特性、包装面积的大小和形状等因素选择使用其中的一种格式。

4.3.3 强制标示内容

所有预包装食品营养标签强制标示的内容包括能量、核心营养素的含量值及其占营养素参考值（NRV）的百分比。当标示其他成分时，应采取适当形式使能量和核心营养素的标示更加醒目。

（1）核心营养素是指蛋白质、脂肪、碳水化合物和钠。

（2）营养素参考值（NRV）是指专用于食品营养标签，用于比较食品营养成分含量的参考值。

对除能量和核心营养素外的其他营养成分进行营养声称或营养成分功能声称时，在营养成分表中还应标示出该营养成分的含量及其占营养素参考值（NRV）的百分比。

（1）营养成分是指食品中的营养素和除营养素以外的具有营养和（或）生理功能的其他食物成分。各营养成分的定义可参照GB/Z 21922—2008《食品营养成分基本术语》。

（2）营养声称是指对食品营养特性的描述和声明，如能量水平、蛋白质含量水平。营养声称包括含量声称和比较声称。其中，含量声称是指描述食品中能量或营养成分含量水平的声称，声称用语包括“含有”“高”“低”或“无”等；比较声称是指与消费者熟知的同类食品的营养成分含量或能量值进行比较以后的声称，声称用语包括“增加”或“减少”等。

（3）营养成分功能声称是指某营养成分可以维持人体正常生长、发育和正常生理功能等作用的声称。

使用了营养强化剂的预包装食品，在营养成分表中还应标示强化后食品中该营养成分的含量值及其占营养素参考值（NRV）的百分比。

食品配料含有或生产过程中使用了氢化和（或）部分氢化油脂时，在营养成分表中还应标示出反式脂肪（酸）的含量。

上述未规定营养素参考值（NRV）的营养成分仅需标示含量。

4.3.4 可选择标示内容

除强制标示内容外，营养成分表中还可选择标示《食品安全国家标准　预包装食品营养标签通则》表1的其他成分。

当某营养成分含量标示值符合GB 28050—2011《食品安全国家标准　预包装食品营养标签通则》附录C中的表C.1的含量要求和限制性条件时，可对该成分进行含量声称，声称方式见表C.1。当某营养成分含量满足表C.3的要求和条件时，可对该成分进行比较声称，声称方式见表C.3。当某营养成分同时符合含量声称和比较声称的要求时，可以同时使用两种声称方式，或仅使用含量声称。含量声称和比较声称的同义语见《食品安全国家标准　预包装食品营养标签通则》附录C中表C.2和表C.4。

当某营养成分的含量标示值符合含量声称或比较声称的要求和条件时，可使用 GB 28050—2011《食品安全国家标准　预包装食品营养标签通则》附录 D 中相应的一条或多条营养成分功能声称标准用语。不应对功能声称用语进行任何形式的删改、添加和合并。

4.3.5　营养成分的表达

预包装食品中能量和营养成分的含量应以每 100 克（g）和（或）每 100 毫升（mL）和（或）每份食品可食部中的具体数值来标示。当用份标示时，应标明每份食品的量。份的大小可根据食品的特点或推荐量规定。

营养成分表中强制标示和可选择性标示的营养成分的名称和顺序、标示单位、修约间隔、“0”界限值应符合 GB 28050—2011《食品安全国家标准　预包装食品营养标签通则》表 1 的规定。当不标示某一营养成分时，依序上移。

当标示 GB 14880—2012《食品安全国家标准　食品营养强化剂使用标准》和国家卫生健康委员会相应公告中允许强化的除表 1 外的其他营养成分时，其排列顺序应位于表 1 所列营养素之后。

4.3.6　允许误差范围

在产品保质期内，能量和营养成分含量的允许误差范围应符合表 4 - 4 的规定。

表 4 - 4　能量和营养成分含量的允许误差范围

能量和营养成分	允许误差范围
食品的蛋白质，多不饱和及单不饱和脂肪（酸），碳水化合物、糖（仅限乳糖），总的、可溶性或不溶性膳食纤维及其单体，维生素（不包括维生素 D、维生素 A），矿物质（不包括钠），强化的其他营养成分	≥80%标示值
食品中的能量以及脂肪、饱和脂肪（酸）、反式脂肪（酸），胆固醇，钠，糖（乳糖除外）	≤120%标示值
食品中的维生素 A 和维生素 D	80%～180%标示值

4.3.7　豁免强制标示的预包装食品

下列预包装食品可豁免强制标示营养标签：(1) 生鲜食品，如包装的生肉、生鱼、生蔬菜和水果、禽蛋等；(2) 乙醇含量≥0.5%的饮料酒类；(3) 包装总表面积≤100 cm^2或最大表面面积≤20 cm^2的食品；(4) 现制现售的食品；(5) 包装的饮用水；(6) 每日食用量≤10 g或 10 mL 的预包装食品；(7) 其他法律法规标准规定可以不标示营养标签的预包装食品。

豁免强制标示营养标签的预包装食品，如果在其包装上出现任何营养信息时，应按照《食品安全国家标准　预包装食品营养标签通则》执行。

4.3.8 营养成分数值分析、产生和核查

1. 获得营养成分含量的方法

（1）直接检测：选择国家标准规定的检测方法，没有国家标准方法的情况下，可选用AOAC推荐的方法或公认的其他方法，通过检测产品直接得到营养成分含量数值。

（2）间接计算：① 利用原料的营养成分含量数据，根据原料配方计算获得；② 利用可信赖的食物成分数据库数据，根据原料配方计算获得。

对于采用间接计算法的，企业负责计算数值的准确性，必要时可用检测数据进行比较和评价。为保证数值的溯源性，建议企业保留相关信息，以便查询和及时纠正相关问题。

2. 可用于计算的原料营养成分数据来源

供货商提供的检测数据；企业产品生产研发中积累的数据；权威机构发布的数据，如《中国食物成分表》。

3. 可使用的食物成分数据库

（1）中国疾病预防控制中心营养与食品安全所编著的《中国食物成分表》第一册和第二册；

（2）如《中国食物成分表》（最新版）未包括相关内容，还可参考以下资料：美国农业部 *USDA National Nutrient Database for Standard Reference*、英国食物标准局和食物研究所 *McCance and Widdowson's the Composition of Foods* 或其他国家的权威数据库资料。

4. 关于营养成分的检测

营养成分检测应首先选择国家标准规定的检测方法或与国家标准等效的检测方法，没有国家标准规定的检测方法时，可参考国际组织标准或权威科学文献。企业可自行开展营养成分的分析检测，也可委托有资质的检验机构完成。

5. 关于检测批次和样品数

正常检测样品数和检测次数越多，越接近真实值。在实际操作中，对于营养素含量不稳定或原料本底值容易变动的食品，应相应增加检测批次。

企业可以根据产品或营养成分的特性，确定抽检样品的来源、批次和数量。原则上这些样品应能反映不同批次的产品，具有产品代表性，保证标示数据的可靠性。

6. 关于标示数值的准确性

企业可以基于计算或检测结果，结合产品营养成分情况，并适当考虑该成分的允许误差来确定标签标示的数值。当检测数值与标签标示数值出现较大偏差时，企业应分析产生差异的原因，如主要原料的季节性和产地差异、计算和检测误差等，及时纠正偏差。判定营养标签标示数值的准确性时，应以企业确定标签数值的方法作为依据。

7. 营养标签标示值允许误差与执行的产品标准之间的关系

营养标签的标示值应真实客观地反映产品中营养成分的含量，而允许误差则是判断标签标示值是否正确的依据。如果相应产品的标准中对营养素含量有要求，应同时符合产品标准的要求和营养标签标准规定的允许误差范围。

如 GB 25190—2010《食品安全国家标准 灭菌乳》中规定牛乳中蛋白质含量应≥2.9 g/100 g，若该产品营养标签上蛋白质标示值为 3.0 g/100 g，判定产品是否合格应看其蛋白质实际含量是否≥2.9 g/100 g。

8. 关于能量值与供能营养素提供能量之和的关系

标签上能量值理论上应等于供能营养素（蛋白质、脂肪、碳水化合物等）提供能量之和，但由于营养成分标示值的“修约”、供能营养素符合“0”界限值要求而标示为“0”等原因，可能导致能量计算结果不一致。

9. 采用计算法制作营养标签的示例

以产品 A 为例。

第一步：确认产品 A 的配方和原辅材料清单。

原辅材料名称	占总配方百分比/%
原料 A	*X*
原料 B	*X*
原料 C	*X*
原料 D	*X*

第二步：收集各类原辅材料的营养成分信息，并记录每个营养数据的来源。

原辅材料名称	原辅材料的营养成分信息（每 100 g）				数据来源
	蛋白质/g	脂肪/g	碳水化合物/g	钠/mg	
原料 A	*X*	*X*	*X*	*X*	中国食物成分表第一册
原料 B	*X*	*X*	*X*	*X*	供应商提供
原料 C	*X*	*X*	*X*	*X*	供应商提供
原料 D	*X*	*X*	*X*	*X*	中国食物成分表第二册

第三步：通过上述原辅材料的营养成分数据，计算产品 A 的每种营养成分数据和能量值，并结合能量及各营养成分的允许误差范围，对能量和营养成分数值进行修约。

项　目	100 g（修约前）	100 g（修约后）
能量	X	X
蛋白质	X	X
脂肪	X	X
碳水化合物	X	X
钠	X	X

第四步：根据修约后的能量、营养成分数值和营养素参考值，计算 NRV%，并根据包装面积和设计要求，选择适当形式的营养成分表。

4.4　预包装特殊膳食用食品营养标签

GB 13432—2013《食品安全国家标准　预包装特殊膳食用食品标签》规定了预包装特殊膳食用食品的营养标签的要求。

4.4.1　预包装特殊膳食用食品基本概念

特殊膳食用食品是指为满足特殊的身体或生理状况和（或）满足疾病、紊乱等状态下的特殊膳食需求，专门加工或配方的食品。这类食品的营养素和（或）其他营养成分的含量与可类比的普通食品有显著不同，其类别主要包括以下几类。（1）婴幼儿配方食品：婴儿配方食品、较大婴儿和幼儿配方食品、特殊医学用途婴儿配方食品。（2）婴幼儿辅助食品：婴幼儿谷类辅助食品、婴幼儿罐装辅助食品。（3）特殊医学用途配方食品（特殊医学用途婴儿配方食品涉及的品种除外）。（4）除上述类别外的其他特殊膳食用食品（包括辅食营养补充品、运动营养食品以及其他具有相应国家标准的特殊膳食用食品）。

4.4.2　基本要求

预包装特殊膳食用食品的标签应符合 GB 7718—2011《食品安全国家标准　预包装食品标签通则》规定的基本要求的内容，还应符合以下要求：（1）不应涉及疾病预防、治疗功能；（2）应符合预包装特殊膳食用食品相应产品标准中标签、说明书的有关规定；（3）不应对 0~6 月龄婴儿配方食品中的必需成分进行含量声称和功能声称。

4.4.3　强制标示内容

（1）一般要求

预包装特殊膳食用食品标签的标示内容应符合 GB 7718—2011 中相应条款的要求。

（2）食品名称

只有符合 4.4.1 定义的食品才可以在名称中使用“特殊膳食用食品”或相应的描述产品特殊性的名称。

（3）能量和营养成分的标示

① 应以“方框表”的形式标示能量、蛋白质、脂肪、碳水化合物和钠，以及相应产品

标准中要求的其他营养成分及其含量。方框可为任意尺寸，并与包装的基线垂直，表题为“营养成分表”。如果产品根据相关法规或标准，添加了可选择性成分或强化了某些物质，则还应标示这些成分及其含量。

② 预包装特殊膳食用食品中能量和营养成分的含量应以每 100 g（克）和（或）每 100 mL（毫升）和（或）每份食品可食部中的具体数值来标示。当用份标示时，应标明每份食品的量，份的大小可根据食品的特点或推荐量规定。如有必要或相应产品标准中另有要求的，还应标示出每 100 kJ（千焦）产品中各营养成分的含量。

③ 能量或营养成分的标示数值可通过产品检测或原料计算获得。在产品保质期内，能量和营养成分的实际含量不应低于标示值的 80%，并应符合相应产品标准的要求。

④ 当预包装特殊膳食用食品中的蛋白质由水解蛋白质或氨基酸提供时，“蛋白质”项可用“蛋白质”“蛋白质（等同物）”或“氨基酸总量”任意一种方式来标示。

(4) 食用方法和适宜人群

① 应标示预包装特殊膳食用食品的食用方法、每日或每餐食用量，必要时应标示调配方法或复水再制方法。

② 应标示预包装特殊膳食用食品的适宜人群。对于特殊医学用途婴儿配方食品和特殊医学用途配方食品，适宜人群按产品标准要求标示。

(5) 贮存条件

① 应在标签上标明预包装特殊膳食用食品的贮存条件，必要时应标明开封后的贮存条件。

② 如果开封后的预包装特殊膳食用食品不宜贮存或不宜在原包装容器内贮存，应向消费者特别提示。

4.4.4　标示内容的豁免

当预包装特殊膳食用食品包装物或包装容器的最大表面面积小于 10 cm^2时，可只标示产品名称、净含量、生产者（或经销者）的名称和地址、生产日期和保质期。

4.4.5　可选择标示内容

1. 能量和营养成分占推荐摄入量或适宜摄入量的质量百分比

在标示能量值和营养成分含量值的同时，可依据适宜人群，标示每 100 g（克）和（或）每 100 mL（毫升）和（或）每份食品中的能量和营养成分含量占《中国居民膳食营养素参考摄入量》中的推荐摄入量（RNI）或适宜摄入量（AI）的质量百分比。无推荐摄入量（RNI）或适宜摄入量（AI）的营养成分，可不标示质量百分比，或者用“—”等方式标示。

2. 能量和营养成分的含量声称

(1) 能量或营养成分在产品中的含量达到相应产品标准的最小值或允许强化的最低值时，可进行含量声称。(2) 某营养成分在产品标准中无最小值要求或无最低强化量要求的，应提供其他国家和（或）国际组织允许对该营养成分进行含量声称的依据。(3) 含量声称用语包括“含有”“提供”“来源”“含”“有”等。

3. 能量和营养成分的功能声称

符合含量声称要求的预包装特殊膳食用食品，可对能量和（或）营养成分进行功能声称。功能声称的用语应选择使用GB 28050—2011《食品安全国家标准　预包装食品营养标签通则》中规定的功能声称标准用语。对于GB 28050—2011《食品安全国家标准　预包装食品营养标签通则》中没有列出功能声称标准用语的营养成分，应提供其他国家和（或）国际组织关于该物质功能声称用语的依据。

4.5 食品添加剂标签、说明书和包装的规定

GB 29924—2013《食品安全国家标准　食品添加剂标识通则》适用于食品添加剂的标识。食品营养强化剂的标识参照该标准使用。不适用于为食品添加剂在储藏运输过程中提供保护的储运包装标签的标识。

4.5.1 食品添加剂标签、说明书和包装基本概念

食品添加剂标签，指食品添加剂包装上的文字、图形、符号等一切说明。食品添加剂说明书，指销售食品添加剂产品时所提供的除标签以外的说明材料。食品添加剂包装，指用于包裹食品添加剂以便于储存、销售和使用的塑料袋、纸盒、玻璃瓶等物品。食品添加剂标签、说明书和包装是一个整体，不得分离。

4.5.2 食品添加剂标识基本要求

（1）应符合国家法律、法规的规定，并符合相应产品标准的规定；

（2）应清晰、醒目、持久，易于辨认和识读；

（3）应真实、准确，不应以虚假、夸大、使食品添加剂使用者误解或欺骗性的文字、图形等方式介绍食品添加剂，也不应利用字号大小或色差误导食品添加剂使用者；

（4）不应采用违反GB 2760—2014《食品安全国家标准　食品添加剂使用标准》中食品添加剂使用原则的语言文字介绍食品添加剂；

（5）不应以直接或间接暗示性的语言、图形、符号，误导食品添加剂的使用；

（6）不应以直接或间接暗示性的语言、图形、符号，导致食品添加剂使用者将购买的食品添加剂或食品添加剂的某一功能与另一产品混淆，不含贬低其他产品（包括其他食品和食品添加剂）的内容；

（7）不应标注或者暗示具有预防、治疗疾病作用的内容；

（8）食品添加剂标识的文字要求和多重包装的食品添加剂标签的标示形式应符合《食品安全国家标准　预包装食品标签通则》中的规定；

（9）如果食品添加剂标签内容涵盖了本项规定应标示的所有内容，可以不随附说明书。

4.5.3 提供给生产经营者的食品添加剂标签

提供给生产经营者的食品添加剂标签应当标示名称、成分或者配料表、适用范围、用

量、使用方法、生产者的名称、地址、联系方式、生产日期和保质期、贮存条件、规格和净含量、产品标准代号、生产许可证编号、警示等内容。

（1）名称

应在食品添加剂标签的醒目位置，清晰地标示“食品添加剂”字样，并符合下列要求：

① 单一品种食品添加剂应按 GB 2760—2014《食品安全国家标准　食品添加剂使用标准》、食品添加剂的产品质量规格标准和国家主管部门批准使用的食品添加剂中规定的名称标示食品添加剂的中文名称。若已规定了某食品添加剂的一个或几个名称时，应选用其中的一个。

② 复配食品添加剂的名称应符合 GB 26687—2011《食品安全国家标准　复配食品添加剂通则》的命名原则。

③ 食品用香料需列出 GB 2760—2014《食品安全国家标准　食品添加剂使用标准》和国家主管部门批准使用的食品添加剂中规定的中文名称，可以使用“天然”或“合成”定性说明。

④ 食品用香精应使用与所标示产品的香气、香味、生产工艺等相适应的名称和型号，且不应造成 误解或混淆，应明确标示“食品用香精”字样。

⑤ 除了标示上述名称外，可以选择标示“中文名称对应的英文名称或英文缩写”“音译名称”“商标名称”“INS 号”“CNS 号”，以及 GB 2760—2014《食品安全国家标准　食品添加剂使用标准》中的香料“编码”“FEMA 编号”等。

⑥ 食品用香精还可在食品用香精名称前或名称后附加相应的词或短语，如水溶性香精、油溶性香精、拌和型粉末香精、微胶囊粉末香精、乳化香精、浆（膏）状香精和咸味香精等，但应在所示名称的同一展示版面标示。

（2）成分或配料表

除食品用香精以外的食品添加剂成分或配料表的标示应符合下列要求：① 按 GB 2760—2014《食品安全国家标准　食品添加剂使用标准》、食品添加剂的产品质量规格标准和国家主管部门批准使用的食品添加剂中规定的名称列出各单一品种食品添加剂名称；② 配料表应该根据每种食品添加剂含量递减顺序排列；③ 如果单一品种或复配食品添加剂中含有辅料，辅料应列在各单一品种食品添加剂之后，并按辅料含量递减顺序排列。

食品用香精的成分或配料表的标示应符合下列要求：① 食品用香精中的食品用香料应以“食品用香料”字样标示，不必标示具体名称；② 在食品用香精制造或加工过程中加入的食品用香精辅料用“食品用香精辅料”字样标示；③ 在食品用香精中加入的甜味剂、着色剂、咖啡因等食品添加剂应按 GB 2760—2014《食品安全国家标准　食品添加剂使用标准》、食品添加剂的产品质量规格标准和国家主管部门批准使用的食品添加剂中的规定标示具体名称。

（3）使用范围、用量和使用方法

应在 GB 2760—2014《食品安全国家标准　食品添加剂使用标准》及国家主管部门批准使用的食品添加剂的范围内选择标示食品添加剂使用范围和用量，并标示使用方法。

（4）日期标示

① 应清晰标示食品添加剂的生产日期和保质期。如日期标示采用“见包装物某部位”的形式，应标示所在包装物的具体部位。

② 日期标示不得另外加贴、补印或篡改。

③ 当同一包装内含有多个标示了生产日期及保质期的单件食品添加剂时，外包装上标示的保质期应按最早到期的单件食品添加剂的保质期计算。外包装上标示的生产日期可为最早生产的单件食品添加剂的生产日期，或外包装形成销售单元的日期；也可在外包装上分别标示各单件装食品添加剂的生产日期和保质期。

④ 可按年、月、日的顺序标示日期，如果不按此顺序标示，应注明日期标示顺序。

（5）贮存条件

应标示食品添加剂的贮存条件。

（6）净含量和规格

① 净含量的标示应由净含量、数字和法定计量单位组成。

② 应依据法定计量单位，按以下方式标示包装物（容器）中食品添加剂的净含量和规格：（a）液态食品添加剂，用体积升（L 或 l）、毫升（mL 或 ml），或用质量克（g）、千克（kg）；（b）固态食品添加剂，除片剂形式以外，用质量克（g）、千克（kg）；（c）半固态或黏性食品添加剂，用体积升（L 或 l）、毫升（mL 或 ml），或用质量克（g）、千克（kg）；（d）片剂形式的食品添加剂，用质量克（g）、千克（kg）和包装中的总片数。

③ 同一包装内含有多个单件食品添加剂时，大包装在标示净含量的同时还应标示规格。规格的标示应由单件食品添加剂净含量和件数组成，或只标示件数，可不标示“规格”二字。单件食品添加剂的规格即指净含量。

（7）制造者或经销者的名称和地址

应当标注生产者的名称、地址和联系方式。生产者名称和地址应当是依法登记注册、能够承担产品安全质量责任的生产者的名称、地址。有下列情形之一的，应按下列要求予以标示。

① 依法独立承担法律责任的集团公司、集团公司的子公司，应标示各自的名称和地址。

② 不能依法独立承担法律责任的集团公司的分公司或集团公司的生产基地，可标示集团公司和分公司（生产基地）的名称、地址；或仅标示集团公司的名称、地址及产地，产地应当按照行政区划标注到地市级地域。

③ 受其他单位委托加工食品添加剂的，可标示委托单位和受委托单位的名称和地址，或仅标示委托单位的名称和地址及产地，产地应当按照行政区划标注到地市级地域。

④ 依法承担法律责任的生产者或经销者的联系方式可标示以下至少一项内容：电话、传真、网络联系方式等，或与地址一并标示的邮政地址。

⑤ 进口食品添加剂应标示原产国国名或地区区名，以及在中国依法登记注册的代理商、进口商或经销者的名称、地址和联系方式，可不标示生产者的名称、地址和联系方式。

（8）产品标准代号

国内生产并在国内销售的食品添加剂（不包括进口食品添加剂）应标示产品所执行的标准代号和顺序号。

（9）生产许可证编号

国内生产并在国内销售的属于实施生产许可证管理范围之内的食品添加剂（不包括进口食品添加剂）应标示有效的食品添加剂生产许可证编号，标示形式按照相关规定执行。

（10）警示标识

有特殊使用要求的食品添加剂应有警示标识。

（11）辐照食品添加剂

经电离辐射线或电离能量处理过的食品添加剂，应在食品添加剂名称附近标明“辐照”。经电离辐射线或电离能量处理过的任何配料，应在配料表中标明。

4.5.4　提供给消费者直接使用的食品添加剂标签

（1）标签应符合 4.5.3 节的要求，并注明“零售”字样。

（2）复配食品添加剂还应在配料表中标明各单一食品添加剂品种及含量。

（3）含有辅料的单一品种食品添加剂，还应标明除辅料以外的食品添加剂品种的含量。

4.5.5　食品复配添加剂标签

GB 26687—2011《食品安全国家标准　复配食品添加剂通则》对复配食品添加剂标识有相关要求。

1. 食品复配添加剂基本概念

复配食品添加剂是指为了改善食品品质、便于食品加工，将两种或两种以上单一品种的食品添加剂，添加或不添加辅料，经物理方法混匀而成的食品添加剂。

2. 基本要求

复配食品添加剂的标签、说明书应当清晰、明显，容易辨识，不得含有虚假、夸大内容，不得涉及疾 病预防、治疗功能。

3. 一般要求

复配食品添加剂产品的标签、说明书应当标明下列事项：（1）产品名称、商品名、规格、净含量、生产日期；（2）各单一食品添加剂的通用名称、辅料的名称，进入市场销售和餐饮环节使用的复配食品添加剂还应标明各单一食品添加剂品种的含量；（3）生产者的名称、地址、联系方式；（4）保质期；（5）产品标准代号；（6）贮存条件；（7）生产许可证编号；（8）使用范围、用量、使用方法；（9）标签上载明“食品添加剂”字样，进入市场销售和餐饮环节使用复配食品添加剂应标明“零售”字样；（10）进口复配食品添加剂应有中文标签、说明书，除标识上述内容外还应载明原产地以及境内代理商的名称、地址、联系方式，生产者的名称、地址、联系方式可以使用外文，可以豁免标识产品标准代号和生产许可证编号；（11）法律、法规要求应标注的其他内容。

4.6　食 品 广 告

食品广告是广告的一个重要类型。食品广告包括普通食品广告、保健食品广告和特殊膳食用食品广告等。

4.6.1　食品广告的真实性要求

《食品安全法》第七十三条规定，食品广告的内容应当真实合法。食品生产经营者对食品广告内容的真实性、合法性负责。

《食品安全法》第七十九条规定，保健食品广告还应当声明“本品不能代替药物”；其内容应当经生产企业所在地省、自治区、直辖市人民政府食品安全监督管理部门审查批准，取得保健食品广告批准文件。

（1）食品广告应当如实介绍食品的名称、产地、用途、质量、价格、生产者、保质期以及生产日期等内容，不能进行任何形式的虚假、夸大宣传，也不能滥用艺术夸张而违背真实性原则。

（2）食品广告中对食品的性能、功能、产地、用途、质量、成分、价格、生产者、有效期限、允诺等或者对服务的内容、提供者、形式、质量、价格、允诺等有标识的，应当准确、清楚、明白。

（3）食品广告中表明推销的食品或者服务附带赠送的，应当明示所赠送商品的品种、规格、数量、期限和方式。

（4）食品广告内容涉及的事项需要取得行政许可的，应当与许可的内容相符合。

（5）食品广告使用数据、统计资料、调查结果、文摘、引用语等引证内容的，应当真实、准确，并标明出处。

（6）食品广告中涉及专利产品或者专利方法的，应当标明专利号和专利种类。

（7）食品广告应当具有可识别性，能够使消费者辨明其为广告。大众传播媒介不得以新闻报道形式变相发布食品广告。

4.6.2 食品广告的合法性

（1）食品广告要符合食品安全法、广告法和相关法律、法规的规定；（2）不得损害未成年人和残疾人的身心健康；（3）不得贬低其他生产经营者的商品或者服务。

4.6.3 食品广告的虚假情形

《广告法》第四条规定，广告不得含有虚假或者引人误解的内容，不得欺骗、误导消费者；第二十八条规定，广告以虚假或者引人误解的内容欺骗、误导消费者的，构成虚假广告。虚假广告具体包括：（1）商品或者服务不存在的；（2）商品的信息与实际不符，对购买行为有实质性影响的；（3）使用虚构、伪造或者无法验证的信息作证明材料的；（4）虚构使用商品或者接受服务效果的；（5）以虚假或者引人误解的内容欺骗、误导消费者的其他情形。

4.6.4 食品广告的禁止性要求

（1）《食品安全法》第七十三条规定，食品广告不得涉及疾病预防、治疗功能。县级以上人民政府食品安全监督管理部门和其他有关部门以及食品检验机构、食品行业协会不得以广告或者其他形式向消费者推荐食品。消费者组织不得以收取费用或者其他牟取利益的方式向消费者推荐食品。

（2）《广告法》第十八条规定，保健食品广告不得含有下列内容：① 表示功效、安全性的断言或者保证；② 涉及疾病预防、治疗功能；③ 声称或者暗示广告商品为保障健康所必需；④ 与药品、其他保健食品进行比较；⑤ 利用广告代言人作推荐、证明；⑥ 法律、行政法规规定禁止的其他内容。

(3)《广告法》第十九条规定，广播电台、电视台、报刊音像出版单位、互联网信息服务提供者不得以介绍健康、养生知识等形式变相发布保健食品广告。

(4)《广告法》第二十条规定，禁止在大众传播媒介或者公共场所发布声称全部或者部分替代母乳的婴儿乳制品、饮料和其他食品广告。

4.6.5　关于食品广告的特殊性规定

《食品安全法》第八十条第二款规定，特殊医学用途配方食品广告适用《广告法》和其他法律、行政法规关于药品广告管理的规定。

第5章　食品安全事故处置

5.1　分类分级

5.1.1　食品安全事故分类

按照《食品安全法》第一百五十条规定，食品安全事故包括食源性疾病和食品污染等源于食品，对人体健康有危害或者可能有危害的事故。其中食源性疾病包括食物中毒，以及食物中毒以外由食品引起的感染性疾病（如食源性传染病）。

5.1.2　食品安全事故分级

根据国家食品安全事故应急预案，结合上海市实际情况，按食品安全事故的性质、危害程度和涉及范围，上海市食品安全事故分为四级：Ⅰ级（特别重大）、Ⅱ级（重大）、Ⅲ级（较大）和Ⅳ级（一般）食品安全事故。

（1）Ⅰ级（特别重大）食品安全事故

符合下列情形之一的，为特别重大食品安全事故。① 受污染食品流入2个以上省份或国（境）外（含港澳台地区），造成特别严重健康损害后果的；或经评估认为事故危害特别严重的。② 1起食品安全事故出现30人以上死亡的。③ 党中央、国务院认定的其他特别重大级别食品安全事故。

（2）Ⅱ级（重大）食品安全事故

符合下列情形之一的，为重大食品安全事故。① 受污染食品流入2个以上区，造成或经评估认为可能造成对社会公众健康产生严重损害的食品安全事故。② 发现在我国首次出现的新的污染物引起的食品安全事故，造成严重健康损害后果，并有扩散趋势的。③ 1起食品安全事故涉及人数在100人以上并出现死亡病例的，或出现10人以上、29人以下死亡的。④ 市委、市政府认定的其他重大级别食品安全事故。

（3）Ⅲ级（较大）食品安全事故

符合下列情形之一的，为较大食品安全事故。① 受污染食品流入2个以上区，可能造成健康损害后果的。② 1起食品安全事故涉及人数在100人以上，或出现死亡病例的。③ 市委、市政府认定的其他较大级别食品安全事故。

（4）Ⅳ级（一般）食品安全事故

符合下列情形之一的，为一般食品安全事故。① 存在健康损害的污染食品，造成健康损害后果的。② 1起食品安全事故涉及人数在30人（含）以上、99人（含）以下，且未出现死亡病例的。③ 区委、区政府认定的其他一般级别食品安全事故。

5.2 事故处置预案和方案

5.2.1 事故处置预案

《食品安全法》第一百零二条明确，国务院和县级以上地方人民政府均应组织制定食品安全事故应急预案。国务院和上海市政府分别制定了《国家食品安全事故应急预案》和《上海市食品安全事故专项应急预案》，两项预案均对食品安全事故分级、事故处置组织指挥体系与职责、预防预警机制、处置程序、应急保障措施等作出了规定。

5.2.2 事故处置方案

《食品安全法》第一百零二条同时明确，食品生产经营企业应当制定食品安全事故处置方案，定期检查本企业各项食品安全防范措施的落实情况，及时消除事故隐患。食品安全事故处置方案应当包括以下几方面内容。

（1）从源头上防范事故发生的措施：事故处置方案应在分析本企业食品安全事故易发重点环节的基础上，明确针对各重点环节的事故隐患防范措施，以及措施落实情况的检查方式和发现问题的后的整改要求。

（2）事故发生后的处置措施：发生食源性疾病或食品污染等食品安全事故后，本企业应当采取报告相关部门、控制疑似问题食品、配合开展调查等义务等措施，尽可能控制事故危害，查清事故原因。

（3）开展事故处置演练：企业应当根据事故处置方案，定期开展食品安全事故处置演练。对于演练中发现的问题，应当及时整改。

5.3 处置基本原则与一般程序

5.3.1 处置原则

调查食品安全事故处置应遵循下列原则。

（1）以人为本，减少危害。把保障公众健康和生命安全作为应急处置的首要任务，最大限度减少食品安全事故造成的人员伤亡和健康损害。

（2）统一领导，分级负责。按照“统一领导、综合协调、分类管理、分级负责、属地管理为主”的应急管理体制，建立快速反应、协同应对的食品安全事故应急机制。

（3）科学评估，依法处置。有效使用食品安全风险监测、评估和预警等科学手段；充分发挥专业队伍的作用，提高应对食品安全事故的水平和能力。

（4）居安思危，预防为主。坚持预防与应急相结合，常态与非常态相结合，做好应急准备，落实各项防范措施，防患于未然。建立健全日常管理制度，加强食品安全风险监测、评估和预警；加强宣教培训，提高公众自我防范和应对食品安全事故的意识和能力。

5.3.2 一般程序

食品安全事故处置的一般程序如下。

1. 事故报告与通报

（1）事故信息来源

① 食品安全事故发生单位及引发食品安全事故的食品生产经营单位报告的信息；② 医疗机构报告的信息；③ 食品安全相关技术机构监测和分析结果；④ 经核实的公众举报信息；⑤ 经核实的媒体披露与报道信息；⑥ 国家卫生健康委、国务院其他有关部门或其他省（区、市）通报的信息；⑦ 世界卫生组织等国际机构、其他国家和地区通报的信息。

（2）报告及通报的主体和时限

① 食品生产经营者发现其生产经营的食品造成或者可能造成公众健康损害的情况和信息，应当在 1 小时内向所在地的区市场监管局和负责本单位食品安全监管工作的有关部门报告。

② 发生可能与食品有关的急性群体性健康损害的单位，应当在 2 小时内向所在地区市场监管局、卫生健康委报告。

③ 接收食品安全事故病人治疗的单位，要按照国家卫生健康委有关规定，及时向所在地的区市场监管局、卫生健康委报告。

④ 食品安全相关技术机构、有关社会团体及个人发现食品安全事故相关情况，应当及时向市、区市场监管局和卫生健康委报告或举报。

⑤ 有关监管部门发现食品安全事故或接到食品安全事故报告或举报，应当立即组织核查；初步核实后，立即通报同级食药安办和其他有关部门。市市场监管局、市卫生健康委、区市场监管局接到通报后，要及时调查核实，收集相关信息，并及时将有关调查进展情况向同级政府及食药安办、其他有关监管部门和上级部门报告。

⑥ 经初步核实为食品安全事故且需要启动应急响应的，由市市场监管局、区市场监管局报同级食药安办，并按照有关规定，向同级政府及上级主管部门提出启动响应的建议。如为Ⅲ级及以上事故的，区食药安办和区市场监管局要立即向市食药安办、市市场监管局和区政府报告，市食药安办和市市场监管局接报后，在 30 分钟内以口头方式、1 小时内以书面方式向市委、市政府报告。报国家主管部门的重大食品安全事故信息，要同时或先行向市委、市政府报告。特别重大食品安全事故或特殊情况，必须立即报告。

⑦ 食品安全事故涉及其他省（区、市）的，由市食药安办及时向相关省（区、市）有关部门通报信息，加强协作。

⑧ 食品安全事故涉及港、澳、台地区人员或外国公民，或事故可能影响到境外，需要向香港、澳门、台湾地区有关机构或有关国家通报时，按照国家有关规定办理。

（3）报告内容

食品生产经营者、医疗、技术机构和社会团体、个人向市市场监管局或区市场监管局报告疑似食品安全事故信息时，应当包括事故发生时间、地点和人数等基本情况。

市市场监管局或区市场监管局报告食品安全事故信息时，应包括信息来源、事故发生时间、地点、当前状况、危害程度、先期处置等信息，减少初报审批层级，避免层层把关延误初报时限。续报在查清有关基本情况、事件发展情况后随时上报，据事故应对情况可进行多次续报，内容主要包括事故进展、发展趋势、后续应对措施、调查详情、原因分析等信息。终报在突发事件处理完毕后按规定上报，应包括事故概况、调查处理过程、事故性质、事故责任认定、追溯或处置结果、整改措施和效果评价等。重特大突发事件发生时，至少每日报告情况，重要情况随时报告。

2. 事故评估

食品安全事故评估是为核定食品安全事故级别及确定应采取的措施而进行的评估。有关监管部门应当及时核实相关信息，并向市市场监管局或区市场监管局提供核实后的信息和资料，由市市场监管局或区市场监管局会同有关部门组织开展食品安全事故评估。评估内容包括：(1) 污染食品可能导致的健康损害及所涉及的范围，是否已造成健康损害后果及严重程度；(2) 事故的影响范围及严重程度；(3) 事故发展蔓延趋势。

3. 应急响应

(1) 先期处置

事故发生单位和所在社区负有先期处置的第一责任。事发地所在区食药安办和市场监管局在得到报告后，应当承担先期处置的职能，开展相关工作，并向上级部门报告信息。事发地所在区政府及有关部门在事故发生后，要根据职责和规定的权限，启动相应的应急预案，组织群众展开自救互救，控制事态并向上级报告。

市应急联动中心按照有关规定，组织、指挥、调度、协调各方面资源和力量，采取必要的措施，对特大或重大食品安全事故进行先期处置，上报现场动态信息。市场监管、公安、农业农村、海关、卫生健康委等部门以及各区政府等部门和单位在各自职责范围内，负责重大食品安全事故的应急联动处置。

一旦发生先期处置仍不能控制事态的紧急情况，市食药安办、市应急联动中心等报请或由市委、市政府直接决定应急响应等级和范围，启动相应等级的应急响应并实施应急处置。

(2) 分级响应

根据食品安全事故分级情况，食品安全事故应急响应分为Ⅰ级、Ⅱ级、Ⅲ级和Ⅳ级响应。

食源性疾病中涉及传染病疫情的，按照《中华人民共和国传染病防治法》《国家突发公共卫生事件应急预案》和《上海市突发公共卫生事件专项应急预案》等相关规定，开展疫情防控和应急处置。

发生在口岸等特殊区域的食品安全事故，由该区域管理部门与所在地区政府共同处置。

① Ⅳ级应急响应

发生一般食品安全事故，由事发地所在区政府启动Ⅳ级响应，组织、指挥、协调、调度相关应急力量和资源实施应急处置。各有关部门要按照各自职责和分工，密切配合，共同实施应急处置，并及时将处置情况向本级政府和上级主管部门报告。

② Ⅲ级应急响应

发生较大食品安全事故，由市食药安办或由市食药安办指定的相关部门启动Ⅲ级应急响应，视情成立市食药安办食品安全事故应急处置指挥部，并参照本预案开展组织应急处置，市食药安办及时将处置情况向本级政府和上级主管部门报告。

③ Ⅱ级应急响应

发生重大食品安全事故，由市食药安办报请市委、市政府批准并启动Ⅱ级应急响应。市委、市政府根据市食药安办建议，视情成立市应急处置指挥部，负责统一组织、指挥、协调、调度相关应急力量和资源实施应急处置等工作。

④ Ⅰ级应急响应

发生特别重大食品安全事故，启动Ⅰ级应急响应。市应急处置指挥部立即向国务院上报有关情况，在国家指挥部的统一指挥下，组织开展应急处置工作，并及时向国务院及有关部门、国家指挥部办公室报告进展情况。

4. 应急处置措施

事故发生后，根据事故性质、特点和危害程度，各相关部门单位依照有关规定，采取下列应急处置措施，以最大限度减轻事故危害。

（1）事故发生单位按照相应的处置方案，开展先期处置，并配合相关部门做好食品安全事故的应急处置。

（2）卫生健康委有效利用医疗资源，组织指导医疗机构开展食品安全事故患者的救治。

（3）疾病预防控制机构接到通知后，对食品安全事故现场采取卫生处理等措施，并开展流行病学调查，市场监管、卫生健康、公安等部门依法予以协助。疾病预防控制机构及时向市场监管、卫生健康委提交流行病学调查报告。

（4）农业农村、海关、市场监管等有关部门依法强制性就地或异地封存事故相关食品及原料、被污染的食品工具及用具，及时组织检验机构开展抽样检验，待查明食品安全事故的原因或响应结束后，责令食品生产经营者彻底清洗消毒被污染的食品工具及用具，消除污染。

（5）对确认受到有毒有害物质污染的相关食品及原料，农业农村、海关、市场监管等有关部门要依法责令生产经营者召回、停止经营及进出口并销毁。检验后确认未被污染的，予以解封。

（6）对涉嫌犯罪的，公安机关及时介入，开展相关犯罪行为侦破工作。

应急处置指挥机构及时组织研判事故发展态势，并向事故可能蔓延到的地方政府通报信息，提醒做好应对准备。事故可能影响到国（境）外时，及时协调有关涉外部门，做好相关通报工作。

5. 检测分析评估

应急处置专业技术机构及时对引发食品安全事故的相关危险因素进行检测，专家组对检测数据进行综合分析和评估，分析事故发展趋势、预测事故后果，为制定事故调查和现场处置方案提供参考。有关部门对食品安全事故相关危险因素消除或控制、事故中伤病人员救治、现场及受污染食品控制、食品与环境、次生及衍生事故隐患消除等情况进行分析评估。

6. 响应级别调整及终止

在食品安全事故处置过程中，要遵循事故发生发展的客观规律，结合实际情况和防控工作需要，根据评估结果，及时调整应急响应级别，直至响应终止。

（1）响应级别调整及终止条件

① 级别提升

当事故的影响和危害进一步扩大，并有蔓延趋势，情况复杂难以控制时，应当及时提升响应级别。

当学校或托幼机构、全国性或区域性重要活动期间发生食品安全事故时，可相应提高响应级别，加大应急处置力度，确保迅速、有效控制食品安全事故，维护社会稳定。

② 级别降低

事故危害得到有效控制，且经研判认为事故危害降低到原级别评估标准以下或无进一步扩散趋势的，可降低应急响应级别。

③ 响应终止

当食品安全事故得到控制，并达到以下两项要求，经分析评估认为可解除响应的，应当及时终止响应：食品安全事故伤病员全部得到救治，患者病情稳定 24 小时以上，且无新的急性病症患者出现，食源性感染性疾病在末例患者后经过最长潜伏期无新病例出现；现场、受污染食品得以有效控制，食品与环境污染得到有效清理并符合相关标准，次生、衍生事故隐患消除。

（2）响应级别调整及终止程序

应急处置指挥机构组织对事故进行分析评估论证。评估认为符合级别调整条件的，提出调整响应级别建议，报同级政府批准后实施并采取相应措施。评估认为符合响应终止条件时，提出终止响应的建议，报同级政府批准后实施。

有关部门应当根据区政府有关部门的请求，及时组织专家为食品安全事故响应级别调整和终止的分析论证提供技术支持与指导。

7. 信息发布

（1）Ⅲ级、Ⅳ级食品安全事故信息，在市政府新闻办指导下，由市食药安办或事发地所在区政府按照有关规定进行发布。

（2）Ⅰ级、Ⅱ级食品安全事故信息，在市有关部门、单位或事发地所在区政府的配合下，由市政府按照有关规定发布。信息发布要及时、准确、客观、全面。

5.4　配合处置的义务

5.4.1　危害控制措施

餐饮服务企业获悉发生食品安全事故或者疑是食品安全事故时，应立即采取措施，停止生产经营可疑存在危害的食品，防止事故扩大。

5.4.2　配合调查处置义务

（1）事故调查部门有权向生产经营可疑造成食品安全事故食品的餐饮服务企业了解与事故有关情况，并要求提供相关资料和样品。餐饮服务企业及其从业人员应当配合相关部门的调查，按照要求提供相关资料和样品，不得拒绝。

（2）餐饮服务企业不得阻挠、干涉食品安全事故的调查处理，不得对食品安全事故隐瞒、谎报、缓报，不得隐匿、伪造、毁灭有关证据。

第6章　食品安全监督管理

食品安全是事关人民群众身体健康和生命安全的民生问题，也是事关人民群众对美好生活需要的民心工程。食品安全监管是保障食品安全的基础，是国家职能部门为保证食品安全，保障公众身体健康和生命安全，根据法律法规的规定，对食品生产经营活动和食品生产经营者实施的行政监督管理，督促检查食品生产经营者执行食品安全法律法规的情况，并对其违法行为追究行政法律责任的过程。加强食品安全监管既有利于促进食品产业的健康发展、维护正常的食品经营秩序，又有利于严厉打击食品安全违法犯罪行为，保障人民群众的身体健康和生命安全。

6.1　食品安全监管体制

6.1.1　食品安全监管部门和职责

1. 国家食品安全监管部门和职责

党的十八大以来，党中央、国务院进一步改革和完善我国食品安全监管体制，着力建立统一权威的食品安全监管机构。2018年3月中共中央发布了《深化党和国家机构改革方案》，决定组建国家市场监督管理总局，负责对食品、食品添加剂、食品相关产品生产经营活动实施监督管理。2018年9月10日，中共中央正式发布了《国家市场监督管理总局职能配置、内设机构和人员编制规定》。至此，国家食品安全监管体制有了最新的调整和变化，各部门和职责具体如下。

（1）国务院食品安全委员会及食品安全委员会办公室。《食品安全法》明确国务院设立食品安全委员会（以下简称国务院食安委），下设国务院食品安全委员会办公室（以下简称国务院食安办）。国务院食安委主要职责是分析食品安全形势，研究部署、统筹指导食品安全工作；提出食品安全监管的重大政策措施；督促落实食品安全监管责任。国务院食安办承担了国务院食安委的日常工作，以及国务院食安委交办的食品安全综合协调任务。

（2）国家市场监督管理总局。负责食品安全监督管理综合协调，组织制定食品安全重大政策并组织实施；负责食品安全应急体系建设；承担国务院食品安全委员会日常工作；负责食品安全监督管理，建立覆盖食品生产、流通、消费全过程的监督检查制度和隐患排查治理机制并组织实施，防范区域性、系统性食品安全风险；推动建立食品生产经营者落实主体责任的机制，健全食品安全追溯体系；组织开展食品安全监督抽检、风险监测、核查处置和风险预警、风险交流工作；组织实施特殊食品注册、备案和监督管理。

（3）农业农村部。负责农产品的种植养殖环节，以及食用农产品进入批发、零售市场或生产加工企业前的质量安全监督管理，畜禽屠宰和生生鲜乳收购环节质量安全监督管理等。

（4）国家卫生健康委员会。负责食品安全风险监测和评估、会同市场监督管理部门制定并公布食品安全国家标准，以及对新的食品原料、食品添加剂新品种和食品相关产品新品种的审批。

（5）海关总署。负责食品、食品添加剂和食品相关产品的进出口活动监督管理。

（6）公安部。与国家市场监督管理总局建立行政执法和刑事司法工作衔接机制，负责食品安全犯罪侦查工作。

（7）国务院其他有关部门。依照《食品安全法》和国务院规定的职责，承担有关食品安全工作。

2. 上海市食品安全监管部门和职责

2017 年 3 月 20 日上海市人大常委会颁布的《上海市食品安全条例》进一步明确和细化了本市食品安全监管部门及职责。根据 2018 年 10 月，党中央、国务院批准了《上海市机构改革方案》，本市组建上海市市场监管局。结合本市机构职能调整，本市食品安全监管部门及职责分工如下。

（1）食品药品安全委员会及其办公室

食品药品安全委员会及其办公室研究部署、统筹指导食品安全工作；制定食品安全中长期规划和年度工作计划；组织开展食品安全重大问题的调查研究，制定食品安全监督管理的政策措施；督促落实食品安全监督管理责任，组织开展食品安全监督管理工作的督查考评；组织开展重大食品安全事故的责任调查处理工作；研究、协调、决定有关部门监督管理职责问题；市、区人民政府授予的其他职责。

市、区食品药品安全委员会下设办公室，负责辖区内食品安全综合协调、监督考评、应急管理等工作，承担委员会在食品安全方面的日常工作。

乡、镇人民政府和街道办事处根据条例和市人民政府规定建立的食品安全综合协调机构，承担辖区内食品安全综合协调、隐患排查、信息报告、协助执法和宣传教育等工作。

（2）上海市市场监督管理局

上海市市场监督管理局负责对上海市食品、食品添加剂、食品相关产品生产经营活动实施监督管理；组织对食品安全事故的应急处置和调查处理。根据市食品药品安全委员会的要求，对突发食品安全事件处置中监管职责存在争议、尚未明确的事项，先行承担监管职责。

（3）上海市农业农村委员会

上海市农业农村委员会负责上海市食用农产品种植、养殖以及进入批发、零售市场或者生产加工企业前的质量安全监督管理；提出上海市食用农产品中农药残留、兽药残留的限量和检测方法的建议，负责生鲜乳收购的质量安全、畜禽屠宰环节和病死畜禽无害化处置的监督管理；农业投入品经营、使用的监督管理。

（4）上海市卫生健康委员会

上海市卫生健康委员会负责组织开展上海市食品安全风险监测和风险评估、食品安全地方标准制定、食品安全企业标准备案工作；配合市场监督管理部门开展食品安全事故调查处理工作。

（5）上海海关

上海海关负责上海口岸食品、食品添加剂和食品相关产品的进出口活动监督管理。

（6）上海市人民政府其他有关部门

上海市人民政府其他有关部门依照《上海市食品安全条例》和上海市人民政府规定的职责承担有关食品安全工作。

上述国家和上海市食品安全监管部门组织架构及职责见图 6－1。

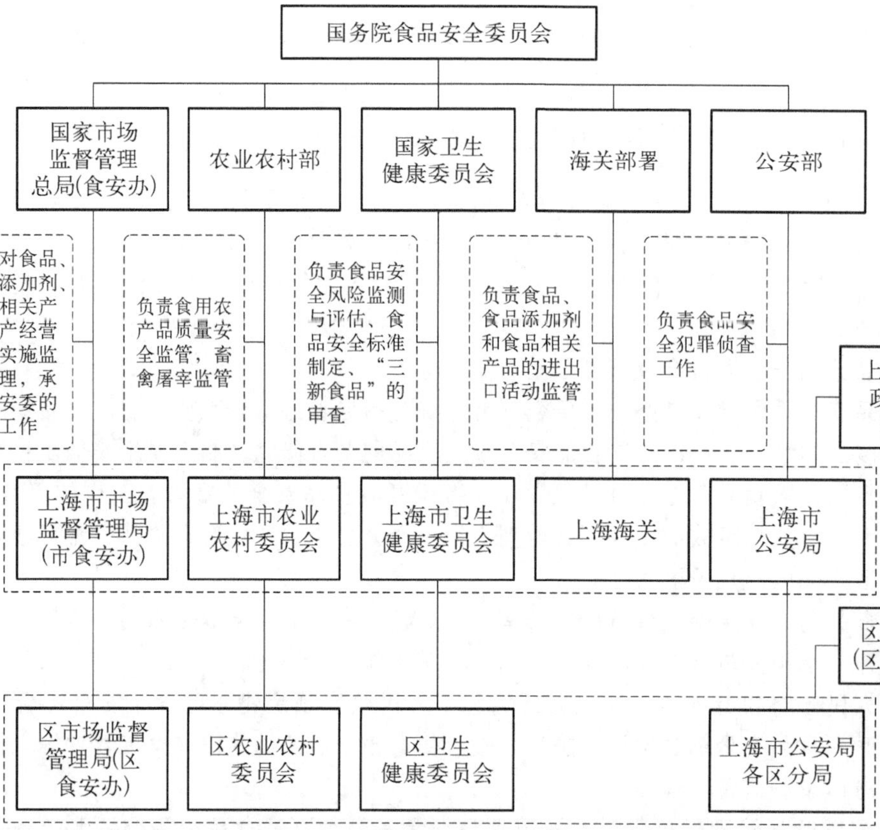

图 6－1　食品安全监督管理部门与职责

6.1.2　食品安全监管工作内容

1. 食品安全监管工作内容

食品安全监管工作内容主要包括：行政许可、行政检查、行政强制、监督抽检、行政处罚、责任约谈、食品安全事故调查、投诉举报调查等。

（1）行政许可，即食品安全监管部门依法对从事食品、食品添加剂、食品相关产品生产、食品销售，餐饮服务的食品生产经营者核发许可资质，保健食品、特殊医学用途配方食品和婴幼儿配方食品的注册；卫生健康部门依法对利用新的食品原料生产食品、生产食品添加剂新品种、食品相关产品新品种的审批等。

（2）行政检查，即食品安全监管部门依法对食品生产经营者在生产经营过程是否遵守食品安全法律法规、规章以及标准和技术规范的情况进行检查的活动。

(3) 行政强制，包括行政强制措施和行政强制执行。行政强制措施，是指食品安全监管部门在行政管理过程中，为制止违法行为、防止证据损毁、避免危害发生、控制危险扩大等情形，依法对公民、法人或者其他组织的财物实施暂时性控制的行为。行政强制执行，是指食品安全监管部门申请人民法院，对不履行行政决定的公民、法人或者其他组织，依法强制履行义务的行为。

(4) 监督抽检，即食品安全监管部门依法对食品生产经营者所采购、生产、经营和使用的食品原料和产品、食品添加剂、食品包装材料、食品用洗涤剂和消毒剂、生产食品的机械设备、生产加工场所和环境等进行抽样，并按照相关标准进行检验的活动。

(5) 行政处罚，指食品安全监管部门对违反食品安全法律、法规、规章等的公民、法人或者其他组织依法追究其行政责任的活动，包括：警告、没收违法所得、没收违法生产经营的食品和用于违法生产经营的工具和设备原料等物品、罚款、责令停产停业和吊销许可证等。

(6) 责任约谈，食品安全监管部门发现其所监管的行政相对人出现了特定问题，为了防止发生违法行为，在事先约定的时间、地点与行政相对人进行沟通、协商，然后给予警示、告诫的一种非强制行政行为。

(7) 食品安全事故调查，即食品安全监管部门依法对食源性疾病、食品污染等源于食品，对人体健康有危害或者可能有危害的食品安全事故产生的原因、性质、影响的范围以及责任主体进行调查，并采取控制措施消除食品安全事故产生的危害等的活动。

(8) 投诉举报调查，即食品安全监管部门依法对公民、法人或其他组织向食品安全监管部门反映生产经营者在食品安全生产经营过程中存在的涉嫌违法行为进行调查，查明事件情况，并作出相应处理。

2. 食品安全监管工作重点与目标

根据《中共中央　国务院关于深化改革加强食品安全工作的意见》（中发〔2019〕17号）的要求，基于坚持安全第一、坚持问题导向、坚持预防为主、坚持依法监管、坚持改革创新、坚持共治共享六个基本原则，以习近平新时代中国特色社会主义思想为指导，全面贯彻党的十九大和十九届二中、三中全会精神，坚持和加强党的全面领导，坚持以人民为中心的发展思想，紧紧围绕统筹推进“五位一体”总体布局和协调推进“四个全面”战略布局，坚持稳中求进工作总基调，坚持新发展理念，遵循“四个最严”要求，建立食品安全现代化治理体系，提高“从农田到餐桌”全过程监管能力，提升食品全链条质量安全保障水平，增强广大人民群众的获得感、幸福感、安全感，为实现“两个一百年”奋斗目标和中华民族伟大复兴的中国梦奠定坚实基础，到2035年，基本实现食品安全领域国家治理体系和治理能力现代化的两个总体目标。

6.1.3 食品安全监管部门有权采取的措施

(1) 食品安全监管部门在实施食品安全监管时有权采取如下措施：① 进入生产经营场所实施现场检查；② 对生产经营的食品、食品添加剂、食品相关产品进行抽样检验；③ 查阅、复制有关合同、票据、账簿以及其他有关资料；④ 查封、扣押有证据证明不符合食品安全标准或者有证据证明存在安全隐患以及用于违法生产经营的食品、食品添加剂、食品相关产品；⑤ 查封违法从事生产经营活动的场所。

（2）食品安全监管部门在实施网络食品安全监管时有权采取如下措施：① 进入当事人网络食品交易场所实施现场检查；② 对网络交易的食品进行抽样检验；③ 询问有关当事人，调查其从事网络食品交易行为的相关情况；④ 查阅、复制当事人的交易数据、合同、票据、账簿以及其他相关资料；⑤ 调取网络交易的技术监测、记录资料；⑥ 要求网络食品交易第三方平台提供者提供入网食品经营者的登记信息和交易信息；⑦ 对网络食品交易第三方平台提供者的法定代表人或者主要负责人进行责任约谈；⑧ 法律、法规规定可以采取的其他措施。

6.2 食品安全监管制度

《食品安全法》及其实施条例确立了食品安全监管制度的基本框架。食品安全监管部门在贯彻实施《食品安全法》《上海市食品安全条例》等法律法规过程中，从落实监管责任，强化企业主体责任，加强企业自律和诚信，强化监督手段，提高执法能力等实际出发，制定和完善了多项食品安全监管制度。重点包括责任约谈制度，食品追溯制度、食品安全管理人员随机抽查考核等。

6.2.1 责任约谈制度

1. 约谈事由

《食品安全法》第一百一十四条规定："食品生产经营过程中存在食品安全隐患，未及时采取措施消除的，县级以上人民政府食品安全监督管理部门可以对食品生产经营者的法定代表人或者主要负责人进行责任约谈。食品生产经营者应当立即采取措施，进行整改，消除隐患。责任约谈情况和整改情况应当纳入食品生产经营者食品安全信用档案。"2015 年上海市食品药品监督管理局根据《食品安全法》，结合上海市实际制定了《上海市食品药品监督管理局食品药品安全责任约谈办法》。由于网络食品交易存在特殊性，国家食品药品监督管理总局于 2016 年颁布了《网络食品安全违法行为查处办法》并于同年 10 月 1 日正式施行，该办法对网络食品交易第三方平台提供者和入网食品生产经营者的责任约谈办法作出了规定。

《食品安全法实施条例》第六十二条规定，网络食品交易第三方平台多次出现入网食品经营者违法经营或者入网食品经营者的违法经营行为造成严重后果的，县级以上人民政府食品安全监督管理部门可以对网络食品交易第三方平台提供者的法定代表人或者主要负责人进行责任约谈。

2. 约谈对象

被约谈单位参加约谈的食品安全责任人员可包括下列人员：① 法定代表人或主要负责人；② 产品质量负责人或其他相关责任人和工作人员；③ 其他需要约谈的人员。

法定代表人或主要负责人因特殊情况无法参加约谈而授权其他人的，应当向食品安全监管食品安全监管部门提出申请，被授权人持法定代表人或主要负责人的授权书按时参加约谈。

组织约谈的食品安全监管部门应当至少安排2名监管人员参加约谈，组成约谈小组，并安排专人记录。

3. 约谈情况反馈

被约谈单位应根据整改要求积极整改，并根据期限将整改落实情况以书面形式报告区食品安全监管部门。如食品安全监管部门在监督检查或行政处罚过程中已下达责令整改要求的，可与约谈的整改情况一并反馈。

4. 约谈效力

责任约谈情况和整改情况应当纳入食品安全信用档案。食品安全监管部门对有不良信用记录的食品生产经营者应当增加监督检查频次，对违法行为情节严重的食品生产经营者，可以通报投资主管部门、证券监督管理机构和有关金融机构。

6.2.2 食品追溯制度

食品生产经营从“农田”到“餐桌”全过程涉及的环节多，链条长，食品安全隐患可能出现在各个环节。为了加强对食品生产经营的全过程控制，实现对食品来源可查，去向可追踪，世界各国普遍建立了食品追溯制度。

1. 基本要求

(1) 进货查验记录要求

《食品安全法》第五十三条第二款规定，食品经营企业应当建立食品进货查验记录制度，如实记录食品的名称、规格、数量、生产日期或者生产批号、保质期、进货日期以及供货者名称、地址、联系方式等内容，并保存相关凭证。记录和凭证保存期限不得少于产品保质期满后六个月；没有明确保质期的，保存期限不得少于二年。

(2) 食品贮存要求

《食品安全法》第五十四条规定，食品经营者应当按照保证食品安全的要求贮存食品，定期检查库存食品，及时清理变质或者超过保质期的食品。食品经营者贮存散装食品，应当在贮存位置标明食品的名称、生产日期或者生产批号、保质期、生产者名称及联系方式等内容。

2. 食品安全信息追溯管理

为了加强上海市食品安全信息追溯管理，上海市人民政府根据《食品安全法》等法律法规，结合本市实际，于2015年制定颁布了《上海市食品安全信息追溯管理办法》。

(1) 明确强制追溯类别与品种

根据《上海市食品安全信息追溯管理办法》，2015年上海市食药安办、上海市食药监局会同市农委、市商务委、市卫生计生委制定发布了《上海市食品安全信息追溯管理品种目录（2015年版）》，明确9大类20个重点监管品种的食品和食用农产品生产经营单位上传食品安全追溯信息。

根据《上海市人民代表大会常务委员会关于促进和保障长江流域禁捕工作若干问题的决定》《上海市食品安全信息追溯管理办法》的规定，2021 年 8 月 16 日上海市市场监督管理局发布公告，上海市市场监督管理局、上海市农业农村委员会、上海市商务委员会、上海市卫生健康委员会等部门决定将刀鲚（刀鱼）、凤鲚（凤尾鱼）、长吻鮠（鮰鱼）、鲫鱼、中华绒螯蟹（大闸蟹）等 5 种水产品新增为上海市实施食品安全信息追溯管理的具体品种。

2021 年 11 月 24 日，上海市市场监督管理局发布公告，公布《上海市食品安全信息追溯管理品种目录》(2021 年版)，包括粮食及其制品、畜产品及其制品、禽及其产品、制品、蔬菜、水果、水产品、豆制品、乳制品、食用油、特殊食品和酒类等 11 大类 44 种食品和食用农产品实施食品安全信息追溯管理。具体品种见表 2－4。

（2）明确食品生产者的职责与义务

追溯食品和食用农产品的生产经营者应当按照《上海市食品安全信息追溯管理办法》的规定，利用信息化技术手段，履行相应的信息追溯义务，接受社会监督，承担社会责任。追溯食品和食用农产品的生产经营者应当将其名称、法定代表人或者负责人姓名、地址、联系方式、生产经营许可等资质证明材料上传至食品安全信息追溯平台，形成生产经营者电子档案。信息发生变动的，追溯食品和食用农产品的生产经营者应当自变动之日起 2 日内，更新电子档案的相关内容。

（3）餐饮服务提供者的信息上传义务

集体用餐配送单位、中央厨房、学校食堂、中型以上饭店及连锁餐饮企业应当将下列信息上传至食品安全信息追溯平台：① 采购的追溯食品和食用农产品的名称、数量、进货日期、配送日期，以及供货者的名称、地址、联系方式等；② 采购的追溯食品的生产企业名称、生产日期或者生产批号、保质期；③ 直接从食用农产品生产企业或者农民专业合作经济组织采购的追溯食用农产品的产地证明、质量安全检测、动物检疫等信息。

集体用餐配送单位、中央厨房还应当将收货者或者配送门店的名称、地址、联系方式等信息上传至食品安全信息追溯平台。

（4）违反有关规定的法律责任

食品生产者有义务应当及时将追溯食品和食用农产品的信息、企业资质证明等材料信息正确上传至食品安全信息追溯平台，否则，食品安全监管、农业等部门将按照《上海市食品安全信息追溯管理办法》第二十四条规定，根据具体情况，对违反规定的追溯食品和食用农产品的生产经营者作出相应的行政处罚。

6.2.3 食品安全管理人员抽查考核制度

为督促餐饮服务提供者落实食品安全主体责任，规范食品从业人员食品安全知识培训和考核的管理，提升食品安全管理水平，2017 年 10 月，上海市食品药品监督管理局制定了《上海市食品从业人员食品安全知识培训和考核管理办法》，建立了上海市食品安全管理人员抽查考核制度。

1. 抽查考核内容

食品从业人员考核内容应当包括但不限于以下内容：① 国家和本市食品安全法律法规

和标准；② 食品安全基本知识；③ 食品安全管理知识；④ 食品安全操作技能；⑤ 食品安全事故应急处置知识；⑥ 其他需要培训和考核的内容。

2. 抽查考核方式

食品安全监管部门根据上述内容开展监督抽查考核，监督抽查考核的方式包括集中监督抽查考核以及结合行政许可和监督检查开展的现场监督抽查考核。

集中监督抽查考核和现场监督抽查考核均以网络在线考核为主要考核方式。必要时，也可以采取笔试、面试、现场操作等方式进行考核。监督抽查考核试题根据考核方案从考核题库中按照类别随机抽取。

3. 监督抽查考核的要求

(1) 集中监督抽查考核

食品安全监管部门定期随机抽取参加监督抽查考核的食品生产经营者的负责人、食品安全管理人员以及其他食品从业人员作为监督抽查考核对象，在集中考核场所组织开展监督抽查考核。对于未建立食品安全知识培训管理制度、近一年内存在食品安全违法行为等的入网食品生产经营者或者未组织食品从业人员参加网络在线考核的入网食品生产经营者，增加抽取参加考核人员的比例。

食品安全监督管理部门于考核前 10 个工作日将考核时间、地点、对象、方式及要求等有关情况告知相关食品生产经营者。

(2) 现场监督抽查考核

食品安全监管部门结合行政许可和监督检查等工作开展现场监督抽查考核的，执法人员当场抽取在岗的食品从业人员接受考核。

4. 监督抽查考核结果公布与不合格处理

(1) 食品安全监管部门通过政务网站等途径公布食品生产经营者食品从业人员参加监督抽查考核的结果，并将其纳入食品安全信用档案。

(2) 考核不合格的食品从业人员可以申请补考，补考仍不合格的，应调离岗位。集中监督抽查考核时缺考的，应当在一年内参加补考。

(3) 食品生产经营者的负责人、食品安全管理人员以及其他食品从业人员不参加监督抽查考核，或者在考核中作弊的，应当按照考核不合格计入个人食品安全信用档案。

6.2.4　企业自查制度

在食品生产经营过程中，人为不规范或者机器设备生产过程中故障来源或污染等原因，都可能造成食品安全隐患，及时发现并消除这些风险因素才能将食品安全风险降到最低。除了监管部门的日常监督外，食品生产经营单位对其自身企业的食品安全状况进行定期检查、评价尤为重要。《食品安全法》第四十七条规定了食品生产经营者应当建立食品安全自查制度。

食品生产经营者若在自查中发现存在安全问题的，能处理的应当立即采取措施进行处理，若发生安全隐患的，则应立即采取措施加以排除。对于不能当场处理的情况，食品生产经营者应立即采取整改措施。有发生食品安全事故潜在风险的，应当立即停止生产经营，并将信息上报至所在地监管部门。

6.2.5 食品召回制度

为加强食品生产经营的管理，减少和避免不安全食品的危害，《食品安全法》第六十三条对食品召回制度作出了相应的规定。

为加强食品生产经营的管理，减少和避免不安全食品的危害，《食品安全法》第六十三条和《食品召回管理办法》对食品召回制度作出了相应的规定。有关食品的召回情形、召回食品处理可参见本教程相关章节有关食品的回收与召回的内容。

此外，食品生产经营者应当将食品召回和处理情况向区食品安全监管部门报告；需要对召回的食品进行无害化处理、销毁的，应当提前报告时间、地点。食品安全监管部门认为必要的，可以实施现场监督。食品生产经营者未依照规定召回或者停止经营的，食品安全监管部门可以责令其召回或者停止经营。

6.3 食品安全风险等级管理

食品生产经营风险分级管理是一种基于风险管理的有效监管模式，是有效提升监管资源利用率，强化监管效能，促进食品生产经营企业落实食品安全主体责任的重要手段，也是国际的通行做法。根据《食品安全法》第一百零九条规定，县级以上人民政府食品安全监督部门根据食品安全风险监测、风险评估结果和食品安全状况等，确定监督管理的重点、方式和频次，实施风险分级管理。2016年，原国家食品药品监督管理总局发布了《食品生产经营风险分级管理办法（试行）》。

6.3.1 概况

1. 背景与意义

实施风险分级管理制度能够帮助监管部门通过量化细化各项指标，深入分析、排查可能存在的风险隐患，并使监管视角和工作重心向一些存在较大风险的生产经营者倾斜，增加监管频次和监管力度，督促食品生产经营者采取更加严厉的措施，改善内部管理和过程控制，及早化解可能存在的安全隐患。而对一些风险程度较低的企业，可以适当减少监管资源的分配，从而最终达到合理分配资源，提高监管资源利用效率的目的，收得事半功倍的效果。

对于生产经营者，则通过分级评价，能够使其更加全面地掌握食品行业中存在的风险点，进一步强化生产经营主体的风险意识、安全意识和责任意识，有针对性地加强整改和控制，提升食品生产经营者风险防控和安全保障能力。

2. 概念与原则

风险等级管理，是指食品安全监督管理部门以风险分析为基础，结合食品生产经营者的食品类别、经营业态及生产经营规模、食品安全管理能力和监督管理记录情况，按照风险评价指标，划分食品生产经营者风险等级，并结合当地监管资源和监管能力，对食品生产经营者实施的不同程度的监督管理。

食品生产经营风险分级管理工作应当遵循风险分析、量化评价、动态管理、客观公正的原则。

6.3.2 风险等级划分标准

食品安全监管部门结合食品生产经营企业风险特点，从生产经营食品类别、经营规模、消费对象等静态风险因素和生产经营条件保持、生产经营过程控制、管理制度建立及运行等动态风险因素，确定食品生产经营者风险等级，并根据对食品生产经营者监督检查、监督抽检、投诉举报、案件查处、产品召回等监督管理记录实施动态调整。

根据原国家食品药品监督管理总局发布的《食品生产经营风险分级管理办法（试行）》，食品生产经营者风险等级从低到高分为 A 级风险、B 级风险、C 级风险、D 级风险四个等级。风险等级的确定采用评分方法进行，以百分制计算，其中静态风险因素量化风险分值为 40 分，动态风险因素量化风险分值为 60 分。分值越高，风险等级越高。风险分值之和为 0~30（含）分的，为 A 级风险；风险分值之和为 30~45（含）分的，为 B 级风险；风险分值之和为 45~60（含）分的，为 C 级风险；风险分值之和为 60 分以上的，为 D 级风险。

1. 静态风险因素

食品销售企业静态风险因素按照量化分值划分为Ⅰ档（从事自制饮品制售、其他类食品制售等餐饮服务企业）、Ⅱ档（从事不含高危易腐食品的热食类食品制售、糕点类食品制售、冷食类食品制售等餐饮服务企业）、Ⅲ档（从事含高危易腐食品的热食类食品制售、糕点类食品制售、冷食类食品制售、生食类食品制售等餐饮服务企业）和Ⅳ档［主要为特定人群（包括病人、老人、学生等）提供餐饮服务的餐饮服务企业；大规模或者为大量消费者提供就餐服务的中央厨房、用餐配送单位、单位食堂等餐饮服务企业］。

生产经营多类别食品的，应当选择风险较高的食品类别确定该食品生产经营者的静态风险等级。

2. 动态风险因素

对餐饮服务提供者动态风险因素进行评价应考虑经营资质、从业人员管理、原料控制、加工制作过程控制等情况。

食品安全监管部门可以根据食品生产经营者年度监督管理记录，调整食品生产经营者风险等级。

6.3.3 评定程序

对食品生产经营者开展风险等级评定的程序要求具体如下。

（1）确定静态风险分值。调取食品销售者的许可档案，根据静态风险因素量化分值表所列的项目，逐项计分，累加确定食品销售者静态风险因素量化分值。

（2）确定动态风险分值。结合对食品销售者日常监督检查结果或者组织人员进入企业现场按照《动态风险评价表》进行打分评价确定动态风险因素量化分值。需要说明的是，新开办的食品生产经营者可以省略此步骤，可以按照生产经营者静态风险分值折算确定其风险分值。

（3）根据量化评价结果，填写《食品生产经营者风险等级确定表》，确定食品经营者风险等级。

（4）将食品生产经营者风险等级评定结果记入食品安全监管档案。

（5）应用食品生产经营者风险等级结果开展有关工作。

（6）根据当年食品生产经营者日常监督检查、监督抽检、违法行为查处、食品安全事故应对、不安全食品召回等食品安全监督管理记录情况，对辖区内的食品生产经营者的下一年度风险等级进行动态调整。

6.3.4 结果运用

1. 检查频次与监管重点

食品安全监管部门根据食品生产经营者风险等级，结合当地监管资源和监管水平，合理确定企业的监督检查频次、监督检查内容、监督检查方式以及其他管理措施，作为制订年度监督检查计划的依据，并根据食品生产经营者风险等级划分结果，对较高风险生产经营者的监管优先于较低风险生产经营者的监管，实现监管资源的科学配置和有效利用。

（1）对风险等级为A级风险的食品销售者，原则上每年至少监督检查1次；

（2）对风险等级为B级风险的食品销售者，原则上每年至少监督检查1~2次；

（3）对风险等级为C级风险的食品销售者，原则上每年至少监督检查2~3次；

（4）对风险等级为D级风险的食品销售者，原则上每年至少监督检查3~4次。

具体检查频次和监管重点由各省级食品安全监管部门确定。

2. 其他食品安全监管行为

风险分级的结果还可用于通过统计分析确定监管重点区域、重点行业、重点企业，排查食品安全风险隐患；建立食品生产经营者的分类系统及数据平台，记录、汇总、分析食品生产经营风险分级信息，实行信息化管理；确定基层检查力量及设施配备等，合理调整检查力量分配。

6.3.5 风险分级管理制度与其他食品安全监管制度之间的关系

食品生产经营企业分级监管是加强食品安全监管、促进食品生产经营企业落实食品安全主体责任的重要方法。风险分级制度做到“四个衔接”，即与食品生产经营许可制度、信用监管制度、日常监督检查制度和量化分级管理制度进行有效衔接。

（1）与食品生产经营许可制度的衔接。新开办食品生产经营者的风险等级，可以按照食品生产经营者的静态风险分值确定。而后根据年度监管记录情况动态调整，将新开办食品经营者直接纳入风险管理范围，实现无缝衔接。同时，也明确经营多类别食品的，选择风险较高的食品类别确定该生产经营企业的静态风险等级。

（2）与企业信用记录的衔接。《食品生产经营风险分级管理办法》中要求每年根据当年食品生产经营者日常监督检查、监督抽检、违法行为查处、食品安全事故应对、不安全食品召回等食品安全监督管理记录情况调整下一年度风险等级。年度监督管理记录充分体现了企业信用的好与差，是风险分级的重要依据。企业信用的好与差，直接体现在风险等级的动态调整上，进而反映在监管部门对其实施的监管频次上。反之，通过风险分级还能倒逼企业维护自身的信用，加强食品安全保障能力建设和日常管理，杜绝违法行为和不良的监督管理记录，进一步履行食品安全主体责任。

(3) 与食品生产经营日常监督检查管理制度的衔接。市、县级评定部门按照《食品生产经营风险分级管理办法》的规定确定对辖区食品生产经营企业的监督检查频次，并将其列入年度日常监督检查计划。日常监督检查结果又影响到食品生产经营者风险等级的动态调整。风险分级管理和日常监督检查两项制度相互影响、相互促进，对于加强食品安全监管具有重要作用。

(4) 与餐饮安全量化分级管理制度的衔接。餐饮安全量化分级管理制度对应于风险分级管理制度中的动态风险。餐饮安全量化分级管理制度的评定内容基本为风险分级管理制度中餐饮服务提供者的动态风险评定内容；餐饮安全量化分级管理的评定分值，可折算为风险分级管理制度中餐饮服务提供者的动态风险因素评价分值。

另外，对入网食品生产经营者（包括网上餐饮服务提供者）的风险分级和量化分级管理有利于网络食品交易第三方平台建立自身食品安全管理制度，依据不同的风险分级情况对平台的入网食品生产经营者进行合理监督，落实其主体责任。

6.3.6 上海餐饮服务食品安全量化分级管理制度

为加强对餐饮服务活动的事中事后监管，规范监督检查行为，提高监管效能，上海市食品安全监管部门制定本市餐饮服务食品安全监督量化分级管理制度。对新取得《食品经营许可证》或《便民饮食临时备案公示卡》的餐饮服务提供者，区市场监管部门将于发证或卡后 1 个月内进行第一次量化分级监督检查，并给予动态等级评定。网络餐饮服务提供者应当在自建交易网站或者第三方平台的首页显著位置或者经营活动主页面醒目位置，公示或者链接其食品安全量化分级管理等信息。公示的信息应当完整、真实、清晰。信息发生变化的，网络餐饮服务提供者应当在十日内更新。

1. 关于等级划分

(1) 餐饮服务食品安全监督量化等级分为动态等级和年度等级。

(2) 动态等级是食品安全监管部门对餐饮服务提供者食品安全管理状况每次监督检查结果的评价。动态等级分为优秀、良好、一般三个等级，分别用“笑脸”“平脸”和“哭脸”三个脸谱图形表示。

(3) 年度等级是食品安全监管部门对餐饮服务提供者一个统计年度监督检查结果的综合评价。年度等级分为优秀、良好、一般三个等级，分别用 A、B、C 字母表示。

2. 关于评定程序

食品安全监管部门对餐饮服务提供者进行监督检查时，应依照食品安全法律、法规、规章和其他规范性文件，采用《餐饮服务食品安全量化监督检查表》进行检查评定。

3. 关于评定标准

（1）食品药品监管部门采用《餐饮服务食品安全量化监督检查表》监督检查后，计算食品安全关键项目和一般项目的不符合项次，依照《餐饮服务食品安全量化监督检查表》中的评定标准进行动态等级评定。

（2）食品药品监管部门根据一个统计年度内历次（≥2次）的动态等级评定情况进行年度等级评定，评定标准按照“餐饮服务单位年度等级的评定标准”（表6-1）。持临时许可证的餐饮服务提供者不进行年度等级评定。

表6-1 餐饮服务单位年度等级的评定标准表

年检查次数	年度等级	一个统计年度内动态等级结果	
		哭脸/次	平脸/次
2~4次	A级	0	≤1
	B级	0	≥2
		1	任意
	C级	≥2	任意
≥5次	A级	0	≤2
		1	0
	B级	0	≥3
		1	≥1
		2	任意
	C级	≥3	任意

4. 关于等级公布

（1）食品安全监管部门应在餐饮服务提供者获得《餐饮服务许可证》后第一次监督检查时发放上海市餐饮服务食品安全监督公示牌。

（2）食品安全监管部门应在监督检查当天或违法事实认定后的15个工作日内，将餐饮服务提供者动态等级评定结果及评定日期张贴于公示牌上，并将其作为餐饮服务提供者食品安全监管信用信息进行管理。

（3）全市餐饮服务提供者动态等级和年度等级由市食品安全监管统一查询公布。

5. 关于等级公示的管理

（1）公示牌的样式由市食品安全监管部门统一制定。

（2）公示牌应摆放、悬挂、张贴在餐饮服务提供者门口、大厅等显著位置，严禁摘下、毁坏、涂改或遮盖公示标志。

（3）公示牌摆放、悬挂或张贴至对该单位的下一次量化监督检查更换公示为止。

(4) 食品安全监管部门对拒不摆放、悬挂或张贴、遮盖公示牌的，或故意违反分级管理制度的单位采取重点监管，对检查发现的违法行为，从严查处。

6. 关于检查频次调整

食品安全监管部门可依据餐饮服务提供者的动态等级评定结果调整检查频次。对动态等级评定为“良好”的单位可适当降低监管频次；对评定为“较差”的单位应提高监管频次。

6.4　日常监督检查

食品生产经营者取得食品生产经营许可证之后，食品安全监管部门还需对企业是否按照发证条件严格执行有关规定进行监督检查，加强事中事后监管工作，从而进一步督促食品生产经营者规范食品生产经营活动，从生产源头防范和控制风险隐患，落实监管部门对生产经营者的日常监督检查责任和企业食品安全主体责任，对保障食品安全具有十分重要的意义和作用。《食品安全法》及《食品生产经营监督检查管理办法》明确了日常监督检查原则、事项、要求和法律责任。其中，《食品生产经营监督检查管理办法》中的具体条例如下。

“第二十条　餐饮服务环节监督检查要点应当包括餐饮服务提供者资质、从业人员健康管理、原料控制、加工制作过程、食品添加剂使用管理、场所和设备设施清洁维护、餐饮具清洗消毒、食品安全事故处置等情况。

餐饮服务环节的监督检查应当强化学校等集中用餐单位供餐的食品安全要求。

第四章　监督检查程序

第二十一条　县级以上地方市场监督管理部门应当按照本级人民政府食品安全年度监督管理计划，综合考虑食品类别、企业规模、管理水平、食品安全状况、风险等级、信用档案记录等因素，编制年度监督检查计划。

县级以上地方市场监督管理部门按照国家市场监督管理总局的规定，根据风险管理的原则，结合食品生产经营者的食品类别、业态规模、风险控制能力、信用状况、监督检查等情况，将食品生产经营者的风险等级从低到高分为 A 级风险、B 级风险、C 级风险、D 级风险四个等级。

第二十二条　市场监督管理部门应当每两年对本行政区域内所有食品生产经营者至少进行一次覆盖全部检查要点的监督检查。

市场监督管理部门应当对特殊食品生产者，风险等级为 C 级、D 级的食品生产者，风险等级为 D 级的食品经营者以及中央厨房、集体用餐配送单位等高风险食品生产经营者实施重点监督检查，并可以根据实际情况增加日常监督检查频次。

市场监督管理部门可以根据工作需要，对通过食品安全抽样检验等发现问题线索的食品生产经营者实施飞行检查，对特殊食品、高风险大宗消费食品生产企业和大型食品经营企业等的质量管理体系运行情况实施体系检查。”

6.4.1　基本原则

《食品生产经营监督检查管理办法》明确监管部门对食品（含食品添加剂）生产经营者执行食品安全法律、法规、规章以及食品安全标准等情况实施日常监督检查，食品生产经营日常监督检查应当遵循属地负责、风险管理、程序合法和公正公开的原则。

（1）属地负责。即各级食品安全监管部门负责实施本行政区域内食品生产日常监督检查。区市场监管部门对本行政区域内所有食品生产经营者进行监督管理。

（2）风险管理。即食品安全监管部门结合食品生产经营企业风险特点，从生产经营食品类别、经营规模、消费对象等静态风险因素和生产经营条件保持、生产经营过程控制、管理制度建立及运行等动态风险因素，确定食品生产经营者风险等级，并根据风险等级确定监督检查频次与重点。

（3）程序合法。即食品安全监管部门应当按照法定程序组织开展监督检查，检查人员资质、人数及回避要求，亮证检查，依法收集证据等。

（4）公正公开。即日常监督检查结果记入食品生产经营者的食品安全信用档案。区级食品安全监管部门于日常监督检查结束后 2 个工作日内，向社会公开日常监督检查时间、检查结果和检查人员姓名等信息，并在生产经营场所醒目位置张贴日常监督检查结果记录表。

6.4.2 监管部门

国家市场监督管理总局负责监督指导全国食品生产经营日常监督检查工作。上海市食品安全监管部门负责监督指导本行政区域内食品生产经营日常监督检查工作。区市场监管部门负责实施本行政区域内食品生产日常监督检查。在全面覆盖的基础上，区市场监管部门可以在本行政区域内随机选取食品生产者、随机选派监督检查人员实施异地检查、交叉互查。

6.4.3 监督检查的基本程序

监督检查具体程序具体如下。

（1）两名以上食品安全行政执法人员进行检查。

（2）到达餐饮服务单位后，行政执法人员主动出示执法证件，说明来意。

（3）在企业相关人员的陪同下，行政执法人员按照《餐饮服务日常监督检查要点表》开展全面检查，或根据实际情况选择重点环节检查，并依法收集相关证据。

（4）监督检查完成后，执法人员制作现场监督检查笔录，陪同人员确认签字。如拒绝签字，在笔录上注明拒签理由，同时执法人员将记录在场人员的姓名、职务。

（5）区食品安全监管部门对餐饮服务单位存在的问题，应了解其原因，进行必要的业务指导，提出改进措施。如发现重大问题及时向上级部门汇报，并立即采取措施。

（6）需要给予行政处罚的，应按行政处罚从程序办理。

（7）日常监督检查结果应当记入食品生产经营者的食品安全信用档案。区级市场监督管理部门应当于日常监督检查结束后 2 个工作日内，向社会公开日常监督检查时间、检查结果和检查人员姓名等信息，并在生产经营场所醒目位置张贴日常监督检查结果记录表。

（8）餐饮服务者应当将张贴的日常监督检查结果记录表保持至下次日常监督检查。

6.4.4 对监管人员的要求

日常监督检查人员应当符合执行日常监督检查工作的要求，食品安全监管部门应当加强对检查人员的管理。一是检查人员应当掌握与开展食品生产经营日常监督检查相适应的食品安全法律、法规、规章、标准等知识，熟悉食品生产经营监督检查要点和检查操作手册，并定期接受培训与考核；二是根据日常监督检查事项，必要时监督管理部门可以邀请食品安全专家、消费者代表等人员参与监督检查工作。

6.4.5 检查的事项

食品安全监管部门对餐饮服务企业的监督检查事项包括餐饮服务提供者的经营资质、从业人员健康管理、原料控制、加工制作过程、食品添加剂使用管理、场所和设备设施清洁维护、餐饮具清洗消毒、食品安全事故处置等情况。

6.4.6 法律责任

食品生产经营者撕毁、涂改日常监督检查结果记录表，或者未保持日常监督检查结果记录表至下次日常监督检查的，按照《食品生产经营监督检查管理办法》第四十八条规定，食品生产经营者未按照规定在显著位置张贴或者公开展示相关监督检查结果记录表，撕毁、涂改监督检查结果记录表，或者未保持日常监督检查结果记录表至下次日常监督检查的，由县级以上地方市场监督管理部门责令改正；拒不改正的，给予警告，可以并处5 000元以上5万元以下罚款。

《食品生产经营监督检查管理办法》第四十九条规定，食品生产经营者有下列拒绝、阻挠、干涉市场监督管理部门进行监督检查情形之一的，由县级以上市场监督管理部门依照《食品安全法》第一百三十三条第一款的规定进行处理：（一）拒绝、拖延、限制检查人员进入被检查场所或者区域的，或者限制检查时间的；（二）拒绝或者限制抽取样品、录像、拍照和复印等调查取证工作的；（三）无正当理由不提供或者延迟提供与检查相关的合同、记录、票据、账簿、电子数据等材料的；（四）以主要负责人、主管人员或者相关工作人员不在岗为由，或者故意以停止生产经营等方式欺骗、误导、逃避检查的；（五）以暴力、威胁等方法阻碍检查人员依法履行职责的；（六）隐藏、转移、变卖、损毁检查人员依法查封、扣押的财物的；（七）伪造、隐匿、毁灭证据或者提供虚假情况的；（八）其他妨碍检查人员履行职责的。

《食品生产经营监督检查管理办法》第五十条规定，食品生产经营者拒绝、阻挠、干涉监督检查，违反治安管理处罚相关规定的，由市场监督管理部门依法移交公安机关处理。食品生产经营者以暴力、威胁等方法阻碍检查人员依法履行职责，涉嫌犯罪的，由市场监督管理部门依法移交公安机关处理。

《食品生产经营监督检查管理办法》第五十一条规定，发现食品生产经营者有《食品安全法实施条例》第六十七条第一款规定的情形，属于情节严重的，市场监督管理部门应当依法从严处理。对情节严重的违法行为处以罚款时，应当依法从重从严。

食品生产经营者违反食品安全法律、法规、规章和食品安全标准的规定，属于初次违法且危害后果轻微并及时改正的，可以不予行政处罚。

当事人有证据足以证明没有主观过错的，不予行政处罚。法律、行政法规另有规定的，从其规定。

6.5 抽样检验

抽样检验是食品安全监管的一种方式，在日常监督检查、专项整治、案件稽查、事故调查、应急处置等工作中均有广泛应用。在日常监督检查，专项整治工作中，食品安全监管部门可通过抽样检验，及时发现食品安全风险，而在风险监测、案件稽查、事故调查及应急处置等工作中，抽样检查可帮助分析查找食品安全问题的原因。国家市场监管总颁布了《食品安全抽样检验管理办法》（国家市场监督管理总局令第 15 号），原国家食品药品监督管理总局颁布了《食品安全监督抽检和风险监测工作规范》，原上海市食品药品监督管理局根据相关法律法规，结合上海市实际，制定了《上海市食品安全抽样检验实施细则》，确定了抽样检查的要求。

6.5.1 基本概念

食品安全抽样检验是指食品安全监督管理部门在监督抽检、风险监测、评价性抽检案件稽查、事故调查、应急处置等工作中依法对食品（含食品添加剂、保健食品）组织的抽样、检验、复检、处理等活动。

6.5.2 实施抽样检验的部门

食品安全监督管理部门与承担食品安全抽样、检验任务的技术机构（以下简称承检机构）签订委托协议，明确双方权利和义务。

食品安全监管部门可以自行抽样或者委托具有法定资质的食品检验机构承担食品安全抽样工作。

承检机构依照有关法律、法规规定取得资质认定后方可从事检验活动。承检机构进行检验，应当尊重科学，恪守职业道德，保证出具的检验数据和结论客观、公正，不得出具虚假检验报告。

6.5.3 经营者的配合义务

1. 现场抽样时的配合义务

食品经营者应当配合食品安全监督管理部门或其委托具有法定资质的食品检验机构的食品抽样工作，被抽样单位应当在食品安全抽样文书上签字或者盖章，不得拒绝或者阻挠食品安全抽样工作。被抽样单位无正当理由，对抽样工作不配合或拒绝抽样检验的，抽样人员应做好取证工作，并告知拒检的后果。必要时，可根据《食品安全法》第一百三十三条、《食品安全抽样检验管理办法》第四十七条予以处罚。

2. 抽样不合格的配合义务

食品生产经营者收到监督抽检不合格检验结论后，应当立即采取封存不合格食品，暂停生产、经营不合格食品，通知相关生产经营者和消费者，召回已上市销售的不合格食品等风险控制措施，排查不合格原因并进行整改，及时向住所地市场监督管理部门报告处理情况，积极配合市场监督管理部门的调查处理，不得拒绝、逃避。

6.5.4 抽样计划和实施

1. 抽样计划

国家市场监督管理总局根据食品安全监管工作的需要，制定全国性食品安全抽样检验年度计划。

县级以上地方食品安全监督管理部门根据上级监管部门制定的抽样检验年度计划并结合实际情况，制定本行政区域的食品安全抽样检验工作方案。

食品安全监督管理部门根据工作需要不定期开展食品安全抽样检验工作。

2. 抽样实施

食品安全监督抽检重点抽检食品包括：① 风险程度高以及风险呈上升趋势的食品；② 流通范围广、消费量大、消费者投诉举报多的食品；③ 风险监测、监督检查、专项整治、案件稽查、事故调查及应急处置等工作表明存在较大隐患的食品；④ 专供婴幼儿和其他特定人群的主辅食品；⑤ 学校和托幼机构食堂以及旅游景区餐饮服务单位、中央厨房、集体用餐配送单位经营的食品；⑥ 有关部门公布的可能违法添加非食用物质的食品；⑦ 已在境外造成健康危害并有证据表明可能在国内产生危害的食品；⑧ 其他应当作为抽样检验工作重点的食品。

6.5.5　开展检验

承检机构对检验工作负责，按照食品检验技术要求开展检验工作，如实、准确、完整、及时地填写检验原始记录，保证检验工作的科学、独立、客观和规范。承检机构自收到样品之日起 20 个工作日内出具检验报告。食品安全监管部门与承检机构另有约定的，从其约定。

6.5.6　不合格结果告知

食品安全抽样检验的检验结论不合格或者存在异常结果的，承检机构在检验结论作出后 2 个工作日内，将不合格样品或问题样品检验报告及《上海市食品安全抽样检验告知书》《上海市食品安全抽样检验抽样单》《上海市食品安全抽样检验结果通知书》等有关材料报告组织或者委托实施抽样检验的食品安全监管部门，食品安全监管部门将告知被抽样单位。通过网络食品交易第三方平台购买样品的，食品安全监管部门同时将检验结果通知网络食品交易第三方平台提供者。网络食品交易第三方平台提供者应当依法制止不合格食品的销售。

入网食品生产经营者联系方式不详的，网络食品交易第三方平台提供者应当协助通知。入网食品生产经营者无法联系的，网络食品交易第三方平台提供者应当停止向其提供网络食品交易平台服务。

6.5.7　对检验结论有异议处理与复检

1. 对检验结论异议的提出

食品经营者对监督抽检检验结论有异议的，可以自收到检验结论之日起 6 个工作日内，向实施监督抽检的市场监督管理部门或者其上一级市场监督管理部门提出书面复检申请。向国家市场监督管理总局提出复检申请的，国家市场监督管理总局可以委托复检申请人住所地省级市场监督管理部门负责办理。逾期未提出的，不予受理。

2. 不予复检情形

有下列情形之一的，不予以复检：(1) 检验结论为微生物指标不合格的；(2) 复检备份样品超过保质期的；（3）逾期提出复检申请的；（4）其他原因导致备份样品无法实现复检目的的；（5）法律、法规、规章以及食品安全标准规定的不予复检的其他情形。

3. 复检机构选择

市场监督管理部门应当自收到复检申请材料之日起5个工作日内，出具受理或者不予受理通知书。不予受理的，应当书面说明理由。自出具受理通知书之日起5个工作日内，在公布的复检机构名录中，遵循便捷高效原则，随机确定复检机构进行复检。复检机构不得与初检机构为同一机构。因客观原因不能及时确定复检机构的，可以延长5个工作日，并向申请人说明理由。

复检机构无正当理由不得拒绝复检任务，确实无法承担复检任务的，应当在2个工作日内向相关市场监督管理部门作出书面说明。复检机构与复检申请人存在日常检验业务委托等利害关系的，不得接受复检申请。

4. 复检样品移交

初检机构应当自复检机构确定后3个工作日内，将备份样品移交至复检机构。因客观原因不能按时移交的，经受理复检的市场监督管理部门同意，可以延长3个工作日。复检样品的递送方式由初检机构和申请人协商确定。

复检机构接到备份样品后，应当通过拍照或者录像等方式对备份样品外包装、封条等完整性进行确认，并做好样品接收记录。复检备份样品封条、包装破坏，或者出现其他对结果判定产生影响的情况，复检机构应当及时书面报告市场监督管理部门。

5. 复检过程

（1）复检机构实施复检，应当使用与初检机构一致的检验方法。实施复检时，食品安全标准对检验方法有新的规定的，从其规定。

（2）初检机构可以派员观察复检机构的复检实施过程，复检机构应当予以配合。初检机构不得干扰复检工作。

（3）复检机构应当自收到备份样品之日起10个工作日内，向市场监督管理部门提交复检结论。市场监督管理部门与复检机构对时限另有约定的，从其约定。复检机构出具的复检结论为最终检验结论。

（4）市场监督管理部门应当自收到复检结论之日起5个工作日内，将复检结论通知申请人，并通报不合格食品生产经营者住所地市场监督管理部门。

6. 复检费用

复检申请人应当向复检机构先行支付复检费用。复检结论与初检结论一致的，复检费用由复检申请人承担。复检结论与初检结论不一致的，复检费用由实施监督抽检的市场监督管理部门承担。复检费用包括检验费用和样品递送产生的相关费用。

6.5.8 对抽检程序异议处理

1. 抽检程序异议的提出

在食品安全监督抽检工作中，食品生产经营者可以对其生产经营食品的抽样过程、样品真实性、检验方法、标准适用等事项依法提出异议处理申请。

对抽样过程有异议的，申请人应当在抽样完成后7个工作日内，向实施监督抽检的市场监督管理部门提出书面申请，并提交相关证明材料。

(1) 对样品真实性、检验方法、标准适用等事项有异议的，申请人应当自收到不合格结论通知之日起7个工作日内，向组织实施监督抽检的市场监督管理部门提出书面申请，并提交相关证明材料。

(2) 向国家市场监督管理总局提出异议申请的，国家市场监督管理总局可以委托申请人住所地省级市场监督管理部门负责办理。

(3) 异议申请材料不符合要求或者证明材料不齐全的，市场监督管理部门应当当场或者在5个工作日内一次告知申请人需要补正的全部内容。

市场监督管理部门应当自收到申请材料之日起5个工作日内，出具受理或者不予受理通知书。不予受理的，应当书面说明理由。

2. 异议审核

(1) 异议审核需要其他市场监督管理部门协助的，相关市场监督管理部门应当积极配合。

(2) 对抽样过程有异议的，市场监督管理部门应当自受理之日起20个工作日内，完成异议审核，并将审核结论书面告知申请人。

(3) 对样品真实性、检验方法、标准适用等事项有异议的，市场监督管理部门应当自受理之日起30个工作日内，完成异议审核，并将审核结论书面告知申请人。需商请有关部门明确检验以及判定依据相关要求的，所需时间不计算在内。

(4) 市场监督管理部门应当根据异议核查实际情况依法进行处理，并及时将异议处理申请受理情况及审核结论，通报不合格食品生产经营者住所地市场监督管理部门。

6.5.9 结果公布

食品安全监督管理部门通过政府网站等媒体及时向社会公开监督抽检结果和不合格食品核查处置的相关信息，并按照要求将相关信息记入食品生产经营者信用档案。食品安全监督管理部门公布食品安全监督抽检不合格信息，包括被抽检食品名称、规格、商标、生产日期或者批号、不合格项目，标称的生产者名称、地址，以及被抽样单位名称、地址等。

可能对公共利益产生重大影响的食品安全监督抽检信息，食品安全监督管理部门应当在信息公布前加强分析研判，科学、准确公布信息，必要时，应当通报相关部门并报告同级人民政府或者上级食品安全监督管理部门。

任何单位和个人不得擅自发布、泄露市场监督管理部门组织的食品安全监督抽检信息。

6.5.10 法律责任

(1) 食品生产经营者无正当理由拒绝、阻挠或者干涉食品安全抽样检验、风险监测和调查处理的，由县级以上人民政府食品安全监督管理部门依照《食品安全法第》一百三十三条第一款的规定处罚；违反治安管理处罚法有关规定的，依法移交公安机关处理。

(2) 食品生产经营者提出异议处理申请时，提供虚假证明材料的，食品安全监督管理部门根据《食品安全抽样检验管理办法》给予警告，并处1万元以上3万元以下罚款。

（3）食品经营者未按规定公示相关不合格产品信息的，食品安全监管部门根据《食品安全抽样检验管理办法》责令改正；拒不改正的，给予警告，并处2 000元以上3万元以下罚款。

（4）食品生产经营者在收到监督抽检不合格检验结论或被告知相关食品存在安全隐患的后，未及时采取封存库存问题食品，暂停生产、销售和使用问题食品，召回问题食品等措施控制食品安全风险，排查问题发生的原因并进行整改，及时向住所地食品安全监督管理部门报告相关处理情况，或者停止经营的。食品安全监督管理部门根据《食品安全法》第一百二十四条第一款的规定处罚。

6.6 投诉举报与处置

投诉举报机制有利于增强广大消费者食品安全意识和自我保护能力，开展舆论监督，做到社会共治，保障食品安全。原国家食品药品监管总局在全国统一建立了“12331”食品安全投诉举报热线，构建了覆盖全国食品安全投诉举报网络，畅通了社会监督渠道，并且在《食品安全法》中明确了有奖举报制度，鼓励社会监督。监管体制改革后，也可使用“12315”“12345”热线，投诉举报违法行为。

6.6.1 概念和原则

1. 概念

投诉是指在食品安全监管部门职责范围内，消费者为生活消费需要购买、使用商品或者接受服务，与经营者发生消费者权益争议后进行的投诉。

举报是指在食品安全监管部门职责范围内，自然人、法人和非法人组织（以下统称“举报人”）对涉嫌违法行为进行的举报。

2. 原则

食品安全监督管理部门处理投诉举报遵循公正、高效的原则，做到适用依据正确、程序合法。鼓励社会公众和新闻媒体对涉嫌违反市场监督管理法律、法规、规章的行为依法进行社会监督和舆论监督。鼓励消费者通过在线消费纠纷解决机制、消费维权服务站、消费维权绿色通道、第三方争议解决机制等方式与经营者协商解决消费者权益争议。

6.6.2 受理

食品投诉举报机构负责统一受理食品投诉举报。消费者因网络食品安全违法问题进行投诉举报的，由网络食品交易第三方平台提供者所在地、入网食品生产经营者所在地或者生产经营场所所在地食品安全监管部门处理。

1. 投诉的受理与告知

上海市食品安全监管部门必要时可以直接处理区食品安全监管部门管辖的投诉。区食品安全监管部门管辖的投诉，由于特殊原因难以处理的，可以报请市级主管部门处理。区食品安全监管部门自收到投诉之日起 7 个工作日内，作出是否受理的决定，并告知消费者。若不予受理的，消费者将被告知不予受理的理由，以及其他维权途径。

2. 举报的受理与告知

举报人提出的诉求中既有投诉内容又有举报内容的，由对举报有管辖权的区食品安全监管部门统一管辖。食品安全监管部门对投诉和举报予以分别处理。区食品安全监管部门收到举报后，发现属于食品安全监管部门职责但不属于本部门管辖的，自收到之日起 7 个工作日内，移交至有管辖权的区食品安全监管部门，并告知举报人。

区食品安全监管部门自收到举报之日起 15 个工作日内，组织核查并决定是否立案，有特殊情况的，可以延长 15 个工作日。检验、检测、检定、鉴定、其他行政机关协查等所需的时间，不计入上述规定的期限。对举报不予立案的，区食品安全监管部门应当自作出决定之日起 7 个工作日内，告知举报人并说明理由。

对被举报的违法行为作出行政处罚、不予行政处罚、销案、移送等处理决定的，区食品安全监管部门自作出决定之日起 15 个工作日内，告知举报人。因举报人提供的姓名或者名称、联系方式等不明确而无法联系的，不予告知。

3. 受理的情形

投诉举报人应当提供客观真实的投诉举报材料及证据，说明事情的基本经过，提供被投诉举报生产单位的名称、地址、在食品（含食品添加剂）生产、经营环节中有关食品安全方面涉嫌违法的具体行为等详细信息。

投诉人应当提供：投诉人的姓名、电话号码、通信地址；被投诉人的名称（姓名）、地址；具体的投诉请求以及消费者权益争议事实。委托他人代为投诉的，除上述材料外，还应当提供授权委托书原件以及受托人身份证明。授权委托书应当载明委托事项、权限和期限，由委托人签名。

举报人不愿提供自己的姓名、身份、联系方式等个人信息或者不愿公开举报行为的，应当予以尊重。

4. 不予受理的情形

投诉有下列情形之一的，市场监督管理部门不予受理：（1）投诉事项不属于食品安全监督管理部门职责，或者本行政机关不具有处理权限的；（2）法院、仲裁机构、食品安全监督管理部门或者其他行政机关、消费者协会或者依法成立的其他调解组织已经受理或者处理过同一消费者权益争议的；（3）不是为生活消费需要购买、使用商品或者接受服务，或者不能证明与被投诉人之间存在消费者权益争议的；（4）除法律另有规定外，投诉人知道或者应当知道自己的权益受到被投诉人侵害之日起超过三年的；（5）未提供本小节“3. 受理的情形”中所列明的投诉人所需提交的材料的；（6）法律、法规、规章规定不予受理的其他情形。

6.6.3　监督与责任

1. 监督与责任

国家市场监督管理总局主管全国投诉举报处理工作，指导地方食品安全督管理部门投诉举报处理工作。县级以上地方食品安全监督管理部门负责本行政区域内的投诉举报处理工作。食品安全监督管理部门处理投诉举报，应当遵循公正、高效的原则，做到适用依据正确、程序合法。食品安全监督管理部门对举报人的信息予以保密，不得将举报人个人信息、举报办理情况等泄露给被举报人或者与办理举报工作无关的人员，但提供的材料同时包含投诉和举报内容，并且需要向被举报人提供组织调解所必需信息的除外。

投诉举报人反映情况及提供的材料应当客观真实，不得诬告陷害他人；投诉举报人应当依法行使投诉举报权利，不得采取暴力、胁迫或者其他违法手段干扰食品安全投诉举报机构、投诉举报承办部门正常工作秩序。

2. 举报奖励

为鼓励社会公众积极举报食品安全违法犯罪行为，及时发现、控制和消除食品安全隐患，严厉打击食品安全违法犯罪行为，根据《中华人民共和国食品安全法》等规定，2020 年 8 月修订了《上海市食品安全举报奖励办法》。

（1）餐饮服务环节奖励范围

① 在食用农产品种植、养殖、收获、捕捞、加工、收购、运输过程中，使用违禁药物或者其他可能危害人体健康物质的；

② 未经许可从事食品、食品添加剂生产经营活动或食品相关产品生产活动的；

③ 生产经营用非食品原料生产加工的食品或者添加食品添加剂以外的化学物质和其他可能危害人体健康物质生产的食品或者用回收食品作为原料生产加工的食品的；

④ 经营病死、毒死或者死因不明的禽、畜、兽、水产动物肉类或者生产经营病死、毒死或者死因不明的禽、畜、兽、水产动物肉类制品的；

⑤ 经营未按规定进行检疫或者检疫不合格的肉类或者生产经营未经检验或者检验不合格的肉类制品的；

⑥ 生产经营国家和本市为防病和控制重大食品安全风险等特殊需要明令禁止生产经营的食品的；

⑦ 生产经营添加药品的食品的；

⑧ 生产经营致病性微生物，农药残留、兽药残留、生物毒素、重金属等污染物质以及其他危害人体健康的物质含量超过食品安全标准限量的食品、食品添加剂、食品相关产品的；

⑨ 用超过保质期的食品原料、食品添加剂生产食品、食品添加剂或者经营上述食品、食品添加剂的；

⑩ 生产经营超范围、超限量使用食品添加剂的食品的；

⑪ 生产经营腐败变质、油脂酸败、霉变生虫、污秽不洁、混有异物、掺假掺杂或者感官性状异常的食品、食品添加剂的；

⑫ 生产经营标注虚假生产日期、保质期或者超过保质期的食品、食品添加剂的；

⑬ 生产经营被包装材料、容器、运输工具等污染的食品、食品添加剂的；

⑭ 生产经营无标签的预包装食品、食品添加剂的；

⑮ 生产经营未按照规定显著标示的转基因食品的；

⑯ 食品生产经营者采购或者使用不符合食品安全标准的食品原料、食品添加剂的；

⑰ 学校、托幼机构、养老机构、建筑工地等集中用餐单位未按照规定履行食品安全管理责任的；

⑱ 违法违规产生、收集、收运、加工、销售餐厨废弃物、废弃油脂，或者将餐厨废弃物、废弃油脂加工后作为食用油使用、销售的；

⑲ 生产经营以有毒有害动植物为原料的食品的；

⑳ 广告中对食品做虚假宣传，欺骗消费者，或者发布未取得批准文件、广告内容与批准文件不一致的保健食品广告的；

㉑ 其他具有严重社会危害性或造成重大影响的食品安全违法犯罪行为，经食品安全监管部门认定需要予以奖励的情形。

（2）奖励条件

食品安全举报奖励，应当同时符合下列条件：① 所举报的食品安全违法犯罪案件发生在本市行政区域内；② 举报人实名举报或者食品安全监管部门能够核实举报人有效身份的隐名举报；③ 有明确、具体的被举报对象和主要违法犯罪事实或者违法犯罪线索；④ 违法犯罪行为或者线索事先未被食品安全监管部门掌握；⑤ 同一举报内容未获得其他部门奖励；⑥ 举报情况经食品安全监管部门调查，查证属实并立案查处。

特殊情况下，举报的违法事实确实存在，违法行为证据确凿，因其他原因无法立案查处，但违法行为确已得到有效制止的，经市级食品安全监管部门审批同意，可以按照本办法对举报人予以奖励。

（3）不予奖励情形

下列人员和情形不属于本办法奖励范围：① 本市食品安全监管部门工作人员（包括在编的公务员、参照公务员管理的人员、文员等）及其直系亲属；② 不涉及食品安全问题的举报；③ 采取利诱、欺骗、胁迫、暴力等不正当方式，使有关生产经营者与其达成书面或者口头协议，致使生产经营者违法并对其进行举报的；④ 举报人以引诱方式或其他违法手段取得生产经营者违法犯罪相关证据并对其进行举报的；⑤ 法律法规和相关文件规定的其他不适用的情形。

（4）奖励等级

举报奖励根据举报证据与违法事实查证结果，分为三个奖励等级，具体如下。一级举报奖励：提供被举报方的详细违法事实、线索及直接证据，举报内容与违法事实完全相符。二级举报奖励：提供被举报方的违法事实、线索及部分证据，举报内容与违法事实基本相符。三级举报奖励：提供被举报方的违法事实或者线索，举报内容与违法事实部分相符。

（5）奖励标准

食品安全监管部门按照举报案件罚没款金额，同时综合考虑涉案货值金额、奖励等级、社会影响程度等因素计算奖励金额，每起案件的举报奖励金额原则上不超过50万元。具体奖励标准如下。① 属于一级举报奖励的，按罚没款金额的4%~6%（含）给予奖励。按此计算不足2 000元的，给予2 000元奖励。② 属于二级举报奖励的，按罚没款金额的2%~4%（含）给予奖励。按此计算不足1 000元的，给予1 000元奖励。③ 属于三级举报奖励的，按罚没款金额的1%~2%（含）给予奖励。按此计算不足200元的，给予200元奖励。④ 无罚没款的案件，各级举报奖励金额分别不低于2 000元、1 000元、200元。

属于以下举报的，举报奖励标准在本条基础上分别上浮1%~2%：① 举报《上海市食品安全举报奖励办法》第八条第（二）、（四）、（五）、（六）、（七）、（八）、（九）项的；② 举报未取得食品（食品添加剂）生产许可制售有毒有害或假冒伪劣食品的；③ 其他涉及重大食品安全事件的举报。

对举报人举报所在企业食品安全重大违法犯罪行为的，可按上述标准增加一倍计算奖励金额。

6.7 信息报告

《食品安全法》第四十七条规定食品生产经营者应当建立自查制度，有发生食品安全事故潜在风险的情况下，食品生产经营企业应当立即停止生产活动，并将信息上报至所在地县级人民政府食品安全监督管理部门。

6.7.1 信息报告的内容

《食品安全法》第一百零三条第一款规定，发生食品安全事故的单位应当立即采取措施，防止事故扩大。事故单位和接收病人进行治疗的单位应当及时向事故发生地县级人民政府食品药品监督管理、卫生行政部门报告。第四款规定，任何单位和个人不得对食品安全事故隐瞒、谎报、缓报，不得隐匿、伪造、毁灭有关证据。

当有疑似食品安全事故发生时，食品生产经营者有义务向有关监管部门如实报告疑似食品安全事故信息，信息应当包括事故发生时间、地点和人数等基本情况。

6.7.2 信息报告的要求

在日常自查管理中，食品生产经营企业若发现存在潜在食品安全风险的，应当将发现的风险信息（包括召回和处理情况）报告相关部门。

食品生产经营者发现其生产经营的食品造成或者可能造成公众身体健康损害的，应当在2小时内向所在地区（县）市场监管局报告。发生疑似食物中毒事故或者事件的单位，应当在2小时内向所在地区（县）市场局报告。

任何单位和个人发现疑似食物中毒事故或者事件的，可及时向食品药品监管部门报告情况或提供相关线索。

第7章　食品安全法律责任

7.1 行 政 责 任

7.1.1　行政责任的定义

餐饮服务单位的行政责任是指餐饮服务单位违反行政管理方面的法律规定所应当承担的法律责任。行政责任主要有行政处罚和行政处分两种方式。本章所称的行政责任是指行政处罚。

行政处罚是指行政机关或其他行政主体依法定职权和程序对违反行政法规尚未构成犯罪的行政管理相对人给予行政制裁的具体行政行为，具体包括警告、罚款、行政拘留、没收违法所得、没收非法财物、责令停产停业、暂扣或者吊销许可证、暂扣或者吊销执照等。

7.1.2　行刑衔接

《食品安全法》第一百二十一条规定，县级以上人民政府食品安全监管部门发现涉嫌食品安全犯罪的，应当按照有关规定及时将案件移送公安机关。对移送的案件，公安机关应当及时审查；认为有犯罪事实需要追究刑事责任的，应当立案侦查。

公安机关在食品安全犯罪案件侦查过程中认为没有犯罪事实，或者犯罪事实显著轻微，不需要追究刑事责任，但依法应当追究行政责任的，应当及时将案件移送食品安全监管部门和监察机关，有关部门应当依法处理。

公安机关商请食品安全监管、环境保护等部门提供检验结论、认定意见以及对涉案物品进行无害化处理等协助的，有关部门应当及时提供，予以协助。

7.1.3　违反《食品安全法》《上海市食品安全条例》等法律法规、规章的行为将承担的行政责任

餐饮服务单位违反《食品安全法》《上海市食品安全条例》等相关法律法规、规章的规定，将承担以下行政责任。

1. 违反行政许可规定的行政责任

（1）未取得食品经营许可从事餐饮服务经营活动

根据《食品安全法》第一百二十二条第一款规定，违反本法规定，未取得食品生产经营许可从事食品生产经营活动，由县级以上人民政府食品安全监督管理部门没收违法所得和违法生产经营的食品以及用于违法生产经营的工具、设备、原料等物品；违法生产经营的食

品货值金额不足一万元的，并处五万元以上十万元以下罚款；货值金额一万元以上的，并处货值金额十倍以上二十倍以下罚款。

（2）未在经营场所的显著位置悬挂或者摆放食品经营许可证正本

根据《食品经营许可管理办法》第四十八条第二款规定，食品经营者未按规定在经营场所的显著位置悬挂或者摆放食品经营许可证的，由县级以上地方食品安全监督管理部门责令改正；拒不改正的，给予警告。

（3）为按规定变更许可事项

根据《食品经营许可管理办法》第四十九条第一款规定，食品经营许可证载明的许可事项发生变化，食品经营者未按规定申请变更经营许可的，由原发证的食品安全监督管理部门责令改正，给予警告；拒不改正的，处 2 000 元以上 1 万元以下罚款。

（4）伪造、涂改、倒卖、出租、出借、转让《食品经营许可证》

根据《食品经营许可管理办法》第四十八条第一款规定，食品经营者伪造、涂改、倒卖、出租、出借、转让食品经营许可证的，由县级以上地方食品安全监督管理部门责令改正，给予警告，并处 1 万元以下罚款；情节严重的，处 1 万元以上 3 万元以下罚款。

（5）隐瞒或者提供虚假许可材料

根据《食品经营许可管理办法》第四十六条的规定，许可申请人隐瞒真实情况或者提供虚假材料申请食品经营许可的，由县级以上地方食品安全监督管理部门给予警告。申请人在 1 年内不得再次申请食品经营许可。

（6）不正当手段取得食品经营许可

根据《食品经营许可管理办法》第四十七条的规定，被许可人以欺骗、贿赂等不正当手段取得食品经营许可的，由原发证的食品安全监督管理部门撤销许可，并处 1 万元以上 3 万元以下罚款。被许可人在 3 年内不得再次申请食品经营许可。

（7）小型餐饮服务提供者未依法取得食品经营许可，或未办理临时备案

根据《上海市食品安全条例》第九十九条第一款规定，小型餐饮服务提供者未依法取得食品经营许可或者未办理临时备案从事食品经营活动的，由市或区食品安全监督管理部门没收违法所得、违法经营的食品和用于违法经营的工具、设备、原料等物品；违法经营的食品货值金额不足一万元的，并处一万元以上五万元以下罚款；货值金额一万元以上的，并处货值金额五倍以上十倍以下罚款。

2. 违反食品从业人员管理规定的行政责任

（1）根据《食品安全法》第一百二十六条规定，有下列情形之一的，由县级以上人民政府食品安全监督管理部门责令改正，给予警告；拒不改正的，处五千元以上五万元以下罚款；情节严重的，责令停产停业，直至吊销许可证：① 食品生产经营企业未按规定建立食品安全管理制度，或者未按规定配备或者培训、考核食品安全管理人员；② 食品生产经营者安排未取得健康证明或者患有国务院卫生行政部门规定的有碍食品安全疾病的人员从事接触直接入口食品的工作。

（2）根据《食品安全法》第一百三十五条第三款规定，食品生产经营者聘用人员违反前两款规定的，由县级以上人民政府食品安全监督管理部门吊销许可证：① 被吊销许可证的食品生产经营者及其法定代表人、直接负责的主管人员和其他直接责任人员自处罚决定作

出之日起五年内不得申请食品生产经营许可，或者从事食品生产经营管理工作、担任食品生产经营企业食品安全管理人员；② 因食品安全犯罪被判处有期徒刑以上刑罚的，终身不得从事食品生产经营管理工作，也不得担任食品生产经营企业食品安全管理人员。

（3）根据《上海市食品安全条例》第九十九条第三款规定，小型餐饮服务提供者从事食品经营活动不符合食品安全法律、法规、规章和标准要求的，由市食品药品监督管理部门或者区市场监督管理部门责令改正，给予警告；拒不改正的，处五千元以上五万元以下罚款；情节严重的，责令停产停业，直至吊销许可证或者告知所在地乡、镇人民政府、街道办事处，由其注销临时备案。① 小型餐饮服务提供者未按照规定培训关键环节操作人员及其他相关从业人员；② 小型餐饮服务提供者未对关键环节操作人员及其他相关从业人员进行考核，或考核不合格，仍安排上岗；③ 小型餐饮服务者安排未取得健康证明或者患有国务院卫生行政管理部门制定的规定中的疾病的人员从事直接接触入口食品工作。

（4）根据《上海市食品安全条例》第九十七条第一款规定，安排未依法取得健康证明的送餐人员从事餐饮配送服务的，由市或区食品安全监督管理部门责令改正，给予警告；拒不改正的，处五千元以上五万元以下罚款。

（5）根据《中华人民共和国食品安全法实施条例》第七十条、第七十五条；《中华人民共和国食品安全法》第一百二十六条第一款规定，人员未保持个人卫生，生产经营食品时，未将手洗净，未穿戴清洁的工作衣帽，由县级以上人民政府食品安全监督管理部门责令改正，给予警告；拒不改正的，处五千元以上五万元以下罚款；情节严重的，责令停产停业，直至吊销许可证。对单位的法定代表人、主要负责人、直接负责的主管人员和其他直接责任人员处以其上一年度从本单位取得收入的1倍以上10倍以下罚款。

3. 违反食品安全过程控制规定的行政责任

（1）根据《食品安全法》第一百二十六条规定，有下列情形之一的，由县级以上人民政府食品安全监督管理部门责令改正，给予警告；拒不改正的，处五千元以上五万元以下罚款；情节严重的，责令停产停业，直至吊销许可证：

① 食品生产经营者进货时未查验许可证和相关证明文件，或者未按规定建立并遵守进货查验记录、出厂检验记录和销售记录制度；

② 餐饮服务设施、设备未按规定定期维护、清洗、校验；

③ 学校、托幼机构、养老机构、建筑工地等集中用餐单位未按规定履行食品安全管理责任；

④ 餐饮服务提供者未按规定制定、实施生产经营过程控制要求。

（2）根据《食品安全法实施条例》第六十九条第二项和第三项规定，餐饮服务提供者未查验、留存餐具饮具集中消毒服务单位的营业执照复印件和消毒合格证明；餐饮服务提供者未对变质、超过保质期或者回收的食品进行显著标示或者存放，或者未及时对前述食品采取无害化处理、销毁等措施并如实记录的，依照《食品安全法》第一百二十六条第一款和《食品安全法实施条例》第七十五条的规定给予处罚。

（3）根据《食品安全法实施条例》第七十条规定，除《食品安全法》第一百二十五条第一款、第一百二十六条规定的情形外，餐饮服务提供者有下列情形之一的，依照《食品安全法》第一百二十六条第一款和《食品安全法实施条例》第七十五条的规定给予处罚。

具体如下：

① 餐具、饮具和盛放直接入口食品的容器，使用前未洗净、消毒，炊具、用具用后未洗净，保持清洁的；

② 直接入口的食品未使用无毒、清洁的包装材料、餐具、饮具和容器的；

③ 用水未符合国家规定的生活饮用水卫生标准的；

④ 使用的洗涤剂、消毒剂对人体有害的；

⑤ 生产经营活动不符合有关食品生产经营过程要求的食品安全国家标准。

(4) 根据《食品安全法实施条例》第七十四条规定，食品生产经营者生产经营的食品符合食品安全标准但不符合食品所标注的企业标准规定的食品安全指标的，由县级以上人民政府食品安全监督管理部门给予警告，并责令食品经营者停止经营该食品，责令食品生产企业改正；拒不停止经营或者改正的，没收不符合企业标准规定的食品安全指标的食品，货值金额不足1万元的，并处1万元以上5万元以下罚款，货值金额1万元以上的，并处货值金额5倍以上10倍以下罚款。

(5) 根据《上海市食品安全条例》第九十四条第（七）项规定，餐饮服务提供者向消费者提供不符合有关食品安全标准和要求的餐具、饮具的，由市或区食品安全监督管理部门责令改正，给予警告；拒不改正的，处五千元以上五万元以下罚款；情节严重的，责令停产停业，直至吊销许可证或者准许生产证。

(6) 根据《上海市食品安全条例》第九十七条第二款规定，从事餐饮配送服务有下列情形之一的，由市或区食品安全监督管理部门责令改正，给予警告；拒不改正的，责令停产停业，处五千元以上五万元以下罚款；情节严重的，吊销许可证：

① 配送膳食的箱（包）未予专用，或者未定期进行清洁、消毒的；

② 不符合保证食品安全所需的温度等特殊要求的；

③ 未使用符合食品安全标准的餐具、饮具、容器和包装材料。

(7) 根据《上海市食品安全条例》第九十九条第三款规定，小型餐饮服务提供者从事食品经营活动不符合食品安全法律、法规、规章和标准要求的，由市或区食品安全监督管理部门责令改正，给予警告；拒不改正的，处五千元以上五万元以下罚款；情节严重的，责令停产停业，直至吊销许可证或者告知所在地乡、镇人民政府、街道办事处，由其注销临时备案：

① 小型餐饮服务提供者未严格执行食品生产经营场所卫生规范制度，从业人员未保持个人卫生、着装清洁；

② 小型餐饮服务提供者向消费者提供不符合有关食品安全标准和要求的餐具、饮具。

(8) 根据《上海市食品安全条例》第九十一条规定，食品生产经营者向下列生产经营者采购食品、食品添加剂用于生产经营的，由市或区食品安全监督管理部门没收违法采购和生产经营的食品、食品添加剂，并处五千元以上五万元以下罚款；情节严重的，责令停产停业，直至吊销许可证或者准许生产证：

① 未依法取得相关许可证件或者相关许可证件超过有效期限的生产经营者；

② 超出许可类别和经营项目从事生产经营活动的生产经营者。

(9) 根据《上海市食品安全条例》第九十三条第二款规定，违反本条例第二十九条第二款、第三十条规定，食品生产经营者有下列情形之一的，由市或区食品安全监督管理部门没收违法所得和违法生产经营的食品和食品添加剂，并可以没收用于违法生产经营的工具、设备、原料等物品；违法生产经营的食品、食品添加剂货值金额不足一万元的，并处五万元以上十万元以下罚款；货值金额一万元以上的，并处货值金额十倍以上二十倍以下罚款；情节严重的，责令停产停业，直至吊销许可证或者准许生产证：

① 将超过保质期的食品和食品添加剂退回相关食品生产经营企业的；

② 未采取染色、毁形等措施对超过保质期的食品和食品添加剂予以销毁，或者进行无害化处理的；

③ 除本条例第三十条第三款规定情形外，将回收食品经过改换包装等方式以其他形式进行销售或者赠送的。

(10) 根据《上海市食品安全条例》第九十三条第三款规定，小型餐饮服务提供者违反本条例第二十九条第二款、第三十条有关超过保质期食品和食品添加剂管理、回收食品管理规定的，由市或区食品安全监督管理部门没收违法所得和违法生产经营的食品、食品添加剂，并可以没收用于违法生产经营的工具、设备、原料等物品；违法生产经营的食品、食品添加剂货值金额不足一万元的，并处五千元以上五万元以下罚款；货值金额一万元以上的，并处货值金额五倍以上十倍以下罚款；情节严重的，吊销许可证或者告知乡、镇人民政府、街道办事处注销临时备案。

(11) 根据《上海市食品安全条例》第九十三条第一款规定，食品生产经营者未建立并执行临近保质期食品和食品添加剂管理制度的，由市或区食品安全监督管理部门责令改正，给予警告；拒不改正的，处五千元以上五万元以下罚款；情节严重的，责令停产停业，直至吊销许可证或者准许生产证。

(12) 根据《上海市集体用餐配送监督管理办法》第二十九条规定，集体用餐配送单位未按照规定建立加工数量、供应单位情况等信息的台账制度的，由市或区食品安全监督管理部门责令改正；拒不改正的，处以3 000元以上3万元以下的罚款。

(13) 根据《学校食品安全与营养健康管理规定》第五十四条第一款规定，学校食堂（或者供餐单位）未按规定建立食品安全管理制度，或者未按规定制定、实施餐饮服务经营过程控制要求的，由县级以上人民政府食品安全监督管理部门责令改正，给予警告；拒不改正的，处五千元以上五万元以下罚款；情节严重的，责令停产停业，直至吊销许可证。

(14) 根据《学校食品安全与营养健康管理规定》第五十四条第二款规定，学校食堂（或者供餐单位）未查验或者留存食用农产品生产者、集中交易市场开办者或者经营者的社会信用代码或者身份证复印件或者购货凭证、合格证明文件的，由县级以上人民政府食品安全监督管理部门责令改正；拒不改正的，给予警告，并处5 000元以上3万元以下罚款。

(15) 根据《学校食品安全与营养健康管理规定》第五十六条规定，学校食堂（或者供餐单位）未按要求留样的，由县级以上人民政府食品安全监督管理部门责令改正，给予警告；拒不改正的，处5 000元以上3万元以下罚款。

4. 违反食品信息追溯规定的行政责任

(1) 根据《上海市食品安全信息追溯管理办法》第二十四条第一款规定，追溯食品和食用农产品的生产经营者有下列行为之一的，由食品安全监管部门按照各自职责，责令改正；拒不改正的，处以2 000元以上5 000元以下罚款：

① 未按照规定上传其名称、法定代表人或者负责人姓名、地址、联系方式、生产经营许可等资质证明材料，或者在信息发生变动后未及时更新电子档案相关内容的（追溯食品和食用农产品的生产经营者信息发生变动的，追溯食品和食用农产品的生产经营者应自变动之日起2日内，更新电子档案的相关内容）；

② 未按照规定及时向食品安全信息追溯平台上传相关信息的（追溯食品和食用农产品的生产经营者应在追溯食品和食用农产品生产、交付后的24小时内，按照规定，将相关信息上传至食品安全信息追溯平台）。

（2）根据《上海市食品安全信息追溯管理办法》第二十四条第二款规定，追溯食品和食用农产品的生产经营者故意上传虚假信息的，由食品安全监管部门按照各自职责，处以5 000元以上2万元以下罚款。

（3）根据《上海市食品安全信息追溯管理办法》第二十四条第三款规定，追溯食品和食用农产品的生产经营者拒绝向消费者提供追溯食品和食用农产品来源信息的，由食品安全监管部门按照各自职责，责令改正，给予警告。

5. 违反标签说明书规定的行政责任

根据《食品安全法》第一百二十五条规定，有下列情形之一的，由县级以上人民政府食品安全监督管理部门没收违法所得和违法生产经营的食品、食品添加剂，并可以没收用于违法生产经营的工具、设备、原料等物品；违法生产经营的食品、食品添加剂货值金额不足一万元的，并处五千元以上五万元以下罚款；货值金额一万元以上的，并处货值金额五倍以上十倍以下罚款；情节严重的，责令停产停业，直至吊销许可证：

① 生产经营无标签的预包装食品、食品添加剂或者标签、说明书不符合本法规定的食品、食品添加剂。

② 经营进口的预包装食品无中文标签或无中文说明书。标签、说明书不符合本法以及我国其他有关法律、行政法规的规定和食品安全国家标准的要求。未载明食品原产地以及境内代理商的名称、地址、联系方式。

6. 经营禁止生产经营食品的行政责任

（1）根据《食品安全法》第一百二十三条规定，违反本法规定，有下列情形之一，尚不构成犯罪的，由县级以上人民政府食品安全监督管理部门没收违法所得和违法生产经营的食品，并可以没收用于违法生产经营的工具、设备、原料等物品；违法生产经营的食品货值金额不足一万元的，并处十万元以上十五万元以下罚款；货值金额一万元以上的，并处货值金额十五倍以上三十倍以下罚款；情节严重的，吊销许可证，并可以由公安机关对其直接负责的主管人员和其他直接责任人员处五日以上十五日以下拘留：

① 用非食品原料生产食品、在食品中添加食品添加剂以外的化学物质和其他可能危害人体健康的物质，或者用回收食品作为原料生产食品，或者经营上述食品；

② 经营病死、毒死或者死因不明的禽、畜、兽、水产动物肉类，或者生产经营其制品；

③ 经营未按规定进行检疫或者检疫不合格的肉类，或者生产经营未经检验或者检验不合格的肉类制品；

④ 生产经营国家为防病等特殊需要明令禁止生产经营的食品；

⑤ 生产经营添加药品的食品。

(2) 根据《食品安全法》第一百二十四条规定，违反本法规定，有下列情形之一，尚不构成犯罪的，由县级以上人民政府食品安全监督管理部门没收违法所得和违法生产经营的食品、食品添加剂，并可以没收用于违法生产经营的工具、设备、原料等物品；违法生产经营的食品、食品添加剂货值金额不足一万元的，并处五万元以上十万元以下罚款；货值金额一万元以上的，并处货值金额十倍以上二十倍以下罚款；情节严重的，吊销许可证：

① 生产经营致病性微生物，农药残留、兽药残留、生物毒素、重金属等污染物质以及其他危害人体健康的物质含量超过食品安全标准限量的食品、食品添加剂；

② 用超过保质期的食品原料、食品添加剂生产食品、食品添加剂，或者经营上述食品、食品添加剂；

③ 生产经营超范围、超限量使用食品添加剂的食品；

④ 生产经营腐败变质、油脂酸败、霉变生虫、污秽不洁、混有异物、掺假掺杂或者感官性状异常的食品、食品添加剂；

⑤ 生产经营标注虚假生产日期、保质期或者超过保质期的食品、食品添加剂。

(3) 根据《食品安全法》第一百二十五条规定，违反本法规定，有下列情形之一的，由县级以上人民政府食品安全监督管理部门没收违法所得和违法生产经营的食品、食品添加剂，并可以没收用于违法生产经营的工具、设备、原料等物品；违法生产经营的食品、食品添加剂货值金额不足一万元的，并处五千元以上五万元以下罚款；货值金额一万元以上的，并处货值金额五倍以上十倍以下罚款；情节严重的，责令停产停业，直至吊销许可证：

① 生产经营被包装材料、容器、运输工具等污染的食品、食品添加剂；

② 生产经营无标签的预包装食品、食品添加剂或者标签、说明书不符合本法规定的食品、食品添加剂；

③ 食品生产经营者采购或者使用不符合食品安全标准的食品原料、食品添加剂、食品相关产品。

(4) 根据《上海市食品安全条例》第九十二条第一款规定，违反本条例第二十四条第一款规定，生产经营下列食品、食品添加剂的，由市或区食品安全监督管理部门没收违法所得和违法生产经营的食品、食品添加剂，并可以没收用于违法生产经营的工具、设备、原料等物品；违法生产经营的食品、食品添加剂货值金额不足一万元的，并处十万元以上十五万元以下罚款；货值金额一万元以上的，并处货值金额十五倍以上三十倍以下罚款；情节严重的，吊销许可证或者准许生产证。

① 以有毒有害动植物为原料的食品。

② 以废弃食用油脂加工制作的食品。

③ 市人民政府为防病和控制重大食品安全风险等特殊需要明令禁止生产经营的食品、食品添加剂（包括禁止生产经营市人民政府为防病和控制重大食品安全风险等特殊需要明令禁止生产经营的食品、食品添加剂；禁止生产经营毛蚶、泥蚶、魁蚶等蚶类，炝虾和死的黄鳝、甲鱼、乌龟、河蟹、蟛蜞、螯虾和贝壳类水产品；每年5月1日至10月31日期间，禁止生产经营醉虾、醉蟹、醉蟛蜞、咸蟹；禁止在食品销售和餐饮服务环节制售一矾海蜇、二矾海蜇、经营自行添加亚硝酸盐的食品以及自行加工的醉虾、醉蟹、醉蟛蜞、咸蟹和醉泥螺）。

（5）根据《上海市食品安全条例》第九十二条第二款规定，小型餐饮服务提供者违反本条例第二十四条第一款规定，生产经营禁止生产经营的食品的，由市或区食品安全监督管理部门没收违法所得和违法生产经营的食品，并可以没收用于违法生产经营的工具、设备、原料等物品；违法生产经营的食品货值金额不足一万元的，并处一万元以上五万元以下罚款；货值金额一万元以上的，并处货值金额五倍以上十倍以下罚款；情节严重的，吊销许可证或者告知乡、镇人民政府、街道办事处注销临时备案。

① 小型餐饮服务提供者生产经营以有毒有害动植物为原料的食品。

② 小型餐饮服务提供者生产经营以废弃食用油脂加工制作的食品。

③ 小型餐饮服务提供者生产经营市人民政府为防病和控制重大食品安全风险等特殊需要明令禁止生产经营的食品、食品添加剂。

（6）根据《上海市食品安全条例》第九十二条第四款规定，使用禁止生产经营的食品、食品添加剂、食品相关产品作为原料，用于食品、食品添加剂、食品相关产品生产经营的，由市或区食品安全监督管理部门按照各自职责，没收违法所得和违法生产经营的食品、食品添加剂、食品相关产品，并可以没收用于违法生产经营的工具、设备、原料等物品；违法生产经营的食品、食品添加剂、食品相关产品货值金额不足一万元的，并处五千元以上五万元以下罚款；货值金额一万元以上的，并处货值金额五倍以上十倍以下罚款；情节严重的，责令停产停业，直至吊销许可证或者准许生产证。

（7）根据《上海市集体用餐配送监督管理办法》第二十九条规定，集体用餐配送单位向集体用餐单位配送生拌菜、改刀熟食、生食水产品的，由市或区食品安全监督管理部门责令改正；拒不改正的，处以 3 000 元以上 3 万元以下的罚款。

（8）根据《学校食品安全与营养健康管理规定》第五十五条第一款规定，学校食堂（或者供餐单位）采购、贮存亚硝酸盐（包括亚硝酸钠、亚硝酸钾）的，由县级以上人民政府食品安全监督管理部门责令改正，给予警告，并处 5 000 元以上 3 万元以下罚款。

（9）根据《学校食品安全与营养健康管理规定》第五十五条第二款规定，中小学、幼儿园食堂（或者供餐单位）制售冷荤类食品、生食类食品、裱花蛋糕，或者加工制作四季豆、鲜黄花菜、野生蘑菇、发芽土豆等高风险食品的，由县级以上人民政府食品安全监督管理部门责令改正；拒不改正的，给予警告，并处 5 000 元以上 3 万元以下罚款。

7. 违反贮存、运输、装卸和检验规定的行政责任

（1）根据《食品安全法》第一百三十二条规定，未按要求进行食品贮存、运输和装卸的，由县级以上人民政府食品安全监督管理等部门按照各自职责分工责令改正，给予警告；拒不改正的，责令停产停业，并处一万元以上五万元以下罚款；情节严重的，吊销许可证。

① 贮存、运输和装卸食品的容器、工具和设备应当安全、无害，保持清洁，防止食品污染，并符合保证食品安全所需的温度、湿度等特殊要求；不得将食品与有毒、有害食品物品一同贮存、运输。

② 按照保证食品安全的要求贮存食品，定期检查库存食品，及时清理变质或者超过保质期的食品。

（2）根据《上海市食品安全条例》第九十四条第（六）项规定，大型超市卖场、中央厨房、集体用餐配送单位未按照规定做好抽样检验及相关记录的，由市或区食品安全监督管

理部门责令改正，给予警告；拒不改正的，处五千元以上五万元以下罚款；情节严重的，责令停产停业，直至吊销许可证或者准许生产证。

(3) 根据《上海市食品安全条例》第九十条第二款第（二）项规定，贮存、运输、陈列有特殊温度、湿度控制要求的食品和食用农产品的，未进行全程温度、湿度监控的，由市或区食品安全监督管理部门责令改正，给予警告；拒不改正的，责令停产停业，处五千元以上五万元以下罚款；情节严重的，吊销许可证或者准许生产证。

8. 违反自查和报告规定的行政责任

根据《食品安全法》第一百二十六条规定，有下列情形之一的，由县级以上人民政府食品安全监督管理部门责令改正，给予警告；拒不改正的，处五千元以上五万元以下罚款；情节严重的，责令停产停业，直至吊销许可证：

① 未建立食品安全自查制度，未定期对食品安全状况进行检查评价的；

② 经营条件发生变化，不再符合食品安全要求的，食品经营者未立即采取整改措施；

③ 有发生食品安全事故潜在风险的，未立即停止食品经营活动，并未向所在地县级人民政府食品安全监督管理部门报告。

9. 违反食品安全事故处置规定的行政责任

(1) 根据《食品安全法》第一百二十八条规定，事故单位在发生食品安全事故后未进行处置、报告的，由有关主管部门按照各自职责分工责令改正，给予警告；隐匿、伪造、毁灭有关证据的，责令停产停业，没收违法所得，并处十万元以上五十万元以下罚款；造成严重后果的，吊销许可证。

(2) 根据《食品安全法》第一百三十三条第一款规定，拒绝、阻挠、干涉有关部门、机构及其工作人员依法开展食品安全事故调查处理的，由有关主管部门按照各自职责分工责令停产停业，并处二千元以上五万元以下罚款；情节严重的，吊销许可证；构成违反治安管理行为的，由公安机关依法给予治安管理处罚。

(3) 根据《上海市食品安全条例》第一百零六条第一款规定，食品生产经营者造成食物中毒等食品安全事故的，由市或区食品安全监督管理部门没收违法所得、违法生产经营的食品以及用于违法生产经营的工具、设备、原料等物品；违法生产经营的食品货值金额不足一万元的，并处五万元以上十万元以下罚款；货值金额一万元以上的，并处货值金额十倍以上二十倍以下罚款；情节严重的，吊销许可证或者准许生产证。

(4) 根据《上海市食品安全条例》第一百零六条第二款规定，小型餐饮服务提供者、食品摊贩造成食物中毒等食品安全事故的，由市或区食品安全监督管理部门没收违法所得和违法生产经营的食品，并可以没收用于违法生产经营的工具、设备、原料等物品；违法生产经营的食品货值金额不足一万元的，并处一万元以上五万元以下罚款；货值金额一万元以上的，并处货值金额五倍以上十倍以下罚款；情节严重的，吊销许可证或者告知乡、镇人民政府、街道办事处注销临时备案、登记。

10. 违反反食品浪费规定的行政责任

(1) 根据《中华人民共和国反食品浪费法》第二十八条第一款规定，违反本法规定，餐饮服务经营者未主动对消费者进行防止食品浪费提示提醒的，由县级以上地方人民政府市场监督管理部门或者县级以上地方人民政府指定的部门责令改正，给予警告。

（2）根据《中华人民共和国反食品浪费法》第二十八条第二款规定，违反本法规定，餐饮服务经营者诱导、误导消费者超量点餐造成明显浪费的，由县级以上地方人民政府市场监督管理部门或者县级以上地方人民政府指定的部门责令改正，给予警告；拒不改正的，处一千元以上一万元以下罚款。

（3）根据《中华人民共和国反食品浪费法》第二十八条第三款规定，违反本法规定，食品生产经营者在食品生产经营过程中造成严重食品浪费的，由县级以上地方人民政府市场监督管理部门或者县级以上地方人民政府指定的部门责令改正，拒不改正的，处五千元以上五万元以下罚款。

（4）根据《中华人民共和国反食品浪费法》第二十九条规定，违反本法规定，设有食堂的单位未制定或者未实施防止食品浪费措施的，由县级以上地方人民政府指定的部门责令改正，给予警告。

11. 餐饮服务提供者阻碍执法的行政责任

（1）根据《食品安全法》第一百三十三条第一款规定，拒绝、阻挠、干涉有关部门、机构及其工作人员依法开展食品安全监督检查、风险监测和风险评估的，由有关主管部门按照各自职责分工责令停产停业，并处二千元以上五万元以下罚款；情节严重的，吊销许可证；构成违反治安管理行为的，由公安机关依法给予治安管理处罚。

（2）根据《食品生产经营监督检查管理办法》第二十九条规定，食品生产经营者撕毁、涂改日常监督检查结果记录表，或者未保持日常监督检查结果记录表至下次日常监督检查的，由市、县级食品安全监督管理部门责令改正，给予警告，并处2 000元以上3万元以下罚款。

（3）根据《中华人民共和国食品安全法实施条例》第八十二条规定，阻碍食品安全监督管理等部门工作人员依法执行职务，构成违反治安管理行为的，由公安机关依法给予治安管理处罚。

12. 个人应承担的行政责任

根据《食品安全法实施条例》第七十五条规定，有下列情形之一的，对餐饮服务提供者的法定代表人、主要负责人、直接负责的主管人员和其他直接责任人员处以其上一年度从本单位取得收入的1倍以上10倍以下罚款：① 故意实施违法行为；② 违法行为性质恶劣；③ 违法行为造成严重后果。

13. 累计行政处罚

根据《食品安全法》第一百三十四条规定，食品生产经营者在一年内累计三次因违反本法规定受到责令停产停业、吊销许可证以外处罚的，由食品安全监督管理部门责令停产停业，直至吊销许可证。

14. 行政处罚后从业禁止

（1）根据《食品安全法》第一百三十五条规定，被吊销许可证的食品生产经营者及其法定代表人、直接负责的主管人员和其他直接责任人员自处罚决定作出之日起五年内不得申请食品生产经营许可，或者从事食品生产经营管理工作、担任食品生产经营企业食品安全管理人员。因食品安全犯罪被判处有期徒刑以上刑罚的，终身不得从事食品生产经营管理工作，也不得担任食品生产经营企业食品安全管理人员。食品生产经营者聘用人员违反前款规定的，由县级以上人民政府食品安全监督管理部门吊销许可证。

(2) 根据《上海市食品安全条例》第一百零九条第二款规定，对被吊销许可证、准许生产证或者注销临时备案、登记的食品生产经营者及其法定代表人、直接负责的主管人员和其他直接责任人员，自处罚决定作出之日起五年内不得申请食品生产经营许可、食品生产加工小作坊准许生产证、小型餐饮服务提供者临时备案、食品摊贩登记，或者从事食品生产经营管理工作、担任食品生产经营企业食品安全管理人员。因食品安全犯罪被判处有期徒刑以上刑罚的，终身不得从事食品生产经营管理工作，也不得担任食品生产经营企业食品安全管理人员。

7.2 民事责任

7.2.1 民事责任的定义

民事责任，即民事法律责任是指民事主体对于自己因违反合同，不履行其他民事义务，或者侵害国家的、集体的财产，侵害他人的人身财产、人身权利所引起的法律后果，依法应当承担的民事法律责任。除具有法律的强制性和约束力等一般法律责任的共同特征外，还有其独有的特征：① 因违反民事法律规范所承担的法律责任，违反民事法律规范，是承担民事法律责任的前提条件；② 以财产为主要内容的法律责任。

食品生产经营单位违反《食品安全法》《上海市食品安全条例》等法律法规，对他人造成侵权损害所应当承担民事法律责任包括，赔偿损失、支付违约金、支付精神损害赔偿金、停止侵害、排除妨碍、消除危险、返还财产、恢复原状以及恢复名誉、消除影响、赔礼道歉等。根据《食品安全法》第一百四十七条规定，违反本法规定，造成人身、财产或者其他损害的，依法承担赔偿责任。生产者财产不足以同时承担民事赔偿责任和缴纳罚款、罚金时，先承担民事赔偿责任。

7.2.2 违反《食品安全法》《上海市食品安全条例》的行为将承担的民事责任

1. 违反《食品安全法》的行为将承担的民事责任

(1) 根据《食品安全法》第一百四十八条规定，消费者因不符合食品安全标准的食品受到损害的，可以向经营者要求赔偿损失，也可以向生产者要求赔偿损失。接到消费者赔偿要求的生产经营者，应当实行首负责任制，先行赔付，不得推诿；属于生产者责任的，经营者赔偿后有权向生产者追偿；属于经营者责任的，生产者赔偿后有权向经营者追偿。

(2) 根据《食品安全法》第一百二十二条第二款规定，明知未取得食品生产经营许可从事食品生产经营活动的违法行为，仍为其提供生产经营场所或者其他条件的，使消费者的合法权益受到损害的，应当与食品、食品添加剂生产经营者承担连带责任。

（3）根据《食品安全法》第一百二十三条第二款规定，明知其从事生产经营禁止生产经营食品的违法行为，仍为其提供生产经营场所或者其他条件的，使消费者的合法权益受到损害的，应当与食品生产经营者承担连带责任。

2. 违反《上海市食品安全条例》的行为将承担的民事责任

根据《上海市食品安全条例》第一百一十二条的规定，食品生产经营者履行了《食品安全法》等法律、法规规定的进货查验等义务，并能证明其不知道所采购的食品不符合食品安全标准，且能如实说明其进货来源的，可以免予行政处罚，但造成人身、财产或者其他损害的，依法承担赔偿责任。

7.2.3 惩罚性赔偿责任

根据《食品安全法》第一百四十八条规定，生产经营明知是不符合食品安全标准的食品，消费者除要求赔偿损失外，还可以向生产者或者经营者要求支付价款十倍或者损失三倍的赔偿金；增加赔偿的金额不足 1 000 元的，为 1 000 元。但是，食品的标签、说明书存在不影响食品安全且不会对消费者造成误导的瑕疵的除外。

“瑕疵”必须同时符合“食品的标签、说明书存在不影响食品安全”和“不会对消费者造成误导”两个前提条件。

7.3 刑事责任

7.3.1 刑事责任的定义

刑事责任是指犯罪行为应当承担的法律责任，分为主刑和附加刑两种刑事责任。主刑是对犯罪分子适用的主要刑罚，它只能独立使用，不能相互附加适用。附加刑分为剥夺政治权利、罚金、没收财产。对犯罪的外国人，也可以独立或附加适用驱逐出境。

食品生产经营者违反《食品安全法》，构成犯罪的，依法追究刑事责任。根据《中华人民共和国刑法》的规定，具体包括管制、拘役、有期徒刑、无期徒刑和死刑这 5 种主刑。《食品安全法》第一百四十九条规定：“违反本法规定，构成犯罪的，依法追究刑事责任。”

7.3.2 涉嫌犯罪案件的移送

（1）《上海市食品安全条例》第八十八条规定，对涉嫌构成食品安全犯罪的，食品安全监督管理等部门应当按照有关规定及时将案件移送同级公安机关。对移送的案件，公安机关应当及时审查；认为有犯罪事实需要追究刑事责任的，应当立案侦查。

食品安全监督管理等部门和相关食品检验机构应当按照规定，配合公安机关、人民检察院、人民法院做好涉案食品的处置、检验、评估认定工作。

（2）根据《食品安全法实施条例》第七十七条规定，县级以上地方人民政府食品安全监督管理等部门对有食品安全法第一百二十三条规定的违法情形且情节严重，可能需要行政拘留的，应当及时将案件及有关材料移送同级公安机关。公安机关认为需要补充材料的，食品安全监督管理等部门应当及时提供。公安机关经审查认为不符合行政拘留条件的，应当及时将案件及有关材料退回移送的食品安全监督管理等部门。

(3) 根据《食品安全法实施条例》第七十八条规定，公安机关对发现的食品安全违法行为，经审查没有犯罪事实或者立案侦查后认为不需要追究刑事责任，但依法应当予以行政拘留的，应当及时作出行政拘留的处罚决定；不需要予以行政拘留但依法应当追究其他行政责任的，应当及时将案件及有关材料移送同级食品安全监督管理等部门。

7.3.3 违反食品安全法律法规的行为将承担的刑事责任

1. 生产销售伪劣产品罪

根据《中华人民共和国刑法修正案（十一）》（中华人民共和国第13届全国人大常委会第24次会议于2020年12月26日通过，以下简称《刑法修正案（十一）》第一百四十条的规定，生产者、销售者在产品中掺杂、掺假，以假充真，以次充好或者以不合格产品冒充合格产品，销售金额五万元以上不满二十万元的，处二年以下有期徒刑或者拘役，并处或者单处销售金额百分之五十以上二倍以下罚金；销售金额二十万元以上不满五十万元的，处二年以上七年以下有期徒刑，并处销售金额百分之五十以上二倍以下罚金；销售金额五十万元以上不满二百万元的，处七年以上有期徒刑，并处销售金额百分之五十以上二倍以下罚金；销售金额二百万元以上的，处十五年有期徒刑或者无期徒刑，并处销售金额百分之五十以上二倍以下罚金或者没收财产。

(1) 根据《最高人民法院最高人民检察院关于办理危害食品安全刑事案件适用法律若干问题的解释》（法释〔2021〕24号，以下简称《解释》）第十五条第一款的规定，生产、销售不符合食品安全标准的食品添加剂，用于食品的包装材料、容器、洗涤剂、消毒剂，或者用于食品生产经营的工具、设备等，符合刑法第一百四十条规定的，以生产、销售伪劣产品罪定罪处罚。

(2) 根据《解释》第十五条第二款的规定，生产、销售用超过保质期的食品原料、超过保质期的食品、回收食品作为原料的食品，或者以更改生产日期、保质期、改换包装等方式销售超过保质期的食品、回收食品，符合刑法第一百四十条规定的，以生产、销售伪劣产品罪定罪处罚。

(3) 根据《解释》第十七条第二款规定，在畜禽屠宰相关环节，对畜禽注水或者注入其他物质，虽不足以造成严重食物中毒事故或者其他严重食源性疾病，但符合刑法第一百四十条规定的，以生产、销售伪劣产品罪定罪处罚。

2. 生产销售不符合安全标准的食品罪

根据《刑法修正案（十一）》第一百四十三条规定，生产、销售不符合食品安全标准的食品，足以造成严重食物中毒事故或者其他严重食源性疾病的，处三年以下有期徒刑或者拘役，并处罚金；对人体健康造成严重危害或者有其他严重情节的，处三年以上七年以下有期徒刑，并处罚金；后果特别严重的，处七年以上有期徒刑或者无期徒刑，并处罚金或者没收财产。

(1) 根据《解释》第一条的规定，生产、销售不符合食品安全标准的食品，具有下列情形之一的，应当认定为刑法第一百四十三条规定的“足以造成严重食物中毒事故或者其他严重食源性疾病”：① 含有严重超出标准限量的致病性微生物、农药残留、兽药残留、生物毒素、重金属等污染物质以及其他严重危害人体健康的物质的；② 属于病死、死因不明或者检验检疫不合格的畜、禽、兽、水产动物肉类及其制品的；③ 属于国家为防控疾病等特殊需要明令禁止生产、销售的；④ 特殊医学用途配方食品、专供婴幼儿的主辅食品营养成分严重不符合食品安全标准的；⑤ 其他足以造成严重食物中毒事故或者严重食源性疾病情形的。

（2）根据《解释》第二条的规定，生产、销售不符合食品安全标准的食品，具有下列情形之一的，应当认定为刑法第一百四十三条规定的“对人体健康造成严重危害”：① 造成轻伤以上伤害的；② 造成轻度残疾或者中度残疾的；③ 造成器官组织损伤导致一般功能障碍或者严重功能障碍的；④ 造成十人以上严重食物中毒或者其他严重食源性疾病的；⑤ 其他对人体健康造成严重危害情形的。

（3）根据《解释》第三条的规定，生产、销售不符合食品安全标准的食品，具有下列情形之一的，应当认定为刑法第一百四十三条规定的“其他严重情节”：① 生产、销售金额二十万元以上的；② 生产、销售金额十万元以上不满二十万元，不符合食品安全标准的食品数量较大或者生产、销售持续时间六个月以上的；③ 生产、销售金额十万元以上不满二十万元，属于特殊医学用途配方食品、专供婴幼儿的主辅食品的；④ 生产、销售金额十万元以上不满二十万元，且在中小学校园、托幼机构、养老机构及周边面向未成年人、老年人销售的；⑤ 生产、销售金额十万元以上不满二十万元，曾因危害食品安全犯罪受过刑事处罚或者二年内因危害食品安全违法行为受过行政处罚；⑥ 其他情节严重的情形。

（4）根据《解释》第四条的规定，生产、销售不符合食品安全标准的食品，具有下列情形之一的，应当认定为刑法第一百四十三条规定的 后果特别严重”：① 致人死亡的；② 重度残疾的；③ 造成三人以上重伤、中度残疾或者器官组织损伤导致严重功能障碍的；④ 造成十人以上轻伤、五人以上轻度残疾或者器官组织损伤导致一般功能障碍的；⑤ 造成三十人以上严重食物中毒或者其他严重食源性疾病的；⑥ 其他特别严重的后果。

（5）根据《解释》第五条第一款的规定，在食品加工、销售、运输、贮存等过程中，违反食品安全标准，超限量或者超范围滥用食品添加剂，足以造成严重食物中毒事故或者其他严重食源性疾病的，依照刑法第一百四十三条的规定以生产、销售不符合安全标准的食品罪定罪处罚。

（6）根据《解释》第五条第二款的规定，在食用农产品种植、养殖、销售、运输、贮存等过程中，违反食品安全标准，超限量或者超范围滥用添加剂、农药、兽药等，足以造成严重食物中毒事故或者其他严重食源性疾病的，依照刑法第一百四十三条的规定以生产、销售不符合安全标准的食品罪定罪处罚。

（7）根据《解释》第十七条第二款规定，在畜禽屠宰相关环节，对畜禽注水或者注入其他物质，足以造成严重食物中毒事故或者其他严重食源性疾病的，依照刑法第一百四十三条的规定以生产、销售不符合安全标准的食品罪定罪处罚。

3. 生产销售有毒、有害食品罪

根据《刑法修正案（十一）》第一百四十四条的规定，在生产、销售的食品中掺入有毒、有害的非食品原料的，或者销售明知掺有有毒、有害的非食品原料的食品的，处五年以下有期徒刑，并处罚金；对人体健康造成严重危害或者有其他严重情节的，处五年以上十年以下有期徒刑，并处罚金；致人死亡或者有其他特别严重情节的，依照本法第一百四十一条的规定处罚。

（1）根据《解释》第六条的规定，生产、销售有毒、有害食品，具有《解释》第二条规定情形之一的，应当认定为刑法第一百四十四条规定的“对人体健康造成严重危害”。

（2）根据《解释》第七条的规定，生产、销售有毒、有害食品，具有下列情形之一的，应当认定为刑法第一百四十四条规定的“其他严重情节”：① 生产、销售金额二十万元以上不满五十万元的；② 生产、销售金额十万元以上不满二十万元，有毒、有害食品数量较大或者生产、销售持续时间六个月以上的；③ 生产、销售金额十万元以上不满二十万元，属于特殊医学用途配方食品、专供婴幼儿的主辅食品的；④ 生产、销售金额十万元以上不满二十万元，且在中小学校园、托幼机构、养老机构及周边面向未成年人、老年人销售的；⑤ 生产、销售金额十万元以上不满二十万元，曾因危害食品安全犯罪受过刑事处罚或者二年内因危害食品安全违法行为受过行政处罚的；⑥ 有毒、有害的非食品原料毒害性强或者含量高的；⑦ 其他情节严重的情形。

（3）根据《解释》第八条的规定，生产、销售有毒、有害食品，生产、销售金额五十万元以上，或者具有《解释》第四条第二项至第六项规定的情形之一的，应当认定为刑法第一百四十四条规定的“其他特别严重情节”。

（4）根据《解释》第十一条第一款的规定，在食品加工、销售、运输、贮存等过程中，掺入有毒、有害的非食品原料，或使用有毒、有害的非食品原料加工食品的，依照刑法第一百四十四条的规定以生产、销售有毒、有害食品罪定罪处罚。

（5）根据《解释》第十一条第二款的规定，在食用农产品种植、养殖、销售、运输、贮存等过程中，使用禁用农药、兽药等禁用物质或者其他有毒、有害物质的，依照刑法第一百四十四条的规定以生产、销售有毒、有害食品罪定罪处罚。

（6）根据《解释》第十一条第三款的规定，在保健食品或者其他食品中非法添加国家禁用药物等有毒、有害的非食品原料的，依照刑法第一百四十四条的规定以生产、销售有毒、有害食品罪定罪处罚。

（7）根据《解释》第十二条规定，在食品生产、销售、运输、贮存等过程中，使用不符合食品安全标准的食品包装材料、容器、洗涤剂、消毒剂，或者用于食品生产经营的工具、设备等，造成食品被污染，符合刑法第一百四十三条、第一百四十四条规定的，以生产、销售不符合安全标准的食品罪或者生产、销售有毒、有害食品罪定罪处罚。

（8）根据《解释》第十七条第二款规定，在畜禽屠宰相关环节，对畜禽使用食品动物中禁止使用的药品及其他化合物等有毒、有害的非食品原料，依照刑法第一百四十四条的规定以生产、销售有毒、有害食品罪定罪处罚。

（9）“有毒、有害的非食品原料”的界定

根据《解释》第九条的规定，下列物质应当认定为刑法第一百四十四条规定的“有毒、有害的非食品原料”：① 因危害人体健康，被法律、法规禁止在食品生产经营活动中添加、使用的物质；② 因危害人体健康，被国务院有关部门公布的《食品中可能违法添加的非食用物质名单》《保健食品中可能非法添加的物质名单》和国务院有关部门公告的禁用农药、《食品动物中禁止使用的药品及其他化合物清单》等名单上的物质；③ 其他有毒、有害的物质。

（10）“明知”的界定

根据《解释》第十条规定，刑法第一百四十四条规定的“明知”，应当综合行为人的认知能力、食品质量、进货或者销售的渠道及价格等主、客观因素进行认定。具有下列情形之一的，可以认定为刑法第一百四十四条规定的“明知”，但存在相反证据并经查证属实的除外：① 长期从事相关食品、食用农产品生产、种植、养殖、销售、运输、贮存行业，不依法履行保障食品安全义务的；② 没有合法有效的购货凭证，且不能提供或者拒不提供销售的相关食品来源的；③ 以明显低于市场价格进货或者销售且无合理原因的；④ 在有关部门发出禁令或者食品安全预警的情况下继续销售的；⑤ 因实施危害食品安全行为受过行政处罚或者刑事处罚，又实施同种行为的；⑥ 其他足以认定行为人明知的情形。

（11）专家认定

根据《解释》第二十四条的规定，“足以造成严重食物中毒事故或者其他严重食源性疾病”“有毒、有害非食品原料”等专门性问题难以确定的，司法机关可以依据鉴定意见、检验报告、地市级以上相关行政主管部门组织出具的书面意见，结合其他证据作出认定。必要时，专门性问题由省级以上相关行政主管部门组织出具书面意见。

4. 非法经营罪

根据《刑法修正案（十一）》第二百二十五条的规定，违反国家规定，有下列非法经营行为之一，扰乱市场秩序，情节严重的，处五年以下有期徒刑或者拘役，并处或者单处违法所得一倍以上五倍以下罚金；情节特别严重的，处五年以上有期徒刑，并处违法所得一倍以上五倍以下罚金或者没收财产：① 未经许可经营法律、行政法规规定的专营、专卖物品或者其他限制买卖的物品的；② 买卖进出口许可证、进出口原产地证明以及其他法律、行政法规规定的经营许可证或者批准文件的；③ 未经国家有关主管部门批准非法经营证券、期货、保险业务的，或者非法从事资金支付结算业务的；④ 其他严重扰乱市场秩序的非法经营行为。

（1）根据《解释》第十六条第一款的规定，以提供给他人生产、销售食品为目的，违反国家规定，生产、销售国家禁止用于食品生产、销售的非食品原料，情节严重的，依照刑法第二百二十五条的规定以非法经营罪定罪处罚。

（2）根据《解释》第十六条第二款的规定，以提供给他人生产、销售食用农产品为目的，违反国家规定，生产、销售国家禁用农药、食品动物中禁止使用的药品及其他化合物等有毒、有害的非食品原料，或者生产、销售添加上述有毒、有害的非食品原料的农药、兽药、饲料、饲料添加剂、饲料原料，情节严重的，依照刑法第二百二十五条的规定以非法经营罪定罪处罚前款的规定定罪处罚。

（3）根据《解释》第十七条第一款规定，违反国家规定，私设生猪屠宰厂（场），从事生猪屠宰、销售等经营活动，情节严重的，依照刑法第二百二十五条的规定以非法经营罪定罪处罚。

（4）根据《解释》第十八条第一款规定，实施《解释》规定的非法经营行为，非法经营数额在十万元以上，或者违法所得数额在五万元以上的，应当认定为刑法第二百二十五条规定的“情节严重”；非法经营数额在五十万元以上，或者违法所得数额在二十五万元以上的，应当认定为刑法第二百二十五条规定的“情节特别严重”。

5. 虚假广告罪

根据《刑法修正案（十一）》第二百二十二条的规定，广告主、广告经营者、广告发布者违反国家规定，利用广告对商品或者服务作虚假宣传，情节严重的，处二年以下有期徒刑或者拘役，并处或者单处罚金。

根据《解释》第十九条的规定，违反国家规定，利用广告对保健食品或者其他食品作虚假宣传，符合刑法第二百二十二条规定的，以虚假广告罪定罪处罚；以非法占有为目的，利用销售保健食品或者其他食品诈骗财物，符合刑法第二百六十六条规定的，以诈骗罪定罪处罚。同时构成生产、销售伪劣产品罪等其他犯罪的，依照处罚较重的规定定罪处罚。

7.3.4　从重原则

（1）根据《解释》第十五条第三款的规定，同时构成生产、销售不符合安全标准的食品罪，生产、销售不符合安全标准的产品罪等其他犯罪的，依照处罚较重的规定定罪处罚。

（2）根据《解释》第十八条第二款规定，实施《解释》规定的非法经营行为，同时构成生产、销售伪劣产品罪，生产、销售不符合安全标准的食品罪，生产、销售有毒、有害食品罪，生产、销售伪劣农药、兽药罪等其他犯罪的，依照处罚较重的规定定罪处罚。

7.3.5　共犯原则

根据《解释》第十四条的规定，明知他人生产、销售不符合食品安全标准的食品，有毒、有害食品，具有下列情形之一的，以生产、销售不符合安全标准的食品罪或者生产、销售有毒、有害食品罪的共犯论处：① 提供资金、贷款、账号、发票、证明、许可证件的；② 提供生产、经营场所或者运输、贮存、保管、邮寄、销售渠道等便利条件的；③ 提供生产技术或者食品原料、食品添加剂、食品相关产品或者有毒、有害的非食品原料的；④ 提供广告等宣传的；⑤ 提供其他帮助行为的。

7.3.6　罚金原则

根据《解释》第二十一条的规定，犯生产、销售不符合安全标准的食品罪，生产、销售有毒、有害食品罪，一般应当依法判处生产、销售金额二倍以上的罚金。共同犯罪的，对各共同犯罪人合计判处的罚金一般应当在生产、销售金额的二倍以上。

第二篇　食品安全标准

第8章　食品安全标准基础知识

标准是指对重复性事物和概念所做的统一规定，是以科学、技术和实践经验的综合成果为基础，经有关方面协商一致，由主管机构批准，以特定形式发布。《中华人民共和国标准化法》规定，标准（含标准样品）是指农业、工业、服务业以及社会事业等领域需要统一的技术要求。标准包括国家标准、行业标准、地方标准和团体标准、企业标准。国家标准分为强制性标准、推荐性标准，行业标准、地方标准（食品安全地方标准除外）是推荐性标准，团体标准由该团体成员约定采用或者按照该团体的规定供社会自愿采用。强制性标准是必须执行的具有法规性质的技术性法规。《食品安全法》第二十五条规定，食品安全标准是强制执行的标准，除食品安全标准外，不得制定其他食品强制性标准。食品安全国家标准是国家食品安全法制体系中的重要组成部分，食品生产经营者应当依照法律、法规和食品安全标准从事生产经营活动，保证食品安全。

8.1　食品安全标准的历程

我国食品安全标准管理工作可以追溯到20世纪50年代，原国家卫生部制定第一个食品中污染物限量标准，即1957年发布的酱油含砷量不超过1 mg/kg的规定。第一个食品添加剂使用要求，为1954年原国家卫生部发布的关于食品中使用糖精剂量的规定。20世纪70年代，由原国家卫生部牵头多部门组成联合调查组，在全国22个省市开展了食品中黄曲霉毒素 B_1 的污染调查，并据此制定了中国食品中黄曲霉毒素 B_1 的限量标准。1982年11月19日颁布的《中华人民共和国食品卫生法（试行）》首次以法律形式系统规定了食品卫生标准和管理办法的制定要求，明确了食品卫生标准的主管部门为国务院卫生行政部门。此后陆续制修订发布各类食品的卫生标准400余项，建立了较为系统的食品卫生标准体系，为食品安全标准框架体系的建立奠定了基础。

8.2　食品安全标准的意义及分类

8.2.1　意义

食品安全标准是食品安全法律法规体系的重要组成部分，是具有法律属性的技术性规范，是判断食品是否安全、生产经营行为是否合法的标尺；是保障消费者健康免受各类食品污染物（包括化学因素、生物因素、物理因素等）危害，确保监管部门有效执法、市场主体规范经营、食品产业健康持续发展的重要保障；是实施食品安全战略的重要抓手。上海市餐饮服务提供者加工经营的食品不仅要符合《食品安全法》《上海市食品安全条例》等相关法律法规的规定，还应当符合相应食品安全标准（包括国家标准、地方标准）的技术要求。2009 年 6 月 1 日颁布实施的《食品安全法》要求国务院卫生行政部门负责对食用农产品质量安全标准、食品卫生标准、食品质量标准和有关食品的行业标准中强制执行的标准予以整合，统一公布为食品安全国家标准，这是“食品安全标准”的概念首次在相关法律中的使用，由此食品安全标准也成为我国唯一强制执行的食品标准。食品安全标准的发布及其体系的建立，解决了长期以来食品强制性标准存在的交叉、重复、矛盾等问题。

8.2.2 分类

食品安全标准根据其适用的范围，分为食品安全国家标准、食品安全地方标准和食品安全企业标准三个层级，食品安全国家标准在全国范围内适用，食品安全地方标准在相应的省、自治区和直辖市管辖范围内适用，食品安全企业标准仅在本企业内部适用。食品安全标准根据其特性，分为食品安全通用标准、产品标准、卫生规范和检验方法标准 4 大类。

8.3 食品安全标准的内容

食品安全标准的内容涵盖从原料到产品中涉及危害健康的各种卫生安全指标、婴幼儿及特定人群食品的营养素要求、加工过程各环节的卫生安全控制、配套检验方法以及标签标识等。《食品安全法》第二十六条规定，食品安全标准应当包括下列内容：（1）食品、食品添加剂、食品相关产品中的致病性微生物，农药残留、兽药残留、生物毒素、重金属等污染物质以及其他危害人体健康物质的限量规定；（2）食品添加剂的品种、使用范围、用量；（3）专供婴幼儿和其他特定人群的主辅食品的营养成分要求；（4）对与卫生、营养等食品安全要求有关的标签、标志、说明书的要求；（5）食品生产经营过程的卫生要求；（6）与食品安全有关的质量要求；（7）与食品安全有关的食品检验方法与规程；（8）其他需要制定为食品安全标准的内容。

8.4 食品安全通用标准与产品标准的关系

食品安全通用标准（又称为横向标准）是以食品污染物、食品添加剂等项目为主线的一类标准，包括食品中真菌毒素、污染物、致病菌的限量要求、食品添加剂和营养强化剂的使用要求以及预包装食品标签、营养标签等通用安全技术要求等，这些标准适用于所有食品类别。

产品标准（又称为纵向标准）是以某种或某类食品为主线，对涉及某种或某类产品的安全以及与安全有关的质量要求等项目指标设定限量或其他要求的标准。

通用标准与产品标准的关系是普遍性与特殊性的关系，对于某类或某种食品而言，既要执行通用标准，也要执行产品标准，但产品标准不必重复制定通用标准已经规定的项目指标，而是直接引用通用标准即可。

8.5 食品安全标准的制修订及发布

8.5.1 概述

2009 年 6 月 1 日，《食品安全法》的实施，开启了中国食品安全现代化治理的大幕，最突出的亮点之一就是基于食品安全风险监测、膳食暴露评估和污染物危害鉴定与识别的食品安全风险评估成为制定、修订食品安全标准的科学依据，也就是说在食品安全标准的制修订过程中引入了风险评估机制。国家卫生健康委员会（原国家卫生部）根据相关法律法规的要求，建立了食品安全国家标准管理的组织机构、管理制度及流程。

8.5.2　标准的管辖与组织机构

1. 管辖

食品安全标准的制修订工作主要由国务院卫生行政部门负责。根据《食品安全法》第二十七条的规定，食品安全国家标准由国务院卫生行政部门会同国务院食品安全监督管理部门制定、公布，国务院标准化行政部门提供国家标准编号；食品中农药残留、兽药残留的限量规定及其检验方法与规程由国务院卫生行政部门、国务院农业行政部门会同国务院食品安全监督管理部门制定；屠宰畜、禽的检验规程由国务院农业行政部门会同国务院卫生行政部门制定。为规范食品安全标准的制修订工作，原国家卫生部于 2010 年发布《食品安全国家标准管理办法》（卫生部令第 77 号），该办法对食品安全国家标准制修订工作的组织机构及工作流程进行了细化。

2. 组织机构

《食品安全法》第二十八条规定，食品安全国家标准应当经过国务院卫生行政部门组织成立的食品安全国家标准审评委员会审查通过。食品安全国家标准审评委员会由医学、农业、食品、营养、生物、环境等方面的专家以及国务院有关部门、食品行业协会、消费者协会的代表组成。国家卫健委根据《食品安全法》的规定，组成了食品安全国家标准审评委员会，审评委员会设专业分委员会和秘书处，专业分委员会负责对标准草案的科学性和实用性开展技术审查。秘书处设在国家卫健委下属的国家食品安全风险评估中心，承担标准制修订管理工作的具体事务。

8.5.3　制修订流程

《食品安全国家标准管理办法》规定了食品安全国家标准制修订工作流程，包括规划和计划、立项、起草、公开征询意见、审查、批准和发布、修改和复审等（图 8-1）。

1. 立项

国务院卫生行政部门根据食品国家安全标准制修订规划征集和下达年度标准制修订立项计划，并采取招标、委托等形式确定标准项目的牵头单位，一般为具备相应技术能力的监管部门、研究机构、教育机构、学术团体、行业协会等。鼓励牵头单位组建跨部门、跨领域的标准起草协作组，充分发挥行业组织、企业、专业机构等作用。

2. 标准起草

《食品安全法》第二十八条规定，制定食品安全国家标准，应当依据食品安全风险评估结果并充分考虑食用农产品安全风险评估结果，参照相关的国际标准和国际食品安全风险评

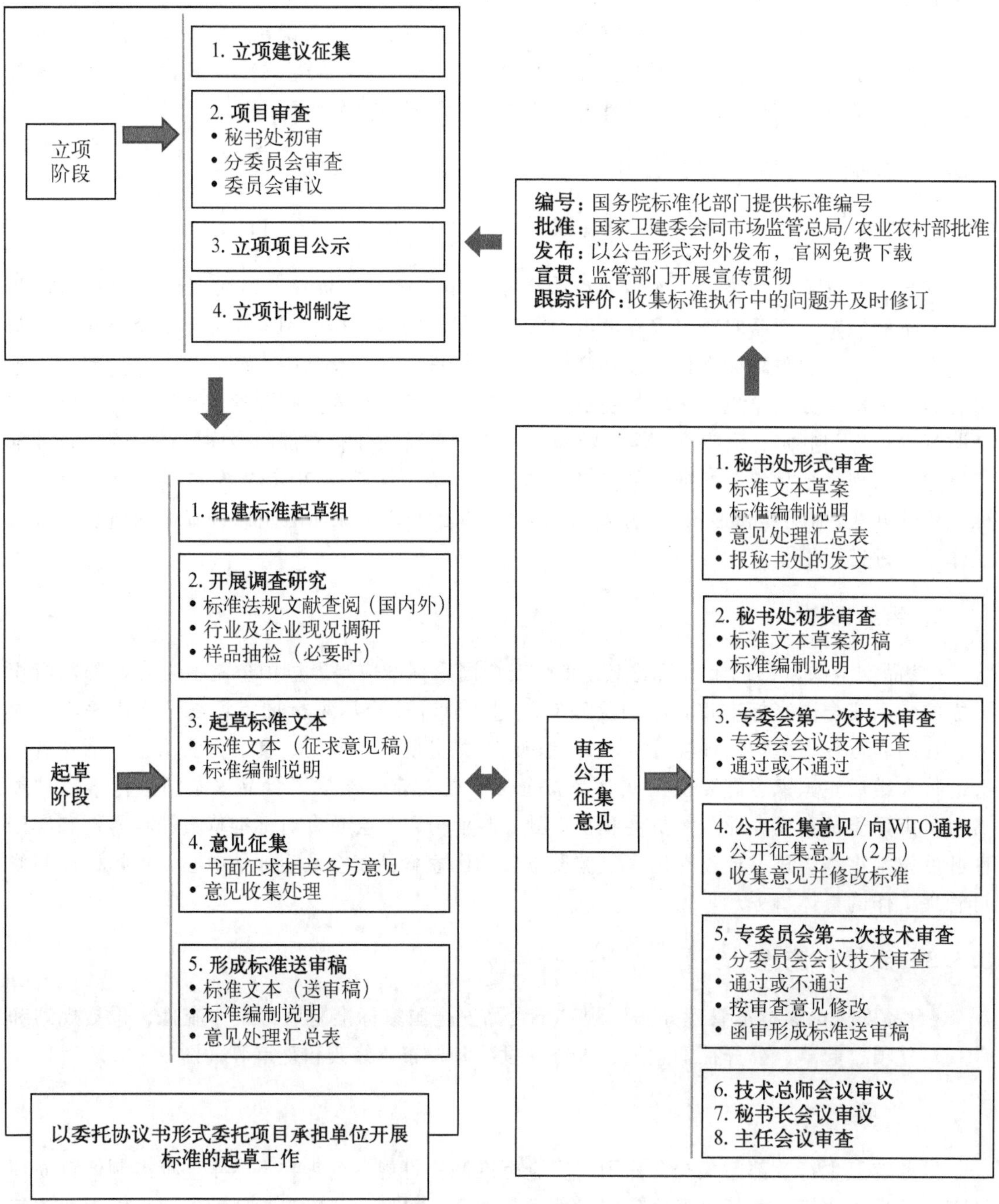

图 8－1　食品安全国家标准制修订流程

估结果，并将食品安全国家标准草案向社会公布，广泛听取食品生产经营者、消费者、有关部门等方面的意见。归纳起来有如下几点。

（1）食品安全标准的制定应当以食品安全风险评估结果为依据，这是我国在标准的科学水平提升上作出的重要举措，改变了以往制定标准主要以简单的符合性调查为依据的局面。

（2）食品安全标准的制定要参照国际标准，即国际食品法典委员会标准，或发达国家的标准。鉴于我国食品安全风险评估工作需要不断完善，面临许多挑战，特别是缺乏充足的科学数据，包括食品安全监测数据、流行病学调查数据、膳食调查数据和食物分析数据（包括进出口数据和食品抽检数据等），因此，现阶段或在很长一段时期内尚需借鉴国际标准或发达国家标准。

（3）项目牵头单位需要收集全国有代表性的样品检测数据，了解各地实际情况。

（4）食品安全标准的制定应当充分考虑我国社会经济发展水平和客观实际的需要，确保标准的可行性和可操作性，必要时还需对标准的执行进行成本-效益分析，即资金投入与人群健康获益概率的分析。

3. 征集意见

为了提升食品安全标准的科学性、合理性，食品安全标准的制修订过程应当公开透明。《食品安全法》要求食品安全国家标准草案应向社会公布，广泛听取食品生产经营者、消费者、有关部门等方面的意见。食品安全标准按要求完成草案的起草后，需在国家卫健委官网或国家食品安全风险评估中心网站公开征集各方意见，公开征求意见的期限一般为 2 个月。

4. 审查与发布

标准草案向社会公开征集意见后，进入审查阶段。食品安全国家标准草案的审查、发布程序如下。

（1）秘书处初步审查：秘书处负责对食品安全国家标准草案的完整性、规范性、与委托协议书的一致性进行初审。

（2）专业分委员会会议审查：专业分委员会负责对标准科学性、实用性审查。

（3）审评委员会主任会议审议：经技术总师会议、秘书长会议审议后，审评委员会主任会议负责审议专委会审查通过的标准草案。

（4）经审查通过的标准，由国家卫健委会同国家市场监管总局/农业农村部批准后，以公告的形式公开发布。使用者可从国务院卫生行政部门官方网站免费查阅和下载。

（5）标准发布后需要解释的，由发布单位负责解释。食品安全国家标准的解释以卫健委发文形式公布。

标准文本以及部分标准的问答或解读材料的查询地址为国家卫生健康委员会官网（www. nhc. gov. cn）和国家食品安全风险评估中心网站（www. cfsa. net. cn）。

5. 实施宣贯

（1）食品安全标准的实施：食品安全标准从发布至实施一般设置过渡期，过渡期内相关生产经营企业既可以执行旧标准，也可以执行新标准，鼓励企业按照新标准组织生产经营。标准实施之后，食品生产经营企业应当严格按照标准的规定执行。相关企业应当密切关注相关标准的发布实施情况。

（2）食品安全标准的宣贯：各级食品安全监管和卫生行政等部门应当加强对执法人员和食品生产经营企业开展有关食品安全法律、法规、标准和专业知识与执法能力等的培训，食品生产经营企业负责对其食品安全管理人员及从业人员的培训考核。

（3）食品安全标准的指导和解答：《食品安全法》第三十一条第一款规定，对食品安全标准执行过程中的问题，县级以上人民政府卫生行政部门应当会同有关部门及时给予指导、解答。食品生产经营企业和食品安全监管部门在食品安全标准执行过程中遇到相关问题，可以向所在地或同级卫生行政部门请求指导或解答。

8.6 食品安全标准跟踪评价

《食品安全法》第三十二条规定，省级以上人民政府卫生行政部门应当会同同级食品安全监管、农业行政等部门，分别对食品安全国家标准和地方标准的执行情况进行跟踪评价，并根据评价结果及时修订食品安全标准。省级以上人民政府食品安全监管、农业行政等部门应当对食品安全标准执行中存在的问题进行收集、汇总，并及时向同级卫生行政部门通报。

国家卫生健康委办公厅、农业农村部办公厅、市场监管总局办公厅联合制定的《食品安全标准跟踪评价工作方案》（国卫办食品函〔2018〕1081 号）对食品安全标准跟踪评价工作目标与原则、工作方式与内容、组织实施、结果报送与利用和保障措施作出具体规定。食品生产经营者、食品行业协会发现食品安全标准在执行中存在问题的，应当立即向卫生行政部门报告。通过开展标准的跟踪评价，了解标准执行情况，发现标准存在的问题，为标准制定、修订工作和进一步完善我国食品安全国家标准体系提供参考依据。

国家卫生健康委员会下属国家食品安全风险评估中心官网提供了发表意见建议的路径，任何公民、法人及其他组织如果在标准的执行过程中发现问题，均可在对应的标准文本后发表修订或修改的意见及建议。

第9章　食品安全国家标准

食品安全标准是为保护人民身体健康，对食品安全要求制定的专业标准，是食品生产经营、食品安全管理和监督的重要依据。《食品安全法》规定，制定食品安全标准，应当以保障公众身体健康为宗旨，做到科学合理、安全可靠。

9.1　概　　述

我国食品安全监管曾经历多部门监管，而这种多部门监管的格局也导致多部门发布食品标准的局面。在国家层面，主要有食品卫生标准、食品质量标准、农产品标准等，存在量多、重复、相互矛盾和覆盖面较窄的特点。为解决这些问题，提高食品强制国家标准的通用性、科学性和实用性，根据食品安全标准是唯一强制性食品标准的要求，《食品安全法》(2009版）要求国务院卫生行政部门负责整合所有国家和行业标准中强制性食品标准或者强制执行的内容。截至2022年2月底，国务院卫生行政部门会同相关部门制修订发布食品安全国家标准1 419项（包括取代废止的89项），其中通用标准13项，食品产品标准80项（包括特殊食品10项），食品添加剂（包括营养强化剂）质量规格标准699项，食品相关产品标准15项，食品生产经营规范34项，理化检验标准234项，微生物检验标准32项，毒理学试验方法29项，农药残留检测方法标准120项，兽药残留检测方法标准74项，基本形成了完善的食品安全国家标准框架体系。

9.2　通用标准

现行有效的食品安全通用标准共13项（详见表9－1）。本节主要介绍食品中污染物限量、食品中真菌毒素限量、食品中致病菌限量、食品中农药残留限量等相关标准，食品标签、食品添加剂及营养强化剂使用标准、食品接触材料及制品通用要求在相应章节一并介绍。

表9－1　食品安全国家标准通用标准

序号	标准号	标准名称	发布日期	实施日期
1	GB 2760—2014	《食品安全国家标准　食品添加剂使用标准》	2014年12月24日	2015年5月24日
2	GB 2761—2017	《食品安全国家标准　食品中真菌毒素限量》	2017年3月17日	2017年9月17日

续 表

序号	标 准 号	标 准 名 称	发 布 日 期	实 施 日 期
3	GB 2762—2017	《食品安全国家标准 食品污染物限量》	2017 年 3 月 17 日	2017 年 9 月 17 日
4	GB 2763—2021	《食品安全国家标准 食品中农药最大残留限量》	2021 年 3 月 3 日	2021 年 9 月 3 日
5	GB 31650—2019	《食品安全国家标准 食品中兽药最大残留限量》	2019 年 9 月 6 日	2020 年 4 月 1 日
6	GB 29921—2021	《食品安全国家标准 预包装食品中致病菌限量》	2021 年 9 月 7 日	2021 年 11 月 22 日
7	GB 31607—2021	《食品安全国家标准 散装即食食品中致病菌限量》	2021 年 9 月 7 日	2022 年 2 月 7 日
8	GB 14880—2012	《食品安全国家标准 食品营养强化剂使用标准》	2012 年 3 月 15 日	2013 年 1 月 1 日
9	GB 7718—2011	《食品安全国家标准 预包装食品标签通则》	2011 年 4 月 20 日	2012 年 4 月 20 日
10	GB 28050—2011	《食品安全国家标准 预包装食品营养标签通则》	2011 年 10 月 12 日	2013 年 1 月 1 日
11	GB 13432—2013	《食品安全国家标准 预包装特殊膳食用食品标签》	2013 年 12 月 26 日	2015 年 7 月 1 日
12	GB 29924—2013	《食品安全国家标准 食品添加剂标识通则》	2013 年 11 月 29 日	2015 年 6 月 1 日
13	GB 9685—2016	《食品安全国家标准 食品接触材料及制品用添加剂使用标准》	2016 年 10 月 19 日	2017 年 4 月 19 日

9.2.1 食品中污染物限量

1. 历史沿革

食品污染物是食品在生产（包括种养植）、加工、包装、运输、贮存、销售及食用等过程中产生或由环境带入的化学性有害物质，是影响食品安全的重用因素之一，是食品安全风险管理的重要内容。国际上通常将食品中常见的、危害较大的污染物统一制定为食品中污染物限量标准。2005 年原国家卫生部将 13 项污染物相关内部国家标准（GBn）统一整合为 GB 2762—2005《食品中污染物限量》，后历经 2012 年和 2017 年 2 次修订。

2. 范围及应用原则

现行 GB 2762—2017《食品安全国家标准 食品中污染物限量》重点对我国居民健康构成较大风险的食品污染物和对居民膳食暴露量有较大贡献的食品种类设置限量要求，规定了食品中铅、镉、汞、砷、锡、镍、铬、亚硝酸盐、硝酸盐、苯并［a］芘、*N*-二甲基亚硝胺、多氯联苯、3-氯-1，2-丙二醇等13类污染物的限量指标。该项标准实施后，其他相关规定与其不一致的，应当按照该项标准执行。

3. 标准的应用

食品生产经营企业应从以下几方面应用GB 2762—2017《食品安全国家标准　食品中污染物限量》。

（1）应根据该标准附录A食品类别（名称）说明，准确判定企业所生产经营的食品按该标准附录A归属的食品类别。

（2）如果生产经营的产品为某类食品的干制品，且该标准中对该类制品有限量规定的，那么干制品中污染物限量应以相应新鲜食品中污染物限量结合其脱水率或浓缩率折算，脱水率或浓缩率可通过对食品的分析或其他可获得的数据信息等确定，有特别规定的除外。

（3）当某种污染物限量应用于某一食品类别（名称）时，则该食品类别（名称）内的所有类别食品均适用，有特别规定的除外。

（4）食品中污染物限量以食品通常的可食用部分计算，有特别规定的除外。可食用部分是指食品原料经过机械手段（如谷物碾磨、水果剥皮、坚果去壳、肉去骨、鱼去刺、贝去壳等）去除非食用部分后，所得到的用于食用的部分。

非食用部分的去除不可采用任何非机械手段，如粗制植物油精炼过程等，“机械手段”主要是为了排除化学手段和水分蒸发等物理手段，并非指只能机器加工而不能手工加工。该标准规定的食品中污染物限量如无特别规定的，均是以食品的可食用部分计算。

4. 应用实例

以生产加工速冻三文鱼制品为例，该产品通常是以鲜、冻海水鱼如鲑鱼等为主要原料，经解冻、清洗、去鳞、拔刺、切片、调味、清洗、沥干、烟熏等工艺，再经速冻、称重、包装等工艺加工而成的预包装速冻三文鱼制品。根据GB 2762—2017《食品安全国家标准　食品中污染物限量》，三文鱼制品及其加工用原料三文鱼中的污染物限量应符合表9-2的规定。

表9-2　三文鱼制品的污染物限量

项　目	限量指标/（mg/kg）	
	三文鱼原料	三文鱼制品
铅（以Pb计）	1.0	1.0
镉（以Cr计）	0.1	0.1
甲基汞（以Hg计）	1.0	1.0
无机砷（以As计）	0.1	0.1
铬（以Cr计）	2.0	2.0
苯并［a］芘	/	5.0 μg/kg
N-二甲基亚硝胺	/	4.0 μg/kg
多氯联苯	0.5	0.5 μg/kg

9.2.2 食品中真菌毒素限量标准

1. 历史沿革

我国早在20世纪70年代初期就制定了食品中黄曲霉毒素 B_1 的限量标准，随后原国家卫生部于1977年制定发布了GBn 51—1977《食品中黄曲霉毒素允许量》，并相继发布了GB 2761—1981《食品中黄曲霉毒素 B_1 允许量标准》、GB 16329—1996《小麦、面粉、玉米及玉米粉中脱氧雪腐镰刀菌烯醇限量标准》、GB 9676—2003《乳及乳制品中黄曲霉毒素 M_1 限量》、GB 14974—2003《苹果和山楂制品中展青霉素限量》。2005年原国家卫生部将这些标准统一整合为GB 2761—2005《食品中真菌毒素限量》，后又历经2011年和2017年两次修订。

2. 范围及应用原则

现行GB 2761—2017《食品安全国家标准　食品中真菌毒素限量》重点对我国居民健康构成较大风险的食品真菌毒素和对居民膳食暴露量有较人影响的食品种类设置限量要求，规定了食品中黄曲霉毒素 B_1、黄曲霉毒素 M_1、脱氧雪腐镰刀菌烯醇、展青霉毒素、赭曲霉毒素A及玉米赤霉烯酮等6种真菌毒素的限量指标，新增了葡萄酒和咖啡中赭曲霉毒素A限量要求，以及特殊医学用途配方食品、辅食营养补充品、运动营养食品、孕妇和乳母营养补充食品中真菌毒素限量要求。

3. 应用实例

以生产加工苹果汁为例，该项标准规定苹果汁展青霉毒素的限量为50 μg/kg。展青霉毒素通常出现在腐烂的苹果和其他发霉的水果中，而水果的处理和贮存会影响果汁受到展青霉素污染的可能性，因此生产经营企业在相关质量管理制度中应当制定控制苹果汁中的展青霉毒素含量的相关措施，例如原料合格验收时要特别注意水果是否有腐烂发霉现象，水果贮存中要保持干燥，加工处理水果时要小心以尽量减少损坏等。

9.2.3 食品中农药残留限量

根据《中华人民共和国农药管理条例》(2017年修订)，农药是指用于预防、控制危害农业、林业的病、虫、草、鼠和其他有害生物以及有目的地调节植物、昆虫生长的化学合成或者来源于生物、其他天然物质的一种物质或者几种物质的混合物及其制剂。该《条例》规定的农药包括用于不同目的、场所的下列各类：(1) 预防、控制危害农业、林业的病、虫(包括昆虫、蜱、螨)、草、鼠、软体动物和其他有害生物；(2) 预防、控制仓储以及加工场所的病、虫、鼠和其他有害生物；(3) 调节植物、昆虫生长；(4) 农业、林业产品的防腐或者保鲜；(5) 预防、控制蚊、蝇、蜚蠊、鼠和其他有害生物；(6) 预防、控制危害河流堤坝、铁路、码头、机场、建筑物和其他场所的有害生物。

1. 历史沿革

我国第一个农药残留限量是原国家卫生部于1977年发布的内部标准GBn 53—1977《食

品中六六六、滴滴涕残留量》，该项标准于1981年修订为正式标准GB 2763—1981《粮食、蔬菜等食品中六六六、滴滴涕残留量标准》，随后又相继发布了GBn 136—1981《肉、蛋等食品中六六六、滴滴涕残留限量标准》等33项农药残留限量标准。为了加强农药的安全使用和管理，1982年原农牧渔业部（现农业农村部）和原卫生部（现国家卫生健康委）联合发布了《农药安全使用规定》，其中对常用农药进行了分类，明确规定高毒、高残留农药不准用于蔬菜、茶叶、果树、中药材等作物。2005年，我国修订发布GB 2763—2005《食品中农药最大残留限量》，涉及136种农药478项限量值。后又历经2012年、2014年、2016年、2018年、2019年、2021年6次修订。

2. 范围及应用原则

现行GB 2763—2021《食品安全国家标准 食品中农药最大残留限量》于2021年3月3日发布，2021年9月3日实施。

该标准规定了食品中2，4-滴丁酸等564种农药10 092项最大残留限量。

该标准适用于与农药残留限量相关的食品，包括农产品和初级加工品。

食品类别及测定部位（附录A）用于界定农药最大残留限量应用范围，仅适用于该标准。如某种农药的最大残留限量应用于某一食品类别时，在该食品类别下的所有食品均适用，有特别规定的除外。

豁免制定食品中最大残留限量标准的农药名单（附录B）用于界定不需要制定食品中农药最大残留限量的范围。

3. 标准的应用

该标准规定下列术语和定义。

（1）残留物（Residue Definition）：由于使用农药而在食品、农产品和动物饲料中出现的任何特定物质，包括被认为具有毒理学意义的农药衍生物，如农药转化物、代谢物、反应产物及杂质等。

（2）最大残留限量（Maximum Residue Limit，MRL）：在食品或农产品内部或表面法定允许的农药最大浓度，以每千克食品或农产品中农药残留的毫克数（mg/kg）表示。

（3）再残留限量（Extraneous Maximum Residue Limit，EMRL）：一些持久性农药虽已禁用，但还长期存在环境中，从而再次在食品中形成残留，为控制这类农药残留物对食品的污染而制定其在食品中的残留限量，以每千克食品或农产品中农药残留的毫克数（mg/kg）表示。

（4）每日允许摄入量（Acceptable Daily Intake，ADI）：人类终生每日摄入某物质，而不产生可检测到的危害健康的估计量，以每千克体重可摄入的量（mg/kg bw）表示。

4. 注意事项

下列几个问题应该引起注意。

（1）根据《中华人民共和国农药管理条例》（2017年修订）和《农药登记管理办法》（2017年修订）的规定，国家实行农药登记制度，在中华人民共和国境内生产、经营、使用的农药，应当取得农药登记。未依法取得农药登记证的农药，按照假农药处理。目前已在中国农业农村部登记的农药尚未全部纳入GB 2763—2021《食品安全国家标准 食品中农药最大残留限量》。

（2）未列入 GB 2763—2021《食品安全国家标准　食品中农药最大残留限量》的部分禁限用农药按照农业农村部发布的《禁限用农药名录（2019 版）》执行。

（3）该项标准对农产品的初级加工品也规定了农药残留限量，比如葡萄酒、果汁、食用油和肉蛋奶等畜禽产品，餐饮企业在采购这些初级农产品时，要索要包含农药残留的检测报告。

5. 应用实例

以柑橘为原料生产加工的果蔬汁为例，食品经营产企业应通过查询标准了解柑橘类水果应控制的农残项目及限量要求，严格落实进货查验制度，查验果汁生产商的产品合格证明材料是否包含农残检测项目，对无法提供或不包含农药残留项目的合格证明，企业应当在首次进货或更换供应商时按照 GB 2763—2021《食品安全国家标准　食品中农药最大残留限量》规定的项目定期进行检验。

9.2.4 食品中致病菌限量标准

致病菌是常见的一类致病性微生物，致病菌及其代谢产物是引起人或动物食源性疾病的重要因素，我国每年由致病菌引起的食源性疾病报告病例数约占全部报告病例数的 50% 以上，预防和控制食品中致病菌的污染，对预防食源性疾病非常重要。1999 年国际食品卫生法典委员会（Codex Committee on Food Hygiene，CCFH）启动“食品-病原”组合的风险管理模式，优先制定高危食品中的重要致病菌限量，对降低高危致病菌导致食源性疾病的风险意义重大。目前涉及食品中致病菌限量的标准有二项，分别为 GB 29921—2021《食品安全国家标准　预包装食品中致病菌限量》和 GB 31607—2021《食品安全国家标准　散装即食食品中致病菌限量》。

1. 历史沿革

1977 年 5 月 1 日，原国家卫生部在发布的酱油等调味品、酱卤肉等熟肉制品、牡蛎、乳及乳制品、蛋制品等 25 种食品的卫生标准中规定了致病菌不得检出，但具体检测哪种致病菌一般视具体情况而定。如对肉制品的致病菌是指沙门氏菌、志贺氏菌、致病性葡萄球菌、副溶血弧菌；对蛋制品的致病菌是指沙门氏菌与志贺氏菌；对乳制品的致病菌是指肠道致病菌及致病性球菌。2005 年对相近的标准按食品类别进行了合并，如将酱卤肉等 7 项熟肉制品的卫生标准合并为 1 项熟肉制品卫生标准，但致病菌限量仍然笼统地规定为不得检出。2012 年国家卫生计生委发布 GB 29921—2013《食品安全国家标准　食品中致病菌限量》，将分散在多项产品卫生标准中的致病菌要求，几乎全部纳入该项通用标准管理，并根据近年来国际上公认的“食品-致病菌”组合特性，即不同食品类别有其优势致病菌种类，对各类即食食品控制哪种致病菌做了明确规定，而且采用更加科学的分级采样方案，根据不同致病菌的感染剂量或致病机制制定了不同的限量要求。

2. 预包装食品中致病菌限量

（1）范围

GB 29921—2021《食品安全国家标准　预包装食品中致病菌限量》规定了预包装食品

中致病菌指标及其限量要求和检验方法。该标准适用于预包装食品，不适用于执行商业无菌要求的食品、包装饮用水、饮用天然矿泉水。

（2）使用原则

该标准应用时应遵循以下原则：① 无论是否规定致病菌限量，食品生产、加工、经营者均应采取控制措施，尽可能降低食品中的致病菌含量水平及导致风险的可能性；② 样品的采集和处理按 GB 4789.1—2016《食品安全国家标准　食品微生物学检验 总则》执行；③ 采用分级采样检验的方法；④ 附录 A 用于界定致病菌限量适用的食品类别。

3. 标准的应用

该标准规定了乳制品、肉制品、水产制品、即食蛋制品、粮食制品、即食豆类制品、巧克力类及可可制品、即食果蔬制品、饮料、冷冻饮品、即食调味品、坚果与籽食品和特殊膳食用食品等 13 类食品中沙门氏菌、单核细胞增生李斯特氏菌、致泻大肠埃希氏菌、金黄色葡萄球菌、副溶血性和阪崎肠杆菌等 6 种致病菌限量要求。

（1）食品类别：该标准共涉及 13 类食品，从事食品生产经营的企业，在判定企业所生产经营的食品或食品原料中致病菌限量是否符合规定时，应首先根据该标准中表 A.1 的食品类别名称（说明）进行划分（表 9－3）。

表 9－3　表 A1 食品类别（名称）说明

乳制品	巴氏杀菌乳、调制乳、发酵乳、浓缩乳制品、乳粉和调制乳粉、乳清粉和乳清蛋白粉、稀奶油、奶油和无水奶油、干酪、再制干酪和干酪制品、酪蛋白、其他乳制品（加工中不进行热处理的食品工业用浓缩乳除外）
肉制品	熟肉制品：酱卤肉制品，熏、烧、烤肉类，油炸（煎）肉类，蒸煮火腿类，肉灌肠类，发酵肉制品类，熟肉干制品，其他熟肉制品
	即食生肉制品
水产制品	熟制动物性水产制品：熟干水产制品、经烹调的水产制品、发酵水产制品、其他熟制水产制品
	即食生制动物性水产制品
	即食藻类制品
	其他即食水产制品
即食蛋制品	再制蛋、其他蛋制品
粮食制品	焙烤食品、冲调谷物制品、熟制淀粉制品、熟制面筋制品、熟制面米制品［带馅（料）面米制品、不带馅（料）面米制品］、膨化粮食制品、其他熟制粮食制品
即食豆制品	非发酵豆制品、发酵豆制品、大豆蛋白类制品
巧克力类及可可制品	巧克力及巧克力制品、代可可脂巧克力及代可可脂巧克力制品、可可制品（可可脂除外）

续 表

即食果蔬制品	水果制品：去皮或预切的水果，水果干类，醋、油或盐渍水果，果酱（泥），蜜饯凉果，发酵水果制品，煮熟的或油炸的水果，水果甜品，其他即食加工水果
	蔬菜制品：去皮或预切的蔬菜、腌渍蔬菜、蔬菜泥（酱）、经水煮或油炸的蔬菜、其他即食加工蔬菜
饮料	果蔬汁类及其饮料、蛋白饮料类、茶饮料类、咖啡饮料类、植物饮料类、风味饮料类、固体饮料类、其他饮料类（碳酸饮料除外）
冷冻饮品	冰淇淋类、雪糕类、雪泥类、冰棍类、风味冰、食用冰、其他冷冻饮品
即食调味品	酱油、酱及酱制品、香辛料类、水产调味品、复合调味料、其他即食调味品（食醋除外）
坚果与籽类食品	坚果与籽类的泥（酱）、其他即食坚果与籽类食品（烘炒类、油炸类、膨化类熟制坚果与籽类食品除外）
特殊膳食用食品	婴儿配方食品、较大婴儿和幼儿配方食品、婴幼儿辅助食品、特殊医学用途婴儿配方食品、特殊医学用途配方食品、其他特殊膳食用食品

（2）分级采样的应用：GB 29921—2021《食品安全国家标准　预包装食品中致病菌限量》采用了国际食品微生物标准委员（The International Commission on Microbiological Specifications for Foods，ICMSF）推荐的二级或三级采样方案。ICMSF采样方案则是根据统计学原理确定对一批产品抽取几件样品，才具有代表性且才能客观地反映该产品微生物污染水平而设定的。其中，二级采样方案只设有 n、c 及 m 三个值，三级方案则设有 n、c、m 及 M 四个值，具体含义如下：n 是指对一批产品的采样个数；c 是指该批产品 n 个样品中，超过限量（m）的样品数，即超过菌数限量的最大允许数；m 是指合格致病菌数限量，将可接受与不可接受的数量区别开；M 是指附加条件下判定为合格的致病菌数限量，表示边缘的可接受数与边缘的不可接受数之间的界限。

① 二级抽样方案：只设合格判定标准 m 值，超过 m 值的，则为不合格品。

以生食海产品鱼为例 $n=5$，$c=0$，$m=10^2$，$n=5$ 即抽样5个，$c=0$ 即意味着在该批样品中，不得有超过 m 值的样品，如有1件样品超过 m 值，则此批食品为不合格品。

② 三级抽样方案：设有微生物标准 m 及 M 值两个限量，其中以 m 值到 M 值的范围内的样品数作为 c 值，如果 c 在此范围内，即为附加条件合格，任1件样品超过 M 值者，则为不合格。

例如，冷冻生虾的细菌数标准 $n=5$，$c=3$，$m=10^1$，$M=10^2$，其意义是从一批产品中，随机抽取5个样品，允许≤3个样品的菌数在 m 到 M 值之间，如果有3个以上检样的菌数是在 m 到 M 值之间或1个检样菌数超过 M 值者，则判定该批产品为不合格品。

4. 致病微生物限量要求

致病微生物限量的设定一般根据微生物风险评估得出的感染剂量（Infection Dose）或

产生健康危害的毒素的毒性剂量（Toxic Dose）。不同致病菌引起疾病或食物中毒的感染剂量或产生的毒素的毒性剂量很不相同，因此，标准设定的限量值也不同。

① 沙门氏菌：沙门氏菌的感染剂量（导致患病的细菌数）随摄入者年龄、健康状况以及菌株而存在一定差异，有时仅1个细菌即可引起疾病。该菌很难从食物中清洗掉，即使是肥皂水，所以预防沙门氏菌食源性疾病的重要措施是烧熟煮透、彻底洗手、将生熟食物分开，并将食物保持在合适的温度（冷藏食物贮存在4℃）以下。该项标准规定了13类即食食品中沙门氏菌的限量为25 g或25 mL不得检出，即$n=5$，$c=0$，$m=0$。

② 金黄色葡萄球菌：该菌本身不致病，但其产生的毒素可以引起食物中毒。不是所有的金黄色葡萄球菌都能产生毒素，而是仅凝固酶试验阳性的金黄色葡萄球菌可产生肠毒素，且该菌只有在达到一定数量（10^5～10^6个）后才可能产生可检测到的葡萄球菌肠毒素。因此，该项标准规定了乳制品、肉制品、粮食制品、即食豆类制品、即食果蔬制品、冷冻饮品、即食调味品和特殊膳食用食品等8类即食食品中金黄色葡萄球菌的限量规定为$n=5$，$c=1$（乳制品=0；奶酪、乳粉和调制乳粉、特殊膳食用食品=2），$m=100$ CFU/g（乳制品为=0；特殊膳食用食品、乳粉和调制乳粉=10），$M=1\,000$ CFU/g（乳制品为=—；特殊膳食用食品、乳粉和调制乳粉=100）。

③ 单核细胞增生李斯特氏菌：单增李斯特菌与宿主自身的易感性有关。大部分人在感染此菌后不出现症状，新生儿、年老者和免疫力较低的人群较易感染发病，且病死率较高（15%～30%），孕妇要特别留意避免受单增李斯特菌的感染，且该菌可能会通过胎盘传染胎儿导致流产、死胎及初生婴儿脑膜炎等。食品加工过程控制不良或生熟交叉污染是导致食品污染主要原因，该菌可在低温冷藏条件下生长。该项标准规定了乳制品（奶酪）、肉制品、水产制品、即食果蔬制品、冷冻饮品等5类即食食品中单增李斯特菌的限量要求，即$n=5$，$c=0$，$m=0$（水产制品=100 CFU/g）。

④ 副溶血弧菌：副溶血弧菌为嗜盐菌，目前发现仅神奈川试验显示阳性的副溶血弧菌菌株有致病性，海产品中如副溶血弧菌污染水平达到或超过10^2/g时会导致食物中毒的发生。该项标准规定了水产制品和即食调味品中副溶血弧菌设定了限量要求，为$n=5$，$c=1$，$m=100$ CFU/g，$M=1\,000$ CFU/g。

⑤ 致泻大肠埃希氏菌：人群对致泻大肠埃希氏菌普遍具有易感性，儿童、老年人或是免疫力低下的人群更易被感染且更易出现严重并发症。该菌感染性很强，感染剂量仅10到100细菌即可致病。因此，该项标准对肉制品及即食果蔬制品设定了致泻大肠埃希氏菌限量要求，为$n=5$，$c=0$，$m=0$。

⑥ 克罗诺杆菌属（阪崎肠杆菌）：该标准规定了婴儿（0～6月龄）配方食品、特殊医学用途婴儿配方食品中克罗诺杆菌属限量要求，为$n=3$，$c=0$，$m=0/100$ g。

5. 应用实例

以加工经营即食生制水产品（如生制三文鱼）为例，食品生产经营者应当严格执行食品生产经营规范标准或采取相应控制措施，严格生产经营过程的微生物控制。并重点控制标准中规定的沙门氏菌、副溶血弧菌、金黄色葡萄球菌等致病菌污染，确保其产品中致病菌含量符合标准的限量规定（表9－4）。

表 9－4　即食生制三文鱼中致病菌限量

致病菌指标	采样方案及限量（若非指定，均以/25 g 或/25 mL 表示）				检验方法
	n	*c*	*m*	*M*	
沙门氏菌	5	0	0	—	GB 4789.4
副溶血弧菌	5	1	100 MPN/g	1 000 MPN/g	GB 4789.7
金黄色葡萄球菌	5	1	100 CFU/g	1 000 CFU/g	GB 4789.10 第二法

在判定检测结果时，对沙门氏菌，若 5 个样品的检测结果均为 0，则判定为合格，如任一样品的检测结果大于 0，则判定为不合格；对副溶血弧菌和金黄色葡萄球菌，若 5 个样品的检测结果均小于或等于 *m* 值（≤100 CFU/g）或若≤1 个样品的检测结果位于 *m* 和 *M* 之间（100 CFU/g≤*X*≤1 000 CFU/g），则判定为合格，若 2 个及以上样品的检测结果位于 *m* 值和 *M* 值之间或若有任一样品的检验结果大于 *M* 值（>1 000 CFU/g），则判定为不合格。

6. 散装即食食品中致病菌限量

（1）范围

GB 31607—2021《食品安全国家标准散装即食食品中致病菌限量》规定了散装即食食品中致病菌指标及其限量要求和检验方法。该标准适用于散装即食食品。不适用于餐饮服务中的食品、执行商业无菌要求的食品、未经加工或处理的初级农产品。

（2）定义

散装即食食品是指提供给消费者可直接食用的非预包装食品（含预先包装但需要计量称重的散装即食食品），包括热处理散装即食食品、部分或未经热处理的散装即食食品、其他散装即食食品。

热处理散装即食食品是指在制作过程中，所有组分均经彻底加热处理（中心温度至少达到 70℃，持续时间至少 1 min）后销售的散装即食食品。

部分或未经热处理的散装即食食品是指在制作过程中，加入了未经彻底加热处理组分或生鲜组分的散装即食食品。

其他散装即食食品是指经腌制、干制或发酵等工艺制备的散装即食食品和上述类别不包括的散装即食食品。

（3）使用原则

该标准应用时应遵循以下原则：

① 无论是否规定致病菌限量，食品生产、加工、经营者均应采取控制措施，尽可能降低食品中的致病菌含量水平及导致风险的可能性；

② 样品的采集和处理按 GB 4789.1—2016《食品安全国家标准　食品微生物学检验 总则》执行；

③ 采用分级采样检验的方法。

（4）标准的应用

预先包装但需要计量称重的散装即食食品中致病菌限量按照 GB 29921—2021 相应食品

类别执行。其他散装即食食品中致病菌限量按该标准执行。

该标准规定了散装即食食品中沙门氏菌、金黄色葡萄球菌、蜡样芽孢杆菌、单核细胞增生李斯特氏菌、副溶血性弧菌等5种致病菌限量。具体指标见表9-5。

表9-5 散装即食食品中致病菌限量

散装即食食品类别	致病菌指标	限量	备注
热处理散装即食食品	沙门氏菌	0/25 g（mL）	
	金黄色葡萄球菌	≤1 000 CFU/g（mL）	
	蜡样芽孢杆菌	≤10 000 CFU/g（mL）	仅适用于以米为主要原料制作的食品
部分或未经热处理散装即食食品	沙门氏菌	0/25 g（mL）	
	金黄色葡萄球菌	≤1 000 CFU/g（mL）	
	单核细胞增生李斯特氏菌	0/25 g（mL）	
	副溶血性弧菌	≤1 000 MPN/g（mL）	仅适用于含动物性水产品的食品
	蜡样芽孢杆菌	≤10 000 CFU/g（mL）	仅适用于以米为主要原料制作的食品
其他散装即食食品	沙门氏菌	0/25 g（mL）	
	金黄色葡萄球菌	≤1 000 CFU/g（mL）	

注：表中“0/25 g（mL）”代表“不得检出每25 g（mL）”。

9.2.5 食品中兽药最大残留限量

根据《兽药管理条例》，兽药是指用于预防、治疗、诊断动物疾病或者有目的地调节动物生理机能的物质（含药物饲料添加剂），主要包括：血清制品、疫苗、诊断制品、微生态制品、中药材、中成药、化学药品、抗生素、生化药品、放射性药品及外用杀虫剂、消毒剂等。

1. 历史沿革

我国农业部门于1994年首次发布公告制定了42种兽药在动物原性食品中的最高残留限量，后历经1997年、1999年、2002年修订，均以公告的形式管理。2019年，农业部门、卫生部门会同食品监管部门在公告的基础上制定并发布GB 31650—2019《食品安全国家标准　食品中兽药最大残留限量》。

2. 范围及应用原则

现行GB 31650—2019《食品安全国家标准　食品中兽药最大残留限量》规定了动物性食品中阿苯达唑等104种（类）兽药的最大残留限量；规定了醋酸等154种允许用于食品动物，但不需要制定残留限量的兽药；规定了氯丙嗪等9种允许作治疗用，但不得在动物性食品中检出的兽药。该标准仅适用于动物性初级农产品包括蜂产品，不适用于加工后的制品。但处理过但未改变其组分的奶，以及根据国家立法已按脂肪含量标准化处理过的奶属于动物性食品。

该标准未收载原235号公告《动物性食品中兽药最高残留限量》附录4规定的禁止药物及化合物清单，食品动物中禁止使用的药品及其他化合物清单执行农业农村部250号公告《食品动物中禁止使用的药品及其他化合物清单》，原农业部公告第193号《食品动物禁用的兽药及其他化合物清单》，第235号、第560号《兽药地方标准废止目录》等文件中的相关内容同时废止。此外，原农业部第560号公告中未被GB 31650—2019《食品安全国家标准　食品中兽药最大残留限量》和第250号公告整合的部分以及第2292号公告仍然有效。

综上，现行有效的动物性食品中兽药残留合规性判定依据包括GB 31650—2019《食品安全国家标准　食品中兽药最大残留限量》和农业部门公告第250号、第560号以及第2292号等。

3. 标准的内容

该标准规定了下列术语和定义，其中“可食下水”和“其他食品动物”为新增。

（1）兽药残留（Veterinary Drug Residue）：指食品动物用药后，动物产品的任何可食用部分中所有与药物有关的物质的残留，包括药物原形或/和其代谢产物。

（2）总残留（Total Residue）：指对食品动物用药后，动物产品的任何可食用部分中药物原形或/和其所有代谢产物的总和。

（3）日允许摄入量（Acceptable Daily Intake，ADI）：是指人的一生中每日从食物或饮水中摄取某种物质而对其健康没有明显危害的量，以人的体重为基础计算，单位：g/kg bw。

（4）最大残留限量（Maximum Residue Limit，MRL）：对食品动物用药后，允许存在于食物表面或内部的该兽药残留的最高量/浓度（以鲜重计，表示为mg/kg）。

（5）食品动物（Food-Producing Animal）：各种供人食用或其产品供人食用的动物。

（6）鱼（Fish）：指包括鱼纲（Pisces）、软骨鱼（Elasmobranchs）和圆口鱼（Cyclostomes）的水生冷血动物，不包括水生哺乳动物、无脊椎动物和两栖动物。但应注意，此定义可适用于某些无脊椎动物，特别是头足动物（Cephalopods）。

（7）家禽（Poultry）：包括鸡、火鸡、鸭、鹅、鸽和鹌鹑等在内的家养的禽。

（8）动物性食品（Animal Derived Food）：供人食用的动物组织以及蛋、奶和蜂蜜等初级动物性产品。

（9）可食性组织（Edible Tissues）：全部可食用的动物组织，包括肌肉、脂肪以及肝、肾等脏器。

（10）皮+脂（Skin with Fat）：带脂肪的可食皮肤。

（11）皮+肉（Muscle with Skin）：一般特指鱼的带皮肌肉组织。

（12）副产品（Byproducts）：除肌肉、脂肪以外的所有可食组织，包括肝、肾等。

（13）可食下水（Edible Offal）：除肌肉、脂肪、肝、肾以外的可食分。

（14）肌肉（Muscle）：仅指肌肉组织。

（15）蛋（Egg）家养母禽所产的带壳蛋。

（16）奶（Milk）：由正常乳房分泌而得，经一次或多次挤奶，既无加入也未经提取的奶。此术语也可用于处理过但未改变其组分的奶，或根据国家立法已将脂肪含量标准化处理过的奶。

（17）其他食品动物（All Other Food Producing Species）：各品种项下明确规定的动物种类以外的其他所有食品动物。

此外，该标准未规定兽药残留相应的检验方法标准，因此现行有效的检测方法均可使用，而对于尚无检测方法的兽药残留，要加强动物性食品的供应商管理，规范养殖业的兽药使用。

4. 应用实例

有些列入 GB 31650—2019《食品安全国家标准　食品中兽药最大残留限量》的兽药也是杀虫剂且列入了 GB 2763—2021《食品安全国家标准　食品中农药最大残留限量》，其合规性要根据其具体用途进行判断。如果作为兽药使用应符合 GB 31650 的规定，如果作为杀虫剂使用在谷类作物或油料作物上，食品动物食用该草料或谷类而导致兽药残留，则应符合 GB 2763 的规定。

有些兽药产蛋期禁用或泌乳期禁用，如果使用蛋鸡产蛋期或乳畜泌乳期禁用的药物，或在鸡蛋、牛奶中检出相关药物的残留，属于养殖环节超范围、不规范用药范畴。

以阿维菌素为例，其既是一种抗线虫药也是一种杀虫剂，GB 31650 又规定禁止泌乳期的牛羊使用阿维菌素，如果在生牛（羊）乳中检出阿维菌素，不能简单判定不合格，应具体分析其原因并排除饲料带入的可能性。

9.3　主要的食品标准

截至 2022 年 2 月底，我国已发布食品产品标准 82 项，其中普通食品 71 项，特殊食品 11 项（包括 1 项保健食品标准）。

9.3.1　粮食及粮食制品

现行有效粮食及粮食制品国家安全标准有 9 项（表 9-6）。

表 9-6　粮食及粮食制品国家安全标准

序号	标准号	标准名称	发布日期	实施日期
1	GB 2715—2016	《食品安全国家标准　粮食》	2016 年 12 月 23 日	2017 年 6 月 23 日
2	GB 19295—2021	《食品安全国家标准　速冻面米与调制食品》	2011 年 11 月 21 日	2011 年 12 月 21 日
3	GB 2711—2014	《食品安全国家标准　面筋制品》	2014 年 12 月 24 日	2015 年 5 月 24 日
4	GB 2713—2015	《食品安全国家标准　淀粉制品》	2015 年 9 月 22 日	2016 年 9 月 22 日
5	GB 17400—2015	《食品安全国家标准　方便面》	2015 年 9 月 22 日	2016 年 9 月 22 日

续表

序号	标准号	标准名称	发布日期	实施日期
6	GB 7099—2015	《食品安全国家标准　糕点面包》	2015年9月22日	2016年9月22日
7	GB 7100—2015	《食品安全国家标准　饼干》	2015年9月22日	2016年9月22日
8	GB 31637—2016	《食品安全国家标准　食用淀粉》	2016年12月23日	2017年6月23日
9	GB 19640—2016	《食品安全国家标准　冲调谷物制品》	2016年12月23日	2017年6月23日

1. 粮食

GB 2715—2016《食品安全国家标准　粮食》，适用于供人食用的原粮和成品粮，包括谷物、豆类、薯类等，但不适用于加工食用油的原料，后者应符合GB 19641—2015《食品安全国家标准　食用植物油料》。原粮是指未经加工的谷物、豆类、薯类等的统称。成品粮是指原粮经机械等方式加工的初级产品，如大米、小麦粉等。该项标准的技术指标主要包括感官要求、理化指标和有毒有害菌类、植物种子限量。主要的技术要求如下。

（1）感官要求：规定小麦热损伤粒、所有粮食的霉变粒要求。

（2）理化指标：规定了木薯粉中的总氢氰酸、高粱粉和高粱米中单宁限量指标。

（3）有毒有害菌类、植物种子限量：规定了麦角、毒麦和曼陀罗属（*Datura spp.*）及其他有毒植物的种子。其他项目直接引用通用标准的相关规定。麦角是禾本科植物（如小麦、大麦、黑麦等）被麦角菌感染所形成的黑色物质，因为形状像动物的角，所以又称麦角。麦角中含有麦角碱、麦角胺、麦碱等多种有毒的麦角生物碱。

2. 速冻面米制品

GB 19295—2021《食品安全国家标准　速冻面米与调制食品》适用于预包装速冻面米制品。速冻面米制品是指以小麦粉、大米、杂粮等谷物为主要原料，或同时配以肉、禽、蛋、水产品、蔬菜、果料、糖、油、调味品等单一或多种配料为馅料，经加工成型（或熟制）、速冻而成的食品，如速冻水饺、速冻小笼包子等。

速冻是指使产品迅速通过其最大冰结晶区域，当平均温度达到-18℃时，完成冻结加工工艺的冻结方法。

该项标准对以动物性食品或坚果类为主要馅料原料的产品，规定了过氧化值；对生制品规定了沙门氏菌、金黄色葡萄球菌限量，对熟制品规定了指示菌（菌落总数、大肠菌群）的限量以及致病菌（沙门氏菌、金黄色葡萄球菌）限量，熟制品的致病菌限量与GB 29921—2021《食品安全国家标准　预包装食品中致病菌限量》一致。

3. 面筋制品

GB 2711—2014《食品安全国家标准　面筋制品》适用于预包装面筋制品。面筋制品是以小麦粉为原料经加工去除淀粉后制得的谷蛋白产品，包括油面筋、水面筋和烤麸及其制品。该项标准主要规定了大肠菌群限量，致病菌及其他污染物直接引用通用标准的规定。

4. 淀粉及淀粉制品

淀粉及淀粉制品相关标准包括 GB 31637—2016《食品安全国家标准　食用淀粉》和 GB 2713—2015《食品安全国家标准　淀粉制品》2 项。

（1）食用淀粉是指以谷类、薯类、豆类以及各种可食用植物为原料，通过物理方法提取且未经改性的淀粉（碳水化合物），或者在淀粉分子上未引入新化学基团且未改变淀粉分子中的糖苷键类型的变性淀粉（包括预糊化淀粉、湿热处理淀粉、多孔淀粉和可溶性淀粉等）。根据原料来源食用淀粉可分为谷类淀粉、薯类淀粉、豆类淀粉和其他淀粉。

（2）淀粉制品是指以薯类、豆类、谷类等植物中的一种或几种制成的食用淀粉为原料，经和浆、成型、干燥（或不干燥）等工艺加工制成的产品，如粉条、粉丝、粉皮、凉粉等。

（3）2 项标准的共同点是均对菌落总数、大肠菌群设定了限量要求，不同点是 GB 31637—2016《食品安全国家标准　食用淀粉》设定了霉菌酵母限量要求；而 GB 2763—2021《食品安全国家标准　食品中农药最大残留限量》设定了致病菌限量要求，规定其应符合 GB 29921—2021《食品安全国家标准　食品中致病菌限量》中熟制粮食制品的要求，但没有设定霉菌酵母的限量要求。其他项目直接引用通用标准的相关规定。

（4）淀粉制品中粉丝、粉条在加工过程中只允许添加硫酸铝钾（钾明矾）或硫酸铝铵（铵明矾）等含铝食品添加剂，使用量应符合 GB 2760—2014《食品安全国家标准　食品添加剂使用标准》的规定。

5. 面包糕点、饼干、方便面

食品安全国家标准分别规定了糕点面包、饼干和方便面 3 项标准，即 GB 7099—2015《食品安全国家标准　糕点面包》、GB 7100—2015《食品安全国家标准　饼干》、GB 17400—2015《食品安全国家标准　方便面》。

（1）GB 7099—2015《食品安全国家标准　糕点面包》适用于糕点面包。糕点是以谷类、豆类、薯类、油脂、糖、蛋等的一种或几种为主要原料，添加或不添加其他原料，经调制、成型、熟制等工序制成的食品，以及熟制前或熟制后在产品表面或熟制后内部添加奶油、蛋白、可可、果酱等的食品；面包是以小麦粉、酵母、水等为主要原料，添加或不添加其他原料，经搅拌、发酵、整形、醒发、熟制等工艺制成的食品，以及熟制前或熟制后在产品表面或内部添加奶油、蛋白、可可、果酱等的食品。包括焙烤类、油炸类、蒸煮类等。值得注意的是，如在糕点面包中使用的食品添加剂，应当按照 GB 2760—2014《食品安全国家标准　食品添加剂使用标准》的“食品分类系统”添加允许使用的添加剂，在 GB 2760—2014《食品安全国家标准　食品添加剂使用标准》中焙烤类糕点面包属于焙烤食品，馒头、花卷属于小麦粉制品中的发酵面制品；

（2）GB 7100—2015《食品安全国家标准　饼干》适用于各类饼干。饼干是以谷类粉（和/或豆类、薯类粉）等为主要原料，添加或不添加糖、油脂及其他原料，经调粉（或调浆）、成型、烘烤（或煎烤）等工艺制成的食品，以及熟制前或熟制后在产品之间（或表面、或内部）添加奶油、蛋白、可可、巧克力等的食品；

（3）GB 17400—2015《食品安全国家标准　方便面》适用于方便面、方便米粉（米线）、方便粉丝。方便面以小麦粉和/或其他谷物粉、淀粉等为主要原料，添加或不添加辅料，经加工制成的面饼，添加或不添加方便调料的面条类预包装方便食品，包括油炸方便面和非油炸方便面；方便米粉（米线）是以大米为主要原料，添加或不添加辅料，经加工制成的多种形式的米粉（米线）制品，添加或不添加方便调料的预包装方便食品；方便粉丝是以薯类、豆类、谷类淀粉为主要原料，添加或不添加辅料，经加工制成的粉丝饼，添加或不添加方便调料的预包装方便食品；方便调料是以面饼、米线、粉丝以外用于调味和提供营养的可食用物料，如调味料、蔬菜、豆类、畜禽、水产等加工制品，可直接附加于面饼或单独包装。方便调料如为复合调味料，应当符合 GB 31644—2018《食品安全国家标准　复合调味料》。

上述 3 项标准的共同点是均对酸价、过氧化值、菌落总数、大肠菌群以及致病菌（沙门氏菌、金黄色葡萄球菌）规定了限量要求，不同点是方便面标准规定了水分含量限值，酸价和过氧化值仅适用于油炸面饼，但未规定霉菌限量值，而糕点面包及饼干标准规定了霉菌限量值，但未规定水分含量限值。其他项目直接引用通用标准的相关规定。

6. 冲调谷物制品

GB 19640—2016《食品安全国家标准　冲调谷物制品》是由 GB 19640—2005《麦片类卫生标准》发展而来，适用于以谷物或其他淀粉质类原料为主，添加或不添加辅料，经熟制和/或干燥等工艺加工制成，直接冲调或冲调加热后食用的食品，如麦片、芝麻糊、莲子羹、藕粉、杂豆糊、粥等。该项标准对菌落总数、规定了限量要求，致病菌（沙门氏菌、金黄色葡萄球菌）限量、污染物及真菌毒素限量、食品添加剂及营养强化剂的使用直接引用通用标准的相关规定。

9.3.2 食用植物油料、油脂及其制品

食用油脂及其制品的食品安全国家标准 4 项（表 9－7）。

表 9－7　食用油料、油脂及其制品食品安全国家标准

序号	标准号	标准名称	发布日期	实施日期
1	GB 2716—2018	《食品安全国家标准　植物油》	2018 年 6 月 21 日	2018 年 12 月 21 日
2	GB 10146—2015	《食品安全国家标准　食用动物油脂》	2015 年 11 月 13 日	2016 年 5 月 13 日
3	GB 15196—2015	《食品安全国家标准　食用油脂制品》	2015 年 11 月 13 日	2016 年 5 月 13 日
4	GB 19641—2015	《食品安全国家标准　食用植物油料》	2015 年 11 月 13 日	2016 年 5 月 13 日

1. 食用植物油料

GB 19641—2015《食品安全国家标准　食用植物油料》适用于制取食用植物油的油料，如豆、花生、菜籽、芝麻等。该项标准对植物油料的霉变粒、曼陀罗属及其他有毒植物的种子、麦角规定了限量要求。污染物、真菌毒素、农药残留的限量直接引用相关通用标准。

2. 植物油

(1) 使用范围

GB 2716—2018《食品安全国家标准 植物油》该标准适用于植物原油、食用植物油、食用植物调和油和食品煎炸过程中的各种食用植物油。该标准不适用于食用油脂制品，后者由 GB 15196—2015《食品安全国家标准 食用油脂制品》进行管理。

① 植物原油是以食用植物油料为原料制取的用于加工食用植物油的不直接食用的原料油。

② 食用植物油是以食用植物油料或植物原油为原料制成的食用油脂。

③ 食用植物调和油是用两种及两种以上的食用植物油调配制成的食用油脂。

(2) 理化指标

该项标准对植物原油酸价、过氧化值设定了限量值；对食用植物油的酸价、过氧化值、溶剂残留量及游离棉酚（仅限棉籽油）设定了限量值；对煎炸过程中的食用植物油的酸价、极性组分及游离棉酚（仅限棉籽油）指标设定了限量值。污染物及真菌毒素限量、农药残留限量、食品添加剂和食品营养强化剂的使用直接引用相关通用标准。

(3) 其他规定

① 单一品种的食用植物油中不应掺有其他油脂。

② 食用植物调和油产品应以“食用植物调和油”命名，食用植物调和油的标签标识应注明各种食用植物油的比例，可以注明产品中大于 2%脂肪酸组成的名称和含量（占总脂肪酸的质量分数），格式和要求按该标准附录 A 的规定执行。

3. 食用动物油脂

GB 10146—2015《食品安全国家标准 食用动物油脂》适用于食用动物油脂，但仅包括食用猪油、牛油、羊油、鸡油和鸭油。

该项标准主要对食用动物油脂的酸价、过氧化值、丙二醛规定了限量要求，丙二醛是反映油脂酸败的指标之一，一般是在对动物油的高温反复加热下产生的。污染物限量、兽药残留等直接引用相关通用标准。

4. 食用油脂制品

GB 15196—2015《食品安全国家标准 食用油脂制品》适用于食用氢化油、人造奶油（人造黄油）、起酥油、代可可脂（类可可脂）、植脂奶油、粉末油脂等食用油脂制品。

(1) 食用油脂制品是指经精炼、氢化、酯交换、分提中一种或几种方式加工的动、植物油脂的单品或混合物，添加（或不添加）水及其他辅料，经（或不经过）乳化急冷捏合制造的固状、半固状或流动状的具有某种性能的油脂制品，主要包括以下各种食用油脂制品：

① 食用氢化油是指以食用动、植物油为原料，经氢化和精炼等工艺处理后制得的食品工业用原料油。

② 人造奶油或人造黄油是指以食用动、植物油脂及氢化、分提、酯交换油脂中的一种或几种油脂的混合物为主要原料，添加或不添加水和其他辅料，经乳化、急冷捏合或不经急冷捏合而制成的具有类似天然奶油特色的可塑性或流动性的食用油脂制品。

③ 起酥油是指以精炼的动、植物油脂、氢化油、酯交换油脂或上述油脂的混合物，经急冷捏合或不经急冷捏合加工而成的具有可塑性、乳化性等功能特性的固体状或流体状油脂制品。起酥油与人造奶油的主要区别在于起酥油多不含水相，而且不能直接食用，常用于烘焙食物、食物煎炸用油。

④ 代可可脂是指一类脂肪酸组成与天然可可脂完全不同，而物理性能接近天然可可脂的人造硬酯。由于制作巧克力时无须调温，也称非调温型硬脂。根据采用的原料油脂的不同，可分为月桂酸型硬脂（月桂酸系油脂经选择性氢化，再分别提取其中接近于天然可可脂物理性能的部分，如硬化棕榈仁油）和非月桂酸型硬脂（以大豆油、棉籽、米糠油等非月桂酸是指油脂为原料，通过氢化或选择性氢化成硬脂，再用溶剂结晶提取其物理性能近似于天然可可脂部分，经脱催化剂和脱臭处理制得）。

⑤ 类可可脂是指从天然植物脂（如牛油坚果、棕榈油、婆罗脂、芒果脂等）中提取，经分馏提纯和配制而成的、三甘油脂肪酸组成及特性与天然可可脂极为接近的油脂制品。在制作巧克力时，类可可脂需要进行调温，所以也称调温型硬脂。

（2）该项标准主要对食用油脂制品中的酸价、过氧化值、大肠菌群、霉菌设定了限量要求，污染物限量、兽药残留等直接引用相关通用标准。

9.3.3 调味品

调味品食品安全国家标准共有9项（表9-8）。

表9-8 调味品食品安全国家标准

序号	标准号	标准名称	发布日期	实施日期
1	GB 2717—2018	《食品安全国家标准 酱油》	2018年6月21日	2019年12月21日
2	GB 2719—2018	《食品安全国家标准 食醋》	2018年6月21日	2019年12月21日
3	GB 31644—2018	《食品安全国家标准 复合调味料》	2018年6月21日	2019年12月21日
4	GB 10133—2014	《食品安全国家标准 水产调味品》	2014年12月24日	2015年5月24日
5	GB 2721—2015	《食品安全国家标准 食用盐》	2015年9月22日	2016年9月22日
6	GB 26878—2011	《食品安全国家标准 食用盐碘含量》	2011年9月15日	2012年3月15日
7	GB 2718—2014	《食品安全国家标准 酿造酱》	2014年12月24日	2015年5月24日
8	GB 2720—2015	《食品安全国家标准 味精》	2015年9月22日	2016年9月22日
9	GB 31640—2016	《食品安全国家标准 食用酒精》	2016年12月23日	2017年6月23日

1. 酱油

GB 2717—2018《食品安全国家标准 酱油》适用于酱油。酱油是指以大豆和/或脱脂大豆、小麦和/或小麦粉和/或麦麸为主要原料，经微生物发酵制成的具有特殊色、香、味的液体调味品。

该项标准主要对酱油中理化指标的氨基酸态氮和菌落总数、大肠菌群设定了限量要求，污染物和真菌毒素限量、致病菌限量、食品添加剂和食品强化剂使用等直接引用相关通用标准。

2. 食醋

GB 2719—2018《食品安全国家标准 食醋》适用于食醋，包括食醋和甜醋。

（1）食醋是指以单独或混合使用各种含有淀粉、糖的物料、食用酒精，经微生物发酵酿制而成的液体酸性调味品；

（2）甜醋是指以单独或混合使用糯米、大米等粮食、酒类或食用酒精，经微生物发酵后再添加食醋等辅料制成的食醋。

该项标准主要对食醋中理化指标总酸和菌落总数、大肠菌群设定了限量要求，污染物和真菌毒素限量、食品添加剂、食品强化剂使用等直接引用相关通用标准。该标准特别规定食品添加剂冰乙酸（又名冰醋酸）、冰乙酸（低压羟基化法）不可用于食醋。预包装食醋的标签应标示总酸含量，产品的包装标识上应醒目标出“食醋”或“甜醋”字样。

3. 复合调味料

GB 31644—2018《食品安全国家标准 复合调味料》适用于复合调味料，包括调味料酒、酸性调味液产品等。该标准不适用于水产调味品。复合调味料是指用两种或两种以上的调味料为原料，添加或不添加辅料，经相应工艺制成的可呈液态、半固态或固态的产品。

该标准仅对产品的感官性状进行了规定，未对复合调味料的理化指标进行规定，污染物限量、致病微生物限量、食品添加剂的使用直接引用相关通用标准。

4. 水产调味品

GB 10133—2014《食品安全国家标准 水产调味品》适用于水产调味品。水产调味品是指以鱼、虾、蟹和贝类等水产品为主要原料，经相应工艺加工制成的调味品，如鱼露、虾酱、虾油和蚝油等。

该项标准主要对水产调味品中的菌落总数、大肠菌群设定了限量要求，污染物限量、致病菌限量等直接引用相关通用标准。

5. 食用盐

GB 2721—2015《食品安全国家标准 食用盐》适用于以氯化钠为主要成分，用于食用的食用盐，包括食品工业用盐。根据工艺等可分为精制盐、粉碎盐、日晒盐和低钠盐。

（1）精制盐：是指以卤水或盐为原料，用真空蒸发制盐工艺、机械热压缩蒸发制盐工艺或粉碎、洗涤、干燥工艺制得的食用盐。

（2）粉碎洗涤盐：是指以海盐、湖盐或岩盐为原料，用粉碎、洗涤工艺制得的食用盐。

（3）日晒盐：是指以日晒卤水浓缩结晶工艺制得的食用盐。

（4）低钠盐：是指以精制盐、粉碎洗涤盐、日晒盐等中的一种或几种为原料，为降低钠离子浓度而添加国家允许使用的食品添加剂（如氯化钾等）经加工而成的食用盐。

该项标准主要对食用盐中的氯化钠、氯化钾、碘、钡设定了指标要求，污染物限量、食品添加剂的使用等直接引用相关通用标准。

6. 食用盐碘含量

GB 26878—2011《食品安全国家标准　食用盐碘含量》适用于强化碘的食用盐。食用盐中碘强化剂是指在食用盐中加入的食品营养强化剂，包括碘酸钾、碘化钾和海藻碘。根据《食盐加碘消除碘缺乏危害管理条例》（中华人民共和国国务院令第 163 号）第二章第八条的规定，应主要使用碘酸钾。

该项标准对食用盐中的碘含量设定了要求。在食用盐中加入碘强化剂后，食用盐产品（碘盐）中碘含量的平均水平（以碘元素计）为 20～30 mg/kg，允许波动范围为±30%。各省、自治区、直辖市人民政府卫生行政部门应当在此规定的范围内，根据当地人群实际碘营养水平，选择适合本地情况的食用盐碘含量平均水平。

2011 年，上海市根据本地居民碘营养水平将食用盐碘含量从（35±15）mg/kg 调整为（30±9）mg/kg，2012 年 3 月 15 日开始应依据新国标生产和供应食用碘盐。强化碘的食用盐的其他技术指标应当符合 GB 2721—2015《食品安全国家标准　食用盐》的要求。

7. 酿造酱

GB 2718—2014《食品安全国家标准　酿造酱》适用于酿造酱。该标准不适用于半固态复合调味料。酿造酱是指以谷物和/或豆类为主要原料经微生物发酵而制成的半固态的调味品，如面酱、黄酱、蚕豆酱等。该项标准主要对酿造酱中理化指标氨基酸态氮和大肠菌群设定了限量要求，污染物和真菌毒素限量、致病菌限量等直接引用相关通用标准。

8. 味精

GB 2720—2015《食品安全国家标准　味精》适用于味精，谷氨酸钠（味精）是指以碳水化合物（如淀粉、玉米、糖蜜等糖质）为原料，经微生物（谷氨酸棒状杆菌等）发酵、提取、中和、结晶、分离、干燥而制成的具有特殊鲜味的白色结晶或粉末状调味品。该标准规定了普通味精、加盐味精和增鲜味精的谷氨酸钠含量指标。

（1）加盐味精是指在谷氨酸钠（味精）中，定量添加了精制盐的混合物。

（2）增鲜味精是指在谷氨酸钠（味精）中，定量添加了核苷酸二钠［5′-鸟苷酸二钠（GMP）、5′-肌苷酸二钠（IMP）或呈味核苷酸二钠（IMP+GMP）］等增味剂的混合物。

该项标准对各类味精中谷氨酸钠的含量进行了规定，污染物限量、食品添加剂的使用等直接引用相关通用标准。

9. 食用酒精

GB 31640—2016《食品安全国家标准　食用酒精》适用于食用酒精。食用酒精是指以谷物、薯类、糖蜜或其他可食用农作物为主要原料，经发酵、蒸馏精制而成的，供食品工业使用的含水酒精。该项标准主要对食用酒精中的酒精度、醛（以乙醛计）、甲醇、氰化物（仅适用于以木薯为原料的产品）、铅设定了限量要求，并规定装运食用酒精应使用专用的罐、槽车和不锈钢桶，不应使用铝桶或镀锌容器包装，不应使用未做抗静电处理的容器。

9.3.4 肉及肉制品

肉及肉制品食品安全国家标准共有3项（表9-9）。

表9-9 肉及肉制品食品安全国家标准

序号	标准号	标准名称	发布日期	实施日期
1	GB 2707—2016	《食品安全国家标准　鲜（冻）畜、禽产品》	2016年12月23日	2017年6月23日
2	GB 2726—2016	《食品安全国家标准　熟肉制品》	2016年12月23日	2017年6月23日
3	GB 2730—2015	《食品安全国家标准　腌腊肉制品》	2015年9月22日	2016年9月22日

1. 鲜（冻）畜、禽产品

GB 2707—2016《食品安全国家标准　鲜（冻）畜、禽产品》适用于鲜（冻）畜、禽产品。该标准不适用于即食生肉制品。

鲜（冻）畜、禽产品包括鲜畜、禽肉，冻畜、禽肉和畜、禽副产品三类。鲜畜、禽肉是指活畜（猪、牛、羊、兔等）、禽（鸡、鸭、鹅等）宰杀、加工后，不经过冷冻处理的肉。

冻畜、禽肉是指活畜（猪、牛、羊、兔等）、禽（鸡、鸭、鹅等）宰杀、加工后，在≤-18℃冷冻处理的肉。

畜、禽副产品是指活畜（猪、牛、羊、兔等）、禽（鸡、鸭、鹅等）宰杀、加工后，所得畜禽内脏、头、颈、尾、翅、脚（爪）等可食用的产品。

该项标准主要对鲜（冻）畜、禽产品中反映蛋白质腐败指标——挥发性盐基氮设定了指标要求，污染物限量、农兽药残留限量等直接引用相关通用标准。

2. 熟肉制品

GB 2726—2016《食品安全国家标准　熟肉制品》适用于预包装的熟肉制品。该标准不适用于肉类罐头。该标准替代GB 2726—2005《熟肉制品卫生标准》，而后者适用于预包装和非预包装熟肉制品，也就是说修订后的标准适用范围缩小了，非预包装熟肉制品尚无食品安全国家标准。

熟肉制品是指以鲜（冻）畜、禽产品为主要原料加工制成的产品，包括酱卤肉制品类、熏肉类、烧肉类、烤肉类、油炸肉类、西式火腿类、肉灌肠类、发酵肉制品类、熟肉干制品和其他熟肉制品。

该项标准主要对熟肉制品中的菌落总数（发酵肉制品除外）、大肠菌群设定了限量要求，污染物、致病菌限量等直接引用相关通用标准。

3. 腌腊肉制品

GB 2730—2015《食品安全国家标准　腌腊肉制品》适用于以鲜（冻）畜、禽肉或其可食副产品为原料，添加或不添加辅料，经腌制、烘干（或晒干、风干）等工艺加工而成的非即食肉制品。腌腊肉制品根据加工工艺可分为火腿、腊肉、咸肉、香腊肠。包括以下几类。

（1）火腿是指以鲜（冻）猪后腿为主要原料，配以其他辅料，经修整、腌制、洗刷脱盐、风干发酵等工艺加工而成的非即食肉制品。

（2）腊肉是指以鲜（冻）畜肉为主要原料，配以其他辅料，经腌制、烘干（或晒干、风干）、烟熏（或不烟熏）等工艺加工而成的非即食肉制品。即食生肉制品应该按照DB 31/2004—2012《食品安全地方标准　发酵肉制品》中相关要求执行。

（3）咸肉是指以鲜（冻）畜肉为主要原料，配以其他辅料，经腌制等工艺加工而成的非即食肉制品。

（4）香（腊）肠是指以鲜（冻）畜禽肉为原料，配以其他辅料，经切碎（或绞碎）、搅拌、腌制、充填（或成型）、烘干（或晒干、风干）、烟熏（或不烟熏）等工艺加工而成的非即食肉制品。

该项标准主要对腌腊肉制品中反映油脂酸败指标——过氧化值、三甲胺氮（仅限火腿）设定了指标要求，污染物限量、食品添加剂的使用等直接引用相关通用标准。火腿中三甲胺氮增高，说明原料变质或者加工不当或天热时暴露过久，细菌生长引起变质。

9.3.5　水产品及水产制品

水产品及水产制品食品安全国家标准共有4项（表9-10）。

表9-10　水产品及水产制品国家安全标准

序号	标准号	标准名称	发布日期	实施日期
1	GB 2733—2015	《食品安全国家标准　鲜、冻动物性水产品》	2015年11月13日	2016年5月13日
2	GB 10136—2015	《食品安全国家标准　动物性水产制品》	2015年11月13日	2016年5月13日
3	GB 31602—2015	《食品安全国家标准　干海参》	2015年11月13日	2016年5月13日
4	GB 19643—2016	《食品安全国家标准　藻类及其制品》	2016年12月23日	2017年6月23日

1. 鲜、冻动物性水产品

GB 2733—2015《食品安全国家标准　鲜、冻动物性水产品》适用于鲜、冻动物性水产品，包括海水产品和淡水产品。该项标准主要对鲜、冻动物性水产品中的挥发性盐基氮（活体水产品除外）、组胺（高组胺鱼类）设定了限量要求，对贝类还设定了麻痹性贝类毒素（PSP）、腹泻性贝类毒素（DSP）的限量要求。污染物限量、农兽药残留限量等直接引用相关通用标准。

2. 动物性水产制品

GB 10136—2015《食品安全国家标准　动物性水产制品》适用于以鲜、冻动物性水产品为主要原料，添加或不添加辅料，经相应工艺加工制成的水产制品，包括即食动物性水产制品、预制动物性水产制品以及其他动物性水产制品，不包括动物性水产罐头制品。

（1）即食动物性水产制品是指可直接食用，无须进一步热处理的动物性水产制品，包括即食生制动物性水产制品和熟制动物性水产制品。即食生制动物性水产制品是指以鲜、冻动物性水产品为原料，食用前经洁净加工而不经加热熟制即可直接食用的水产制品，包括腌制生食动物性水产品和即食生食动物性水产品。

① 腌制生食动物性水产品是指以活的泥螺、贝类、淡水蟹和新鲜或冷冻海蟹、鱼子等动物性水产品为原料，采用盐渍或糟、醉加工制成的可直接食用的腌制品。

② 即食生食动物性水产品是指以鲜、活、冷藏、冷冻的鱼类、甲壳类、贝类、头足类等动物性水产品为原料，经洁净加工而未经腌制或熟制的可直接食用的水产品。

③ 熟制动物性水产制品是指以鲜、冻动物性水产品为原料，添加或不添加辅料，经烹调、油炸、熏烤、干制等工艺熟制而成的可直接食用的水产制品。

（2）预制动物性水产制品是指以鲜、冻动物性水产品为原料，添加或不添加辅料，经腌制、干制、调制、上浆挂糊等工艺加工制成的不可直接食用的产品，包括盐渍水产制品、预制水产干制品、鱼糜制品、冷冻挂浆制品、面包屑或面糊包裹鱼块和鱼片等半成品，不包括经清洗（切制或去壳）后冷冻制成的原料水产品。

① 盐渍鱼是指以鲜、冻鱼为原料，经盐腌加工，制成的不可直接食用的盐渍水产制品。

② 预制水产干制品是指以鲜、冻动物性水产品为原料，添加或不添加辅料，经干燥工艺而制成的不可直接食用的水产干制品。

该项标准主要对动物性水产制品中的过氧化值（水产制品）、组胺（高组胺鱼类，指鲐鱼、鲹鱼、竹荚鱼、鲭鱼、鲣鱼、金枪鱼、秋刀鱼、马鲛鱼、青占鱼、沙丁鱼等青皮红肉海水鱼）和挥发性盐基氮、菌落总数和大肠菌群（熟制水产品和即食生制水产品）、寄生虫（即食生制水产品）指标设定了要求，熟制动物性水产制品和即食生制动物性水产制品的致病菌限量直接引用GB 29921—2021《食品安全国家标准　预包装食品中致病菌限量》的相关规定，污染物限量、农兽药残留限量等直接引用相关通用标准。

3. 干海参

GB 31602—2015《食品安全国家标准　干海参》适用于以刺参等海参为原料，经去内脏、煮制、盐渍（或不盐渍）、脱盐（或不脱盐）、干燥等工序制成的产品；或以盐渍海参为原料，经脱盐（或不脱盐）、干燥等工序制成的产品。复水后干重率是指干海参复水后，再烘干所得到的干物质质量的百分率。该项标准主要对干海参中的蛋白质、水分、盐分、水溶性总糖、复水后干重率、含砂量设定了指标要求，污染物限量、兽药残留限量等直接引用相关通用标准。

4. 藻类及其制品

GB 19643—2016《食品安全国家标准　藻类及其制品》适用于可食用的藻类及其制品。

（1）藻类是指一类水生的没有真正根、茎、叶分化的最原始的低等植物。多数为海水藻类，如海带、紫菜、裙带菜、羊栖菜等；少数为淡水藻类，如螺旋藻等。

（2）藻类制品是指以藻类为主要原料，添加或不添加辅料，经相应工艺加工制成的产品。

（3）即食藻类制品是指以藻类为主要原料，按照一定工艺加工制成的可直接食用的藻类产品。

（4）藻类干制品是指以藻类为主要原料，进行选剔、清洗等预处理，采用自然干燥或机械干燥的方法除去藻类组织中大部分水分，添加或不添加辅料制成的产品。

该项标准主要对即食藻类及其制品中的菌落总数、大肠菌群、霉菌设定了限量要求，污染物限量和致病菌限量等直接引用相关通用标准。

9.3.6 乳及乳制品

乳及乳制品食品安全国家标准共有13项（表9-11）。各种乳制品间相互关系见图9-1。

表9-11 乳及乳制品国家安全标准

序号	标准号	标准名称	发布日期	实施日期
1	GB 19301—2010	《食品安全国家标准　生乳》	2010年3月26日	2010年6月1日
2	GB 19645—2010	《食品安全国家标准　巴氏杀菌乳》	2010年3月26日	2010年12月1日
3	GB 25190—2010	《食品安全国家标准　灭菌乳》	2010年3月26日	2010年12月1日
4	GB 25191—2010	《食品安全国家标准　调制乳》	2010年3月26日	2010年12月1日
5	GB 19644—2010	《食品安全国家标准　乳粉》	2010年3月26日	2010年12月1日
6	GB 11674—2010	《食品安全国家标准　乳清粉和乳清蛋白粉》	2010年3月26日	2010年12月1日
7	GB 19302—2010	《食品安全国家标准　发酵乳》	2010年3月26日	2010年12月1日
8	GB 13102—2010	《食品安全国家标准　炼乳》	2010年3月26日	2010年12月1日
9	GB 19646—2010	《食品安全国家标准　稀奶油、奶油和无水奶油》	2010年3月26日	2010年12月1日
10	GB 5420—2021	《食品安全国家标准　干酪》	2021年2月22日	2021年12月22日
11	GB 25192—2010	《食品安全国家标准　再制干酪》	2010年3月26日	2010年12月1日
12	GB 31638—2016	《食品安全国家标准　酪蛋白》	2016年12月23日	2017年6月23日
13	GB 25595—2018	《食品安全国家标准　乳糖》	2018年6月21日	2018年12月21日

1. 生乳

（1）GB 19301—2010《食品安全国家标准　生乳》适用于生乳，不适用于即食生乳。生乳是指从符合国家有关要求的健康奶畜乳房中挤出的无任何成分改变的常乳。产犊后七天的初乳、应用抗生素期间和休药期间的乳汁、变质乳不应用作生乳。

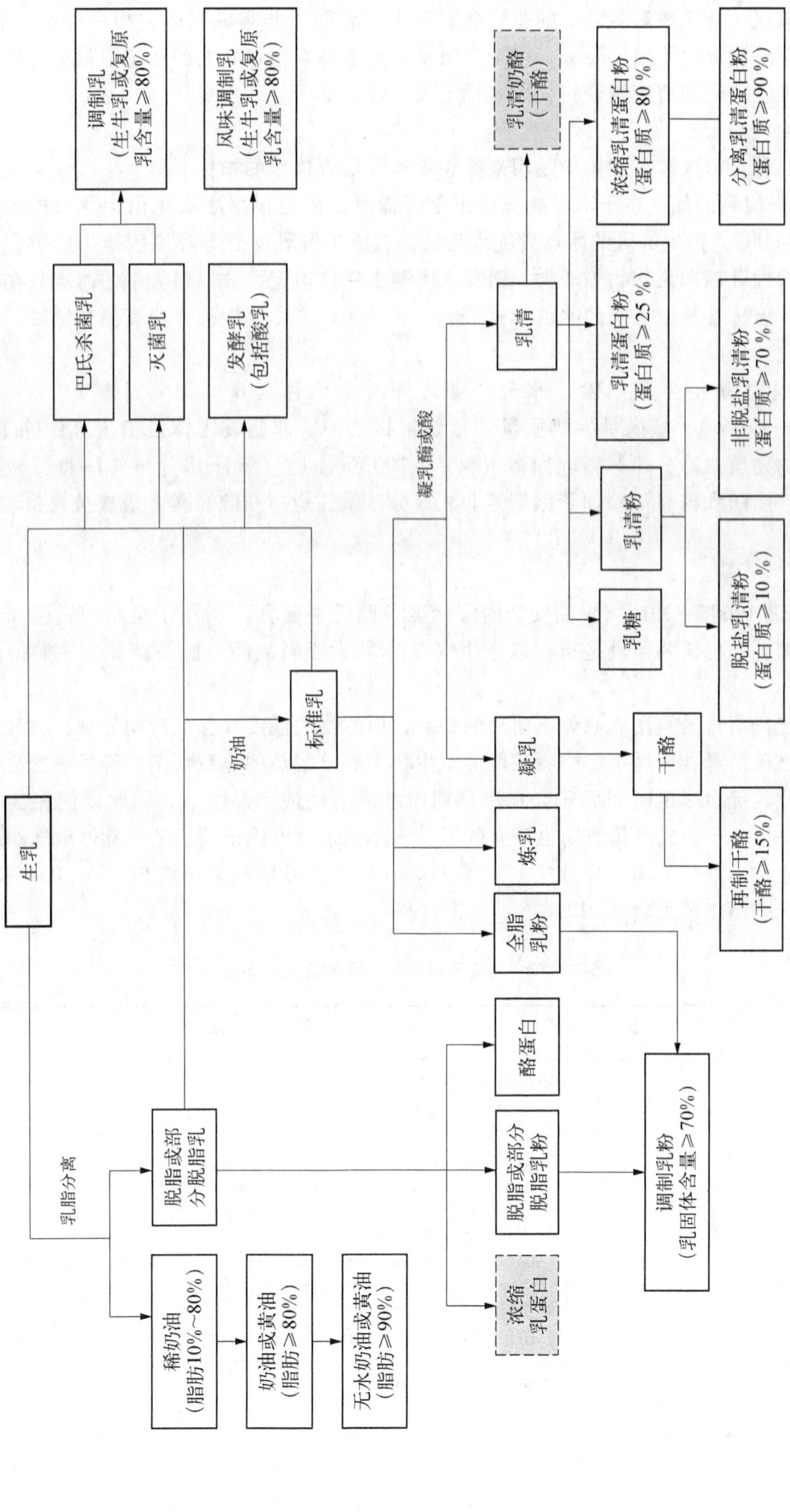

图 9-1 乳及乳制品分类关系图

（2）该项标准主要对生乳中的蛋白质、冰点、脂肪、非脂乳固体、相对密度、杂质度、酸度、菌落总数设定了限量要求，污染物限量、真菌毒素限量、农药残留限量等直接引用相关通用标准，兽药残留应符合相关国家规定及公告。

（3）生乳掺水

冰点、相对密度和乳固体均是用来检验生鲜乳是否掺水的指标。

① 冰点检测的优点在于不仅能检测出是否掺水，还能根据冰点变化计算出掺水量。纯水的冰点为0℃，而生鲜乳的冰点较纯水为低，造成生鲜乳冰点下降原因是牛奶中含有一定浓度的可溶性乳糖和氯化物等盐类，因其浓度基本保持恒定，故原料乳中的冰点只在很小范围内变化，该标准规定生奶的冰点为-0.500~-0.560。当牛奶中掺水或其他杂质时，牛奶冰点发生变化。

② 乳固体是指牛乳中除了水分、糖之外的总固体含量，即乳固体（%）= 100%-水分（%）-糖(%)，是衡量牛奶质量的重要指标之一。非脂乳固体是指生乳中除了脂肪、水分之外的物质总称，即非脂乳固体（%）= 100%-脂肪（%）-水分（%）-糖（%）或为总固体减去脂肪和糖（如添加了蔗糖等非乳成分含量，也应扣除）等非乳成分含量。

2. 巴氏杀菌乳

（1）GB 19645—2010《食品安全国家标准　巴氏杀菌乳》适用于全脂、脱脂和部分脱脂巴氏杀菌乳。巴氏杀菌乳是指仅以生牛（羊）乳为原料，经巴氏杀菌等工序制得的液体产品。

（2）巴氏消毒是利用病原体不耐热的特点，用适当的温度和保温时间处理，将其全部杀灭。经过巴氏消毒处理后牛奶中所残留的微生物主要是耐热的非致病菌，某些酶的活性还未能完全钝化，经过一定时间后还会在保存期内继续活动使产品变质，因此即使在食品冷链（4~10℃）条件下，成品保质期也只有数天。该标准未对巴氏杀菌工艺的具体温度和时间的组合进行规定。根据美国《联邦法典》第21卷133.1及欧盟相关法规EC853/2004，乳及乳制品的巴氏杀菌工艺见表9-12。

表9-12　乳及乳制品的巴氏杀菌工艺参数

温　度	时　间	巴氏杀菌法类型
63℃*	30 min	槽中巴氏杀菌法 (Vat Pasteurization)
72℃*	15 s	高温短时巴氏杀菌法 (High Temperature Short Time Pasteurization, HTST Pasteurization)
89℃	1.0 s	高热瞬时巴氏杀菌法 (Higher-Heat Shorter Time Pasteurization, HHST Pasteurization)
90℃	0.5 s	高热瞬时巴氏杀菌法 (Higher-Heat Shorter Time Pasteurization, HHST Pasteurization)
94℃	0.1 s	高热瞬时巴氏杀菌法 (Higher-Heat Shorter Time Pasteurization, HHST Pasteurization)

续　表

温　度	时　间	巴 氏 杀 菌 法 类 型
96℃	0.05 s	高热瞬时巴氏杀菌法 (Higher-Heat Shorter Time Pasteurization, HHST Pasteurization)
100℃	0.01 s	高热瞬时巴氏消毒法 (Higher-Heat Shorter Time Pasteurization, HHST Pasteurization)

注：* 如果乳制品的脂肪含量达到 10%或以上，或者含有添加的甜味剂，则规定的温度应提高 5℃。

(3) 该项标准主要对巴氏杀菌乳中的蛋白质、脂肪、酸度、非脂乳固体、菌落总数、大肠菌群、金黄色葡萄球菌、沙门氏菌设定了要求，污染物限量、真菌毒素限量等直接引用相关通用标准。需要指出的是，乳及乳制品的致病菌限量在产品标准中进行规定，未在 GB 29921—2013《食品安全国家标准　食品中致病菌限量》中规定。

(4) 该标准对包装标签要求，应在产品包装主要展示面上紧邻产品名称的位置，使用不小于产品名称字号且字体高度不小于主要展示面高度五分之一的汉字标注“鲜牛（羊）奶”或“鲜牛（羊）乳”。

3. 灭菌乳

GB 25190—2010《食品安全国家标准　灭菌乳》适用于全脂、脱脂和部分脱脂灭菌乳。灭菌指达到商业无菌，即不含危害人体健康的致病菌和毒素，不含任何在产品储存、运输及销售期间能繁殖的微生物。

(1) 超高温灭菌乳是指以生牛（羊）乳为原料，添加或不添加复原乳，在连续流动的状态下，加热到至少 132℃并保持很短时间的灭菌，再经无菌灌装等工序制成的液体产品。

(2) 保持灭菌乳是指以生牛（羊）乳为原料，添加或不添加复原乳，无论是否经过预热处理，在灌装并密封之后经灭菌等工序制成的液体产品。

该项标准主要对灭菌乳中的脂肪、酸度、非脂乳固体、蛋白质设定了指标要求，微生物指标应符合商业无菌的要求，污染物限量、真菌毒素限量等直接引用相关通用标准。

(3) 标签要求：灭菌乳的标签除了应符合 GB 7718 的规定之外，还应符合以下要求：

① 仅以生牛（羊）乳为原料的超高温灭菌乳应在产品包装主要展示面上紧邻产品名称的位置，使用不小于产品名称字号且字体高度不小于主要展示面高度五分之一的汉字标注“纯牛（羊）奶”或“纯牛（羊）乳”；

② 全部用乳粉生产的灭菌乳应在产品名称紧邻部位标明“复原乳”或“复原奶”；在生牛（羊）乳中添加部分乳粉生产的灭菌乳应在产品名称紧邻部位标明“含××%复原乳”或“含××%复原奶”，“××%”是指所添加乳粉占灭菌乳中全乳固体的质量分数；

③“复原乳”或“复原奶”与产品名称应标识在包装容器的同一主要展示版面；标识的“复原乳”或“复原奶”字样应醒目，其字号不小于产品名称的字号，字体高度不小于主要展示版面高度的五分之一。

4. 调制乳

GB 25191—2010《食品安全国家标准　调制乳》适用于全脂、脱脂和部分脱脂调制乳。

调制乳是指以不低于80%的生牛（羊）乳或复原乳为主要原料，添加其他原料或食品添加剂或营养强化剂，采用适当的杀菌或灭菌等工艺制成的液体产品。该项标准主要对调制乳中的脂肪、蛋白质、菌落总数、大肠菌群、金黄色葡萄球菌、沙门氏菌设定了要求，污染物限量、真菌毒素限量等直接引用相关通用标准。

5. 乳粉

（1）GB 19644—2010《食品安全国家标准　乳粉》适用于全脂、脱脂、部分脱脂乳粉和调制乳粉。

① 乳粉是指以生牛（羊）乳为原料，经加工制成的粉状产品；

② 调制乳粉是指以生牛（羊）乳或及其加工制品为主要原料，添加其他原料，添加或不添加食品添加剂和营养强化剂，经加工制成的乳固体含量不低于70%的粉状产品。

（2）该项标准主要对乳粉中的蛋白质、脂肪、复原乳酸度、杂质度、水分、菌落总数、大肠菌群、金黄色葡萄球菌、沙门氏菌设定了要求，污染物限量、真菌毒素限量等直接引用相关通用标准。

（3）食品中的酸味物质对食品的风味有很大影响，且对保持食品颜色的稳定性有着重要的作用。乳粉酸度的测定需要先调配成含干物质12%的复原乳，然后通过滴定法测定，中和100 mL上述复原乳至pH为8.3所消耗的0.1 mol/L氢氧化钠体积，经计算确定其酸度。

6. 乳清粉和乳清蛋白粉

（1）GB 11674—2010《食品安全国家标准　乳清粉和乳清蛋白粉》适用于脱盐乳清粉、非脱盐乳清粉、浓缩乳清蛋白粉、分离乳清蛋白粉等产品。

① 乳清是指以生乳为原料，采用凝乳酶、酸化或膜过滤等方式生产奶酪、酪蛋白及其他类似制品时，将凝乳块分离后而得到的液体。

② 乳清粉是指以乳清为原料，经干燥制成的粉末状产品，包括脱盐乳清粉和非脱盐乳清粉。其中脱盐乳清粉是指以乳清为原料，经脱盐、干燥制成的粉末状产品；非脱盐乳清粉是指以乳清为原料，不经脱盐，经干燥制成的粉末状产品。

③ 乳清蛋白粉是指以乳清为原料，经分离、浓缩、干燥等工艺制成的蛋白含量不低于25%的粉末状产品。

（2）该标准适用于浓缩乳清蛋白粉和分离乳清蛋白粉，但未给出术语和定义，根据美国FDA及欧盟相关规定，浓缩乳清粉的蛋白质含量不应低于80%，分离乳清粉的蛋白质含量应不应低于90%。

（3）该项标准主要对乳清粉和乳清蛋白粉中的蛋白质、水分、灰分、乳糖、金黄色葡萄球菌、沙门氏菌设定了限值要求，污染物限量、真菌毒素限量、食品添加剂的使用、营养强化剂的使用等直接引用相关通用标准。

7. 发酵乳

（1）GB 19302—2010《食品安全国家标准　发酵乳》适用于全脂、脱脂和部分脱脂发酵乳。

① 发酵乳是指以生牛（羊）乳或乳粉为原料，经杀菌、发酵后制成的pH降低的产品，

包括酸乳。

② 酸乳是指以生牛（羊）乳或乳粉为原料，经杀菌，接种嗜热链球菌和保加利亚乳杆菌（德氏乳杆菌保加利亚亚种）发酵制成的产品。接种其他可用于食品的菌种（应为国家卫生健康委批准的“可用于食品的菌种”）发酵制成的产品，其名称应当标识为“发酵乳”而不应当标识“酸乳”。也就是说，发酵乳包括酸乳，酸乳是接种了特定菌种的发酵乳。

③ 风味发酵乳是指以80%以上生牛（羊）乳或乳粉为原料，添加其他原料，经杀菌、发酵后pH降低，发酵前或后添加或不添加食品添加剂、营养强化剂、果蔬、谷物等制成的产品，包括风味酸乳。

④ 风味酸乳以80%以上生牛（羊）乳或乳粉为原料，添加其他原料，经杀菌、接种嗜热链球菌和保加利亚乳杆菌（德氏乳杆菌保加利亚亚种）后发酵，发酵前或后添加或不添加食品添加剂、营养强化剂、果蔬、谷物等制成的产品。

（2）该项标准主要对发酵乳中的蛋白质、脂肪、非脂乳固体、酸度、大肠菌群、霉菌、乳酸菌数、金黄色葡萄球菌、沙门氏菌、酵母等设定了要求，污染物限量、真菌毒素限量等直接引用相关通用标准。

（3）发酵乳的标签除了应符合GB 7718—2011《食品安全国家标准　预包装食品标签通则》的规定之外，还应符合以下要求。

① 发酵后经热处理的产品应标识“××热处理发酵乳”“××热处理风味发酵乳”“××热处理酸乳/奶”或“××热处理风味酸乳/奶”。

② 全部用乳粉生产的产品应在产品名称紧邻部位标明“复原乳”或“复原奶”；在生牛（羊）乳中添加部分乳粉生产的产品应在产品名称紧邻部位标明“含××%复原乳”或“含××%复原奶”。所谓“××%”是指所添加乳粉占产品中全乳固体的质量分数。

③“复原乳”或“复原奶”与产品名称应标识在包装容器的同一主要展示版面；标识的“复原乳”或“复原奶”字样应醒目，其字号不小于产品名称的字号，字体高度不小于主要展示版面高度的五分之一。

8. 炼乳

GB 13102—2010《食品安全国家标准　炼乳》适用于淡炼乳、加糖炼乳和调制炼乳。

（1）淡炼乳是指以生乳和（或）乳制品为原料，添加或不添加食品添加剂和营养强化剂，经加工制成的黏稠状产品。如生乳或其他液态乳经热处理和浓缩后水被部分除去的乳或脱脂乳。

（2）加糖炼乳是指以生乳和（或）乳制品、食糖为原料，添加或不添加食品添加剂和营养强化剂，经加工（如生乳或其他液态乳经热处理或浓缩去除部分水分）制成的黏稠状产品。炼乳添加蔗糖可确保产品的稳定性和细菌不易繁殖。

（3）调制炼乳以生乳和（或）乳制品为主料，添加或不添加食糖、食品添加剂和营养强化剂，添加辅料，经加工制成的黏稠状产品。

该项标准主要对炼乳中的蛋白质、水分、脂肪、乳固体、蔗糖、酸度、菌落总数、大肠菌群、金黄色葡萄球菌、沙门氏菌设定了要求，污染物限量、真菌毒素限量以及食品添加剂、营养强化剂等直接引用相关通用标准。产品应标示“本产品不能作为婴幼儿的母乳代用品”或类似警语。

9. 稀奶油、奶油和无水奶油

GB 19646—2010《食品安全国家标准　稀奶油、奶油和无水奶油》适用于稀奶油、奶油和无水奶油。

（1）稀奶油是指以乳为原料，分离出的含脂肪的部分，添加或不添加其他原料、食品添加剂和营养强化剂，经加工制成的脂肪含量为10.0%～80.0%的产品。一般说来，稀奶油是指从液态乳中分离出的高脂肪液态乳制品，可以通过添加全脂乳、浓缩乳、全脂乳粉、脱脂乳、浓缩脱脂奶或脱脂乳粉来调节产品中的奶油含量，通常不少于18%的乳脂。

（2）奶油（黄油）是指以乳和/或稀奶油（经发酵或不发酵）为原料，添加或不添加其他原料、食品添加剂和营养强化剂，经加工制成的脂肪含量不小于80.0%产品。

（3）无水奶油（无水黄油）是指以乳和/或奶油或稀奶油（经发酵或不发酵）为原料，添加或不添加食品添加剂和营养强化剂，经加工制成的脂肪含量不小于99.8%的产品。

该项标准主要对稀奶油、奶油和无水奶油中的水分、脂肪、酸度、非脂乳固体、菌落总数、大肠菌群、霉菌、金黄色葡萄球菌、沙门氏菌设定了要求，其中以罐头工艺或超高温瞬时灭菌工艺加工的稀奶油产品应符合商业无菌的要求。污染物限量、真菌毒素限量等直接引用相关通用标准。

10. 干酪

（1）GB 5420—2021《食品安全国家标准　干酪》适用于干酪。

干酪是指成熟或未成熟的软质、半硬质、硬质或特硬质、可有包衣的乳制品，其中乳清蛋白/酪蛋白的比例不超过牛（或其他奶畜）奶中的相应比例（乳清干酪除外）。干酪可由下述任一方法获得。

① 乳和/或乳制品中的蛋白质在凝乳酶或其他适当的凝乳剂的作用下凝固或部分凝固后（或直接使用凝乳后的凝乳块为原料），添加或不添加发酵菌种食用盐、食品添加剂、食品营养强化剂，排出或不排出（以凝乳后的蛋白质凝块为原料时）乳清经发酵或不发酵等工序制得的固态或半固态产品。

② 加工工艺中包含乳和/或乳制品中蛋白质的凝固过程，并赋予成品与①所描述产品类似的物理、化学和感官特性。

工艺①和②均可以添加有特定风味的其他食品原料（添加量不超过8%），如白砂糖、大蒜、辣椒等。所得固态产品可加工为多种形态，且可以添加其他食品原料（添加量不超过8%）防止产品粘连。有特定风味的其他食品原料和防止产品粘连的其他食品原料总量不超过8%。

干酪可分为成熟干酪、霉菌成熟干酪和未成熟干酪：① 成熟干酪是指生产后不马上使（食）用，应在特定的温度等条件下存放一定时间，以通过生化和物理变化产生该类产品特性的干酪；② 霉菌成熟干酪是指主要通过干酪内部和/或表面的特征霉菌生长而促进其成熟的干酪；③ 未成熟干酪（包括新鲜干酪）是指生产后不久即可使（食）用的干酪。

（2）该项标准主要对干酪的感官和大肠菌群限量设定了要求，污染物限量、真菌毒素限量、致病菌限量等直接引用相关通用标准。

（3）与GB 5420—2010《食品安全国家标准　干酪》相比，新版标准不再要求排出乳清并增加了乳清干酪品种，增加了附录A，规定了硬度和脂肪含量声称的要求和条件。

11. 再制干酪

GB 25192—2010《食品安全国家标准　再制干酪》适用于再制干酪。再制干酪是指以干酪（比例大于15%）为主要原料，加入乳化盐，添加或不添加其他原料，经加热、搅拌、乳化等工艺制成的产品。该项标准主要对再制干酪中的脂肪（干物中）、最小干物质含量、菌落总数、大肠菌群、金黄色葡萄球菌、沙门氏菌、单核细胞增生李斯特氏菌、酵母、霉菌设定了要求，污染物限量、真菌毒素限量等直接引用相关通用标准。其中，脂肪占干物质的百分含量范围与干物质含量要求有关。

12. 酪蛋白

GB 31638—2016《食品安全国家标准　酪蛋白》适用于酸法酪蛋白、酶法酪蛋白和膜分离酪蛋白。

（1）酪蛋白是指以乳和/或乳制品为原料，经酸法或酶法或膜分离工艺制得的产品，它是由α、β、κ和γ及其亚型（酪蛋白）组成的混合物。

（2）酸法酪蛋白是指以乳和/或乳制品为原料，经脱脂、酸化使酪蛋白沉淀，再经过滤、洗涤、干燥等工艺制得的产品。其中蛋白质含量（以干基计）不低于90%，酪蛋白占蛋白质的量不低于95%。

（3）酶法酪蛋白是指以乳和/或乳制品为原料，经脱脂、凝乳酶沉淀酪蛋白，再经过滤、洗涤、干燥等工艺制得的产品。其中蛋白质含量（以干基计）不低于84%，酪蛋白占蛋白质的量不低于95%。

（4）膜分离酪蛋白是指以乳和/或乳制品为原料，经脱脂、膜分离酪蛋白，再经浓缩、杀菌、干燥等工艺制得的产品。其中蛋白质含量（以干基计）不低于84%，酪蛋白占蛋白质的量不低于82%。

该项标准对水分、脂肪、游离酸、菌落总数、大肠菌群、金黄色葡萄球菌、沙门氏菌设定了要求，污染物限量、真菌毒素限量、食品添加剂的使用直接引用相关通用标准。

13. 乳糖

GB 25595—2018《食品安全国家标准　乳糖》适用于食用乳糖。乳糖是指从牛（羊）乳或乳清中提取出来的碳水化合物，以无水或含一分子结晶水的形式存在，或以这两种混合物的形式存在。该项标准主要对乳糖中的乳糖（干基中）、水分、灰分设定了指标要求，污染物限量直接引用通用标准GB 2762—2017《食品安全国家标准　食品中污染物限量》。

9.3.7 蛋及蛋制品

2015年11月13日，原国家卫计委发布GB 2749—2015《食品安全国家标准　蛋与蛋制品》，适用于鲜蛋与蛋制品。

（1）鲜蛋是指各种家禽生产的、未经加工或仅用冷藏法、液浸法、除膜法、消毒法、气调法、干藏法等贮藏方法处理的带壳蛋。

（2）液蛋制品是指以鲜蛋为原料，经去壳、加工处理后制成的蛋制品，如全蛋液、蛋黄液、蛋白液等。

（3）干蛋制品是指以鲜蛋为原料，经去壳、加工处理、脱糖、干燥等工艺制成的蛋制品，如全蛋粉、蛋黄粉、蛋白粉等。

（4）冰蛋制品是指以鲜蛋为原料，经去壳、加工处理、冷冻等工艺制成的蛋制品，如冰全蛋、冰蛋黄、冰蛋白等。

（5）再制蛋是指以鲜蛋为原料，添加或不添加辅料，经盐、碱、糟、卤等不同工艺加工而成的蛋制品，如皮蛋、咸蛋、咸蛋黄、糟蛋、卤蛋等。

该项标准主要对蛋与蛋制品中的菌落总数、大肠菌群设定了限量要求，污染物限量、农药残留限量直接引用相关通用标准，兽药残留限量要求符合国家相关规定及公告。

9.3.8 休闲食品

休闲食品的国家安全标准共有 4 项（表 9 - 13）。

表 9 - 13 休闲食品国家安全标准

序号	标准号	标准名称	发布日期	实施日期
1	GB 17401—2014	《食品安全国家标准 膨化食品》	2014 年 12 月 24 日	2015 年 5 月 24 日
2	GB 19299—2015	《食品安全国家标准 果冻》	2015 年 11 月 13 日	2016 年 5 月 13 日
3	GB 19300—2014	《食品安全国家标准 坚果与籽类食品》	2014 年 12 月 24 日	2015 年 5 月 24 日
4	GB 14884—2016	《食品安全国家标准 蜜饯》	2016 年 12 月 23 日	2017 年 6 月 23 日

1. 膨化食品

GB 17401—2014《食品安全国家标准 膨化食品》适用于预包装膨化食品。

（1）膨化食品是指以谷类、薯类、豆类、果蔬类或坚果籽类等为主要原料，采用膨化工艺制成的组织疏松或松脆的食品。

（2）膨化是指原料受热或压差变化后使体积膨胀或组织疏松的过程。

（3）含油型膨化食品是指用食用油脂煎炸或产品中添加和/或喷洒食用油脂的膨化食品。

（4）非含油型膨化食品是指产品中不添加或不喷洒食用油脂的膨化食品。

该项标准主要对膨化食品中的水分、酸价（以脂肪计）、过氧化值（以脂肪计）、菌落总数、大肠菌群设定了要求，污染物限量真菌毒素限量、食品添加剂和营养强化剂的使用直接引用相关通用标准。致病菌限量应符合 GB 29921—2021《食品安全国家标准 预包装食品中致病菌限量》中熟制粮食制品类的相关要求。

膨化食品包装袋内不应放置任何与食品直接接触的非食用物品（放入的非食用物品如有独立包装，则为非直接接触。其包装材料应符合国家食品包装材料有关标准要求。非食用物品上应标注“非食用”字样），但与食用方式有关且符合相关要求的餐饮具等物品除外。

2. 果冻

GB 19299—2015《食品安全国家标准　果冻》适用于果冻。

（1）果冻是指以水、食糖等为主要原料，辅以增稠剂等食品添加剂，添加或不添加果蔬制品、乳及乳制品等原料，经溶胶、调配、灌装、杀菌、冷却等工序加工而成的胶冻食品。

（2）含乳果冻是指添加乳或乳制品，且蛋白质含量不低于1%的果冻。

该项标准主要对果冻中的菌落总数、大肠菌群、霉菌、酵母设定了限量要求，污染物限量、食品添加剂和营养强化剂的使用等直接引用相关通用标准。未规定致病微生物限量要求。

该项标准还规定，杯形凝胶果冻杯口内径或杯口内侧最大长度应≥3.5 cm；其他凝胶果冻净含量应≥30 g或内容物长度≥6.0 cm。凝胶果冻应在外包装和最小食用包装的醒目位置处，用白底（或黄底）红字标示警示语和食用方法，且文字高度不应小于3 mm。警示语和食用方法应采用下列方法标示"勿一口吞食；三岁以下儿童不宜食用，老人儿童须监护下食用"。

3. 坚果与籽类食品

GB 19300—2014《食品安全国家标准　坚果与籽类食品》适用于生干和熟制的坚果与籽类食品。根据加工方式不同分为：生干坚果与籽类食品、熟制坚果与籽类食品。

该项标准主要对坚果与籽类食品中的霉变粒、过氧化值、酸价、大肠菌群、霉菌（仅适用于烘炒工艺加工的熟制坚果与籽类食品）设定了要求，致病微生物、污染物限量和真菌毒素限量、食品添加剂等直接引用相关通用标准。

4. 蜜饯

GB 14884—2016《食品安全国家标准　蜜饯》适用于各类蜜饯产品。蜜饯是指以果蔬等为主要原料，添加（或不添加）食品添加剂和其他辅料，经糖或蜂蜜或食盐腌制（或不腌制）等工艺制成的制品，包括蜜饯类、凉果类、果脯类、话化类、果糕类和果丹类等。该项标准主要对蜜饯中的菌落总数、大肠菌群、霉菌设定了要求，污染物限量和真菌毒素限量、农药残留限量、食品添加剂使用等直接引用相关通用标准。

蜜饯中食品添加剂的使用应符合GB 2760—2014《食品安全国家标准　食品添加剂使用标准》，GB 2760—2014附录E食品分类系统把蜜饯归为第4类中的蜜饯凉果，具体又分为蜜饯、凉果、果脯、话化、果糕类。

9.3.9　饮料及饮料酒

饮料及饮料酒食品安全国家标准共有6项（表9－14）。

表9－14　饮料及饮料酒食品安全国家标准

序号	标 准 号	标 准 名 称	发布日期	实施日期
1	GB 19298—2014	《食品安全国家标准　包装饮用水》	2014年12月24日	2015年5月24日
2	GB 8537—2018	《食品安全国家标准　饮用天然矿泉水》	2018年6月21日	2018年12月24日

续 表

序号	标准号	标准名称	发布日期	实施日期
3	GB 17325—2015	《食品安全国家标准　食品工业用浓缩液（汁、浆）》	2015年11月13日	2016年5月13日
4	GB 7101—2015	《食品安全国家标准　饮料》	2015年11月13日	2016年5月13日
5	GB 2757—2012	《食品安全国家标准　蒸馏酒及其配制酒》	2012年8月6日	2013年2月1日
6	GB 2758—2012	《食品安全国家标准　发酵酒及其配制酒》	2012年8月6日	2013年2月1日

1. 包装饮用水

GB 19298—2014《食品安全国家标准　包装饮用水》适用于直接饮用的包装饮用水。该标准不适用于饮用天然矿泉水。

（1）包装饮用水：密封于符合食品安全标准和相关规定的包装容器中，可供直接饮用的水。包装饮用水可分为饮用纯净水和其他饮用水两类。

① 饮用纯净水：以符合原料要求的水（来自公共供水系统或非公共供水系统的地下水或地表水）为生产用源水，采用蒸馏法、电渗析法、离子交换法、反渗透法或其他适当的水净化工艺，加工制成的包装饮用水；

② 其他饮用水：按其水源和加工工艺不同可分为两类。其中第一类是指以符合原料要求的、来自非公共供水系统的地下水或地表水为生产用源水，仅允许通过脱气、曝气、倾析、过滤、臭氧化作用或紫外线消毒杀菌过程等有限的处理方法，不改变水的基本物理化学特征的自然来源饮用水；第二类是指以符合原料要求的水（来自公共供水系统或非公共供水系统的地下水或地表水）为生产用源水，经适当的加工处理，可适量添加食品添加剂，但不得添加糖、甜味剂、香精香料或者其他食品配料加工制成的包装饮用水。

（2）该项标准主要对包装饮用水中的余氯（游离氯）、四氯化碳、三氯甲烷、耗氧量（以 O_2 计）、溴酸盐、挥发性酚（以苯酚计）、氰化物（以 CN^- 计）、阴离子合成洗涤剂、总 α 放射性、总 β 放射性、大肠菌群、铜绿假单胞菌设定了要求。污染物限量和食品添加剂的使用直接引用相关通用标准。其中，挥发性酚仅限于蒸馏法加工的饮用纯净水、其他饮用水；氰化物仅限于蒸馏法加工的饮用纯净水；阴离子合成洗涤剂和总 α 放射性仅限于以地表水或地下水为生产用源水加工的包装饮用水。

（3）标签要求：包装饮用水的标签应当符合 GB 7718—2011《食品安全国家标准　预包装食品标签通则》，还应当满足下列规定：① 当包装饮用水中添加食品添加剂时，应在产品名称的邻近位置标示“添加食品添加剂用于调节口味”等类似字样；② 包装饮用水名称应当真实、科学，不得以水以外的一种或若干种成分来命名包装饮用水。

2. 饮用天然矿泉水

（1）GB 8537—2018《食品安全国家标准　饮用天然矿泉水》适用于饮用天然矿泉水。

该项标准对以下术语和定义进行了规定。

① 饮用天然矿泉水：是指从地下深处自然涌出的或经钻井采集的，含有一定量的矿物质、微量元素或其他成分，在一定区域未受污染并采取预防措施避免污染的水；在通常情况下，其化学成分、流量、水温等动态指标在天然周期波动范围内相对稳定。

② 含气天然矿泉水：在不改变饮用天然矿泉水水源水基本特性和主要成分含量的前提下，在加工工艺上，允许通过曝气、倾析、过滤等方法去除不稳定组分，允许回收和填充同源二氧化碳，包装后，在正常温度和压力下有可见同源二氧化碳自然释放起泡的天然矿泉水。

③ 充气天然矿泉水：在不改变饮用天然矿泉水水源水基本特性和主要成分含量的前提下，在加工工艺上，允许通过曝气、倾析、过滤等方法去除不稳定组分，充入食品添加剂二氧化碳而起泡的天然矿泉水。

④ 无气天然矿泉水：在不改变饮用天然矿泉水水源水基本特性和主要成分含量的前提下，在加工工艺上，允许通过曝气、倾析、过滤等方法去除不稳定组分，包装后，其游离二氧化碳含量不超过为保持溶解在水中的碳酸氢盐所必需的二氧化碳含量的天然矿泉水。

⑤ 脱气天然矿泉水：在不改变饮用天然矿泉水水源水基本特性和主要成分含量的前提下，在加工工艺上，允许通过曝气、倾析、过滤等方法去除不稳定组分，除去水中的二氧化碳，包装后，在正常的温度和压力下无可见的二氧化碳自然释放的天然矿泉水。

（2）该项标准要求饮用天然矿泉水产品在规定的7个最低界限指标（锂、锶、锌、偏硅酸、硒、游离二氧化硅、溶解性总固体）中至少有一项指标符合该标准规定。

（3）该项标准规定了饮用天然矿泉水中硒、锑、钡、总铬、锰、镍、银、溴酸盐、硼酸盐、氟化物、耗氧量、挥发酚、氰化物、矿物油、阴离子合成洗涤剂、^{226}Ra放射性和总β放射性共17种金属元素和化合物等的最高限量。该项标准对产品的微生物限量要求没有直接引用GB 29921—2021《食品安全国家标准　预包装食品中致病菌限量》，而是对大肠菌群、粪链球菌、铜绿假单胞菌、产气荚膜梭菌设定了限量值。

（4）该项标准还要求，产品应在水源点附近进行包装，不应用容器将水源水运至异地灌装。预包装产品标签除应符合GB 7718—2011《食品安全国家标准　预包装食品标签通则》的规定外，还应符合下列要求：① 标示天然矿泉水水源点；② 标示产品达标的界限指标、溶解性总固体以及主要阳离子（K^+、Na^+、Ca^{2+}、Mg^{2+}）的含量范围；③ 当氟含量大于1.0 mg/L时，应标注“含氟”字样。

3. 食品工业用浓缩液（汁、浆）

GB 17325—2015《食品安全国家标准　食品工业用浓缩液（汁、浆）》适用于食品工业用浓缩液（汁、浆）。食品工业用浓缩液（汁、浆）是指以水果、蔬菜、茶叶、咖啡等国家允许使用的植物为原料，经加工制成的用于生产饮料或其他食品的浓缩液（汁、浆），如浓缩果蔬汁（浆）、茶浓缩液等。食品工业用浓缩液（汁、浆）必须按一定比例用水稀释后方可饮用。

该项标准主要对食品工业用浓缩液（汁、浆）中的大肠菌群、霉菌和酵母设定了限量要求，致病菌限量应符合GB 29921—2021《食品安全国家标准　预包装食品中致病菌限量》中饮料的规定。污染物限量和真菌毒素限量、食品添加剂的使用等直接引用相关通用标准。

4. 饮料

（1）GB 7101—2015《食品安全国家标准　饮料》适用于饮料。该标准不适用于包装饮用水。饮料（饮品）是指经过定量包装的，供直接饮用或用水冲调饮用的，乙醇含量不超过质量分数为 0.5%的制品。

（2）该项标准主要对饮料中的锌、铜、铁总和，氰化物，脲酶试验等理化指标设定了限量要求。对于微生物限量，致病菌限量应符合 GB 29921 的规定；经商业无菌生产的产品应符合商业无菌的要求，按 GB 4789.26 规定的方法检验；非经商业无菌生产的产品，规定了菌落总数（活菌型乳酸菌饮料不要求），大肠菌群，霉菌，酵母（固体饮料不要求）等的限量要求。污染物限量和真菌毒素限量、农药残留、食品添加剂和营养强化剂的使用等直接引用相关通用标准。

（3）根据 GB 2760—2014《食品安全国家标准　食品添加剂使用标准》附录 E 食品分类是指统以及 GB/T 10789—2015《饮料通则》的规定，饮料可分为包装饮用水、果蔬汁类及其饮料、蛋白饮料、碳酸饮料、茶、咖啡、植物（类）饮料、固体饮料、特殊用途饮料和风味饮料。饮料品种的确定可参照 GB/T 10789—2015 的分类要求执行，饮料中食品添加剂的使用应当按照 GB 2760—2014《食品安全国家标准　食品添加剂使用标准》的食品分类系统执行。

（4）该标准要求乳酸菌饮料产品标签应标明活菌（未杀菌）型或非活菌（杀菌）型，标示活菌（未杀菌）型的产品乳酸菌数应$\geq 10^6$ CFU/g（mL）；含有活菌（未杀菌）型乳酸菌、需冷藏储存和运输的饮料产品应在标签上标识贮存和运输条件。

5. 蒸馏酒及其配制酒

（1）GB 2757—2012《食品安全国家标准　蒸馏酒及其配制酒》适用于蒸馏酒及其配制酒。

① 蒸馏酒是指以粮谷、薯类、水果、乳类等为主要原料，经发酵、蒸馏、勾兑而成的饮料酒。

② 蒸馏酒的配制酒是指以蒸馏酒和/或食用酒精为酒基，加入可食用的辅料或食品添加剂，进行调配、混合或再加工制成的，已改变了其原酒基风格的饮料酒。

（2）该项标准主要对蒸馏酒及其配制酒的甲醇、氰化物设定了指标要求，污染物和真菌毒素限量等直接引用相关通用标准。

（3）蒸馏酒及其配制酒标签，除应标识酒精度、警示语和保质期的外，应符合 GB 7718 的规定；应以“%vol”为单位标示酒精度；应标示“过量饮酒有害健康”，可同时标示其他警示语；酒精度大于等于 10%vol 的饮料酒可免于标示保质期。

6. 发酵酒及其配制酒

（1）GB 2758—2012《食品安全国家标准　发酵酒及其配制酒》适用于发酵酒及其配制酒。

① 发酵酒是指以粮谷、水果、乳类等为主要原料，经发酵或部分发酵酿制而成的饮料酒；

② 发酵酒的配制酒是指以发酵酒为酒基，加入可食用的辅料或食品添加剂，进行调配、混合或加工制成的，已改变了其原酒基风格的饮料酒。

(2) 该项标准主要对发酵酒及其配制酒沙门氏菌、金黄色葡萄球菌限量、啤酒中甲醛限量设定了要求，污染物和真菌毒素限量、食品添加剂使用等直接引用相关通用标准。

(3) 该项标准规定产品的标签标识应符合以下要求：① 发酵酒及其配制酒标签除酒精度、原麦汁浓度、原果汁含量、警示语和保质期的标识外，应符合 GB 7718—2011《食品安全国家标准 预包装食品标签通则》的规定；② 酒精度应以“%vol”为单位标示；③ 啤酒应标示原麦汁浓度，以“原麦汁浓度”为标题，以柏拉图度符号“°P”为单位，果酒(葡萄酒除外）应标示原果汁含量，在配料表中以“××%”表示；④ 应标示“过量饮酒有害健康”，可同时标示其他警示语，用玻璃瓶包装的啤酒应标示如“切勿撞击，防止爆瓶”等警示语；⑤ 葡萄酒和其他酒精度大于等于 10%vol 的发酵酒及其配制酒可免于标示保质期。

9.3.10 甜味料

甜味料食品安全国家标准共有 4 项（表 9-15)。

表 9-15 甜味料食品安全国家标准

序号	标准号	标准名称	发布日期	实施日期
1	GB 13104—2014	《食品安全国家标准 食糖》	2014 年 12 月 24 日	2015 年 5 月 24 日
2	GB 14963—2011	《食品安全国家标准 蜂蜜》	2011 年 4 月 20 日	2011 年 10 月 20 日
3	GB 31636—2016	《食品安全国家标准 花粉》	2016 年 12 月 23 日	2017 年 6 月 23 日
4	GB 15203—2014	《食品安全国家标准 淀粉糖》	2014 年 12 月 24 日	2015 年 5 月 24 日

1. 食糖

GB 13104—2014《食品安全国家标准 食糖》适用于以甘蔗、甜菜为原料生产的原糖、白砂糖、绵白糖、赤砂糖、红糖、方糖和冰糖等。

(1) 原糖是指以甘蔗汁经清净处理、煮炼、结晶、离心分蜜制成的带有糖蜜、不供作直接食用的蔗糖结晶。

(2) 白砂糖是指以甘蔗或甜菜为原料，经提取糖汁、清净处理、煮炼、结晶和分蜜等工艺加工制成的蔗糖结晶。

(3) 绵白糖是指以甜菜或甘蔗为原料，经提取糖汁、清净处理、煮炼、结晶、分蜜并加入适量转化糖浆等工艺制成的晶粒细小、颜色洁白、质地绵软的糖。

(4) 赤砂糖是指以甘蔗为原料，经提取糖汁、清净处理等工艺加工制成的带蜜的棕红色或黄褐色砂糖。

(5) 红糖是指以甘蔗为原料，经提取糖汁、清净处理后，直接煮制不经分蜜的棕红色或黄褐色的糖。

（6）方糖是指由粒度适中的白砂糖，加入少量水或糖浆，经压铸等工艺制成小方块的糖。

（7）冰糖是指砂糖经再溶、清净处理，重结晶而制得的大颗粒结晶糖。

该项标准主要对食糖中的不溶于水杂质设定了指标要求，生物指标规定螨不得检出，污染物限量和食品添加剂的使用等直接引用相关通用标准。

2. 蜂蜜

GB 14963—2011《食品安全国家标准　蜂蜜》适用于蜂蜜，不适用于蜂蜜制品。蜂蜜是指蜜蜂采集植物的花蜜、分泌物或蜜露，与自身分泌物混合后，经充分酿造而成的天然甜物质。蜜蜂采集植物的花蜜、分泌物或蜜露应安全无毒，不得来源于雷公藤（*Tripterygium wilfordii* Hook. F.）、博落回［*Macleaya cordata*（Willd.）R. Br］、狼毒（*Stellera chamaejasme* L.）等有毒蜜源植物。

该项标准主要对蜂蜜中的果糖和葡萄糖、蔗糖、锌（Zn）等理化指标以及菌落总数、大肠菌群、霉菌计数、嗜渗酵母计数、沙门氏菌、志贺氏菌、金黄色葡萄球菌等微生物指标设定了指标要求，污染物限量和农兽药残留限量等直接引用相关通用标准。

3. 花粉

GB 31636—2016《食品安全国家标准　花粉》适用于以工蜂采集形成的团粒（颗粒）状蜂花粉或碎蜂花粉、以人工采集的松花粉和以花粉为单一原料，经净选、干燥、杀菌而制成的花粉产品。该标准不适用于破壁花粉。

（1）花粉是指显花植物雄性生殖细胞；

（2）蜂花粉是指工蜂采集的花粉。单一品种蜂花粉是指工蜂采集一种植物的花粉形成的蜂花粉。杂花粉是指工蜂采集两种或两种以上植物的花粉形成的蜂花粉，或两种及两种以上单一品种蜂花粉的混合物。单一品种蜂花粉，应在标签中标识蜂花粉的品种。

该项标准主要对花粉中的蛋白质、水分、灰分、单一品种蜂花粉的花粉率、酸度、菌落总数、大肠菌群、霉菌设定了要求，污染物限量等直接引用相关通用标准。

4. 淀粉糖

GB 15203—2014《食品安全国家标准　淀粉糖》适用于淀粉糖。

（1）淀粉糖是指以淀粉或淀粉质为原料，经酶法、酸法或酸酶法加工制成的液（固）态产品，包括食用葡萄糖、低聚异麦芽糖、果葡糖浆、麦芽糖、麦芽糊精、葡萄糖浆等。

（2）液体淀粉糖是指以淀粉或淀粉质为原料，经酶法、酸法或酸酶法加工制成的液态糖类产品。

（3）固体淀粉糖是指以淀粉或淀粉质为原料，经酶法、酸法或酸酶法加工，再经浓缩、干燥等处理制成的固态糖类产品。

该项标准主要对淀粉糖的色泽、滋味、气味、状态等感官要求设定了要求，污染物限量和食品添加剂的使用等直接引用相关通用标准。

9.3.11　糖果及巧克力

糖果及巧克力食品安全国家标准有2项（表9－16）。

表9－16　糖果及巧克力食品安全国家标准

序号	标准号	标准名称	发布日期	实施日期
1	GB 17399—2016	《食品安全国家标准　糖果》	2016年12月23日	2017年6月23日
2	GB 678.2—2014	《食品安全国家标准　巧克力、代可可脂巧克力及其制品》	2014年12月24日	2015年5月24日

1. 糖果

GB 17399—2016《食品安全国家标准　糖果》适用于糖果。

（1）糖果是指以食糖或糖浆或甜味剂等为主要原料，经相关工艺制成的甜味食品；

（2）胶基糖果是指以胶基、食糖或糖浆或甜味剂等为主要原料，经相关工艺制成的可咀嚼或可吹泡的糖果。胶基糖果的胶基及其配料应符合GB 29987—2014《食品安全国家标准　食品添加剂　胶基及其配料》。

该项标准主要对糖果中的菌落总数、大肠菌群设定了限量要求，污染物限量和食品添加剂的使用等直接引用相关通用标准。

2. 巧克力、代可可脂巧克力及其制品

（1）GB 9678.2—2014《食品安全国家标准　巧克力、代可可脂巧克力及其制品》适用于巧克力、代可可脂巧克力及其制品。

① 巧克力是指以可可制品（可可脂、可可块或可可液块/巧克力浆、可可油饼、可可粉）和/或白砂糖为主要原料，添加或不添加乳制品、食品添加剂，经特定工艺制成的在常温下保持固体或半固体状态的食品；

② 巧克力制品是指巧克力与其他食品按一定比例，经特定工艺制成的在常温下保持固体或半固体状态的食品；

③ 代可可脂巧克力是指以白砂糖、代可可脂等为主要原料（按原始配料计算，代可可脂添加量超过5%），添加或不添加可可制品（可可脂、可可块或可可液块/巧克力浆、可可油饼、可可粉）、乳制品及食品添加剂，经特定工艺制成的在常温下保持固体或半固体状态，并具有巧克力风味和性状的食品；

④ 代可可脂巧克力制品是指代可可脂巧克力与其他食品按一定比例，经特定工艺制成的在常温下保持固体或半固体状态的食品；

⑤ 可可脂是指可可豆中的脂肪；

⑥ 代可可脂是指可全部或部分替代可可脂，来源于非可可的植物油脂（制品）。

（2）该项标准主要对巧克力、代可可脂巧克力及其制品的感官要求设定了要求，致病菌限量、污染物限量和食品添加剂的使用等直接引用相关通用标准。

（3）该项标准对产品的命名进行了规定，代可可脂添加量超过5%（按原始配料计算）的产品应命名为代可可脂巧克力，巧克力成分含量不足25%的制品不应命名为巧克力制品。

9.3.12 其他普通食品

其他普通食品的食品安全国家标准共有10项（表9－17）。

表9－17 其他普通食品的国家安全标准

序号	标准号	标准名称	发布日期	实施日期
1	GB 14932—2016	《食品安全国家标准 食品加工用粕类》	2016年12月23日	2017年6月23日
2	GB 2712—2014	《食品安全国家标准 豆制品》	2014年12月24日	2015年5月24日
3	GB 2759—2015	《食品安全国家标准 冷冻饮品和制作料》	2015年11月13日	2016年5月13日
4	GB 20371—2016	《食品安全国家标准 食品加工用植物蛋白》	2016年12月23日	2017年6月23日
5	GB 31639—2016	《食品安全国家标准 食品加工用酵母》	2016年12月23日	2017年6月23日
6	GB 7096—2014	《食品安全国家标准 食用菌及其制品》	2014年12月24日	2015年5月24日
7	GB 7098—2015	《食品安全国家标准 罐头食品》	2015年11月13日	2016年5月13日
8	GB 14967—2015	《食品安全国家标准 胶原蛋白肠衣》	2015年9月22日	2016年9月22日
9	GB 31645—2018	《食品安全国家标准 胶原蛋白肽》	2018年6月21日	2019年12月21日
10	GB 2714—2015	《食品安全国家标准 酱腌菜》	2015年9月22日	2016年9月22日

1. 食品加工用粕类

GB 14932—2016《食品安全国家标准 食品加工用粕类》适用于食品加工用途的粕类产品。该标准不适用于菜籽粕和棉籽粕。

食品加工用粕类以豆类、谷类、坚果及籽类等为主要原料，去除（或提取）油脂或淀粉后制得的作为食品加工用原料的含有蛋白质的物质。其中主要包括大豆粕、豌豆粕、蚕豆粕、小麦粕、玉米粕、大米粕、核桃粕、杏仁粕、花生粕等产品。

该项标准主要对食品加工用粕类中的溶剂残留量设定了指标要求，污染物限量和真菌毒素限量等直接引用相关通用标准，其中豆类粕产品应符合GB 2762—2017《食品安全国家标准 食品中污染物限量》和GB 2761—2017《食品安全国家标准 食品中真菌毒素限量》中豆类的规定，谷类粕产品应符合GB 2762—2017和GB 2761—2017中谷物及其制品的规定，坚果及籽类粕产品应符合GB 2762—2017和GB 2761—2017中坚果及籽类的规定。

2. 豆制品

GB 2712—2014《食品安全国家标准 豆制品》适用于预包装豆制品。该标准不适用于大豆蛋白粉，大豆蛋白粉应符合 GB 20371—2016《食品安全国家标准　食品加工用植物蛋白》的要求。

豆制品是指以大豆或杂豆为主要原料，经加工制成的食品，包括发酵豆制品、非发酵豆制品和大豆蛋白类制品。发酵豆制品通常包括腐乳、豆豉、纳豆等，非发酵豆制品包括豆腐、豆腐干以及腐竹、腐皮。

该项标准主要对豆制品中的脲酶试验、大肠菌群设定了要求，污染物限量和真菌毒素限量等直接引用相关通用标准。

3. 冷冻饮品和制作料

GB 2759—2015《食品安全国家标准　冷冻饮品和制作料》用于冷冻饮品和制作料。该标准不适用于现制现售的冷冻饮品。

（1）冷冻饮品是指以饮用水、食糖、乳、乳制品、果蔬制品、豆类、食用油脂等其中的几种为主要原料，添加或不添加其他辅料、食品添加剂、食品营养强化剂，经配料、巴氏杀菌或灭菌、凝冻或冷冻等工艺制成的固态或半固态食品，包括冰淇淋、雪糕、雪泥、冰棍、甜味冰、食用冰等。

（2）制作料是指按照终产品配方进行复配，用于经凝冻制作软冰淇淋或软雪糕等产品的液态、固态或粉状产品，包括软冰淇淋浆料、软雪糕浆料和软冰激凌预拌粉等。

该项标准主要对冷冻饮品和制作料中的菌落总数、大肠菌群以及储存、运输和销售设定了要求，污染物限量和致病菌限量等直接引用相关通用标准。

4. 食品加工用植物蛋白

GB 20371—2016《食品安全国家标准　食品加工用植物蛋白》适用于食品加工用途的植物蛋白产品。该标准不适用于棉籽蛋白和菜籽蛋白。

（1）植物蛋白是指以植物为原料，去除或部分去除植物原料中的非蛋白成分（如水分、脂肪、碳水化合物等），蛋白质含量不低于 40% 的产品。其主要产品有豆类（如大豆、豌豆、蚕豆）蛋白、谷类（如小麦、玉米、大米、燕麦）蛋白、坚果及籽类（如花生）蛋白、薯类（如马铃薯）蛋白及其他植物类蛋白。

（2）该项标准主要对食品加工用植物蛋白中的蛋白质、水分、脲酶（尿素酶）活性、菌落总数、大肠菌群设定了要求，污染物限量和真菌毒素限量等直接引用相关通用标准。

5. 食品加工用酵母

GB 31639—2016《食品安全国家标准　食品加工用酵母》适用于食品加工用酵母。

食品加工用酵母是指用于食品加工过程，以糖蜜或淀粉质类原料为主要碳源，加入氮源、磷源等适宜细胞生长的发酵用营养物质，接种酵母菌种，经发酵培养、分离、过滤、干燥等工序制成的能够发酵产生二氧化碳、酒精或增加食品风味等功能的酵母类产品。食品加工用酵母按产品形态可分为鲜酵母（含酵母乳）和干酵母。按产品用途可分为面用酵母和酒用酵母。

该项标准主要对食品加工用酵母中的铅（以 Pb 计，干基计）、总砷（以 As 计，干基计）、金黄色葡萄球菌、沙门氏菌设定了限量要求，食品添加剂的使用等直接引用相关通用标准。

6. 食用菌及其制品

GB 7096—2014《食品安全国家标准　食用菌及其制品》适用于食用菌及其制品。

（1）食用菌是指可食用的大型真菌。多数为担子菌（孢子外生在担子上的真菌），如双孢蘑菇、香菇、草菇、牛肝菌、银耳等。少数为子囊菌（孢子内生于子囊的真菌），如羊肚菌、块菌、虫草等。

（2）食用菌制品是指以食用菌为主要原料，经相关工艺加工制成的食品，包括干制食用菌制品、腌制食用菌制品、即食食用菌制品等。

该项标准主要对食用菌及其制品中的水分、银耳及其制品中米酵菌酸设定了指标要求，污染物限量、农药残留限量、食品添加剂的使用等直接引用相关通用标准。即食食用菌制品致病菌限量应符合 GB 29921—2021《食品安全国家标准　预包装食品中致病菌限量》中即食果蔬制品的规定。

7. 罐头食品

GB 7098—2015《食品安全国家标准　罐头食品》适用于罐头食品。该标准不适用于婴幼儿罐装辅助食品，后者适用于 GB 10770—2010《食品安全国家标准　婴幼儿罐装辅助食品》。根据原料罐头食品可分为畜禽肉类罐头、水产动物类罐头、果蔬类罐头、干果和坚果类罐头、谷类豆类罐头等。

（1）罐头食品是指以水果、蔬菜、食用菌、畜禽肉、水产动物等为原料，经加工处理、装罐、密封、加热杀菌等工序加工而成的商业无菌的罐装食品。

（2）胖听是由于罐头内微生物活动或化学作用产生气体，形成正压，使一端或两端外凸的现象。

（3）商业无菌是指罐头食品经过适度热杀菌后，不含有致病性微生物，也不含有在通常温度下能在其中繁殖的非致病性微生物的状态。

该项标准主要对罐头食品中的组胺（仅适用于鲐鱼、鲹鱼、沙丁鱼罐头）、米酵菌酸（仅适用于银耳罐头）设定了指标要求，微生物限量应符合罐头食品商业无菌要求，番茄罐头霉菌计数（%视野）应小于等于 50，污染物限量和真菌毒素限量、食品添加剂和营养强化剂等直接引用相关通用标准。

8. 胶原蛋白肠衣

GB 14967—2015《食品安全国家标准　胶原蛋白肠衣》适用于以猪、牛皮真皮层的胶原蛋白纤维为原料，加入辅料，经化学和机械处理制成胶原“团状物”，再经挤压、充气成型、干燥、加热定型等工艺制作的用于制作中西式香肠的可食用人造肠衣。

该项标准规定用于生产胶原蛋白肠衣的原料应经检疫合格的新鲜猪皮、牛皮经脱毛处理后剖下的真皮层，禁止使用制革厂鞣制后的皮料。该项标准还对产品的水分、灰分、蛋白质、铅、砷等理化指标，大肠菌群数、沙门氏菌、霉菌限量进行了规定，食品添加剂和营养强化剂的使用直接引用相关通用标准。

9. 胶原蛋白肽

GB 31645—2018《食品安全国家标准　胶原蛋白肽》适用于食品食品加工用途的胶原蛋白肽产品。胶原蛋白肽是指以富含胶原蛋白的新鲜动物组织（包括皮、骨、筋、腱、鳞等）为原料，经过提取、水解、精制生产的、相对分子质量低于 10 000 道尔顿的产品。

对生产胶原蛋白肽的原料，该项标准提出了如下规定。

（1）可以使用的原料：① 屠宰场、肉联厂、罐头厂、菜市场等提供的经检疫合格的新鲜牛、猪、羊和鱼等动物的皮、骨、筋、腱和鳞等；② 制革鞣制工艺前，剪切下的带毛边皮或剖下的内层皮；③ 骨粒加工厂加工的清洁骨粒和自然风干的骨料；④ 可食水生动物鱼鳔、可食棘皮动物、水母等。

（2）禁止使用的原料：① 制革厂鞣制后的任何废料；② 无检验检疫合格证明的牛、猪、羊或鱼等动物的皮、骨、筋、腱和鳞等；③ 经有害物处理过或使用苯等有机溶剂进行脱脂的动物的皮、骨、筋、腱和鳞等。

该项标准针对产品的质量安全主要规定了羟脯氨酸含量、总氮等理化指标，铅、镉、总砷、铬、汞等污染物限量，菌落总数、大肠菌群数等微生物限量，食品工业助剂的使用直接引用 GB 2760—2014《食品安全国家标准　食品添加剂使用标准》。对致病菌限量、兽药残留限量等未提出相关要求。

10. 酱腌菜

GB 2714—2015《食品安全国家标准　酱腌菜》适用于酱腌菜。酱腌菜是指以新鲜蔬菜为主要原料，经腌渍或酱渍加工而成的各种蔬菜制品，如酱渍菜、盐渍菜、酱油渍菜、糖渍菜、醋渍菜、糖醋渍菜、虾油渍菜、发酵酸菜和糟渍菜等。该项标准主要对酱腌菜中的大肠菌群设定了限量要求，污染物、致病菌限量等直接引用相关通用标准。

9.3.13　特殊食品

特殊食品的食品安全国家标准共有 11 项（表 9－18）。

表 9－18　特殊食品的食品安全国家标准

序号	标准号	标准名称	发布日期	实施日期
1	GB 10765—2021	《食品安全国家标准　婴儿配方食品》	2021 年 2 月 22 日	2023 年 2 月 22 日
2	GB 10766—2021	《食品安全国家标准　较大婴儿配方食品》	2021 年 2 月 22 日	2023 年 2 月 22 日
3	GB 10767—2021	《食品安全国家标准　幼儿配方食品》	2021 年 2 月 22 日	2023 年 2 月 22 日
4	GB 10769—2010	《食品安全国家标准　婴幼儿谷类辅助食品》	2010 年 3 月 26 日	2011 年 4 月 1 日
5	GB 10770—2010	《食品安全国家标准　婴幼儿罐装辅助食品》	2010 年 3 月 26 日	2011 年 4 月 1 日

续 表

序号	标 准 号	标 准 名 称	发 布 日 期	实 施 日 期
6	GB 25596—2010	《食品安全国家标准 特殊医学用途婴儿配方食品通则》	2010 年 12 月 21 日	2011 年 2 月 21 日
7	GB 29922—2013	《食品安全国家标准 特殊医学用途配方食品通则》	2013 年 12 月 26 日	2015 年 7 月 1 日
8	GB 22570—2014	《食品安全国家标准 辅食营养补充品》	2014 年 4 月 29 日	2014 年 11 月 1 日
9	GB 24154—2015	《食品安全国家标准 运动营养食品通则》	2015 年 11 月 13 日	2016 年 5 月 13 日
10	GB 31601—2015	《食品安全国家标准 孕妇及乳母营养补充食品》	2015 年 11 月 13 日	2016 年 5 月 13 日
11	GB 16740—2014	《食品安全国家标准 保健食品》	2014 年 12 月 24 日	2015 年 5 月 24 日

1. 婴儿配方食品

GB 10765—2021《食品安全国家标准 婴儿配方食品》适用于 0~6 月龄婴儿食用的配方食品，包括乳基和豆基。

（1）婴儿配方食品：是指适用于正常婴儿食用，其能量和营养成分能满足 0~6 月龄婴儿正常营养需要的配方食品。

（2）乳基婴儿配方食品：是指以乳类及乳蛋白制品为主要蛋白来源，加入适量的维生素、矿物质和/或其他原料，仅用物理方法生产加工制成的产品。

（3）豆基婴儿配方食品：是指以大豆及大豆蛋白制品为主要蛋白来源，加入适量的维生素、矿物质和/或其他原料，仅用物理方法生产加工制成的产品。

该标准对营养素的原料来源有严格要求，①所使用的原料和食品添加剂不应含有麸质，不应使用氢化油脂，不应使用经辐照处理过的原料；② 对碳水化合物、蛋白质、脂肪的来源也有明确规定。

该项标准对婴儿配方食品中的必需成分（蛋白质、脂肪、碳水化合物、维生素、矿物质）、可选择性成分、其他指标、指示微生物限量、脲酶活性等设定了要求。真菌毒素限量、污染物限量、致病微生物限量、食品添加剂和营养强化剂的使用等直接引用相关通用标准，阪崎肠杆菌限量修改为克罗诺杆菌属限量。

与 GB 10765—2010《食品安全国家标准 婴儿配方食品》相比，新版标准修改和增加了部分营养素的最小值或最大值，增加了豆基婴儿配方食品中铁、锌和磷的含量要求，将胆碱由可选择成分修改为必需成分等，增加了附录 A 推荐的婴幼儿配方食品中必需与半必需氨基酸含量值以及附录 B 必需与半必需氨基酸的化学物来源及其质量规格要求。

2. 较大婴儿配方食品

GB 10766—2021《食品安全国家标准 较大婴儿配方食品》由 GB 10767—2010《食品

安全国家标准 较大婴儿和幼儿配方食品》拆分而来，适用于6~12月龄婴儿食用的配方食品。

（1）较大婴儿配方食品：适用于正常较大婴儿食用，其能量和营养成分能满足6~12月龄较大婴儿部分营养需要的配方食品。

（2）乳基较大婴儿配方食品：是指以乳类及乳蛋白制品为主要蛋白来源，加入适量的维生素、矿物质和/或其他原料，仅用物理方法生产加工制成的产品。

（3）豆基较大婴儿配方食品：是指以大豆及大豆蛋白制品为主要蛋白来源，加入适量的维生素、矿物质和/或其他原料，仅用物理方法生产加工制成的产品。

该项标准对营养成分、污染物限量、微生物限量等的要求与GB 10765—2021《食品安全国家标准 婴儿配方食品》基本相同。与GB 10767—2010相比，增加了乳清蛋白和乳糖的比例要求，修改和增加了多数营养素的最小值或最大值，增加了豆基较大婴儿配方食品中蛋白质、铁、锌和磷的含量要求，将锰、硒、胆碱由可选择成分修改为必需成分，增加了附录A推荐的婴幼儿配方食品中必需与半必需氨基酸含量值以及附录B必需与半必需氨基酸的化学物来源及其质量规格要求。

3. 幼儿配方食品

GB 10767—2021《食品安全国家标准 幼儿配方食品》适用于12~36月龄幼儿食用的配方食品。

幼儿配方食品是指以乳类及乳蛋白制品和/或大豆及大豆蛋白制品为主要蛋白来源，加入适量的维生素、矿物质和/或其他原料，仅用物理方法生产加工制成产品，适用于幼儿食用，其营养成分能满足正常幼儿的部分营养需要。

该项标准对较大婴儿和幼儿配方食品的必需成分、可选择性成分、其他指标、污染物限量、真菌毒素限量、微生物限量、脲酶等进行了规定。

与GB 10765—2010相比，对于乳基幼儿配方食品（无乳糖和低乳糖产品除外）增加了乳糖比例要求，乳糖占碳水化合物含量应≥50%，修改和增加了部分营养素的最小值或最大值，增加了豆基婴儿配方食品中铁、锌和磷的含量要求，将胆碱由可选择成分修改为必需成分等。

4. 婴幼儿谷类辅助食品

GB 10769—2010《食品安全国家标准 婴幼儿谷类辅助食品》适用于6月龄以上婴儿和幼儿食用的婴幼儿谷类辅助食品。

（1）婴幼儿谷类辅助食品：是指以一种或多种谷物（如小麦、大米、大麦、燕麦、黑麦、玉米等）为主要原料，且谷物占干物质组成的25%以上，添加适量的营养强化剂和/或其他辅料，经加工制成的适于6月龄以上婴儿和幼儿食用的辅助食品。

（2）婴幼儿谷物辅助食品：是指用牛奶或其他含蛋白质的适宜液体冲调后食用的婴幼儿谷类辅助食品。

（3）婴幼儿高蛋白谷物辅助食品：是指添加了高蛋白质原料，用水或其他不含蛋白质的适宜液体冲调后食用的婴幼儿谷类辅助食品。

（4）婴幼儿生制类谷物辅助食品：是指煮熟后方可食用的婴幼儿谷类辅助食品。

（5）婴幼儿饼干或其他婴幼儿谷物辅助食品：是指可直接食用或粉碎后加水、牛奶或其他适宜液体冲调后食用的婴幼儿谷类辅助食品。

该项标准主要对婴幼儿谷类辅助食品中的基本营养成分指标、可选择性营养成分指标、碳水化合物、其他指标、污染物限量、真菌毒素限量、微生物限量、脲酶等进行了规定。

5. 婴幼儿罐装辅助食品

GB 10770—2010《食品安全国家标准　婴幼儿罐装辅助食品》适用于6月龄以上婴儿和幼儿食用的婴幼儿罐装辅助食品。与GB 10769—2010《食品安全国家标准　婴幼儿谷类辅助食品》比较，GB 10769—2010主要规定以谷物为原料制成的婴幼儿谷物辅助食品，而GB 10770—2010主要规定以畜肉、禽肉、鱼肉以及果蔬类为原料，且经罐头加工工艺达到商业无菌的婴幼儿辅助食品。

（1）婴幼儿罐装辅助食品：是指食品原料经处理、灌装、密封、杀菌或无菌灌装后达到商业无菌，可在常温下保存的适于6月龄以上婴幼儿食用的食品。

（2）泥（糊）状罐装食品：是指吞咽前不需咀嚼的泥（糊）状婴幼儿罐装食品。

（3）颗粒状罐装食品：是指含有5 mm以下的碎块，颗粒大小应保障不会引起婴幼儿吞咽困难、稀稠适中的婴幼儿罐装食品。

（4）汁类罐装食品：是指呈液体状态的婴幼儿罐装食品。

该项标准对理化指标、污染物限量、微生物限量设定了要求，食品添加剂和营养强化剂的使用等直接引用相关通用标准。

6. 特殊医学用途婴儿配方食品通则

GB 25596—2010《食品安全国家标准特 殊医学用途婴儿配方食品通则》适用于特殊医学用途婴儿配方食品。

（1）特殊医学用途婴儿配方食品指针对患有特殊紊乱、疾病或医疗状况等特殊医学状况婴儿的营养需求而设计制成的粉状或液态配方食品。在医生或临床营养师的指导下，单独食用或与其他食物配合食用时，其能量和营养成分能够满足0~6月龄特殊医学状况婴儿的生长发育需求。

（2）常见特殊医学用途婴儿配方食品的类别如下：① 无乳糖配方或低乳糖配方；② 乳蛋白部分水解配方；③ 乳蛋白深度水解配方或氨基酸配方；④ 早产/低出生体重婴儿配方；⑤ 母乳营养补充剂；⑥ 氨基酸代谢障碍配方。

常见的氨基酸代谢障碍有苯丙酮尿症、枫糖尿症、丙酸血症/甲基丙二酸血症、酪氨酸血症、高胱氨酸尿症、戊二酸血症Ⅰ型、异戊酸血症、尿素循环障碍等，其配方食品中应限制的氨基酸种类见表9－19。

表9－19　氨基酸代谢障碍及对应配方食品限制的氨基酸种类

常见的氨基酸代谢障碍	应限制的氨基酸种类
苯丙酮尿症	苯丙氨酸
枫糖尿症	亮氨酸、异亮氨酸、缬氨酸

续 表

常见的氨基酸代谢障碍	应限制的氨基酸种类
丙酸血症/甲基丙二酸血症	异亮氨酸、蛋氨酸、苏氨酸、缬氨酸
酪氨酸血症	苯丙氨酸、酪氨酸
高胱氨酸尿症	蛋氨酸
戊二酸血症Ⅰ型	赖氨酸、色氨酸
异戊酸血症	亮氨酸
尿素循环障碍	非必需氨基酸（丙氨酸、精氨酸、天冬氨酸、天冬酰胺、谷氨酸、谷氨酰胺、甘氨酸、脯氨酸、丝氨酸）

7. 特殊医学用途配方食品通则

GB 29922—2013《食品安全国家标准　特殊医学用途配方食品通则》适用于1岁以上人群的特殊医学用途配方食品。

（1）特殊医学用途配方食品：为了满足进食受限、消化吸收障碍、代谢紊乱或特定疾病状态人群对营养素或膳食的特殊需要，专门加工配制而成的配方食品。该类产品必须在医生或临床营养师指导下，单独食用或与其他食品配合食用。分为全营养配方食品、特定全营养配方食品、非全营养配方食品。

（2）全营养配方食品：可作为单一营养来源满足目标人群营养需求的特殊医学用途配方食品；特定全营养配方食品是指可作为单一营养来源能够满足目标人群在特定疾病或医学状况下营养需求的特殊医学用途配方食品。

（3）非全营养配方食品：可满足目标人群部分营养需求的特殊医学用途配方食品，不适用于作为单一营养来源。

该项标准分别对适用于0~10岁、10岁以上人群的全营养配方食品、特定全营养配方食品、非全营养配方食品、常见的氨基酸代谢障碍配方食品中应限制的氨基酸种类及含量等进行了规定，并对产品的污染物限量、真菌毒素限量、微生物限量、标签和使用说明进行了规定。

产品标签应对产品的配方特点或营养学特征进行描述，并应标示产品的类别和适用人群，同时还应标示“不适用于非目标人群使用”；标签中应在醒目位置标示“请在医生或临床营养师指导下使用”；标签中应标示“本品禁止用于肠外营养支持和静脉注射”。

8. 辅食营养补充品

GB 22570—2014《食品安全国家标准　辅食营养补充品》适用于6~36月龄婴幼儿及37~60月龄儿童食用的辅食营养补充品。

（1）辅助食品是指婴幼儿在6月龄后继续母乳喂养的同时，为了满足营养需要而添加的食品，包括家庭配制的和工厂生产的。

（2）辅食营养补充品是指一种含多种微量营养素（维生素和矿物质等）的补充品，其中含或不含食物基质和其他辅料，添加在6~36月龄婴幼儿即食辅食中食用，也可用于37~60月龄儿童。目前常用的形式有：辅食营养素补充食品、辅食营养素补充片、辅食营养素散剂。

该项标准主要对辅食营养补充品中的必需成分指标、可选择性成分指标、污染物限量、真菌毒素限量、微生物限量、脲酶活性指标和标识设定了要求，食品添加剂和营养强化剂的使用等直接引用相关通用标准。

9. 运动营养食品通则

GB 24154—2015《食品安全国家标准　运动营养食品通则》适用于运动营养食品，即为满足运动人群（指每周参加体育锻炼3次及以上、每次持续时间30分钟及以上、每次运动强度达到中等及以上的人群）的生理代谢状态、运动能力及对某些营养成分的特殊需求而专门加工的食品。

（1）产品按特征营养素（针对能量和蛋白质等的不同需求而设计的运动营养食品）可分为以下三类。① 补充能量类：是指以碳水化合物为主要成分，能够快速或持续提供能量的运动营养食品；② 控制能量类：是指能够满足运动控制体重需求的运动营养食品，含促进能量消耗和能量替代两种；③ 补充蛋白质类：是指以蛋白质和/或蛋白质水解物为主要成分，能够满足机体组织生长和修复需求的运动营养食品，优质蛋白所占比例应不低于50%。

（2）产品按运动项目分类（针对不同运动项目的特殊需求而设计的运动营养食品）可分为三类：① 速度力量类：是指以肌酸为特征成分，适用于短跑、跳高、球类、举重、摔跤、柔道、跆拳道、健美及力量器械练习等人群使用的运动营养食品；② 耐力类：是指以维生素 B_1 和维生素 B_2 为特征成分，适用于中长跑、慢跑、快走、自行车、游泳、划船、有氧健身操、舞蹈、户外运动等人群使用的运动营养食品；③ 运动后恢复类：是指以肽类为特征成分，适用于中、高强度或长时间运动后恢复的人群使用的运动营养食品。

该项标准分别对各类产品的特征营养素技术要求、必须添加和建议添加的成分、营养成分的种类及每日使用量等营养素要求进行了规定，并设定了产品的污染物限量、真菌毒素限量、致病物生物（沙门氏菌、金黄色葡萄球菌）限量。

产品标签应标示“运动营养食品”及所属类别，对于添加了肌酸的产品，要求在标签中标示“孕妇、哺乳期妇女、儿童及婴幼儿不适宜适用”。

10. 孕妇及乳母营养补充食品

（1）GB 31601—2015《食品安全国家标准　孕妇及乳母营养补充食品》适用于孕期妇女和哺乳期妇女的营养补充食品，GB 14880—2012《食品安全国家标准　食品营养强化剂使用标准》及相关公告等国家法律、法规和/或标准另有规定的除外。

孕妇及乳母营养补充食品是指添加优质蛋白质和多种微量营养素（维生素和矿物质等）制成的适宜孕妇及乳母补充营养素的特殊膳食用食品。

（2）该项标准对原料中蛋白质和脂肪（不得使用氢化油脂）的来源作出相关规定，优质蛋白质应来源于大豆、大豆制品、乳类、乳制品中的一种或一种以上，其含量占孕妇及乳母营养补充食品质量的18%~35%；对孕妇及乳母营养补充食品中的必需成分指标（铁、维生素A、维生素D、维生素 B_{12}、叶酸）、可选择性成分指标、污染物限量、真菌毒素限量、微生物限量、脲酶活性指标和标识设定了要求，食品添加剂和营养强化剂的使用等直接引用相关通用标准。

（3）产品标签应符合GB 13432—2013《食品安全国家标准　预包装特殊膳食用食品标签》的规定，食品名称应根据适宜人群标注“孕妇营养补充食品”或“乳母营养补充食品”

或“孕妇及乳母营养补充食品”；还应标注“本品不能代替正常膳食”“本品添加多种微量营养素，与其他同类食品同时食用时应注意用量”

11. 保健食品

(1) GB 16740—2014《食品安全国家标准　保健食品》适用于各类保健食品，是保健食品的通用标准。

保健食品是指声称并具有特定保健功能或者以补充维生素、矿物质为目的的食品，即适用于特定人群食用，具有调节机体功能，不以治疗疾病为目的，并且对人体不产生任何急性、亚急性或慢性危害的食品。

(2) 该项标准主要对保健食品中的污染物限量、微生物限量设定了要求，食品添加剂和营养强化剂的使用等直接引用相关通用标准。

各种保健食品除应符合该标准的要求外，还应符合保健食品注册证书或备案文件的要求。当保健食品注册证书或备案文件与该项标准的规定不一致时，原则上应以注册证书备案文件为准。

9.4　食品添加剂标准

9.4.1　食品添加剂使用标准

1. 历史沿革

我国对食品添加剂的管理最早可以追溯到1954年，原国家卫生部发布了《关于食品中使用糖精剂量的规定》，从此开启了对食品添加剂使用安全的管理。1960年国务院批转了卫生部、国家科委、轻工部提出的《食用合成染料管理暂行办法》，允许使用5种（苋菜红、胭脂红、柠檬黄、苏丹黄、靛蓝）合成色素作为食用合成染料。1967年原卫生部发布的《关于试行八种食品用化工产品（醋酸、苯甲酸、苯甲酸钠、碳酸钠、无水碳酸钠、碳酸氢钠、盐酸及糖精钠）标准及检验方法的联合通知》，规定了8种允许使用的食品添加剂及其质量标准和检验方法。1977年我国首次发布试行标准《食品添加剂使用卫生标准》（GBn 50—1977），后历经1981年、1986年、1996年、2007年、2011年、2014年共6次修订。

2. 使用原则

GB 2760—2014《食品安全国家标准　食品添加剂使用标准》规定了食品添加剂的使用原则、允许使用的食品添加剂品种、使用范围及最大使用量或残留量。食品添加剂的质量规格应当符合相应的食品安全标准或其他质量规格要求。食品添加剂使用时应符合以下基本要求：(1) 不应对人体产生任何健康危害；(2) 不应掩盖食品腐败变质；(3) 不应掩盖食品本身或加工过程中的质量缺陷或以掺杂、掺假、伪造为目的而使用食品添加剂；(4) 不应降低食品本身的营养价值；(5) 在达到预期效果的前提下尽可能降低在食品中的使用量。

3. 使用方法

食品生产经营企业如何选择合规的食品添加剂，如何正确使用食品添加剂，以下几点需要考虑。

首先应当按照标准正文条款的要求使用添加剂，其次应当从 GB 2760—2014《食品安全国家标准　食品添加剂使用标准》的几个附录中选择允许使用的添加剂，并按其规定的最大使用量及其他要求使用添加剂（表 9 - 20）。一般食品添加剂的使用应符合该标准附录 A 的规定，食品用香料及食品用香精的使用应符合该标准附录 B 的规定，食品工业用加工助剂的使用应符合该标准附录 C 的规定，食品类别的判断应根据附录 E。

表 9 - 20　食品添加剂使用标准的附录表

附录 A　食品添加剂的使用规定
表 A.1　食品添加剂的允许使用品种、使用范围以及最大使用量或残留量 表 A.2　可在各类食品中按生产需要适量使用的食品添加剂名单 表 A.3　按生产需要适量使用的食品添加剂所例外的食品类别名单
附录 B　食品用香料使用规定
表 B.1　不得添加食品用香料、香精的食品名单 表 B.2　允许使用的食品用天然香料名单 表 B.3　允许使用的食品用合成香料名单
附录 C　食品工业用加工助剂使用规定
表 C.1　可在各类食品加工过程中使用，残留量不需限定的加工助剂名单（不含酶制剂） 表 C.2　需要规定功能和使用范围的加工助剂名单（不含酶制剂） 表 C.3　食品用酶制剂及其来源名单
附录 D　食品添加剂功能类别
附录 E　食品分类系统
附录 F　附录 A 中食品添加剂使用规定索引

4. 应用实例

（1）某公司从国外进口一种糖果准备在国内销售，该糖果配料表中含有 dl-酒石酸，进口国允许其作为酸度调节剂用于食品。dl-酒石酸作为食品添加剂，已列入我国 GB 2760—2014，但并未允许 dl-酒石酸用于糖果。因此，含有 dl-酒石酸的糖果不能在国内销售，如需要销售，应当先申请扩大其使用范围到糖果类别。

（2）某消费者在某超市购买了某品牌冷冻饮品，发现其配料表中含有可溶性大豆多糖，怀疑为非法添加，经查询，可溶性大豆多糖列在 GB 2760—2014 中，且允许用于冷冻饮品、脂肪类甜品等食品类别中，不属于滥用食品添加剂或添加非食用物质。

9.4.2　营养强化剂使用标准

1. 历史沿革

原国家卫生部于 1986 年颁发《食品营养强化剂使用卫生标准（试行）》，作为首部营养强化剂的国家标准，对赖氨酸、维生素 A、维生素 B_1、维生素 B_2、维生素 C、维生素 D、维生素 PP，以及亚铁盐、钙、锌、碘等 11 种营养强化剂的允许使用范围及最大使用量进行了规定，对当时国内强化食品乱象起到了规范作用。经 1994 年第一次修订颁布为正式标准 GB 14880—1994《食品营养强化剂使用卫生标准》，后在 2012 年再次修订并改名为 GB 14880—2012《食品安全国家标准　食品营养强化剂使用标准》。

2. 营养强化的目的应用原则

该标准规定了食品营养强化的主要目的、使用营养强化剂的要求、可强化食品类别的选择要求以及营养强化剂的使用规定。

（1）营养强化的主要目的

① 弥补食品在正常加工、储存时造成的营养素损失，比如维生素 C 在高温下容易被破坏。

② 在一定地域范围内，有相当规模的人群出现某些营养素摄入水平低或缺乏，通过强化可以改善其摄入水平低或缺乏导致的健康影响。比如通过碘盐预防地方性碘缺乏引起的甲状腺肿或克汀病。

③ 某些人群由于饮食习惯和/或其他原因可能出现某些营养素摄入量水平低或缺乏，通过强化可以改善其摄入水平低或缺乏导致的健康影响。根据《中国居民营养与慢性病状况报告（2015 年）》，我国居民钙、铁、维生素 A、维生素 D 等部分营养素缺乏持续存在，可以通过在食品中选择性地添加入一种或多种微量营养素，以改善人群的营养素缺乏。

④ 补充和调整特殊膳食用食品中营养素和/或其他营养成分的含量。比如遗传性氨基酸代谢缺陷疾病——苯丙酮尿症，由于先天缺失苯丙氨酸代谢酶，使食品中所含苯丙氨酸不能转化，导致苯丙氨酸及其酮酸蓄积并引起疾病，因此苯丙酮尿症食品中不能含有苯丙氨酸。

（2）食品营养强化剂应用原则

① 营养强化剂的使用不应导致人群食用后营养素及其他营养成分摄入过量或不均衡，不应导致任何营养素及其他营养成分的代谢异常。营养素特别是微量营养素是人体必需的，不足或过量均会导致人体健康损害，因此营养强化要基于膳食营养状况的调查结果，不能盲目使用营养强化剂。

② 营养强化剂的使用不应鼓励和引导与国家营养政策相悖的食品消费模式。根据原国家卫计委发布的《中国居民营养与慢性病状况报告（2015 年）》，过去 10 年间，我国城乡居民脂肪摄入量过多，平均膳食脂肪供能比超过 30%，超重肥胖问题凸显。我国的营养政策倡导低糖、低脂，欧美一些国家甚至开征糖税和油税，因此，不应对一些高糖或高脂食品进行强化。

③ 添加到食品中的营养强化剂应能在特定的储存、运输和食用条件下保持质量的稳定。比如维生素 C、维生素 B_1、维生素 B_2不稳定，在贮存运输过程中容易分解，所以强化食品时应采取特别措施加以保护。

④ 添加到食品中的营养强化剂不应导致食品一般特性如色泽、滋味、气味、烹调特性等发生明显不良改变。比如用 β-胡萝卜素作为维生素 A 的化合物来源，强化风味发酵乳时不应导致被强化食品色泽发生明显的改变。

⑤ 不应通过使用营养强化剂夸大食品中某一营养成分的含量或作用误导和欺骗消费者。

3. 使用方法

食品生产经营企业如何选择营养强化剂和被强化的食品，如何正确使用食品营养强化剂。首先要符合标准正文条款要求的营养强化剂使用要求，其次要正确掌握 GB 14880—2012《食品安全国家标准　食品营养强化剂使用标准》附录 A—D 的使用方法。

附录 A 主要规定了允许使用的食品营养强化剂的品种、使用范围及使用量，食品营养强化剂的使用应符合该标准附录 A 的规定。

附录 B 规定了普通食品中允许使用的营养强化剂的化合物来源，选择允许使用的营养强化剂对应的化合物应从该标准附录 B 中查找。

附录 C 规定了特殊膳食用食品的营养强化剂的化合物来源，要强化特殊膳食用食品，营养强化剂及化合物来源选择应符合该标准附录 C 的规定。

附录 D 规定了被强化食品的类别（名称）的说明。

各附录和附表的功能详见表 9－21。

表 9－21　食品营养强化剂标准附录明细表

附录 A　食品营养强化剂使用规定
表 A. 1　营养强化剂的允许使用品种、使用范围及使用量
附录 B　允许使用的营养强化剂化合物来源名单
表 B. 1　允许使用的营养强化剂化合物来源名单
附录 C　允许用于特殊膳食用食品的营养强化剂及化合物来源
表 C. 1　规定了允许用于特殊膳食用食品的营养强化剂及化合物来源 表 C. 2　规定了仅允许用于部分特殊膳食用食品的其他营养成分及使用量
附录 D　食品类别（名称）说明
表 D. 1　食品类别（名称）说明

关于该标准的查询使用方法，食品生产经营企业根据既定目标可以选择以下路径进行查询：

（1）如企业要设计开发强化食品新产品，建议做到以下几点：首先，根据《中国居民营养与慢性病状况报告（2015 年）》选择切实需要强化的营养素（营养强化剂）；其次，查询标准附录 A，在表 A. 1 允许使用的强化剂名单中确认备选的营养强化剂，并根据表 A. 1 中规定的该强化剂的使用范围确定被强化的食品类别；再次，根据表 B. 1 确定该营养强化剂的化合物来源，即实际通过添加哪种化合物达到强化该营养素的目的；最后，把化合物的量折算为营养强化剂的量，并根据表 A. 1 规定的使用量设计产品配方。如果被强化的食品属于特殊膳食用食品，则应按照表 C. 1 和 C. 2 选择和使用营养强化剂。

（2）如企业要了解所购食品原料中的食品营养强化剂是否合规或回应消费者提出的质疑，对于普通食品应通过查询附录 A 和附录 B 确认，对于特殊膳食用食品应通过查询附录 C 进行确定。

4. 应用实例

某消费者购买了某款进口果汁，食用时查看食品标签发现原文标签的配料中添加了维生素A、D-泛酸钙、生物素、葡萄糖酸铜和碘化钾，依据我国GB 148800—2012的规定，上述营养强化剂不允许添加在此类产品当中。因此，该批产品被判定为不合格产品。

9.4.3　食品添加剂的质量安全标准

凡列入GB 2760—2014《食品安全国家标准　食品添加剂使用标准》、GB 14880—2012《食品安全国家标准　食品营养强化剂使用标准》及其相关公告中的物质，方可作为食品添加剂或营养强化剂使用。经批准列入相关标准及其公告的物质，其质量应当符合食品安全国家标准（如抗坏血酸钙应符合GB 1886.43—2015《食品安全国家标准　食品添加剂　抗坏血酸钙》）或其他质量安全标准法规要求。截至2022年2月底，国务院卫生行政部门已发布食品添加剂质量安全标准716项（包括营养强化剂标准53项）。食品添加剂生产企业应确保其生产的产品符合相应质量标准，食品生产经营企业应确保采购的食品添加剂符合相关质量标准，对尚无食品安全国家标准的添加剂，企业应自行评估其安全性，并参照国家推荐标准、国际食品法典标准、欧盟法规、美国法规、日本公定书等的要求组织生产。

9.4.4　食品用香精、香料

现行GB 30616—2020《食品安全国家标准　食品用香精》和GB 29938—2020《食品安全国家标准　食品用香料通则》于2020年9月11日发布，2021年3月11日实施。

GB 30616—2020《食品安全国家标准　食品用香精》适用于食品用香精，香精是由食品用香料与食品用香精辅料组成的用来起香味作用的浓缩调配混合物（只产生咸味、甜味或酸味的配制品除外，也不包括增味剂），食品用香精可以含有或不含有食品用香精辅料。通常不直接用于消费，而是用于食品加工。食品用热加工香味料的原料和工艺要求应符合附录A的规定，食品用香精中允许使用的辅料名单应符合附录B的要求。

食品用香精中可以使用GB 2760—2014《食品安全国家标准　食品添加剂使用标准》允许使用的着色剂、甜味剂和咖啡因，但品种和加入量应与最终食品的要求相一致。食品用香精的标签应符合GB 29924—2013《食品安全国家标准　食品添加剂标识通则》。

GB 29938—2020《食品安全国家标准　食品用香料通则》适用于GB 2760—2014《食品安全国家标准　食品添加剂使用标准》中允许使用且无单独质量规格标准或相关公告规格的食品用香料，属于香料的质量规格标准。食品用天然香料允许使用的提取溶剂名单应符合附录A的规定，海产品来源的食品用天然香料名单应符合附录B的规定，食品用天然单体香料含量应符合附录C的规定，食品用合成香料含量应符合附录D的规定。

9.5　食品相关产品标准

9.5.1　概述

食品相关产品包括用于食品的包装材料、容器、洗涤剂、消毒剂和用于食品生产经营的工具、设备。早在20世纪60年代，1965年国务院批转的五部局联合制定的《食品卫生管理试行条例》[国务院（65）国文办字304号]将食品包装材料正式纳入管理范围。1982年11月19日首次颁布的《中华人民共和国食品卫生法（试行）》将食品容器和包装材料的卫生管理上升到法律的管理范围，规定相关国家卫生标准、卫生管理办法和检验规程由国务院卫生行政部门制定发布（第十四条）。《食品卫生法》试行后，卫生部门从1984年起先后制定了一系列食品容器和包装材料卫生标准及管理办法。2013年，根据《食品安全法》规定，原国家卫计委全面启动食品标准清理整合工作，通过整合食品容器、包装材料卫生标准，形成了较为完善的食品接触材料及制品标准框架体系。截至2021年4月底，已制修订发布《食品接触材料及制品通用安全要求》《食品接触材料及制品用添加剂使用标准》等2项基础标准，13项主要材质类别的产品标准，1项通用卫生规范、52项检验方法标准（表9-22）。

表9-22 主要食品相关产品食品安全国家标准

序号	标准号	标准名称	发布日期	实施日期
1	GB 4806.1—2016	《食品安全国家标准　食品接触材料及制品通用安全要求》	2016年10月19日	2017年10月19日
2	GB 9685—2016	《食品安全国家标准　食品接触材料及制品用添加剂使用标准》	2016年10月19日	2017年4月19日
3	GB 31603—2015	《食品安全国家标准　食品接触材料及制品生产通用卫生规范》	2015年9月21日	2016年9月21日
4	GB 31604.1—2015	《食品安全国家标准　食品接触材料及制品迁移试验通则》	2015年9月22日	2016年9月22日
5	GB 5009.156—2016	《食品安全国家标准　食品接触材料及制品迁移试验预处理方法通则》	2016年10月19日	2017年4月19日
6	GB 4806.2—2015	《食品安全国家标准　奶嘴》	2015年9月22日	2016年9月22日
7	GB 4806.3—2016	《食品安全国家标准　搪瓷制品》	2016年10月19日	2017年4月19日
8	GB 4806.4—2016	《食品安全国家标准　陶瓷制品》	2016年10月19日	2017年4月19日
9	GB 4806.5—2016	《食品安全国家标准　玻璃制品》	2016年10月19日	2017年4月19日
10	GB 4806.6—2016	《食品安全国家标准　食品接触用塑料树脂》	2016年10月19日	2017年4月19日
11	GB 4806.7—2016	《食品安全国家标准　食品接触用塑料材料及制品》	2016年10月19日	2017年4月19日
12	GB 4806.8—2016	《食品安全国家标准　食品接触用纸和纸板材料及制品》	2016年10月19日	2017年4月19日
13	GB 4806.9—2016	《食品安全国家标准　食品接触用金属材料及制品》	2016年10月19日	2017年4月19日
14	GB 4806.10—2016	《食品安全国家标准　食品接触用涂料及涂层》	2016年10月19日	2017年4月19日

续表

序号	标准号	标准名称	发布日期	实施日期
15	GB 4806. 11—2016	《食品安全国家标准　食品接触用橡胶材料及制品》	2016年10月19日	2017年4月19日
16	GB 14930. 1—2015	《食品安全国家标准　洗涤剂》	2015年9月22日	2016年9月22日
17	GB 14934—2016	《食品安全国家标准　消毒餐（饮）具》	2016年10月19日	2017年4月19日
18	GB 14930. 2—2012	《食品安全国家标准　消毒剂》	2012年4月25日	2012年10月25日

9.5.2　通用标准

1. 食品接触材料及制品通用安全要求

GB 4806. 1—2016《食品安全国家标准　食品接触材料及制品通用安全要求》是食品接触材料及制品标准框架体系的纲领性技术法规，其他标准的内容必须在其规定的原则下进行制定。

（1）食品接触材料及制品相关定义

① 食品接触材料及制品是食品相关产品的重要组成部分，是指在正常使用条件下，各种已经或预期可能与食品或食品添加剂（以下简称食品）接触、或其成分可能迁移到食品中的材料和制品，包括食品生产、加工、包装、运输、贮存、销售和使用过程中用于食品的包装材料、容器、工具和设备，及可能直接或间接接触食品的油墨、黏合剂、润滑油等。不包括洗涤剂、消毒剂和公共输水设施。

② 复合材料及制品：由不同材质或相同材质材料通过黏合、热熔或其他方式复合而成的两层或两层以上食品接触材料及制品。

③ 组合材料及制品：由两种或两种以上不同材质或相同材质的材料以装配、焊接、镶嵌等方式组合而成的食品接触材料及制品。

④ 总迁移量：从食品接触材料及制品中迁移到与之接触的食品模拟物中的所有非挥发性物质的总量，以每千克食品模拟物中非挥发性迁移物的毫克数（mg/kg），或每平方分米接触面积迁出的非挥发性迁移物的毫克数（mg/dm^2）表示。对婴幼儿专用食品接触材料及制品，以 mg/kg 表示。

⑤ 总迁移限量（OML）：从食品接触材料及制品中迁移到与之接触的食品模拟物中的所有非挥发性物质的最大允许量，以每千克食品模拟物中非挥发性迁移物的毫克数（mg/kg），或每平方分米接触面积迁出的非挥发性迁移物的毫克数（mg/dm^2）表示。对婴幼儿专用食品接触材料及制品，以 mg/kg 表示。

⑥ 最大使用量：在生产食品接触材料及制品时所加入的某种或某类物质的最大允许量，以质量分数（%）表示。

⑦ 特定迁移量：从食品接触材料及制品中迁移到与之接触的食品或食品模拟物中的某种或某类物质的量，以每千克食品或食品模拟物中迁移物质的毫克数（mg/kg），或食品接触材料及制品与食品或食品模拟物接触的每平方分米面积中迁移物质的毫克数（mg/dm^2）表示。

⑧ 特定迁移限量（SML）：从食品接触材料及制品迁移到与之接触的食品或食品模拟物中的某种或某类物质的最大允许量，以每千克食品或食品模拟物中迁移物质的毫克数（mg/kg），或食品接触材料及制品与食品或食品模拟物接触的每平方分米面积中迁移物质的毫克数（mg/dm^2）表示。

⑨ 特定迁移总量：从食品接触材料及制品中迁移到与之接触的食品或食品模拟物中的两种或两种以上物质的总量，以每千克食品或食品模拟物中指定的某种或某类迁移物质（或基团）的毫克数（mg/kg），或食品接触材料及制品与食品或食品模拟物接触的每平方分米面积中指定的某种或某类迁移物质（或基团）的毫克数（mg/dm^2）表示。

⑩ 特定迁移总量限量［SML（T）］：从食品接触材料及制品中迁移到与之接触的食品或食品模拟物中的两种或两种以上物质的最大允许总量，以每千克食品或食品模拟物中指定的某种或某类迁移物质（或基团）的毫克数（mg/kg），或食品接触材料及制品与食品或食品模拟物接触的每平方分米面积中指定的某种或某类迁移物质（或基团）的毫克数（mg/dm^2）表示。

⑪ 残留量：食品接触材料及制品中某种或某类残留物质的量，以每千克食品接触材料及制品中残留物质的毫克数（mg/kg），或食品接触材料及制品与食品接触的每平方分米面积中残留物质的毫克数（mg/dm^2）表示。

⑫ 最大残留量（QM）：食品接触材料及制品中某种或某类残留物质的最大允许量，以每千克食品接触材料及制品中残留物质的毫克数（mg/kg），或食品接触材料及制品与食品接触的每平方分米面积中残留物质的毫克数（mg/dm^2）表示。

⑬ 非有意添加物质（Non Intentionally Added Substance，NIAS）：食品接触材料及制品中含有的非人为添加的物质，包括原辅材料带入的杂质，在生产、经营和使用等过程中的分解产物、污染物以及残留的反应中间产物。

⑭ 有效阻隔层：食品接触材料及制品中由一层或多层材料组成的屏障，该屏障用于阻止其后的物质迁移到食品中，保证迁移到食品中的未经批准的物质量不超过 0.01 mg/kg，且食品接触材料及制品在推荐的使用条件下与食品接触时符合该标准 3.1 和 3.2 的要求。

（2）食品接触材料及制品的基本要求

食品接触材料及制品在推荐的使用条件下与食品接触时，迁移到食品中的物质的量应符合以下基本要求。

① 食品接触材料及制品在推荐的使用条件下与食品接触时，迁移到食品中的物质水平不应危害人体健康。

② 食品接触材料及制品在推荐的使用条件下与食品接触时，迁移到食品中的物质不应造成食品成分、结构或色香味等性质的改变，不应对食品产生技术功能（有特殊规定的除外）。

③ 食品接触材料及制品中使用的物质在可达到预期效果的前提下应尽可能降低在食品接触材料及制品中的使用量。

④ 食品接触材料及制品中使用的物质应符合相应的质量规格要求。以避免杂质特别是有毒有害杂质的带入。

⑤ 食品接触材料及制品生产企业应对产品中的非有意添加物质进行控制，使其迁移到食品中的量符合①和②的要求。

⑥ 鉴于接触材料品种及工艺的复杂性，该条有针对性地提出企业应对非有意添加物的

安全性负责，并实施自行评估及有效管理。

⑦ 对于不和食品直接接触且与食品之间有有效阻隔层阻隔的、未列入相应食品安全国家标准的物质，食品接触材料及制品生产企业应对其进行安全性评估和控制，使其迁移到食品中的量不超过0.01 mg/kg。致癌、致畸、致突变物质及纳米物质不适用于以上原则，应按照相关法律法规规定执行。

⑧ 食品接触材料及制品的生产应符合GB 31603—2015《食品安全国家标准　食品接触材料及制品生产通用卫生规范》的要求。

(3) 限量要求

限量要求包括一般要求、特殊要求和符合性声明（Declaration of Conformity，DOC）。

① 鉴于食品接触材料材质类别繁多成分复杂，其中所含有毒有害物质难以通过检测手段了解，目前国内外均通过符合性声明解决这一问题。符合性声明是指供方符合性声明，目的是对其声明的对象食品接触材料及制品符合其声明中所提及的法规标准等作出保证，并且明确谁对符合性及该声明承担责任；

② 符合性声明的内容主要包括：声明对象可能迁移到食品中的受限物质（相关标准中有限量要求的物质）和其他危害物质（如非有意添加物）名称、迁移量相关信息等；符合性声明出具方的名称和联系地址；产品识别特征（如产品的名称、类型、生产日期或产品型号等）；对符合性的陈述（如符合的标准编号）；其他与信息追溯相关的信息。

(4) 产品信息

该项标准规定，产品应提供充分的产品信息，包括标签、说明书等标识内容和产品合格证明，以保证有足够信息对食品接触材料及制品进行安全性评估。产品信息内容主要包括：① 产品名称；② 材质类别；③ 产品用途，如食品接触用或类似用语；④ 使用条件，如最高使用温度、时间；⑤ 执行标准：应为或应涵盖食品安全国家标准；⑥ 企业名称、地址等相关信息；⑦ 其他。上述标识内容应优先标示在产品或产品标签上，标签应位于产品最小销售包装的醒目处。当由于技术原因无法将信息全部显示在产品或产品标签上时，可显示在产品说明书或随附文件中。

2. 食品接触材料及制品用添加剂使用标准

(1) 定义

食品接触材料及制品用添加剂是指在食品接触材料及制品生产过程中，为满足预期用途，所添加的有助于改善其品质、特性，或辅助改善品质、特性的物质，包括在食品接触材料及制品生产过程中，所添加的为保证生产过程顺利进行，而不是为了改善终产品品质特性的加工助剂。

(2) 历史沿革

我国对食品容器、包装材料用添加剂标准的制定可以追溯到1988年，原国家卫生部发布了GB 9685—1988《食品容器、包装材料用助剂使用卫生标准》，后历经1994年、2003年、2008年、2016年共4次修订，2008版名称修改为《食品容器、包装材料用添加剂卫生标准》，现行2016年版名称修改为《食品安全国家标准　食品接触材料及制品用添加剂使用标准》。

(3) 标准适用范围

现行GB 9685—2016《食品安全国家标准　食品接触材料及制品用添加剂使用标准》规

定了食品接触材料及制品用添加剂的使用原则、允许使用的添加剂品种、使用范围、最大使用量、特定迁移限量或最大残留量、特定迁移总量限量及其他限制性要求。该项标准也包括了食品接触材料及制品加工过程中所使用的部分基础聚合物的单体或聚合反应的其他起始物。

(4) 使用原则

食品接触材料及制品用添加剂的使用原则规定如下：

① 食品接触材料及制品在推荐的使用条件下与食品接触时，迁移到食品中的添加剂及其杂质水平不应危害人体健康；

② 食品接触材料及制品在推荐的使用条件下与食品接触时，迁移到食品中的添加剂不应造成食品成分、结构或色香味等性质的改变（有特殊规定的除外）；

③ 使用的添加剂在达到预期的效果下应尽可能降低在食品接触材料及制品中的用量；

④ 使用的添加剂应符合相应的质量规格要求；

⑤ 列于 GB 2760—2014《食品安全国家标准　食品添加剂使用标准》的物质，允许用作食品接触材料及制品用添加剂时，不得对所接触的食品本身产生技术功能。

(5) 正面清单

GB 9685—2016《食品安全国家标准　食品接触材料及制品用添加剂使用标准》中以正面清单的形式共列示了 1294 种允许使用的添加剂，并且按照所添加材质的不同，分为塑料、涂料和涂层、橡胶、油墨、黏合剂、纸和纸板、硅橡胶等 7 类材料中允许使用的添加清单（表 9－23）。除了 GB 9685—2016 中列示的物质，符合以下规定的物质也是允许作为食品接触材料及制品的添加剂使用：

① 如在不对食品本身产生技术效果的情况下，允许使用 GB 2760—2014《食品安全国家标准　食品添加剂使用标准》表 A.2“可在各类食品中按生产需要适量使用的食品添加剂”及其相关公告的物质；

② 已批准允许使用物质的酸、醇或酚类物质，其钠盐、钾盐和钙盐（包括酸式盐和复盐），且符合相应酸、醇或酚类添加剂的限制要求；

③ 在不发生化学反应的情况下，该标准允许使用物质的混合物，但该混合物的使用应符合其中所有添加剂的有关规定；

④ 该标准附录中列示物质的含结晶水物质，其使用符合相应物质的限制要求；

⑤ 允许用于食品接触材料及制品的分子量大于 1 000 道尔顿的聚合物（微生物发酵生成的大分子物质除外）。

表 9－23　食品接触材料及制品用添加剂使用标准附录列表

附录 A　食品接触材料及制品允许使用的添加剂及使用要求	
表 A.1	食品接触用塑料材料及制品中允许使用的添加剂及使用要求
表 A.2	食品接触用涂料和涂层中允许使用的添加剂及使用要求
表 A.3	食品接触用橡胶材料及制品中允许使用的添加剂及使用要求
表 A.4	食品接触材料及制品用油墨中允许使用的添加剂及使用要求
表 A.5	食品接触材料及制品用黏合剂中允许使用的添加剂及使用要求
表 A.6	食品接触用纸和纸板材料及制品中允许使用的添加剂及使用要求
表 A.7	其他食品接触材料及制品（硅橡胶等）中允许使用的添加剂及使用要求

续　表

附录 B　特定迁移总量限量［SML（T）］
表 B.1　特定迁移总量限量
附录 C　金属元素特别限制规定
表 C.1　金属元素特别限制规定表
附录 D　各种塑料类材料的缩写含义
表 D.1　塑料材料缩写含义
附录 E　食品接触材料及制品用添加剂检索目录
表 E.1　按照 CAS 号排序的食品接触材料及制品用添加剂检索目录 表 E.2　按照中文名称排序的食品接触材料及制品用添加剂检索目录

9.5.3　产品标准

食品接触材料及制品的材质类别品种繁多，有高分子材料塑料、橡胶，有金属及合金材料，还有陶瓷、玻璃、竹木等材料。各类材质的食品接触材料，其原材料、加工工艺有很大的差别，这使其可能含有的危害因素也有很大的不同。针对各类材质的接触材料所具有的、与食品安全相关的共性因素及用途，将其划分为几个类别，并依材质类别分别制定安全标准，即构成食品接触材料及制品的产品标准。

1. 树脂（聚合物）材料

（1）定义

树脂（聚合物）材料是指以低相对分子质量的单体及其他起始物为主要原料，通过加成聚合、缩合聚合、微生物发酵聚合等聚合反应合成的大分子物质以及化学改性的天然大分子物质，又称聚合物。高分子聚合物类食品接触材料及制品包括塑料、涂料及涂层、橡胶、奶嘴、黏合剂、印刷油墨等。其中，奶嘴、塑料、涂料及涂层、橡胶 5 项标准已经发布实施（表 9－24）。

表 9－24　聚合物食品接触材料及制品食品安全国家标准

序号	标准号	标准名称	发布日期	实施日期
1	GB 4806.2—2015	《食品安全国家标准　奶嘴》	2015 年 9 月 22 日	2016 年 9 月 22 日
2	GB 4806.6—2016	《食品安全国家标准　食品接触用塑料树脂》	2016 年 10 月 19 日	2017 年 4 月 19 日
3	GB 4806.7—2016	《食品安全国家标准　食品接触用塑料材料及制品》	2016 年 10 月 19 日	2017 年 4 月 19 日

续 表

序号	标准号	标准名称	发布日期	实施日期
4	GB 4806.10—2016	《食品安全国家标准　食品接触用涂料及涂层》	2016 年 10 月 19 日	2017 年 4 月 19 日
5	GB 4806.11—2016	《食品安全国家标准　食品接触用橡胶材料及制品》	2016 年 10 月 19 日	2017 年 4 月 19 日

（2）特点

聚合物材质的食品接触材料及制品的共同特点是：

① 实施树脂名单管理制：列入名单的树脂允许使用，且应符合相关的特定迁移限量（Specific Migration Limit，SML）、最大残留量（QM）等；

② 基本要求、添加剂使用、迁移试验等直接引用相关通用标准的要求；

③ 对成品的非特异性安全指标，总迁移量、高锰酸钾消耗量、重金属（以 Pb 计）等进行规定；

④ 迁移试验直接引用 GB 31604.1—2015《食品安全国家标准　食品接触材料及制品迁移试验通则》及其配套标准 GB 5009.156—2016《食品安全国家标准　食品接触材料及制品迁移试验预处理方法通则》；

⑤ 对标签信息均要求供应链各环节应确保安全信息的传递，确保对影响食品安全的有害物质相关信息的可追溯。

（3）塑料食品接触材料及制品

塑料食品接触材料的树脂与材料及制品分别由 2 项标准管理，即 GB 4806.6—2016《食品安全国家标准　食品接触用塑料树脂》和 GB 4806.7—2016《食品安全国家标准　食品接触用塑料材料及制品》。GB 4806.6—2016 整合了 9 项树脂卫生标准和 1 项树脂公告，适用于于制作食品接触用塑料材料及制品的树脂及树脂共混物，包括未经硫化的热塑性弹性体树脂及其共混物。GB 4806.7—2016 整合了 12 项塑料成型品卫生标准，适用于所有食品接触用塑料材料及制品，包括未经硫化的热塑性弹性体材料及制品（经硫化的热塑性弹性体属于橡胶标准的管理范畴）。塑料树脂标准的标签标识除应符合通用安全要求标准 GB 4806.1—2016《食品安全国家标准　食品接触材料及制品通用安全要求》的规定外，还应按照附录 A 在产品标签、说明书或附带文件中标示树脂名称，聚合物共混物应标示所有树脂的名称。食品接触材料及制品生产企业及食品生产经营企业可以根据树脂名称、该标准附录 A，了解所购材料及制品可能含有的受限物质，并对其采取针对性控制措施。

（4）食品接触用橡胶材料及制品

现行 GB 4806.11—2016《食品安全国家标准　食品接触用橡胶材料及制品》整合了 1 项橡胶卫生标准及 1 项相关公告，适用于以天然橡胶、合成橡胶和硅橡胶为主要原料制成的食品接触材料及制品，包括经硫化的热塑性弹性体树脂。

该项标准在其附录 A 中列出了允许使用的橡胶树脂（聚合物），并对迁移试验有特别规定：① 对油脂类食品应选择 50%乙醇溶液（体积分数）作为食品模拟物，其他食品模拟物的选择按照 GB 31604.1—2015《食品安全国家标准　食品接触材料及制品迁移试验通则》

的规定执行；② 对与食品接触温度（T）不超过40℃、接触时间（t）不超过24 h的橡胶材料及制品的总迁移试验条件的选择在该项标准的表3中也有特别规定，其他使用条件下的总迁移试验条件的选择应符合GB 31604.1—2015的要求。

（5）食品接触用涂料及涂层

现行GB 4806.10—2016《食品安全国家标准 食品接触用涂料及涂层》整合了8项涂料卫生标准及1项公告，适用于涂覆在食品接触材料及制品与食品直接接触面上的涂料，及其形成的涂层（膜），该标准不适用于纸涂料及涂层。

该项标准在附录A中列出了允许使用的涂料树脂（聚合物），并规定标签标识除应符合通用标准GB 4806.1—2016《食品安全国家标准 食品接触材料及制品通用安全要求》的规定外，涂层材料及制品还应分别标示基材和涂层的材质名称。

（6）奶嘴

奶嘴作为一类特殊的橡胶制品，因其接触人群的特殊性，标准仍然单独保留。现行GB 4806.2—2015《食品安全国家标准 奶嘴》是对GB 4806.2—1994《橡胶奶嘴卫生标准》的第二次修订，适用于以天然橡胶、顺式-1，4-聚异戊二烯橡胶、硅橡胶为主要原料加工制成的奶嘴，该标准不适用于安抚奶嘴。该项标准规定了N-亚硝胺和N-亚硝胺可生成物（N-亚硝酸盐）、锌、2，6-二叔丁基对甲苯酚、2，2′-亚甲基双（4-甲基-6-叔丁基苯酚）4种物质的特定迁移限量，并在标签标识中规定，如产品含有天然乳胶，应标明“产品含有天然乳胶”。

2. 金属、陶瓷、搪瓷、玻璃

食品接触用金属材料及制品以及陶瓷、搪瓷、玻璃制品等均经过高温煅烧或熔化工艺，因此，其中的危害物质主要为有害重金属（如铅、镉等）。此外，用这些材质制成的制品质地致密阻隔性能好，因此，有害重金属之类的物质一般只能从食品接触的内表面迁移到食品中（表面迁移）。目前我国发布的相关标准见表9-25。

表9-25 金属、陶瓷等食品安全国家标准

序号	标准号	标准名称	发布日期	实施日期
1	GB 4806.3—2016	《食品安全国家标准 搪瓷制品》	2016年10月19日	2017年4月19日
2	GB 4806.4—2016	《食品安全国家标准 陶瓷制品》	2016年10月19日	2017年4月19日
3	GB 4806.5—2016	《食品安全国家标准 玻璃制品》	2016年10月19日	2017年4月19日
4	GB 4806.9—2016	《食品安全国家标准 食品接触用金属材料及制品》	2016年10月19日	2017年4月19日

（1）搪瓷制品

GB 4806.3—2016《食品安全国家标准 搪瓷制品》是对GB 4904—1984《搪瓷食具容器卫生标准》的第一次修订，适用于食品接触用搪瓷制品。该项标准根据搪瓷制品的外形特点分为扁平容器、空心容器、贮存罐，并分别对这些容器的铅、镉制定了限量要求。该项标准还特别规定其迁移试验的食品模拟物仅选择4%（体积分数）的乙酸，迁移试验条件选择 98℃、120 min（烹饪器皿）或 22℃、24 h。

（2）陶瓷制品

GB 4806.4—2016《食品安全国家标准 陶瓷制品》整合取代了 GB 13121—1991《陶瓷食具容器卫生标准》、GB 14147—1993《陶瓷包装容器铅、镉溶出量允许极限》和 GB 12651—2003《与食物接触的陶瓷制品铅、镉溶出量允许极限》，适用于食品接触用陶瓷制品。该项标准根据搪瓷制品的外形特点分为扁平容器、空心容器（大空心、小空心）、贮存罐、杯类、烹饪器皿，并分别对这些容器的铅、镉制定了限量要求。该项标准还特别规定其迁移试验的食品模拟物仅选择 4%（体积分数）的乙酸，迁移试验条件选择 98℃、120 min（烹饪器皿）或 22℃、24 h（常温食用制品）或 100℃、15 min（可微薄使用制品）。

（3）玻璃制品

GB 4806.5—2016《食品安全国家标准 玻璃制品》对 GB 19778—2005《包装玻璃容器铅、镉、砷、锑溶出允许限量》中盛装食品用玻璃制品部分进行了修订并取代，适用于食品接触用玻璃制品。该项标准的理化指标要求基本与食品接触用陶瓷制品相同，但铅、镉限量不同且增加了对口沿铅、镉迁移限量的要求，迁移试验模拟物及条件与食品接触用陶瓷制品完全相同。该项标准还对标签标识特别规定，如产品声称可用于烹饪、可微波炉使用的性能时，应在产品或最小销售包装上进行标识。

（4）金属材料及制品

我国最早制定的金属材质食具容器安全相关标准为 GB 9684—1988《不锈钢食具容器卫生标准》和 GB 11333—1989《铝制食具容器卫生标准》，GB9684—1988 在 2011 年第 1 次被修订。现行 GB 4806.9—2016《食品安全国家标准 食品接触用金属材料及制品》整合并代替了 GB 9684—2011《食品安全国家标准 不锈钢制品》、GB 11333—1989《铝制食具容器卫生标准》。该项标准适用于在正常使用条件下，预期或已经与食品接触的各种金属（包括各种金属镀层及合金）材料及制品，以下简称金属材料及制品。该项标准分别对不锈钢的迁移物指标和其他金属材料及制品的迁移物指标进行规定，并规定了特殊使用要求，即金属材料和制品（镀锡薄板容器除外）中，食品接触面未覆有机涂层的铝和铝合金、铜和铜合金，以及金属镀层不得接触酸性食品；未覆有机涂层的铁基材料和低合金钢制品不得长时间接触酸性食品。

3. 纸及纸板

GB 4806.8—2016《食品安全国家标准 食品接触用纸和纸板材料及制品》整合并代替 GB 11680—1989《食品包装用原纸卫生标准》、GB 19305—2003《植物纤维类食品容器卫生标准》，后两者是我国最早制定的 2 项与食品包装用纸安全相关的标准。GB 4806.8—2016 适用于食品接触用纸和纸板材料及制品，不适用于再生纤维素薄膜（玻璃纸）制食品接触材料及制品。纸和纸板材料及制品是指在正常或可预见的使用条件下，预期与食品接触的各种纸和纸板材料及制品，包括涂蜡纸、纸浆模塑制品及食品加工烹饪用纸等。该项标准除了对非特异性安全指标，总迁移量、高锰酸钾消耗量、重金属（以 Pb 计）等进行了规定，还规定了铅、砷、甲醛、荧光物质等的特定迁移限量。对于预期与食品直接接触且不经消毒的纸和纸板，还规定了微生物限量。

9.5.4 洗消剂

根据《食品安全法》的规定，洗涤剂、消毒剂属于食品相关产品的管理范畴，指直接用于洗涤或者消毒食品、餐具、饮具以及直接接触食品的工具、设备或者食品包装材料和容器的物质。我国目前已经发布的相关标准见表9-26。

表9-26 用于食品的洗涤剂、消毒剂食品安全国家标准

序号	标准号	标准名称	发布日期	实施日期
1	GB 14930.1—2015	《食品安全国家标准　洗涤剂》	2015年9月22日	2016年9月22日
2	GB 14930.2—2012	《食品安全国家标准　消毒剂》	2012年4月25日	2012年10月25日
3	GB 14934—2016	《食品安全国家标准　消毒餐（饮）具》	2016年10月19日	2017年4月19日

（1）食品用洗涤剂

对于食品用洗涤剂，是指用于洗涤和清洁食品、餐饮具以及接触食品的工具和设备、容器和食品包装材料的物质，根据产品用途不同分为两类：A类产品，直接用于清洗食品的洗涤剂；B类产品，用于清洗餐饮具以及接触食品的工具、设备、容器和食品包装材料的洗涤剂。A类产品所有表面活性剂、防腐剂、着色剂等应采用我国允许使用的洗涤剂原料名单规定的品种，所用香精应符合GB 30616—2020《食品安全国家标准　食品用香精》的规定；B类产品所用表面活性剂应在其所使用的浓度和方式下不影响人体健康。该项标准分别对两类产品的理化指标包括砷、重金属（以Pb计）、甲醇、甲醛以及指示微生物（菌落总数、大肠菌群）进行了规定，对产品的标签标识要求在产品的最小销售包装上应标明产品所属类别（A类、B类），其中A类产品可以标识“可直接接触食品”。

（2）食品用消毒剂

GB 14930.2—2012《食品安全国家标准　消毒剂》是对GB14930.2—1994《食品工具、设备用洗涤消毒剂卫生标准》的第一次修订。该项标准适用于清洗食品容器及食品生产经营工具、设备以及蔬菜、水果的消毒剂和洗涤消毒剂。该项标准对产品的理化指标（包括砷、重金属（以Pb计））、微生物杀灭试验（包括对大肠菌群、金黄色葡萄球菌、脊髓灰质炎病毒的杀灭试验）等进行了规定。此外，还规定在产品或最小销售包装上应标识“食品接触用”。

（3）消毒餐（饮）具

GB 14934—2016《食品安全国家标准　消毒餐（饮）具》是对GB 14934—1994《食（炊）具消毒卫生标准》的第一次修订，该项准适用于餐饮服务提供者、集体用餐配送单位、餐（饮）具集中清洗消毒服务单位提供的消毒餐（饮）具，也适用于其他消毒食品容器和食品生产经营用工具、设备。不经清洗直接使用的餐（饮）具可参照执行。该项标准主要规定了采用化学消毒法后，餐饮具表面的洗消剂残留限量（游离性余氯、阴离子合成洗涤剂）以及微生物（大肠菌群、沙门氏菌）限量。

9.5.5 迁移试验方法

随着预包装食品产品的蓬勃发展，食品接触材料及制品的品种及用途越来越广，接触的食品类别及加工使用条件也越来越复杂，为统一检测规则，反映实际接触迁移情形，原国家卫计委于2015年首次制定发布了GB 31604.1—2015《食品安全国家标准　食品接触材料及制品迁移试验通则》，并修订了与之配套使用的检测方法标准GB 5009.156—2016《食品安全国家标准　食品接触材料及制品迁移试验预处理方法通则》，对食品模拟物、试验条件、筛查试验、替代试验、换算因子以及迁移试验样品预处理等进行规定，该两项标准是食品接触材料及制品迁移试验的基础标准，其他食品接触材料及制品迁移物质的检测方法制定应当以其为基础。

1. 食品接触材料及制品迁移试验通则

（1）GB 31604.1—2015《食品安全国家标准　食品接触材料及制品迁移试验通则》规定了各类食品接触材料及制品迁移试验的通用要求。

（2）该项标准对迁移试验的基本要求、食品模拟物、迁移试验条件（温度、时间）、筛查试验和化学溶剂替代试验、结果校正等进行了规定。附录A还列出了各种常见食品及对应食品模拟物，以防止模拟物的选择差异。该项标准遵循的基本原则是试验结果应尽可能地反映实际接触食品时的有害迁移情形，包括；① 应当选择可预见的实际使用情形下最严苛的使用条件（最高温度、最长时间）；② 结果的计算应选择最大接触面积（S）与体积之比（V）即最大S/V（或最小包装）；③ 测试样品应当选择成型品或最接近接触食品的终产品的样品（如树脂或粒料、涂料、油墨、黏合剂等应当按实际加工条件制成成型品、片材或瓶坯等），试验过程中不应产生熔化、变形等实际使用情形下不可能发生的状况。

（3）有些情况下需要采用化学溶剂替代试验。当使用油脂类食品模拟物植物油进行迁移试验时，因迁移试验方法操作烦琐，或技术上不可行（如目标物质与植物油发生反应），难以获得准确的检测结果。对于油脂类食品，可采用95%（体积分数）乙醇、正己烷、正庚烷、异辛烷等抽提能力较强的化学溶剂替代油脂类食品模拟物，测定材料及制品的溶剂抽提量。当溶剂抽提量符合总迁移限量或特定迁移限量规定时，不再进行油脂类食品模拟物的迁移试验；当抽提量不符合总迁移限量或特定迁移限量规定时，应进行油脂类食品模拟物的迁移试验，并根据在油脂类食品模拟物中的迁移量进行合规性判定。

（4）有时还需要采用总迁移量或残留量筛查试验。鉴于大多数化学物质的特定迁移量尚无检测方法或检测方法操作较为复杂，对于非挥发性物质的特定迁移量，可采用在特定迁移试验同等或更严苛的试验条件下测定的总迁移量进行估算。当总迁移量小于特定迁移限量时，可不再进行特定迁移量的测定。对于某些使用量较少的加工助剂或添加剂，以及在食品或食品模拟物中不稳定的物质或尚无分析方法的物质等的特定迁移量，可通过测定食品接触材料及制品中该物质的残留量替代特定迁移量进行估算。当测得的残留量按照相应换算方式折算出的迁移量小于特定迁移限量时，可不再进行特定迁移量的测定。

2. 食品接触材料及制品迁移试验预处理方法通则

现行 GB 5009.156—2016《食品安全国家标准 食品接触材料及制品迁移试验预处理方法通则》是对 GB/T 5009.156—2003《食品用包装材料及其制品的浸泡试验方法通则》第一次修订。该项标准适用于食品接触材料及制品的迁移试验预处理，规定了食品接触材料及制品迁移试验预处理方法的试验总则、试剂和材料、设备与器具、采样与制样方法、试样接触面积、试样接触面积与食品模拟物体积比、试样的清洗和特殊处理、试验方法、迁移量的测定要求和结果表述要求。

9.6 主要的卫生规范

9.6.1 概述

卫生规范是对食品生产经营过程的卫生管理要求进行规定的标准，建立与我国食品生产经营状况相适应的全食物生产链管理的规范类食品安全国家标准，对于促进我国食品行业管理模式的转变，保障消费者健康具有重要意义。国内外食品安全管理的科学研究和实践经验证明，严格执行食品生产经营过程卫生规范，把食品质量安全管理的重点由终产品检验转变为控制整条生产链，做到关口前移，不仅可以节约大量的检测成本、提高质量安全控制效率，而且可以更全面地保障食品安全。

2013 年，原国家卫计委通过整合食品生产经营过程的卫生要求标准，形成了以《食品安全国家标准 食品生产通用卫生规范》为基础、40 余项涵盖主要食品类别的生产经营规范类食品安全标准体系。各行业主管部门发布的各类规范类标准不得与食品安全国家标准相抵触。截至 2022 年 2 月底，我国已发布食品规范类食品安全国家标准 35 项（表 9－27）。其中与餐饮服务也关系密切的规范类标准有食品经营过程卫生规范、餐饮服务通用卫生规范、食品冷链物流卫生规范、速冻食品生产及经营卫生规范等。

表 9－27 主要食品卫生规范类国家安全标准

序号	标 准 号	标 准 名 称	发布日期	实施日期
1	GB 14881—2013	《食品安全国家标准 食品生产通用卫生规范》	2013 年 5 月 24 日	2014 年 6 月 1 日
2	GB 31621—2014	《食品安全国家标准 食品经营过程卫生规范》	2014 年 12 月 24 日	2015 年 5 月 24 日
3	GB 31654—2021	《食品安全国家标准 餐饮服务通用卫生规范》	2021 年 2 月 22 日	2022 年 2 月 22 日
4	GB 31647—2018	《食品安全国家标准 食品添加剂生产通用卫生规范》	2018 年 6 月 21 日	2019 年 6 月 21 日
5	GB 31603—2015	《食品安全国家标准 食品接触材料及制品生产通用卫生规范》	2015 年 9 月 21 日	2016 年 9 月 21 日

续 表

序号	标 准 号	标 准 名 称	发布日期	实施日期
6	GB 12694—2016	《食品安全国家标准　畜禽屠宰加工卫生规范》	2016年12月23日	2017年12月23日
7	GB 20799—2016	《食品安全国家标准　肉和肉制品经营卫生规范》	2016年12月23日	2017年12月23日
8	GB 20941—2016	《食品安全国家标准　水产制品生产卫生规范》	2016年12月23日	2017年12月23日
9	GB 12693—2010	《食品安全国家标准　乳制品良好生产规范》	2010年3月26日	2010年6月1日
10	GB 23790—2010	《食品安全国家标准　粉状婴幼儿配方食品良好生产规范》	2010年3月26日	2010年6月1日
11	GB 29923—2013	《食品安全国家标准　特殊医学用途配方食品良好生产规范》	2013年12月26日	2015年7月1日
12	GB 12696—2016	《食品安全国家标准　发酵酒及其配制酒生产卫生规范》	2016年12月23日	2017年12月23日
13	GB 13122—2016	《食品安全国家标准　谷物加工卫生规范》	2016年12月23日	2017年12月23日
14	GB 17404—2016	《食品安全国家标准　膨化食品生产卫生规范》	2016年12月23日	2017年12月23日
15	GB 12695—2016	《食品安全国家标准　饮料生产卫生规范》	2016年12月23日	2017年12月23日
16	GB 17403—2016	《食品安全国家标准　糖果巧克力生产卫生规范》	2016年12月23日	2017年12月23日
17	GB 18524—2016	《食品安全国家标准　食品辐照加工卫生规范》	2016年12月23日	2017年12月23日
18	GB 21710—2016	《食品安全国家标准　蛋与蛋制品生产卫生规范》	2016年12月23日	2017年12月23日
19	GB 22508—2016	《食品安全国家标准　原粮储运卫生规范》	2016年12月23日	2017年12月23日
20	GB 31641—2016	《食品安全国家标准　航空食品卫生规范》	2016年12月23日	2017年12月23日
21	GB 8950—2016	《食品安全国家标准　罐头食品生产卫生规范》	2016年12月23日	2017年12月23日
22	GB 8951—2016	《食品安全国家标准　蒸馏酒及其配制酒生产卫生规范》	2016年12月23日	2017年12月23日

续　表

序号	标准号	标准名称	发布日期	实施日期
23	GB 8952—2016	《食品安全国家标准　啤酒生产卫生规范》	2016 年 12 月 23 日	2017 年 12 月 23 日
24	GB 8954—2016	《食品安全国家标准　食醋生产卫生规范》	2016 年 12 月 23 日	2017 年 12 月 23 日
25	GB 8955—2016	《食品安全国家标准　食用植物油及其制品生产卫生规范》	2016 年 12 月 23 日	2017 年 12 月 23 日
26	GB 8956—2016	《食品安全国家标准　蜜饯生产卫生规范》	2016 年 12 月 23 日	2017 年 12 月 23 日
27	GB 8957—2016	《食品安全国家标准　糕点、面包卫生规范》	2016 年 12 月 23 日	2017 年 12 月 23 日
28	GB 17405—1998	《保健食品良好生产规范》	1998 年 5 月 5 日	1999 年 1 月 1 日
29	GB 8953—2018	《食品安全国家标准　酱油生产卫生规范》	2018 年 6 月 21 日	2019 年 12 月 21 日
30	GB 19304—2018	《食品安全国家标准　包装饮用水生产卫生规范》	2018 年 6 月 21 日	2019 年 6 月 21 日
31	GB 31646—2018	《食品安全国家标准　速冻食品生产和经营卫生规范》	2018 年 6 月 21 日	2019 年 6 月 21 日
32	GB 31652—2021	《食品安全国家标准　即食鲜切果蔬加工卫生规范》	2021 年 2 月 22 日	2022 年 2 月 22 日
33	GB 31651—2021	《食品安全国家标准　餐（饮）具集中消毒卫生规范》	2021 年 2 月 22 日	2022 年 2 月 22 日
34	GB 31653—2021	《食品安全国家标准　食品中黄曲霉毒素污染控制规范》	2021 年 2 月 22 日	2022 年 2 月 22 日
35	GB 31605—2020	《食品安全国家标准　食品冷链物流卫生规范》	2020 年 9 月 11 日	2021 年 3 月 11 日

9.6.2　食品生产通用卫生规范

GB 14881—2013《食品安全国家标准　食品生产通用卫生规范》规定了食品生产过程中原料采购、加工、包装、贮存和运输等环节的场所、设施、人员的基本要求和管理准则。适用于各类食品的生产，但具体某类食品生产专项卫生规范的制定应当以该标准作为基础，体现了该标准的通用性。

9.6.3　食品经营过程卫生规范

GB 31621—2014《食品安全国家标准　食品经营过程卫生规范》规定了食品采购、运输、验收、贮存、分装与包装、销售等经营过程中的食品安全要求。该标准适用于各种类型的食品经营活动，不适用于网络食品交易、餐饮服务、现制现售的食品经营活动。

网络食品经营者及网络食品交易第三方平台提供者应当遵照《食品安全法》第六十条、第一百三十一条，《上海市食品安全条例》第五十一条至五十四条的规定以及等其他法规规章的要求执行。

餐饮服务提供者应按照GB 31654—2021《食品安全国家标准　餐饮服务通用卫生规范》及国家市场监督管理总局《网络餐饮服务食品安全监督管理办法》（2020年第31号令）等相关法规规章等执行。

现制现售食品经营者应当按照上海市DB 31/2027—2014《食品安全地方标准　即食食品现制现售卫生规范》要求从事加工经营活动。

9.6.4 餐饮服务通用卫生规范

GB 31654—2021《食品安全国家标准　餐饮服务通用卫生规范》是国家卫生健康委会同国家市场监管总局于2021年2月22日首次制定发布，并于2022年2月22日实施。该项标准以原《餐饮服务食品安全操作规范》（市场监管总局2018年第12号公告）为基础进行修订完善，并上升到了强制性国家标准层面。

1. 范围

该标准规定了餐饮服务活动中食品采购、贮存、加工、供应、配送和餐（饮）具、食品容器及工具清洗、消毒等环节场所、设施、设备、人员的食品安全基本要求和管理准则。

该标准适用于餐饮服务提供者和集中用餐单位的食堂从事的各类餐饮服务活动，如有必要制定某类餐饮服务活动的专项卫生规范，应当以该标准作为基础。

省、自治区、直辖市规定按小餐饮管理的餐饮服务活动可参照该标准执行。上海市人民政府颁发《上海市小型餐饮服务提供者临时备案监督管理办法》（沪府规〔2019〕44号）规定，上海市小型餐饮服务提供者采取临时备案制度。

2. 定义

（1）餐饮服务：通过即时加工制作、商业销售和服务性劳动等向消费者提供食品或食品和消费设施的服务活动。

（2）半成品：经初步或者部分加工，尚需进一步加工的非直接入口食品。

（3）分离：通过在物品、设施、区域之间留有一定空间，而非通过设置物理阻断的方式进行隔离。

（4）分隔：通过设置物理阻断如墙壁、卫生屏障、遮罩或者独立隔间等进行隔离。

（5）食品处理区：食品贮存、整理、加工（包括烹饪）、分装以及餐用具的清洗、消毒、保洁等场所。

（6）餐饮服务场所：与食品加工、供应相关的区域包括食品处理区、就餐区等。

（7）专间：为防止食品受到污染，以分隔方式设置的清洁程度要求较高的加工直接入口食品的专用操作间。

（8）专用操作区：为防止食品受到污染，以分离方式设置的清洁程度要求较高的加工直接入口食品的专用操作区域。

(9) 易腐食品：在常温下容易腐败变质，微生物易于繁殖或者形成有毒有害物质的食品。此类食品在贮存中需要控制温度-时间方可保证安全。

(10) 餐用具：餐（饮）具和接触直接入口食品的容器、工具、设备。

3. 主要内容

该标准对餐饮服务提供者和集中用餐单位的场所与布局，设备实施，原料采购、运输、验收与贮存，加工过程的食品安全控制，供餐要求，配送要求，清洁维护与废弃物管理，有害生物防治，人员健康与卫生，培训，食品安全管理等方面作出具体要求。并以附录形式提供了生食蔬菜、水果清洗消毒指南，餐用具清洗消毒指南，餐饮服务常用消毒剂及化学消毒注意事项，餐饮服务从业人员洗手消毒指南。具体要求可参阅本规程相关章节的内容。

2018 年 7 月，国家市场监管总局发布的《餐饮服务食品安全操作规范》，对餐饮服务场所、食品处理、清洁操作、餐用具保洁以及外卖配送等餐饮服务相关环节提出食品安全基本操作规范。该规范属于规范性文件的范畴，其执行的强制性不如该标准。后者属于强制性标准，必须强制执行。

9.6.5 食品冷链物流卫生规范

1. 适用范围

GB 31605—2020《食品安全国家标准　食品冷链物流卫生规范》于 2020 年 9 月 11 日首次发布，2021 年 3 月 11 日正式实施。该标准规定了在食品冷链物流过程中的基本要求、交接、运输配送、储存、人员和管理制度、追溯及召回、文件管理等方面的要求和管理准则。该标准适用于各类食品出厂后到销售前需要温度控制的物流过程。

食品冷链物流是指以温度控制为主要手段，使食品从出厂后到销售前始终处于所需温湿度范围内的物流工程。

交接是指冷链物流过程中的环节包括入库交接、出库交接和配送交接等。

2. 主要内容

与餐饮服务相关的内容主要涉及交接和运输配送环节。

(1) 交接环节：交接时应确认食品种类、数量、温度等信息确认无误后尽快装卸，并做好交接记录；交接时应测量食品外箱表面温度或内包装表面温度并记录，如表面温度超出规定范围，还应测量食品中心温度。

交接时应严格控制作业环境温度并尽量缩短作业时间，以防止食品温度超出规定范围；交接时应查验运输工具环境温度是否符合温控要求。入库和配送交接时，还应查验全程温度记录，当温度或食品状态异常时，应不予接收。当食品冷链物流关系到公共卫生事件时，应进行食品外包装及交接用相关用品用具的清洁和消毒。如新冠肺炎流行期间，新冠病毒可能通过冷链食品传播。因此，需要对冷链食品的外包装及交接用相关用品用具进行清洁和消毒，并提供消毒证明。

(2) 运输配送环节：运输工具应保持清洁卫生，应建立清洁卫生消毒记录制度，定期对运输工具清洁、消毒。运输工具不得运输有毒有害物质，防止食品被污染。

当食品冷链物流关系到公共卫生事件时，应增加对运输工具的厢体内外部、运输车辆驾驶室等的清洁消毒频次，并做好记录。

冷冻食品在运输过程中温度不高于-18℃，冷藏食品的温度应为0~10℃。

9.6.6 即食鲜切果蔬加工卫生规范

1. 适用范围

GB 31652—2021《食品安全国家标准　即食鲜切果蔬加工卫生规范》于2021年2月22日首次发布，2022年2月22日起正式实施。该标准适用于即食鲜切果蔬生产加工企业，不适用于超市、餐饮便利店等自制现售即食鲜切果蔬的加工。

即食鲜切果蔬是指以新鲜的水果、蔬菜为原料，采用预处理、清洗、去皮或不去皮、切分或不切分、消毒、漂洗、去除表面水等处理，密封包装后经冷链贮运销售，可直接入口食用的产品。

该规定了即食鲜切果蔬生产过程中原料采购、验收、加工、包装、贮存和运输等环节的场所、设施与设备、人员的基本要求和管理准则等。

2. 主要内容

根据GB 14881—2013《食品安全国家标准　食品生产通用卫生规范》的要求，该标准对即食鲜切果蔬生产加工企业的选址及厂区环境、设施设备、卫生管理、生产加工过程控制、检验、贮存和运输、追溯和召回、培训、管理制度和人员以及记录和文件管理等作出一般性规定。根据即食鲜切果蔬生产加工的特点，对鲜切水果和蔬菜加工工艺、预处理、清洗、切分、消毒与漂洗、去除表面水、内包装以及加工贮存过程的温度控制提出具体要求；要求建立健全果蔬供应商的管理和评估体系，从源头控制农药残留和重金属污染；以附录形式对清洁、准清洁作业区微生物监控提出指南要求。

9.6.7 餐（饮）具集中消毒卫生规范

1. 适用范围

GB 31651—2021《食品安全国家标准　餐（饮）具集中消毒卫生规范》于2021年2月22日首次发布，2022年2月22日起正式实施。该标准适用于餐（饮）具集中消毒服务单位的餐（饮）具集中清洗消毒活动。

餐（饮）具又称餐具、饮具，是指餐饮服务提供者提供给用餐者的用餐工具，包括碗、筷、杯、碟、匙、刀叉等。餐（饮）具集中消毒服务单位是指对餐饮服务提供者的餐（饮）具进行集中回收、清洗、消毒、烘干、包装、配送的经营者。

该标准规定了餐（饮）具集中消毒过程中物料的要求、餐（饮）具回收、清洗、消毒、烘干、包装、储存和运输等环节的场所、设施、人员的基本要求和管理准则。

2. 主要内容

该标准共12章，对餐（饮）具集中消毒服务单位的选址及厂区环境、厂房和车间、设备与设施、物料、餐具饮具集中消毒过程、检验、餐（饮）具的储存和运输、召回以及记录和文件管理提出了一般要求，特别对餐（饮）具回收、除渣、浸泡、清洗、消毒、烘干、包装、储存提出具体要求，以确保餐（饮）具清洗消毒符合相关食品安全国家标准。

9.7 主要的检验方法

9.7.1 概述

《食品安全法》第二十六条规定，食品安全标准的内容包括与食品安全有关的食品检验方法与规程，因此，食品安全检验方法标准是食品安全标准体系的重要组成部分。食品安全检验方法标准包括理化项目检验方法、微生物检验方法、毒理学测试方法等。理化项目包括重金属、真菌毒素、多氯联苯等理化污染物和蛋白质、微生物、微量元素等营养素检测方法，还包括食品添加剂含量的检测方法，等等；微生物检测方法包括细菌总数、大肠菌群或大肠埃希氏菌等指示性微生物以及沙门氏菌、金黄色葡萄球菌、副溶血弧菌等致病性微生物的检测方法。截至 2021 年 4 月底，已发布检验方法标准 444 项，其中理化检验方法 237 项，微生物检验方法 32 项，农兽药残留检验方法 227 项，毒理学试验方法 29 项。

9.7.2 食品企业常规检测项目

1. 菌落总数测定

菌落总数用来判定食品被细菌污染的程度，在一定程度上可反映食品的生产加工过程是否符合卫生要求。GB 4789. 2—2016《食品安全国家标准 食品微生物学检验 菌落总数测定》规定了食品中菌落总数（Aerobic Plate Count）的测定方法，适用于食品中菌落总数的测定。食品检样经过处理，在一定条件下（如培养基、培养温度和培养时间等）培养后，所得每 g（mL）检样中形成的微生物菌落总数。该项标准采用的菌落总数测定方法为需氧菌平板计数法，菌落总数的检验流程包括样品的稀释、培养、菌落计数、菌落总数的计算及报告等。

2. 大肠菌群计数

大肠菌群（Coliforms）是在一定培养条件下能发酵乳糖、产酸产气的需氧或兼性厌氧革兰氏阴性无芽孢杆菌，主要用来评价食品的卫生状况。GB 4789. 3—2016《食品安全国家标准 食品微生物学检验 大肠菌群计数》适用于食品中大肠菌群计数，该项标准的第一法为大肠菌群 MPN（Most Probable Number, MPN）计数法，适用于大肠菌群含量较低的食品中大肠菌群的计数，单位为 MPN/g（mL）；第二法为大肠菌群平板计数法，适用于大肠菌群含量较高的食品中大肠菌群的计数，单位为 CFU/g（mL）。MPN 法是统计学和微生物学结合的一种定量检测法。待测样品经系列稀释并培养后，根据其未生长的最低稀释度与生长的最高稀释度，应用统计学概率论推算出待测样品中大肠菌群的最大可能数，最大可能数是基于泊松分布的一种间接计数方法。平板计数法是大肠菌群在固体培养基中发酵乳糖产酸，在指示剂的作用下形成可计数的红色或紫色，带有或不带有沉淀环的菌落。

3. 大肠埃希氏菌

大肠埃希氏菌（*Escherichia coli*）也叫大肠杆菌，广泛存在于人和温血动物的肠道中，能够在44.5℃发酵乳糖产酸产气，IMViC（靛基质、甲基红、VP试验、柠檬酸盐）生化试验为++--或-+--的革兰氏阴性杆菌。以此作为粪便污染指标来评价食品的卫生状况，推断食品中肠道致病菌污染的可能性。GB 4789.38—2012《食品安全国家标准　食品微生物学检验 大肠埃希氏菌计数》适用于食品中大肠埃希氏菌的计数，其中大肠埃希氏菌平板计数法。该项标准的第一法为大肠埃希氏菌MPN计数，第二法为大肠埃希氏菌平板计数法（不适用于贝类产品）。因第二法的原理为大肠埃希氏菌产生β-葡萄糖醛酸酶分解MUG（4-methyl-umbelliferyl-β-D-glucuronide）使培养液在波长366 nm紫外光下产生荧光，因发现牡蛎等具有内源性葡萄糖苷酸酶，也可分解MUG产生荧光干扰实验结果，因此不适用。

9.7.3 食品补充检验方法

针对业界较常见的非法添加物，原国家食药监总局于2016年发布《食品补充检验方法工作规定》，食品检验机构或科研院所等单位在食品检验中发现可能有食品安全问题，且没有食品安全检验标准的，可以向所在地省级食品安全监管部门提出食品补充检验方法立项建议。省级食品安全监管部门向国家食品安全监督管理部门提出食品补充检验方法立项需求。食品补充检验方法为非食品安全标准检验方法，可以在食品安全风险监测、案件稽查、事故调查、应急处理等工作中使用，检验结果可以作为定罪量刑的参考。截至2022年2月底原国家食药监总局和国家市场监管总局已发布69项补充检验方法，市场监管总局官网提供免费查询。

第10章 食品安全地方标准

10.1 概 述

食品安全地方标准是《食品安全法》规定的食品安全标准体系的重要组成部分。根据《食品安全法》第二十九条的规定，对地方特色食品，没有食品安全国家标准的，省、自治区、直辖市人民政府卫生行政部门可以制定并公布食品安全地方标准，报国务院卫生行政部门备案。食品安全国家标准制定后，该地方标准即行废止。食品安全地方标准属于强制执行的标准，也属于技术法规的范畴。

10.1.1 食品安全地方标准制定的条件

《上海市食品安全条例》第十八条第一款规定，对于没有食品安全国家标准的地方特色食品，由上海市卫生计生部门会同市食品药品监督管理部门制定、公布本市食品安全地方标准，并报国务院卫生计生部门备案。市质量技术监督部门提供地方标准编号。地方特色食品是指在部分地域有30年以上传统食用习惯的食品，包括地方特有的食品原料和采用传统工艺生产的食品。

10.1.2 制定食品安全地方标准的依据

《上海市食品安全条例》第十八条第二款规定，制定食品安全地方标准，应当依据食品安全风险评估结果，参照相关国际和国家食品安全标准，广泛听取食品生产经营者、有关行业组织、消费者和有关部门的意见。

10.1.3 食品安全地方标准的范围

食品安全地方标准包括地方特色食品的产品标准、生产经营过程的卫生要求、与地方标准配套的检验方法与规程等，不包括食品安全国家标准已经涵盖的食品类别和保健食品、特殊医学用途配方食品、婴幼儿配方食品、食品添加剂、食品相关产品等。食品安全国家标准公布实施后，相应的食品安全地方标准应当废止。对非地方特色食品的其他食品，或者食品添加剂、食品相关产品、婴幼儿配方食品、特殊医学用途配方食品、保健食品等其他食品安全标准内容的，不能制定食品安全地方标准。截至2022年2月底，上海市现行有效的食品安全地方标准共有19项。

10.1.4 制定食品安全地方标准的程序

市卫生行政部门制定、公布本市食品安全地方标准时应当征求市食品安全监督管理部门意见，市食品安全监督管理和农业等部门应当根据食品安全监管情况和风险评估结果向市卫生计生部门及时通报，并提出制定本市食品安全地方标准的建议。食品生产经营者、食品行业协会发现食品安全标准在执行中存在问题的，应当立即向市卫生计生部门报告。市卫生计生部门应当按照有关规定，公开征集食品安全地方标准立项意见，并经过本市食品安全地方标准审评委员会专业分委员会和主任会议审议后，将本市食品安全地方标准等相关文件报国务院卫生计生部门备案。

10.1.5 食品安全地方标准的查阅

《上海市食品安全条例》第十八条第二款规定，食品安全地方标准应当供公众免费查阅。公众可在上海市卫生健康委员会官方网站上免费查阅。

10.2 主要的产品类食品安全地方标准

截至2022年2月底，本市现行有效的食品安全地方标准产品类标准共有8项（表10－1），其中《食品安全地方标准　调理肉制品和调理水产品》《食品安全地方标准　现制饮料》《食品安全地方标准　发酵肉制品》是近年来引进或发展起来的新型食品，这些标准的制定发布保障了市民安全消费的需求；《食品安全地方标准　青团》《食品安全地方标准　食用干制肉皮》《食品安全地方标准　糟卤》体现了上海的地方特色，为传统食品得以延续和发展提供了法规保障。《食品安全地方标准　集体用餐配送膳食》《食品安全地方标准　预包装冷藏膳食》为高风险食品。

表10－1　上海市食品安全地方标准产品类标准

序号	标准编号	标准名称	发布日期	实施日期
1	DB 31/2001—2012	《食品安全地方标准　青团》	2012年5月17日	2012年5月17日
2	DB 31/2004—2012	《食品安全地方标准　发酵肉制品》	2012年10月26日	2013年5月1日
3	DB 31/2006—2021	《食品安全地方标准　糟卤》	2021年10月28日	2022年4月28日
4	DB 31/2007—2012	《食品安全地方标准　现制饮料》	2012年10月26日	2013年2月1日
5	DB 31/2016—2021	《食品安全地方标准　调理肉制品和调理水产品》	2021年10月28日	2022年4月28日
6	DB 31/2020—2013	《食品安全地方标准　食用干制肉皮》	2013年6月21日	2014年1月1日
7	DB 31/2023—2014	《食品安全地方标准　集体用餐配送膳食》	2014年3月13日	2014年10月1日
8	DB 31/2025—2021	《食品安全地方标准　预包装冷藏膳食》	2021年10月28日	2022年4月28日

10.2.1 食用干制肉皮

DB 31/2020—2013《食品安全地方标准　食用干制肉皮》适用于以猪肉皮为主料，食用油、食用盐为辅料，经拣选、清洗、修整、去油脂、烘干或晾干、油焖或盐焖、油炸或盐炒等加工工艺制成的膨化干制肉皮产品。该项标准规定了产品的理化指标、微生物限量，为了遏制通过淋油等手段掺杂掺假，还特别规定了脂肪的限量要求。

10.2.2　集体用餐配送膳食

DB 31/2023—2014《食品安全地方标准　集体用餐配送膳食》适用于集体用餐配送企业根据集体用餐服务对象订购要求，采用热链（也称“加热保温”）工艺或冷链（也称“冷藏”）工艺集中生产加工和配送的非预包装膳食（包括主食和菜肴），根据分装形式分为盒饭和桶饭。该项标准规定了集体用餐配送膳食的感官要求及微生物限量，并特别规定了冷链和热链盒饭的保质期，即冷链盒饭（包括主食和菜肴）从烧熟至食用的时间不得超过 24 小时，热链盒饭与桶饭（包括主食和菜肴）从烧熟至食用的时间不得超过 3 小时。

10.2.3　预包装冷藏膳食

DB 31/2025—2021《食品安全地方标准　预包装冷藏膳食》适用于预包装冷藏膳食，不适用于已制定产品类食品安全标准的产品。

（1）预包装冷藏膳食是指以谷物、豆类、薯类、畜禽肉、蛋类、水产品、果蔬、食用菌等中一种或数种为主要原料（可配以馅料/辅料），热加工后 2 h 内中心温度降至 10℃以下，并在该中心温度下包装、贮存、运输、陈列、销售的即食预包装食品，如米饭、粥、馄饨、水饺、面条、饭团、寿司、三明治、汉堡、米粉、菜肴、汤等。

（2）该标准规定了预包装冷藏膳食的感官要求、污染物限量、真菌毒素限量、微生物限量、食品添加剂和营养强化剂。其中微生物限量适用于热加工完毕至食用前如何阶段的预包装冷藏膳食，以及经过再次加热的未拆封预包装冷藏膳食。微生物限量指标包括菌落总数、大肠埃希氏菌、沙门氏菌、金黄色葡萄球菌、蜡样芽孢杆菌、单核细胞增生李斯特氏菌、副溶血性弧菌、致泻大肠埃希氏菌等。

（3）产品标签应符合 GB 7718—2011《食品安全国家标准　预包装食品标签通则》和 GB 28050—2011《食品安全国家标准　预包装食品营养标签通则》的规定。

（4）保质期限起始时间从预包装食品形成最终销售单元的日期起计算，生产日期和保质期应当标注到小时，并采用 24 小时制标注。

10.2.4　现制饮料

DB 31/2007《食品安全地方标准　现制饮料》适用于现场制作现场销售，供消费者直接饮用的饮料，包括现榨饮料和现调饮料。由于 GB 19642—2005《可可粉固体饮料卫生标准》已废止，该标准 1 号修改单删除改标准第 4.1.2 条中的“GB 19642”，同时增加“现调饮料在加工现场可使用食品添加剂二氧化碳”。

10.3　主要的卫生规范类食品安全地方标准

上海市共发布食品安全地方标准规范类标准 11 项（表 10－2）。

表 10－2 上海市食品安全地方标准规范类标准

序号	标准名称	标准编号	发布日期	实施日期
1	DB 31/2008—2012	《食品安全地方标准　中央厨房卫生规范》	2012 年 10 月 26 日	2013 年 2 月 1 日
2	DB 31/2009—2012	《食品安全地方标准　餐饮服务团体膳食外卖卫生规范》	2012 年 10 月 26 日	2013 年 5 月 1 日
3	DB 31/2011—2021	《食品安全地方标准　豆芽工业化生产卫生规范》	2021 年 10 月 28 日	2022 年 4 月 28 日
4	DB 31/2015—2013	《食品安全地方标准　餐饮服务单位食品安全管理指导原则》	2013 年 6 月 21 日	2014 年 1 月 1 日
5	DB 31/2017—2013	《食品安全地方标准　发酵肉制品生产卫生规范》	2013 年 6 月 21 日	2014 年 1 月 1 日
6	DB 31/2019—2013	《食品安全地方标准　食品生产加工小作坊卫生规范》	2013 年 6 月 21 日	2014 年 1 月 1 日
7	DB 31/2022—2014	《食品安全地方标准　冷鲜鸡生产经营卫生规范》	2014 年 3 月 13 日	2014 年 4 月 1 日
8	DB 31/2024—2014	《食品安全地方标准　集体用餐配送膳食生产配送卫生规范》	2014 年 3 月 13 日	2014 年 10 月 1 日
9	DB 31/2026—2021	《食品安全地方标准　预包装冷藏膳食生产经营卫生规范》	2021 年 10 月 28 日	2022 年 4 月 28 日
10	DB 31/2027—2014	《食品安全地方标准　即食食品现制现售卫生规范》	2014 年 3 月 13 日	2014 年 10 月 1 日
11	DB31/2028—2019	《食品安全地方标准　即食食品自动售卖（制售）卫生规范》	2019 年 4 月 22 日	2019 年 10 月 22 日

10.3.1　餐饮服务单位食品安全管指导原则

DB 31/2015—2013《食品安全地方标准　餐饮服务单位食品安全管指导原则》适用于餐饮服务单位的食品安全管理，也适用于餐饮服务单位总部对其门店的食品安全管理。该项标准主要用于指导餐饮单位开展自身食品安全管理，ABC 规范化管理是基于该项标准的实施指南。该项标准结合了 ISO22000 和餐饮现场管理中好的措施，对推进本市餐饮业的管理标准化意义重大。

10.3.2　食品生产小作坊卫生规范

DB 31/2019—2013《食品安全地方标准　食品生产加工小作坊卫生规范》为本市立法配套的技术标准，该标准适用于《上海市食品安全条例》规定的列入品种目录管理的各类食品生产加工小作坊。截至 2022 年 2 月，经上海市食品安全委员会批准，《上海市食品生产加工小作坊食品品种目录（2015 版）》共有三个大类 10 个品种，分别为地方传统特色豆干类（马桥豆腐干、枫泾豆腐干、金泽豆腐干）、地方传统特色蒸糕或松糕类（崇明糕、枫泾状元糕、金泽状元糕、叶榭软糕、高桥松饼、高桥松糕）和地方传统特色白切羊肉。

10.3.3　豆芽工业化生产卫生规范

（1）DB 31/2011—2021《食品安全地方标准　豆芽工业化生产卫生规范》适用于豆芽工业化生产企业。

（2）豆芽工业化生产企业是指，豆芽生产加工场所使用面积不少于 2 500 平方米，且日生产能力不小于 50 吨，采用机械化生产的企业。

（3）该标准规定了豆芽工业化生产的选址及厂区环境、厂房和车间、设施与设备、卫生管理、食品原料、食品添加剂和食品相关产品、生产过程的食品安全控制、检验、贮存和运输、产品追溯与召回管理、培训、管理制度和人员、记录和文件管理的要求。以附录形式提供了豆芽工业化生产关键技术参数指南。

按照本市的有关规定，工业化生产的豆芽可以销售到大卖场、学校食堂、集体供餐单位等高风险餐椅服务提供者，而传统方法生产的豆芽主要在集贸市场销售。

10.3.4　冷鲜鸡生产经营卫生规范

DB 31/2022—2014《食品安全地方标准　冷鲜鸡生产经营卫生规范》规定了冷鲜鸡的生产经营过程中检疫、屠宰、冷却、包装、贮存、运输、产品检验、销售等环节的场所、设施、人员等的基本要求和管理准则。该项标准的发布实施，为应对季节性禽流感，在每年农历正月初一到五月一日全市禁止出售活禽，促进产业发展、逐步改变食用活禽的习惯起到了积极作用。

10.3.5　预包装冷藏膳食生产经营卫生规范

（1）DB 31/2026—2021《食品安全地方标准　预包装冷藏膳食生产经营卫生规范》适用于预包装冷藏膳食的生产、运输和销售活动。

（2）预包装冷藏膳食以谷物、豆类、薯类、畜禽肉、蛋类、水产品、果蔬、食用菌等中的一种或数种为主要原料（可配 以馅料/辅料），热加工后 2 h 内中心温度降至 10℃以下，并在该中心温度下包装、贮存、运输、陈列、销售的即食预包装食品，如米饭、粥、馄饨、水饺、面条、饭团、寿司、三明治、汉堡、米粉、菜肴、汤等。

（3）该标准规定了预包装冷藏膳食生产企业的选址及厂区环境、厂房和车间、设施与设备、卫生管理、食品原料、食品添加剂和食品相关产品、生产过程的食品安全控制、检验与监控、留样管理、成品贮存和运输、产品追溯和召回、培训、管理制度和人员、记录和文件管理、产品的终端销售等要求。以附录形式提供了预包装冷藏膳食生产原料检验、环境监测、过程监控和成品检验监控指南。

10.3.6　即食食品现制现售卫生规范

DB 31/2027《食品安全地方标准　即食食品现制现售卫生规范》适用于在同一地点从事即食食品的现场制作、现场销售，但不提供消费场所和设施的加工经营方式。包括专门从事食品现制现售的店铺；超市、商店和市场内的食品现制现售区域；餐饮服务单位内专用于食品现制现售的区域；但不适用于食用农产品的初级加工和饮用水的现制现售，也不适用于从事食品现制现售的摊贩。该项标准第1号修改单增加“现调饮料在加工现场可使用食品添加剂二氧化碳”。

10.3.7 即食食品自动售卖（制售）卫生规范

DB 31/2028《食品安全地方标准　即食食品自动售卖（制售）卫生规范》规定了即食食品自动售卖（制售）过程中场所和设施、设备、卫生管理、食品安全控制、检验与验证、管理制度、人员和投诉处置、记录管理的基本要求和管理准则。该标准适用于通过即食食品自动售卖（制售）设备进行预包装即食食品自动售卖和即食食品自动制售。包括预包装即食食品自动售卖，即采用自动设备售卖预包装即食食品的经营活动，以及即食食品自动制售，即采用自动设备制作和售卖即食食品的经营活动。该标准不适用于现制现售饮用水。

第11章　企 业 标 准

《中华人民共和国标准化法》规定，企业可以根据需要自行制定企业标准，或者与其他企业联合制定企业标准。国家支持在重要行业、战略性新兴产业、关键共性技术等领域利用自主创新技术制定企业标准。企业标准的技术要求不得低于强制性国家标准的相关技术要求。国家鼓励企业制定高于推荐性标准相关技术要求的企业标准。

《食品安全法》第三十条规定，国家鼓励食品生产企业制定严于食品安全国家标准或者地方标准的企业标准，在本企业适用，并报省、自治区、直辖市人民政府卫生行政部门备案。《食品安全法实施条例》第十四条规定，食品生产企业不得制定低于食品安全国家标准或者地方标准要求的企业标准。食品生产企业制定食品安全指标严于食品安全国家标准或者地方标准的企业标准的，应当报省、自治区、直辖市人民政府卫生行政部门备案。食品生产企业制定企业标准的，应当公开，供公众免费查阅。

《上海市食品安全条例》第十八条第三款规定，企业生产的食品没有食品安全国家标准或者地方标准的，应当制定企业标准，作为组织生产的依据，并向社会公布。鼓励食品生产企业制定严于食品安全国家标准或者地方标准的企业标准，在本企业适用，并报卫生计生部门备案。食品相关产品的企业标准，报本市市场监督管理部门备案。

11.1　企业标准的制定

企业如果制定严于食品安全国家标准或地方标准的企业标准，企业标准中相关食品安全性指标应当依据相关食品安全国家标准或地方标准制定，其中至少一项指标应严于食品安全国家标准或地方标准。按照《上海市食品安全条例》规定，在没有食品安全国家标准或地方标准的情况下，上海市食品生产企业“应当”制定企业标准，企业标准中相关食品安全性指标应当依据相关食品安全国家标准中通用标准，并符合相关食品的食品安全标准要求。如食品的企业标准应符合 GB 2760—2014《食品安全国家标准　食品添加剂使用标准》、GB 2761—2017《食品安全国家标准　食品中真菌毒素限量》、GB 2762—2017《食品安全国家标准　食品中污染物限量》、GB 2763—2021《食品安全国家标准　食品中农药最大残留限量》、GB 31650—2019《食品安全国家标准　食品中兽药最大残留限量》、GB 29921—2021《食品安全国家标准　食品中致病菌限量》、GB 14880—2012《食品安全国家标准　食品营养强化剂使用标准》、GB 7718—2011《食品安全国家标准　预包装食品标签通则》、GB 28050—2011《食品安全国家标准　预包装食品营养标签通则》等；其他指标应当依据产品特性、生产工艺等要求，符合该产品的食品安全标准，可同时参考相应行业标准和团体标准。

11.2 企业标准的发布与备案

11.2.1 企业标准的发布

食品和食品相关产品生产企业制定的企业标准，由企业法定代表人或者主要负责人批准发布，在企业内部适用。根据《食品安全法实施条例》的规定，食品生产企业制定的企业标准，应当公开，供公众免费查阅。

11.2.2 食品的企业标准备案

根据上海市卫生健康委员会印发的《上海市食品安全企业标准备案办法（2021版）》（沪卫规〔2021〕16号）的规定，市卫生健康行政部门负责新食品原料、特殊膳食用食品、生食水产品、乳及乳制品、保健食品的企业标准备案工作；企业注册地址位于浦东新区的，由浦东新区卫生健康行政部门负责上述产品企业标准备案工作。

区卫生健康行政部门负责企业注册地址位于辖区，除前款规定以外的食品类别企业标准备案工作。

1. 申请备案

食品企业按照本办法申请企业标准备案的，应当根据本办法规定的管辖范围，向相应的卫生健康行政部门提出。

企业是食品安全第一责任主体，应当对备案材料的真实性、合法性负责。

2. 社会公示

食品企业在申请备案前，应当向社会公示并征求意见，公示应当符合以下要求：(1) 在市卫生健康行政部门指定的网站公示；(2) 内容包括企业标准文本、严于食品安全国家标准或者上海市食品安全地方标准的具体内容和依据情况，企业标准文本包括标准名称、编号、适用范围、术语和定义、食品安全项目及其指标值和检验方法；(3) 公示期不少于10个工作日。

3. 备案资料

食品企业申请备案应当提交下列资料：(1) 企业标准文本；(2) 严于食品安全国家标准或者上海市食品安全地方标准的具体内容和依据情况；(3) 营业执照等主体资格证明文件的复印件；(4) 企业法定代表人身份证明复印件，委托办理的，应当同时提交授权委托书原件、委托代理人身份证明复印件。

4. 备案及备案号

上海市卫生健康行政部门接收企业标准备案资料后，对材料齐全且符合备案要求的应当当场办结，并在企业标准文本封面上标注备案号。

企业标准备案号的编排格式：(上海市国际行政区划代码)(四位顺序号) S-(四位年代号)。

5. 备案失效

有以下情形之一的，该企业标准备案自动失效：(1) 食品安全国家标准或者上海市食品安全地方标准发生变化与已经备案的企业标准冲突的；(2) 企业标准已更新的；(3) 企业主动申请备案失效的。

6. 公开

上海市卫生健康行政部门应当在指定的网站上公布备案的企业标准，供公众免费查阅、下载。

11.2.3 食品相关产品的企业标准备案

《上海市食品安全条例》第十八条规定，食品相关产品的企业标准应当报上海市市场监督管理部门备案。

11.2.4 其他食品企业标准的公开

根据原上海市食品药品监督管理局发布《关于上海市食品生产企业制定企业标准有关要求的通知》(沪食药监食生〔2017〕116号) 的要求，企业标准中食品安全指标严于食品安全国家标准或上海市食品安全地方标准的，应当按照《上海市食品安全企业标准备案办法》规定，报上海市卫生行政部门备案。企业生产的食品如果没有食品安全国家标准或地方标准的，也应当制定企业标准，但不需要到市卫生健康委备案。食品生产企业组织制定的企业标准，由企业法定代表人或者主要负责人批准发布，在企业内部适用。企业标准批准后，企业应当在10个工作日内在企业或上海市食品安全工作联合会等上海市食品相关行业协会网站显著位置公开所执行的企业标准文本，供公众查询和监督。因此，如果属于没有国家标准或地方标准的情形，则无须到上海市卫生行政部门备案，但需在本企业或上海市行业协会网站公开标准文本。

第三篇　食品安全基础知识

第12章 食品安全危害与风险的基础知识

12.1 食品安全的基本概念

12.1.1 食品

食品是人类赖以生存的物质基础，它的概念随社会和科学的发展而不断变化。食品从“食物”发展而来，更强调工业技术的应用和品质的提升。根据《食品安全法》(2021年版) 第一百五十条的定义，食品指各种供人食用或者饮用的成品和原料以及按照传统既是食品又是中药材的物品，但是不包括以治疗为目的的物品。因此，食品不仅包括了加工食品(如冰淇淋、薯片等)，还包括了半成品（如速冻水饺、腌制肉串等)、未加工的食品原料(如小麦、鸡蛋等）以及药食同源的物质（如山楂、莲子等)，但不包括烟草或只作为药品用的物质。

食品对人体的作用主要体现在营养和感官价值。营养价值是食品的基础价值，为人体提供所需的各种营养素和能量，满足人体机能和代谢所需的物质来源。感官价值是食品的附加价值，满足不同人群的嗜好要求，通过视觉、味觉和嗅觉等感官刺激，促进消化酶的激活，加快消化液的分泌，达到增进食欲和稳定情绪的作用。此外，部分食品对特殊人体还具有一定的生理调节功能，或满足特定人群的特殊生理需求而被称为特殊食品，包括保健食品、特殊医学用途配方食品、婴幼儿配方食品等。

需要注意的是，食品的概念也包含食用农产品（供食用的源于农业的初级产品)，即在种植、养殖、采摘、捕捞等传统农业活动中和设施农业、生物工程等现代农业活动中直接获得的以及经过分拣、去皮、剥壳、粉碎、清洗、切割、冷冻、打蜡、分级、包装等加工，未改变其基本自然性状和化学性质的产品。食用农产品是各类食品原料的主要来源。

12.1.2 食品添加剂

我国GB 2760—2014《食品安全国家标准　食品添加剂使用标准》规定，食品添加剂是指为改善食品品质和色、香、味，以及为防腐、保鲜和加工工艺的需要而加入食品中的人工合成或者天然物质。目前我国允许使用的食品添加剂有23类2 300余个品种，包括酸度调节剂、抗结剂、消泡剂、抗氧化剂、膨松剂、着色剂、乳化剂、增味剂、面粉处理剂、被膜剂、水分保持剂、防腐剂、稳定剂、凝固剂、甜味剂、增稠剂、漂白剂、护色剂、食品用香料、胶基果糖中基础物质、食品工业加工助剂，其中约75%的食品添加剂属于食品用香料。食品添加剂应当在技术上确有必要且经过风险评估证明安全可靠，方可列入允许使用的范围。食品生产经营者应当按照食品安全国家标准规定的使用范围和限量使用食品添加剂。食品添加剂应当符合相应的质量规格标准。

应需要特别注意食品添加剂与非食用物质的区别。非食用物质是指按照相关法律、法规和标准的规定不允许添加到食品中的所有物质。食品生产经营者违法添加非食用物质，将对消费者造成健康风险，甚至导致食物中毒或食源性疾病等食品安全事故。非食用物质包括：① 不属于传统上被认为是食品原料的；② 不属于批准使用的新资源食品的；③ 不属于卫生行政部门公布的食药两用或作为普通食品管理物质的；④ 未列入 GB 2760—2014《食品安全国家标准　食品添加剂使用标准》品种名单及卫生行政部门食品添加剂公告的物质；⑤ 未列入 GB 14880—2012《食品安全国家标准　食品营养强化剂使用标准》品种名单及卫生行政部门食品营养强化剂公告的物质；⑥ 我国法律法规允许使用物质之外的其他物质。

近年来，我国违法添加非食用物质的行为屡有发生，如牛奶中添加三聚氰胺，鱼类运输和暂养阶段使用孔雀石绿，食品用动物生长阶段使用瘦肉精等，给食品安全带来较大的健康风险。

12.1.3　食品相关产品

《食品安全法》（2021 年版）规定，食品相关产品是指用于食品的包装材料、容器、洗涤剂、消毒剂和用于食品生产经营的工具、设备。食品相关产品其本身不能直接食用，但是在食品生产经营过程中与食品有过“亲密接触”，会给食品安全带来间接影响。因此，食品相关产品中的用于食品的包装材料、容器和用于食品生产经营的工具、设备等又称为食品接触材料。

用于食品的包装材料和容器，指包装、盛放食品或者食品添加剂用的纸、竹、木、金属、搪瓷、陶瓷、塑料、橡胶、天然纤维、化学纤维、玻璃等制品和直接接触食品或者食品添加剂的涂料。用于食品生产经营的工具、设备，指在生产、销售、使用过程中直接接触食品或者食品添加剂的机械、管道、传送带、容器、用具、餐具等。用于食品的洗涤剂、消毒剂，指直接用于洗涤或者消毒食品、餐具、饮具以及直接接触食品的工具、设备、食品包装材料和容器的物质。

12.1.4　食品安全

世界卫生组织（World Health Organization，WHO）对食品安全的定义包括质量安全与数量安全两个方面。质量安全是指“食物中有毒、有害物质对人体健康影响的公共卫生问题”，涉及两个方面的安全：一是食品中存在有毒、有害物质，且会对人体健康造成危害；二是这些危害可以不拘于个体，有可能产生群体性危害，即公共卫生问题。食品的数量安全是指食品供给数量不足或者供应的营养素结构不平衡，对人体健康造成的危害。

《食品安全法》规定，食品安全是指食品无毒、无害，符合应当有的营养要求，对人体健康不造成任何急性、亚急性或者慢性危害。因此，食品安全主要包括三个要素：一是食品无毒、无害，正常人在正常食用情况下摄入可食状态的食品，不会对人体造成危害，一般而言，食品只要符合相应的食品安全标准，就不会对人体产生健康危害；二是符合应当有的营养要求，既包括人体代谢所需要的蛋白质、脂肪、碳水化合物、维生素、矿物质等营养素，还包括该食品在人体消化吸收，维持正常生理功能应发挥的作用；三是对人体健康不造成任何急性、亚急性或者慢性危害。

消费者在选择食品时，应尽量选择具有长期食用习惯、安全可靠的食品，避免选择不熟知、没有食用历史的品种，尤其是不采摘、不捕捞、不食用野生的植物和动物，如野蘑菇、河豚鱼等天然具有毒性的动植物。要平衡膳食，确保食品品种多样化，避免人体营养素摄入不均衡带来的健康风险。

12.2 危害与控制

12.2.1 危害的概念

国际食品法典委员会（Codex Alimentarius Commission，CAC）对危害的定义是食品中存在或因条件改变而产生的对健康产生不良作用的生物、化学或物理等因素。“从农田到餐桌”的任何一个环节都可能存在危害因素。常见的危害包括生物性、化学性和物理性三种。

从危害的形成原因来看，可分为天然性危害和人为性危害。天然性危害包括食品及原料在其生长过程中所蓄积的可能对人体健康造成危害的物质，如重金属、河豚毒素等。人为性危害是由于人为管理失范或失误所引发的不良结果，如储存环境变化引起的食品变质、添加有毒有害的非食用物质、不规范操作导致的安全风险等。

12.2.2 危害的控制

食品安全危害控制是一个复杂的体系工程，涉及整个食品链，包括食用农产品种植养殖、食品生产经营、食品消费等各个环节。食品生产经营者应综合利用良好农业规范（Good Agricultural Practices，GAP）、良好生产规范（Good Manufacturing Practices，GMP）、危害分析关键控制点（HACCP）体系、产品质量管理体系（ISO 9001、ISO 22000）、食品安全信息追溯等。只有实施科学、有效、全程的危害控制措施，才能保障确保全链条食品安全和消费者的健康。

（1）良好农业规范（GAP）

GAP 是以基于危害预防、可持续发展等要求为基础，对未加工和简单加工并出售的果蔬、茶叶、家禽、水产品的种植、养殖、采收、捕捞、加工、储存、运输等过程中可能出现的危害进行危害的系统控制管理，避免在农产品生产过程中受到外来物质的污染和危害。我国 GAP 体系包含危害控制、环境保护、员工健康、动物福利等方面。在国际贸易中，GAP 认证是农产品进出口的一个重要标志，通过 GAP 认证的产品在国内外市场上具有更好地信誉和更强的竞争力。

（2）良好生产规范（GMP）

GMP 体系属于一般性的食品质量保证体系，它规定了食品生产过程各个环节实行全面质量控制的具体技术要求以及为保证产品质量所必须采取的监控措施。GMP 体系强调食品等生产企业应具备良好的生产设备，合理的生产过程，完善的质量管理和严格的检测系统等，确保最终产品质量安全符合法律法规和标准要求。

（3）危害分析关键控制点（HACCP）体系

HACCP 体系是一个预防性的食品安全监控系统，是对可能发生在食品加工过程中的食品安全危害进行系统的识别和评估，找出食品安全的关键控制点，进而采取预防性控制措施，可最大限度地减少食品安全风险，避免了单纯依靠终产品检验进行质量控制所产生的问题。有效实施 HACCP 的前提是食品生产经营者已具备 GMP 体系。

（4）产品质量管理体系

ISO 9001 体系是国际标准化组织（ISO）提出的质量管理与保证体系，它规定了质量体系中各个环节（要素）的标准化实施规程和合格评定实施规程，通过建立相应的质量管理和质量认证环节，确保终产品的质量。ISO 9001 的基本原则与方法具有普遍的指导意义，适用于各种行业的质量管理和品质保证。ISO 22000 标准由 ISO 9001 发展而来，对食品行业更具针对性，适用于食品链中所有的食品生产经营组织。该标准以确保消费者食用安全为目标，要求食品生产经营组织以 HACCP 原理及其应用体系为核心，对食品安全进行系统管理，重点对“从农田到餐桌”整个食品链中影响食品安全的危害进行过程化、系统化和可追溯性控制。

（5）食品安全信息追溯体系

食品安全信息追溯是食品企业落实主体责任，监管部门、食品企业和消费者实时掌握食品安全危害流向的有效控制手段。近年来上海大力推进食品安全信息追溯系统建设，通过采集食用农产品及食品在种养殖、生产、流通、餐饮等各环节信息，实现来源可查证、去向可追踪、风险可控制、责任可追究。目前，上海市已基本完成跨部门追溯系统的信息对接，覆盖 9 大类 20 个重点食品及食用农产品追溯监管，初步实现食品种养殖、生产加工、仓储物流、终端销售、检验检测、政府监管、企业管理、查询验证等各环节食品安全信息的整合。

12.3 风险与控制

12.3.1 风险的概念

国际食品法典委员会对食品安全风险的定义为：食品中危害因子对健康产生不良作用的概率和严重程度。危害和风险即相互联系，又相互区别，风险是综合考虑了危害发生的严重程度和可能性。危害程度高但发生可能性小的以及发生可能性大但危害程度低的，其食品安全风险都不大。近年来多起社会影响恶劣的食品安全事件中，常出现一些因行为人的诚信缺失和道德沦丧所产生的风险，这种风险有别于传统意义上的食品安全风险，有别于食品自身品质或技术能力滞后所带来的风险，而是由于企业法律意识淡薄、管理体制落后、从业人员缺乏相应知识，甚至为了追求额外利润故意进行违法犯罪。

食品安全风险分析是国际公认的食品安全科学管理手段，包括风险评估、风险管理和风险信息交流三个部分，它们在功能上互相独立，又紧密相关，互为补充，融合于风险分析框架内。

风险评估是风险分析框架中的科学核心，是一个以科学为基础的过程，由危害识别、危害特征描述、暴露评估和风险特征描述四个步骤组成。

风险管理是在风险评估的基础上，各利益相关方通过对各种备选的食品安全监管措施或方案进行磋商，权衡利弊，最终选择最合适的预防或控制方案。

风险信息交流是在风险分析过程中，风险评估人员、风险管理人员、消费者、食品企业、学术界等利益相关方就风险、风险相关因素和风险认知等方面的信息和观点进行的互动式交流，主要包括风险评估结果的解释和风险管理决策的依据。

12.3.2 风险的控制

食品安全没有绝对的零风险。现代社会的人们做任何一件事，甚至是坐在家里什么也不做，都可能面临风险，何况是“吃”。且不说人类自身、人类的食物无时不在面对着复杂的客观环境（空气、土壤、微生物等），有已知的，还有未知的。零风险只是个美好的愿望。食品生产经营企业不是要承诺零风险，食品安全管理也不是要求达到零风险，而是要将风险降到可接受的范围。食品安全风险控制应遵循预防为主、全程控制的原则，其中，食品生产经营要素、食品从业人员、生产经营环境、生产加工设备、检验检测是食品安全风险控制的五个主要方面。

第13章　食品的生物性危害

13.1　基础知识

13.1.1　常见食品生物性污染

食品生物性污染物指自然环境中存在的细菌、真菌、病毒和寄生虫。根据污染后对食品的影响和对人类健康的危害，可将生物性污染物分为食源性病原体和腐败性微生物两大类。食源性病原体可以直接对人类健康造成危害，如致病性细菌、真菌毒素、人畜共患传染病病原菌和病毒等。腐败性微生物一般不直接引起人类疾病，只有在一定条件下才有致病力，如卫生指示菌、不产毒霉菌及常见酵母等，其污染食品结果主要是改变食品本身的外观、色泽、味道。

食品中的生物性污染主要来源于两个方面：自然环境和生物接触。自然环境中的土壤、水源和空气都是微生物污染食品的重要途径。在自然环境中，土壤是含微生物数量和种类最多的场所。由于自然界的循环体系，微生物会在土壤和水体中移动。生物接触包括人类自身和动物。当人、农作物和牲畜患病时，其所携带的病原体及其代谢产物污染食品后，可对人体造成健康危害。鼠类、蟑螂和苍蝇等小动物和昆虫常携带大量微生物。食品生产环境、生产设备、包装物品和运输工具等，都有可能作为各类媒介散播微生物而污染食品。

13.1.2　生物性污染对食品安全质量的影响

部分生物性污染物或者微生物生长繁殖过程中，可以改变食品的理化性质，从而降低或破坏食品质量。例如，腐烂的水果和蔬菜表面出现颜色变化，腐败的肉类和鱼类产生不愉悦的气味等，都表明了食品受到了生物性污染，是腐败变质的主要表现。腐败变质的程度可分为若干情况：(1) 感官性状发生改变，如产生不愉悦的气味、食品颜色的变化、食品表面产生黏性物质等；(2) 食品营养成分被细菌生长所利用，导致营养价值降低。如脂肪的酸败；(3) 严重的微生物污染导致的食品腐败变质，极其可能引起人体的不良反应，甚至中毒。如某些鱼类腐败产生的组胺与酪胺引起的过敏反应、血压升高，脂质过氧化分解产物刺激胃肠道而引起胃肠炎等。

食品的腐败变质要及时准确鉴定并严加控制。选择食品时应以确保人体健康为首要原则，结合具体情况处理变质食品。例如，单纯感观性状发生变化的食品，可以通过去除受污染部分进行处理。但对于不确定污染情况或者发生明显腐败变质的食物应该坚决丢弃，不可采取仅去除受污染部分进行简单处理。

13.1.3　生物性污染对人体健康的危害

腐败性微生物通常不引起人类疾病，而食源性病原体由于其本身毒性或繁殖后产生有毒有害代谢产物，容易引发食源性疾病，主要症状包括恶心及呕吐、腹痛及腹泻、乏力等急性胃肠炎反应，严重的可能造成呼吸困难、休克、甚至死亡。值得注意的是，过去 10 年里影响人类健康的食源性疾病大约有 75%是源自细菌和病毒，尤其是源自家畜和野生动物的病原体。

13.1.4　影响食品中微生物生长繁殖的条件

食品中存在微生物生长繁殖所需的营养物质，微生物的生长繁殖程度与食品本身的特性（营养成分、水分活度、酸碱度、渗透压等）、食品所处的环境（温度、氧气含量、相对湿度、光线等）有密切关系。

（1）食品营养成分的差异成为不同生物污染因素存在和选择的基础。多数细菌喜欢富含蛋白质类的食品（如肉、鱼、蛋和奶）中生存，少数细菌喜欢富含脂肪类的食品；酵母菌喜欢碳水化合物类食品（如米饭、馒头、蔬菜和水果）。

微生物生长繁殖还需要水作为介质。微生物能利用的食品中游离水含量被称为水分活度。绝大多数微生物在水分活度很低的食品中难以生长，所以这些食品较少出现腐败变质的现象。一般情况下，水分活度在 0.8 以上的食品，细菌、酵母菌和霉菌都能生长繁殖。

（2）微生物生长也依赖于食品的酸碱度，如少数耐酸细菌能在 $pH<4.5$ 的食品中生长繁殖，大多数微生物则需要在 $pH>4.5$ 的食品中才能生长繁殖。微生物生长繁殖过程可以使食品 pH 发生改变，微生物类群也会随着酸碱度的改变而变化。

（3）不同的微生物对氧气、温度、相对湿度、光线的需求也存在差异。需氧微生物需要在氧气充足的条件下才能快速生长繁殖；厌氧微生物则相反，在氧气含量低的条件下便能繁殖。微生物按其适应的生长温度不同，可分为嗜热菌、嗜温菌和嗜冷菌。嗜热菌可以在 65℃以上环境中仍可存活，而嗜冷菌在一般冷藏温度下也不会死亡。空气的相对湿度对微生物的生长和食品的腐败变质起着重要的作用。例如夏季雨水较多，粮食容易发霉就是因为空气的湿度较高（相对湿度在 65%以上）的缘故。紫外线具有较强的杀菌能力，但是穿透力弱，适用于空气和物体表面杀菌。阳光的直射可以使食品的温度升高，有利于微生物的生长。

（4）大多数细菌不能在高渗透压的食品中生长，例如腌制食品。但是霉菌和少数酵母菌都能忍受高渗透压环境而在继续生长。盐腌和糖渍的高渗透压食品通常具有更长的保质期，但是无法完全避免因霉菌生长引起的食品霉变，因此，霉菌和酵母菌也常常引起糖浆、果酱和浓果汁等食品腐败。

13.2　食品的细菌控制

13.2.1　细菌的种类

细菌是种类和数量最多的微生物类群。它们形状多样、非常微小，只能通过显微镜才能看见。按细菌外形可分为球菌、杆菌和螺形菌三类。细菌的大小介于病毒与真菌之间。细菌繁殖速度很快，约 15 min 就可繁殖一代。根据菌属和常见食品种类，食品中细菌可分为以下 7 类。

（1）假单胞菌属细菌：该类细菌为革兰氏阴性菌，无芽孢，对营养要求简单，常见于蔬菜、肉、乳及乳制品、家禽和海产品中，作为食品腐败性细菌的代表，它们容易引起食品的腐败变质，如铜绿假单胞菌。

（2）微球菌属细菌和葡萄球菌属细菌：葡萄球菌属细菌为兼性厌氧菌，对生长环境的营养要求较低，是食品中较为常见的菌属。该菌属可分解食品中的糖类并产生金黄色、柠檬色等色素，例如金黄色葡萄球菌。微球菌属细菌为好氧菌，可抵抗较高的渗透压，可产生黄色、橙色等色素，可导致动物性食品腐败变质。

（3）芽孢杆菌属细菌和梭状芽孢杆菌属细菌：芽孢杆菌属细菌为革兰氏阳性杆菌，可形成芽孢，例如蜡样芽孢杆菌。梭状芽孢杆菌属细菌大多数为厌氧菌，对环境有较强的抵抗力，常见于熟肉、罐头等食品中，例如肉毒梭菌。

（4）肠杆菌科细菌：该类细菌大多数为革兰氏阴性细菌，大部分能发酵糖产酸产气，对热抵抗力较弱，多与水产品、肉及蛋的腐败有关。该菌科中除志贺菌属及沙门菌属外，均是常见的食品腐败菌。

（5）弧菌属细菌和黄杆菌属细菌：主要来自海水或淡水，在鱼类、贝类等水产品中多见。它们可在低温和5%食盐中生长。弧菌属细菌中常见的致病菌有副溶血性弧菌、霍乱弧菌等。黄杆菌属细菌可以导致冷冻肉制品及冷冻蔬菜的腐败变质。

（6）嗜盐杆菌属细菌和嗜盐球菌属细菌：能在高盐浓度的环境中生长，多见于盐腌制食品中，嗜盐细菌一般会产生橙红色素。

（7）乳杆菌属细菌和丙酸杆菌属细菌：乳杆菌属细菌常见于乳制品、肉制品、鱼制品中，可使食品腐败变质。丙酸杆菌属为兼性厌氧，能使葡萄糖发酵产生乙酸和丙酸，同时放出气体。该类细菌主要存在于乳制品中。

食品中常见的致病菌及其导致的食源性疾病见表13－1。

表13－1　食品中常见的致病菌及其导致的食源性疾病

致病菌	相关食物	导致的食源性疾病
沙门氏菌	蔬菜、水果、蛋、乳制品、肉制品等	发烧、腹泻、腹痛等，严重者死亡
副溶血性菌	鱼、虾、蟹、贝类和海藻等水产品及其腌制品	急性肠炎、腹痛、腹泻、畏寒发热
金黄色葡萄球菌	奶、肉、蛋、鱼及其制品等	急性胃肠炎、呕吐、发热
肉毒梭菌	肉制品	吞咽困难、呼吸困难、肌肉乏力等
李斯特氏菌	肉类、蛋类、禽类、海产品、乳制品、蔬菜等	轻微类似流感症状、可引起血液和脑组织感染，严重者死亡
阪崎肠杆菌	婴儿配方奶粉	婴儿致死性脑膜炎和脑脓肿
致病性大肠埃希菌	肉制品、乳制品、蛋及蛋制品、蔬菜、水果等	腹泻、肠道出血、出血性尿毒症

13.2.2　食品细菌污染的评价指标

菌落总数和大肠菌群是食源性细菌中的非致病菌，可以作为评价食品卫生和质量的重要指标。非致病菌是食品安全领域研究食品腐败变质原因、过程和控制方法的主要对象。通过检测食品中的菌落总数和大肠菌群，可以判断食品受到细菌的污染程度。

（1）菌落总数是指在规定的条件下培养所生成的细菌菌落总数（CFU），反映食品中细菌污染的数量，但是不代表细菌污染对人体健康危害的程度。菌落总数可以反映食品的卫生情况，以及食品在生产加工、运输、贮藏、销售过程中的卫生措施和管理情况。食品菌落总数既是食品清洁状态的标志，也可以预测食品耐保藏的期限。

（2）大肠菌群并非细菌学分类命名，而是指一群具有需氧及兼性厌氧、在 37℃ 能分解乳糖产酸产气的革兰氏阴性无芽胚杆菌。该指标一是作为食品粪便污染的指示菌，表示食品曾受到人与温血动物粪便的污染，因为大肠菌群都直接来自人与温血动物粪便；二是作为肠道致病菌污染食品的指示菌，因为大肠菌群与肠道致病菌来源相同，且在一般条件下大肠菌群在外界生存时间与主要肠道致病菌是一致的。

13.2.3　常见控制方法

细菌的生长繁殖受到营养成分、水分、酸碱度、温度、氧气等因素影响。因此，可以对上述各种因素加以调整控制，从而达到杀灭细菌或抑制细菌生长繁殖的目的。

1. 温度控制

细菌对温度具有不同的适应性，可分为嗜冷性、嗜温性和嗜热性细菌。细菌只有在适宜的温度下才能快速生产繁殖。根据细菌的特点，可以通过降低温度抑制细菌活性，或者升高温度可以杀灭细菌。

（1）低温环境保存食品可以降低食品中酶的活性和食品内化学反应的速度，延长微生物繁殖下一代所需的时间。因此食品的低温保藏可以防止或减缓食品的变质，保持食品的安全。低温保存方法分为冷藏和冷冻 2 种方式。

① 冷藏是指在不冻结状态下的低温保存，温度一般设定在 0～8℃。病原菌和腐败菌多为嗜温菌，因此它们在 8℃ 以下便难于生长繁殖。同时，食品内原有的酶的活性也大大降低，因此冷藏可延缓食品的变质。

② 冷冻的温度一般设定在−12℃以下，在此温度下几乎所有的微生物不再发育。因此，冷冻保藏的食品一般具有较长的保存期。当食品中的微生物处于冰冻时，其活动受到抑制，甚至死亡；同时，冰晶体对细胞也有机械性损伤作用，可直接损伤细菌细胞，导致部分细胞破裂而死亡。

（2）高温加热能使细菌自身体内酶、脂质体和细胞膜破坏，蛋白质凝固，细菌细胞死亡，从而达到保藏的目的。食品加热杀菌的方法主要有常压杀菌（如巴氏消毒法）、加压杀菌、超高温瞬时杀菌和微波杀菌等。

① 常压杀菌即加热温度控制在 100℃ 及以下，达到杀灭所有致病菌和繁殖型微生物的杀菌方式。常用于液态食物消毒，如牛奶、pH 在 4 以下的蔬菜和水果汁、啤酒、醋、葡萄酒等。

② 加压杀菌通常的温度为 100～121℃（绝对压力为 0.2 MPa），常用于肉类制品、中酸性、低酸性罐头食品的杀菌，可杀灭繁殖型和芽孢型细菌。

2. 理化控制

通过改变食品的酸碱度、渗透压、水分含量等理化性质，可以达到控制食品中细菌存活和生长的目的。

（1）盐腌法和糖渍法通过改变渗透压，使微生物菌体细胞发生脱水、收缩、凝固，消灭微生物。一般盐腌浓度达 10%，大多数细菌受到抑制，但不能完全杀灭微生物。糖渍食品糖含量必须达到 60%~65%，并保持在密封和防湿条件下保存，防止吸水后降低防腐作用。

（2）大多数细菌不能在 pH 4.5 以下正常生长，通过改变食品的酸碱度可以控制细菌繁殖而导致的食品变质。酸渍法就是通过降低食品的 pH 进行蔬菜等防腐，如泡菜等酸渍食品。

（3）降低食品的水分含量也能控制细菌的生长繁殖。食品水分含量在 15%以下或水分活度值在 0.6 以下，就能抑制腐败微生物的生长。食品干燥、脱水方法主要有日晒、阴干、喷雾干燥、减压蒸发、冷冻干燥等。

（4）随着科技的发展，防腐剂作为控制细菌污染的重要食品添加剂，如苯甲酸、山梨酸、乳酸、丙酸等，通过抑制微生物代谢活动，从而起到食品防腐的作用。食品中防腐剂含量很低，仅用于抑制或杀灭食品中引起腐败变质的微生物，总体上安全性较高，按照 GB 2760—2014《食品安全国家标准　食品添加剂使用标准》规定的范围和用量使用，不会对人体产生健康风险。

13.3　食品的真菌控制

13.3.1　常见的真菌种类

真菌污染对食品的危害主要来源于真菌在生长繁殖过程中产生的有毒代谢物。真菌产毒特点为一种毒素可由多种真菌产生，一种真菌也可能产生多种毒素。已知的产毒真菌有曲霉菌属中的黄曲霉和赭曲霉，青霉菌属中的青霉和黄绿青霉，镰刀菌属的雪腐镰刀菌和禾谷镰刀菌等。真菌毒素的产生可能发生在作物收获后或贮存期。容易受到真菌污染的食品包括大米、玉米、小麦等粮食，苹果、葡萄、柠檬等水果，以及花生、腌渍火腿等其他食品中，真菌毒素一般具有耐高温，无抗原性，人类和动物摄入被真菌毒素污染的农产品后可导致急性和慢性中毒。食品中常见的真菌及其导致的食源性疾病见表 13-2。

表 13-2　食品中常见的真菌及其导致的食源性疾病

真　菌	相关食物	导致的食源性疾病
黄曲霉	粮油食品、干果制品、乳品等	破坏肝脏组织、致癌
青　霉	水果、蔬菜、粮食等	反胃、呕吐、致畸
镰刀菌	粮食、饲料等	食欲降低、体重减轻、代谢紊乱等

（1）黄曲霉

黄曲霉是重要的食品污染菌，可导致食品的腐败变质和饲料霉变。黄曲霉毒素是一类结构相似的化合物，其中 B_1 型的毒性最大。在粮油食品中也以黄曲霉毒素 B_1 污染最多，如玉米、花生、稻谷、小麦、大麦等，干果类食品和动物性食品中也有发现。我国长江流域和长江以南的高温高湿地区是黄曲霉毒素污染严重的地区。黄曲霉毒素耐高温，加热温度达到 200℃以上才被破坏，故一般烹调温度不能去除其毒性。黄曲霉毒素具有较强急性毒性、基因毒性、致癌性、致突变性以及致畸性等。长期低剂量长期摄入黄曲霉毒素，也可引起肝脏亚急性或慢性损害。膳食摄入黄曲霉毒素的量与肝癌发病率之间呈正相关关系，因此被国际癌症研究机构列为 I 类致癌物。

（2）青霉

青霉是污染粮食及果蔬的主要真菌，可引起水果、蔬菜、谷物等食品的腐败变质并可产生桔青霉素和展青霉素。青霉污染严重的食品，可以从食品表面生长的绿色霉菌看出。桔青霉素具有肾脏毒性，严重时可导致肾衰竭。展青霉素对有些实验动物有致畸作用，并出现器官的水肿和充血。

（3）镰刀菌

镰刀菌属污染的食品包括小麦、大麦、黑小麦、玉米、大豆和油菜等，多发生在作物收获前的田间污染。镰刀菌毒素包括单端孢霉烯族化合物、玉米赤霉烯酮和伏马菌素等。单端孢霉烯族化合物中最为常见的毒素是脱氧雪腐镰刀菌烯醇（DON），又称呕吐毒素，具有致呕吐和细胞毒性作用。玉米赤霉烯酮对谷物和动物饲料的污染较为普遍，儿童摄入霉玉米或赤霉病麦制成的食品可出现雌激素过多症。伏马菌素污染食品以伏马菌素 B_1 为主，主要发生在玉米及其制品中。伏马菌素具有神经毒性、肾脏毒性和肝脏毒性等慢性危害。

13.3.2　真菌污染的控制

对于真菌污染的控制，主要是防治食品霉变。防霉控制首先是田间控制。作为预防真菌污染的根本措施，有效的防霉工作包括选用或培育抗霉病的作物品种、收获作物时及时去除霉变部分等。其次是贮存期间控制食品的水分含量，保持环境干燥，注意通风。不同食品的安全水分限值不同，如玉米应控制在 12.5%以下、花生在 8%以下，从而通过控制水分抑制真菌的繁殖。真菌污染较严重的地区可选用安全性高的防霉剂，提高防霉控制的效果。食品生产经营企业采购食品原料时，应严格遵循 GB 2761—2017《食品安全国家标准　食品中真菌毒素限量》中有关食品中真菌毒素限量的规定，对原料进行检测，保障原料符合限量要求，落实企业对食品安全的主体责任。

在食品加工过程中，通过对原料的筛选、搓洗等真菌去除法，可进一步减少真菌对食品的污染程度。利用紫外线照射分解植物油等食品中的黄曲霉毒素也有较好的效果。

13.4　食品的病毒控制

13.4.1　常见的病毒种类与传播途径

食源性病毒具有感染剂量低、环境稳定性高、致病率高的特点，主要通过两种传播途径感染人体，一种是以粪-口途径传播的病毒，例如肝炎病毒、冠状病毒、轮状病毒、星状病毒和环状病毒；另一种是以畜禽肉等产品为途径传播的病毒，如禽流感病毒、朊病毒和口蹄疫病毒。食源性病毒容易在短时间内产生大规模的暴发流行。虽然病毒无法在食品中生长繁殖，但只要摄入少量被病毒污染的食品，病毒就可能在人体内复制繁殖。由于病毒污染的食品在外观、理化性质上没有明显变化，不容易提前发现污染情况。因此，食源性病毒容易造成公共卫生事件。

（1）食品中常见的病毒有肝炎病毒、杯状病毒、星状病毒、轮状病毒、朊病毒等。其中，肝炎病毒中的甲型肝炎病毒和戊型肝炎病毒以食品和水源为媒介由消化道传播，能引起急性病毒性肝炎；杯状病毒中的诺如病毒是近年来食源性疾病中重要的病原体之一，其生存力较强，可以通过粪-口途径传播，曾在牡蛎、桶装水、食用冰、鸡蛋中发现并引起疾病暴发；朊病毒是具有致病能力的一种蛋白质，是人畜共患病原体，其中 4 种朊病毒感染人体后可导致库鲁病、克-雅氏综合征、格斯特曼综合征和致死性家庭型失眠症等。

（2）水源性传播途径是连接病毒携带者和食品污染的重要环节。例如，新鲜的农产品在收获前可能通过水源途径遭到食源性病毒污染。贝类的污染与水域密切相关，也可能在加工过程中因环境、从业人员等因素受到影响。生吃新鲜的农产品和贝类较易遭受食源性病毒污染，主要原因是食品加工中卫生控制不佳和缺乏适当的清洗消毒和污水处理措施。

食品中常见的病毒及其导致的食源性疾病见表 13－3。

表 13－3　食品中常见的病毒及其导致的食源性疾病

病　　毒	相 关 食 物	导致的食源性疾病
轮状病毒	各类受污染的食品	病毒性胃肠炎、腹泻、脱水
甲肝病毒	生食贝类、沙拉、饮用水	甲型肝炎、恶心、全身无力、腹痛
戊肝病毒	生食贝类、受污染的水	戊型肝炎、发热、恶心、腹痛
诺如病毒	牡蛎等新鲜海产品、水、沙拉	病毒性胃肠炎、恶心、呕吐、发热、腹泻

许多病毒引发的食物中毒与食用贝类有关。一方面是由于贝类生存场所常为污染的海湾，它们的两腮常吸入大量海湾水而起过滤和浓缩病毒的作用；另一方面是由于它们的加工方式常为生食或半熟制品。因病毒耐冷不耐热，故病毒性腹泻常在秋冬季发生和爆发。双壳软体动物贝类是食源性病毒常见食品来源，如蛤类、牡蛎、扇贝等，能够在其消化系统浓缩肠道病毒，该病毒在水体和贝类组织中存活时间较长，当人们吃生的或未煮熟的贝类时，就有可能被病毒感染。

新鲜果蔬中的病毒所引起的食源性疾病，其来源往往难以确定。过去几年内国际上发生了多次食源性疾病暴发事件，包括与莓类和生菜有关的诺如病毒感染，与半干燥西红柿、冷冻莓类和石榴子有关的甲型肝炎病毒感染。如 2012 年 10 月德国食源性诺如病毒暴发，案例涉及 11 200 个儿童患病。对于是否因草莓本身污染病毒引发疾病，还是食品处理人员携带病毒污染了草莓，还存在不确定性。

13.4.2　食源性病毒的控制

受限于检测技术和科学研究的有限性，对于食源性病毒引起的食源性疾病尚无很好的治疗方法，因此执行严格的卫生环境和食品加工安全操作是预防和控制食源性病毒传播的必要手段。

影响病毒稳定性的环节因素包括相对湿度、温度、食品成分等。对食品的消毒是控制食源性病毒的首要方法，例如，减少生食水产品的食用习惯，通过高温破坏病毒的食源性传播，食用彻底加热后的贝类食品等。对于甲型肝炎病毒，加热至 85℃持续 1 分钟即可杀灭。对于新鲜蔬菜水果，采取清洗等方法，可在一定程度上去除病毒在食物表面的污染，减少病毒对人体健康的危害。严格执行食品加工卫生规范，接触食品前洗手清洁消毒，能显著减少病毒的传播。食品加工用水也是病毒传播污染食品的途径，因此对于水源的有效消毒过滤能降低病毒的污染。

13.5 食品的寄生虫控制

13.5.1 食品中常见的寄生虫

食源性寄生虫是引起食源性疾病的原因之一，通过饮食传播的人体寄生虫病，包括食源性原虫病、吸虫病、绦虫病、线虫病等。食源性寄生虫引起的疾病的流行具有明显的地域性，与特定人群的生活和饮食习惯有着密切的联系，尤其是与当地人喜食生鲜食物种类有关。寄生虫病在某一地区的流行需满足三个条件，即存在传染源、传播的途径和易感人群。寄生虫在离开传染源后，经过特定的生活史发育阶段侵入新的易感者的途径，称为寄生虫的传播途径。食源性寄生虫病的传播途径均为经口传播，如人生食或半生食含华支睾吸虫活囊蚴的鱼或虾而患华支睾吸虫病等。

1. 食源性寄生虫的种类

世界卫生组织的调查发现，全世界约 7%的食源性疾病是由寄生虫引起的，表明食源性寄生虫病对人类健康构成重大威胁。因生食或半生食含有感染期寄生虫的食物而导致的寄生虫病约有 80 余种，目前在中国流行和危害比较严重的食源性寄生虫病有 20 种左右。

按寄生虫寄生所寄生的食物种类可以分为七类：肉源性寄生虫、植物源性寄生生虫、淡水甲壳动物源性寄生虫、鱼源性寄生虫、软体动物源性寄生虫、水源性寄生虫和两栖动物源性寄生虫。食品中常见的寄生虫及其引起的食源性疾病见表 13－4。

表 13－4 食品中常见的寄生虫及其引起的食源性疾病

寄生虫	相关食物	食源性疾病的症状
绦虫	畜肉等	消化不良、腹痛、腹泻或者便秘等
并殖吸虫	畜肉、水产品等	肠壁出血、乏力、消瘦、低热等
华支睾吸虫	水产品、畜肉等	消化道不适、肝区隐痛、胰管炎和胰腺炎
孢子虫	水、水产品	器官损伤
弓形虫	畜肉、水产品、猫排泄物污染的食品	先天性弓形虫病

（1）肉源性寄生虫是以牲畜如猪、牛、犬等作为中间宿主或保虫宿主的，如猪带绦虫、牛带绦虫、旋毛虫和弓形虫等。

（2）植物源性寄生虫是以水生植物如荸荠、菱角等为传播媒介，如布氏姜片吸虫、肝片形吸虫的尾蚴在荸荠、菱角等水生植物表面形成囊蚴，人误食活囊蚴后而被感染。

（3）淡水甲壳动物源性寄生虫以甲壳动物如蟹、蝲蛄等为中间宿主的寄生虫，如卫氏并殖吸虫、斯氏并殖吸虫以溪蟹、蝲蛄作为第二中间宿主，人误食活囊蚴的溪蟹而引起感染。

（4）鱼源性寄生虫以淡水鱼、虾或海鱼作为中间宿主的寄生虫，如华支睾吸虫、次睾吸虫以淡水鱼作为第二中间宿主；异尖线虫以海鱼如大马哈鱼、鳕鱼、大比目鱼和鲱鱼等作为中间宿主。

（5）软体动物源性寄生虫以软体动物如螺、蛞蝓、牡蛎作为中间宿主，如广州管圆线虫、比翼线虫、棘口吸虫、拟裸茎吸虫等。

（6）水源性寄生虫是由于寄生虫的感染期虫体污染水源或饮用水，人误食、误饮而感染隐孢子虫、蓝氏贾第鞭毛虫等。

（7）两栖动物源性寄生虫以两栖类、爬行动物如蛙、蛇等作为转续宿主或终（保虫）宿主，如曼氏迭宫绦虫、舌形虫等。

2. 食源性寄生虫的危害

食源性寄生虫进入人体后，可长期寄生在宿主体中，可能导致终身携带寄生虫，并对人体器官造成损害。例如华支睾吸虫病可引起胆道的一系列病理改变，包括胆管炎、胆囊炎和胆结石等，严重者并发门脉性肝硬化、静脉曲张破裂出血，或因成虫长期堵塞胆管而导致胆汁性肝硬化，成虫阻塞胰管还可引起胰管炎及胰腺炎。广州管圆线虫病主要经消化道传播，也可经皮肤黏膜传播。由于虫体侵犯中枢神经系统，引起嗜酸性粒细胞增多性脑膜炎或脊神经根炎，部分病例还可侵犯肺脏和眼睛。异尖线虫引起的病变主要在胃（胃异尖线虫病）、小肠和大肠（肠异尖线虫病）。胃异尖线虫病一般在食入受感染的食物 1～12 h 后出现临床症状，患者出现恶心、呕吐、腹部疼痛。肠异尖线虫病症状出现于食人受感染食物 48 h 后，除具有胃异尖线虫病的症状外，患者会出现体温升高、右下腹剧烈疼痛、肠梗阻等症状。

13.5.2 食源性寄生虫的控制

由于人们饮食习惯的改变以及缺乏对食源性寄生虫病的发病原因、传播途径及危害的认识，通常没有意识到自己主动感染了寄生虫疾病。食源性寄生虫进入人体后，寄生在人体各个器官并造成相应危害。控制食源性寄生虫病，可以从控制传染源、切断传播途径和保护易感人群 3 个方面进行干预。提倡食物必须烧熟煮透后食用。生、熟食品的砧板一定要分开，不喝生水，饭前便后要洗手等，以降低食源性寄生虫的感染率。

1. 控制传染源

控制传染源是预防寄生虫污染食品的首要措施。做好粪便管理与处理是预防寄生虫病的关键，因此饮用水源要远离粪便污染的区域，避免粪便中寄生虫传播的可能性。选用食品时，要选择经卫生检验检疫的禽畜肉类产品和安全的淡水鱼、虾、螺等水产品。食品贮存环境中要定期采用综合防治手段，灭虫灭鼠、灭蟑、灭蝇，控制和消灭传播媒介，防止所携带的寄生虫污染食品。

2. 切断传播途径

食源性寄生虫病的传播途径均为经口传播，因此拒绝食用寄生虫污染的食品是切断食源性寄生虫病传播的主要措施，做到不生食或半生食海鲜、水产及畜禽肉类产品，不喝生水，不吃不洁的生鲜蔬菜和水果。食品加工器具要生熟分开，防止交叉感染。部分寄生虫可通过皮肤切口感染，如广州管圆线虫幼虫可经皮肤侵入，因此，食品从业人员在条件允许的情况下，应穿戴护具以隔离双手与食材的直接接触，预防在加工过程中受感染。

3. 保护易感人群

人类对寄生虫感染没有天然的抵抗力，所有人对寄生虫都是易感的。由于大多数食源性寄生虫疾病属于人畜共患病，传播循环难以完全隔离阻断。因此，需要采取积极的宣传教育，加强易感人群对食源性寄生虫的认知程度，逐步提高易感人群对其危害的风险预防意识，形成良好的饮食卫生习惯，降低因膳食摄入寄生虫的可能性。

第 14 章　食品的化学性危害

14.1 基 础 知 识

14.1.1　常见食品化学性危害

食品中的化学性污染物种类繁多，涉及范围包括种养殖环节所使用的农药、兽药，环境中存在或蓄积的有毒金属、有机和无机化合物，和食品生产加工过程中特定工艺方式产生的有毒有害物质以及违法添加的非食用物质。化学性污染物一般较为稳定，蓄积于食物链中的各类动植物中。食品被污染后没有明显的变化，不易通过简单方式鉴别，因此加大了食品安全风险。当化学性污染物通过食物链的生物富集作用，以较高的浓度进入人体后，可能产生不同程度的急慢性危害。个别化学污染物还可能造成人体细胞损害，甚至具有致癌、致畸和致突变的“三致”作用。

14.1.2　化学性污染物残留限量定义

化学性污染物的限量是指污染物在食品原料和食品成品可食用部分中允许的最大含量水平。我国 GB 2762—2017《食品安全国家标准　食品中污染物限量》、GB 31650—2019《食品安全国家标准　食品中兽药最大残留限量》和 GB 2763—2021《食品安全国家标准　食品中农药最大残留限量》对食品中化学性污染物的残留限量，如农药、兽药、重金属和元素、有机和无机化合物等进行了相应的解释。其中，食品中农药最大残留限量国标对允许使用的农药规定了最大残留限量，即食品或农产品内部或表面法定允许的农药最大浓度；对于禁用农药规定了再残留限量，即针对已被禁用但长期存在于环境中的部分持久性农药的残留限量；该标准还列举了农药的每日允许摄入量（ADI），即人类终生每日摄取某物质，而不产生可检测到的危害健康的估计量。

14.1.3　食品生产经营过程中产生的化学性危害

按照食品生产经营环节分析，化学性污染的来源可以分为 3 个阶段：

（1）种植和养殖过程中人为使用的农药和兽药而导致的残留、非法使用的禁用物质导致的农产品污染；种养殖过程中农产品受到的环境中的化学性污染，包括人类日常活动，如汽车尾气排放和其他工业生产活动所排放的“三废”物质造成重金属污染，以及环境持久性有机污染物对食品的污染。

（2）食品原料在加工过程中因特定加工方式产生的有害物质，如高温烹调和油炸等方式产生多环芳烃和丙烯酰胺等；违法使用食品添加剂、违法添加非食用的物质如苏丹红、三聚氰胺等。

（3）食品贮存、运输和使用过程导致的外因性污染，如塑料食品包装材料中塑化剂的溶出，婴儿奶瓶中双酚 A 和壬基酚的迁移，水产品运输和暂养环节违规添加孔雀石绿等。

14.1.4　人为因素导致的食品化学性危害

农药兽药使用不当、工业活动造成的环境污染、人为添加非食用物质都是人为因素导致食品遭受化学性污染的因素，会对人体造成急性或慢性健康危害。

农药兽药使用不当的情形包括超量使用药物、使用禁用药物、违反用药间隔期和安全休药期规定、加工保鲜过程违规用药等，上述现象反映出种养殖人员对药物认识不足，缺乏相应的法律意识、规范用药和科学用药的知识。

工业活动产生的废水、废气、废渣中存在的很多有毒有害物质，包括重金属和环境持久性污染物。这些物质具有较高的稳定性，在环境中难易降解，经食物链富集后，对人体的器官组织、造血系统、神经系统等产生慢性损害。由于慢性中毒往往具有隐蔽性，潜在中毒者不易在出现中毒症状前予以重视而具有较大的危害。

食用含有过量高毒性的农药、兽药以及非食用物质易导致人体产生急性中毒后果，中毒表现为头痛、恶心、呕吐、腹痛、乏力等，也可能伴随眼鼻喉、胃肠道等器官组织的过敏反应，严重急性中毒者可能导致休克、死亡等结果。化学性污染导致亚慢性及慢性中毒主要由于长期摄入污染物后，在人体内蓄积而造成过敏反应、免疫毒性、发育毒性、“三致”作用等临床症状。

14.1.5　常见食品化学性危害的防控措施

化学性危害预防控制的关键在于对污染途径的有效规范和严格执行。食品中化学性污染物的控制可以从种养殖环节、加工处理环节、贮存环节等农田到餐桌全过程中的关键点设置有效控制手段。食品中农药兽药残留污染的首要控制方法是源头控制，在田间种养殖环节需要从业人员严格实施良好的农业规范，按照国家标准规定或推荐的农药兽药品种、剂量、方法和时间进行用药，从而减少出现农产品中因用药不规范造成的直接污染。

14.2　农药残留的控制

14.2.1　常见农药的种类与风险

农药残留指农药在使用后，其主要成分和代谢产物在农产品和环境中的存在数量和形式。按急性毒性大小，农药可分为剧毒性农药、高毒性农药、中等毒性农药和低毒性农药；按残留特性则可分为高残留农药、中残留农药、低残留农药。食品中农药残留的来源包括施用农药的直接污染、环境的间接污染和食物链的生物富集等三个途径。其中，施用农药的直接污染是农产品中农药残留主要途径。施用农药的直接污染包括可直接清洗去除的农产品表面喷洒和无法直接去除的农作物根部吸收等情况。间接污染是因长期施用农药导致的部分理化性质稳定的农药成为环境中持久性污染物，如狄氏剂、氯丹等多种曾作为有机氯农药使用的物质。食品用动植物在生长过程中，可能受到环境和食物链因生物富集而蓄积的农药。人类作为食物链的终端生物，通过摄入经多次生物富集后的动植物食品，容易产生因富集作用而摄入农药残留较高的食品，从而产生健康危害。

常见的农药种类按照农药的化学组成及结构，可以分为有机氯类、有机磷类、氨基甲酸酯类、拟除虫菊酯类等。按照使用功能，可以分为除草剂、杀虫剂、杀菌剂、杀鼠剂、杀螨剂、植物生长调节剂、熏蒸剂、增效剂等。

1. 有机氯类农药

有机氯类农药不易降解，脂溶性强，生物富集作用强，是一类高残留性的中高毒性农药。目前已有部分有机氯农药被禁止使用，包括六六六、艾氏剂等持久性有机环境污染物。作为曾经被大范围、大量使用的一类农药，有机氯类农药和其代谢物仍存在于环境中。因此，我国的GB 2763—2021《食品安全国家标准　食品中农药最大残留限量》中对该类物质制定了再残留量标准。有机氯类农药及其代谢物具有一定的致畸、致癌和致突变作用，可导致肝脏病变、神经系统的损害和癌症发生率上升等。

2. 有机磷类农药

有机磷类农药是目前使用量最大的杀虫剂，常见品种有敌敌畏、敌百虫、乐果等，约占杀虫剂总量的50%。大部分有机磷类农药属于低残留性农药，在环境中易于降解，因此在生物体内的蓄积性较低。但是，该类农药毒性差异较大，部分有机磷类农药具有剧毒性，如甲胺磷等通过抑制体内的胆碱酯酶活性，导致神经传导功能紊乱而发生人体损伤。乐果、马拉硫磷，对硫磷等则具有迟发性神经毒性，在急性中毒后的第二周出现神经中毒症状，症状表现为下肢软弱无力、运动失调及神经麻痹等。

3. 氨基甲酸酯类农药

氨基甲酸酯类农药主要被用作杀虫剂或除草剂，常用的有克百威、硫双威、丁硫克百威等。该类农药优点是对虫害选择性强、低残留性，对人体的毒性中等或较低。氨基甲酸酯类农药的急性中毒机理与有机磷类农药类似，通过胆碱酯酶抑制导致胆碱能神经兴奋造成相应的症状，但抑制作用有较大的可逆性。该类农药的代谢产品可使染色体断裂，造成致畸、致癌、致突变的可能。

4. 拟除虫菊酯类农药

拟除虫菊酯类农药多属于中低毒性农药，是一类模拟除虫菊所含天然除虫菊素而合成的仿生农药，主要被用作杀虫剂和杀螨剂，常用的有溴氰菊酯、氟丙菊酯、联苯菊酯等。拟除虫菊酯类农药的毒作用机制是造成神经细胞传导停滞或重复放电，从而改变膜流动性、增加兴奋性神经介质释放等。该类农药在环境中可被光解、水解或氧化，对人畜较为安全。但该类农药的缺点是害虫容易产生抗药性。因为其低残留性，在生物体内的蓄积性低，慢性中毒情况少见，但对皮肤有一定的刺激和致敏作用，引起皮肤感觉异常如麻木、瘙痒等症状。

14.2.2 食用农产品中禁用的农药

《食品安全法》第四十九条规定，禁止将剧毒、高毒农药用于蔬菜、瓜果、茶叶和中草药材等国家规定的农作物。原农业部曾发布多份公告，对剧毒、高毒农药的禁用名单作出了规定。截至 2022 年 2 月，根据农业农村部公告（含原农业部公告）规定，共有 50 种禁止生产销售和使用的农药名单，包括六六六、滴滴涕、毒杀芬、二溴氯丙烷、杀虫脒、二溴乙烷、除草醚、艾氏剂、狄氏剂、汞制剂、砷类、铅类、敌枯双、氟乙酰胺、甘氟、毒鼠强、氟乙酸钠、毒鼠硅，甲胺磷、甲基对硫磷、对硫磷、久效磷、磷胺、苯线磷、地虫硫磷、甲基硫环磷、磷化钙、磷化镁、磷化锌、硫线磷、蝇毒磷、治螟磷、特丁硫磷、氯磺隆，福美胂、福美甲胂、胺苯磺隆、甲磺隆、百草枯、三氯杀螨醇、林丹、硫丹、溴甲烷、氟虫胺、杀扑磷、2，4-滴丁酯、甲拌磷、甲基异柳磷、水胺硫磷、灭线磷。其中 2023 年 1 月 29 日起，2，4-滴丁酯禁止使用；2024 年 9 月 1 日起，禁止销售和使用甲拌磷、甲基异柳磷、水胺硫磷、灭线磷。

14.2.3　食品中农药最大残留限量

GB 2763—2021《食品安全国家标准　食品中农药最大残留限量》规定了 564 种农药，10092 项最大残留限量。一种农药在不同食品类别中的残留限量与其毒性、稳定性、该类食品的消费量等因素有密切关系。例如，作为杀虫剂使用的联苯菊酯在玉米中的最大残留限量为 0.05 mg/kg，在调味品干辣椒中的最大残留限量为 5 mg/kg。两个限量值差距约 100 倍，这是考虑到我国居民膳食结构中这两类食品的消费结构和消费量。

GB 2763—2021《食品安全国家标准　食品中农药最大残留限量》中还包括一类禁用农药的再残留限量，如艾氏剂、滴滴涕、狄氏剂、毒杀芬、林丹、六六六等。虽然这类高毒类农药已被禁用，但其在环境中的持久性残留物仍影响着农产品的安全。对于此类禁用农药的再残留限量一般更为严格，如林丹在生乳中的再残留限量为 0.01 mg/kg，狄氏剂在稻谷中的再残留限量为 0.02 mg/kg。

14.2.4　食品中农药残留的控制

（1）施用农药后的直接污染是农产品中农药残留主要途径，其中超范围、超限量、违反安全间隔期规定使用农药是导致食品中出现农药残留超标的主要因素。根据农药的结构和性质，严格控制农药的使用范围、使用量、用药浓度、用药次数以及用药的安全间隔期等。合理轮用、混用不同农药，发展和推广使用高效低毒的无公害农药、生物农药，采取病虫草害综合治理的措施，可以达到控制农药污染的目的。此外，进一步减少对农药的依赖也是源头控制中重要的发展方向之一。在培育作物时，应选择抗病虫害的农作物品种，利用生物防虫等新型手段，在田间使用害虫的自然天敌等益虫进行针对性防治工作，尽可能地减少施用农药导致的残留影响。

（2）合理的加工处理亦能有效减少食品中的农药残留。食品准备阶段的洗涤过程可除去农作物表面的农药残留，如直接使用清水可去除水溶性或极性较高的农药成分；使用适量碱水浸泡或使用果蔬清洗剂可同时去除水溶性和脂溶性的农药等。对于有果皮或者外壳的食品，通过剥皮或去壳清理也能达到降低农药残留的效果。研究表明，马铃薯去皮后，其内吸性甲拌磷和乙拌磷农药分别减少 50% 和 35%，而非内吸性的毒死蜱和马拉硫磷几乎可完全去除。另外，在加工处理中使用研磨、发酵、过滤、稀释和澄清等工艺，可以去除食品原料中大部分农药残留。对于对热不稳定的农药，如氨基甲酸酯类农药和有机磷类农药等，可以通过加热、烫漂等方式加快该类的农药分解，达到去除农药残留的目的。

（3）在食品的贮存过程中，农药残留量也会发生变化。随贮存时间延长，谷物作物中的农药残留量会缓慢降低，但需要注意部分农药可能逐渐渗入谷物内部而致谷粒农药残留量增高。贮藏温度对易挥发的农药残留量影响很大，如硫双灭多威在-10℃很稳定，在4~5℃时则很快挥发。

14.3 兽药残留的控制

14.3.1 常见兽药的种类与风险

现代化的动物饲养多采用集约化的生产方式以提高生产效率。在集约化的饲养条件下，由于动物活动空间限制，导致高密度动物群体生存环境拥挤，容易导致动物之间或人畜之间的疾病传播。因此，为了保持动物的健康和经济效益，直接对动物施用改善营养和病害防治用药成为普遍的做法，或在饲料中添加一定的药物达到相同的预防效果。用药频率的增加以及用药剂量上的不当，容易造成食品中兽药或其代谢物等的蓄积。除动物病害防治用药和饲养添加用药外，食品保鲜过程中加入抗微生物制剂，以及食品生产、加工、运输过程中操作人员为自身疾病预防而无意带入的某些化学物也可导致兽药残留。

常见的兽药种类可分为治疗用兽药、预防用兽药、促生长剂以及畜牧管理用兽药等，具体包括抗菌剂、抗寄生虫药和激素类药物等。常见的兽用抗菌剂有磺胺类药物、β-内酰胺类药物、四环素药物等；抗寄生虫药包括驱肠虫药物和抗球虫药；激素类药物主要是类固醇类化合物，分为雄性激素和雌性激素。

兽药残留对人体的毒性包括急性中毒、慢性中毒、过敏症状和人体产生药物的耐受性。例如俗称为“瘦肉精”的肾上腺素受体激动剂药物，能刺激肾上腺素分泌而导致心跳加快，心律失常，肌肉震颤等副作用，可引发严重的急性中毒。兽药对人体的慢性中毒症状可表现为破坏人体的造血和器官功能，干扰人体内源性激素的正常代谢，甚至造成致畸、致癌、致突变的潜在风险。部分抗菌类兽药的使用可引起动物或者人类的过敏反应，如休克、气喘、气闷、皮疹等症状。预防治疗动物疾病的用药，容易引发病原体产生适应性变化，敏感菌株消灭后，耐药菌株大量繁殖，迫使用药剂量加大从而增加食品中药物残留量。当人食用兽药残留量高的食品后，可能引起耐药菌和条件致病菌在人体肠道系统中的大量繁殖，导致肠道感染、腹泻和维生素缺乏等症状。当人畜共患病爆发时，这些耐药菌株对人用抗生素也产生耐受性，降低医治的作用效果，引发更严重的公共安全问题。

1. 治疗用兽药

治疗用兽药指用来控制农场或家庭饲养动物传染性疾病的药物，包括治疗动物的致病菌、体内和体外的寄生虫和真菌。使用的治疗剂量要能够消除导致疾病的致病菌，并且不能对动物的长远健康产生不良影响。治疗用兽药通常采用对动物肌肉直接注射，一般是间断的、个别的用药。当大批量动物感染时，也可以将药物添加入饲料中或混于饮用水中供患病动物服用。服用方式和剂量和应严格按照有关规定执行，否则会造成动物药物残留而造成食品安全风险。

2. 预防用兽药

预防用兽药主要用于预防大规模动物饲养过程中疾病流行，对高风险的禽肉和猪肉生产体系尤为重要。预防用兽药的用药方法是通过喂饲药物（饮用水、饲料）或用药物浸泡动物。预防措施的实施有别于治疗目的，通常是持续地、普遍地在饲料和水中添加，但是较难控制每一头饲养动物的剂量，容易导致某一动物个体的可食组织出现药物残留超标。

3. 促生长剂

促生长剂可分为抗菌剂和同化激素类药物两大类。抗菌剂通过抑制动物肠道内自身存在的某些细菌的活性，来改变动物肠道内的微生物菌群，从而更有利于提高饲料转化率和营养成分吸收率，促使动物体重加快增长。抗菌剂的不当使用易造成致病菌耐药性，需要严格控制剂量，同时保证动物健康和动物福利在内的良好饲养管理。同化激素类促生长剂通过加快动物的新陈代谢发挥促生长的作用，包括天然和合成的类固醇类药物。此类药物经常以小药丸的形式埋植于动物的耳下，随后被埋植的药物匀速稳定地释放以达到促生长的作用。使用了同化激素药物的动物必须经过规定的停药期后，才能进行屠宰，减少激素药物残留对人体的影响。

4. 畜牧管理用兽药

畜牧管理用兽药包括生育调节剂和镇静剂等。动物养殖场可以使用生育调节剂控制动物的生殖，通过调节生殖能力而控制动物的分娩。同时，适量使用生育调节剂还可增加奶牛产奶量，但需严格遵守停药期规定，确保牛奶中兽药残留低于限量标准。镇静剂作为降低动物的兴奋和紧张情绪的药物，可以减少动物被运送到屠宰场的过程中产生的紧张或攻击行为。

14.3.2 动物性食品中禁用的兽药

原农业部曾多次发布关于在饲料、动物饮用水和畜禽水产养殖中禁用物质名单的公告。原卫生部发布的《食品中可能违法添加的非食用物质和易滥用的食品添加剂名单》中也将盐酸克伦特罗、莱克多巴胺、氯霉素、孔雀石绿、硝基呋喃类药物等禁用兽药列入了非食用物质名单。截至 2022 年 2 月底，我国原农业部第 176 号、第 193 号、第 1519 号、第 2292 号、第 2428 号、第 2583 号、第 2638 号以及农业农村部第 250 号等公告明确对饲料和食品中养殖禁用物质，涉及肾上腺素受体激动剂、精神药物、性激素、抗生素和杀虫剂等。上述物质禁用原因主要包括人用抗病毒药移植兽用缺乏实验数据，对动物疫病的控制带来不良后果，人用临床控制抗菌药物的耐药性问题以及药物缺乏残留数据，增加用药风险和不安全因素。禁用兽药均为已证实危害人类健康或存在较大食品安全风险和公共卫生安全风险的品种。

肾上腺素受体激动剂如盐酸克伦特罗、莱克多巴胺、沙丁胺醇等违法添加到饲料、饮用水或用于畜禽水产等动物性食品中，能增加脂肪分解代谢，增加蛋白质合成，从而显著提高动物的瘦肉率。肾上腺素受体激动剂可在畜禽水产的肌肉及脏器、奶及奶制品中残留。肾上腺素受体激动剂通常具有松弛平滑肌和支气管扩张作用，临床上用于缓解支气管哮喘、改善充血性心力衰竭、慢性阻塞性肺疾病等。人体通过食品摄入肾上腺素受体激动剂后的中毒表现为心跳过速、肌肉震颤、呼吸急促等，严重者可导致休克甚至死亡。

精神药物、性激素剂等由于其残留量在动物性食品中通常较低，较少造成急性中毒事件，但不能排除药物残留对人体健康的亚慢性和慢性中毒危害，尤其对婴幼儿、孕产妇、老年人和患有特定慢性疾病的人群危害更大。违法用于动物的精神药品对中枢神经系统具有抑制作用，如巴比妥类、苯二氮䓬类等镇静剂，可以对动物催眠育肥、提高饲料转化率，减少水生动物的耗氧量从而降低运输过程中的死亡率。违法使用的性激素类药物主要包括醋酸美仑孕酮、甲基睾丸酮、群勃龙、玉米赤霉醇等，其具有促进动物的生长发育、增加动物体重、提高饲料转化率等作用。人体通过食品摄入禁用性激素药物后，会对人体生殖系统造成严重的影响，例如雌激素可以引起女性早熟等，并且多数激素类药物具有潜在的致癌性等危害。

硝基呋喃类抗生素具有广谱抗菌作用，对细菌、真菌和原虫均有作用，曾广泛应用于畜禽及水产养殖业。2002 年我国原农业部第 193 号公告将硝基呋喃类药物列为禁止使用的药物，2020 年我国农业农村部第 250 号公告再次把硝基呋喃类药物列为禁止使用的药物。硝基呋喃类原型药在生物体内代谢迅速，和蛋白质结合而相当稳定，故常利用对其代谢物的检测来反应硝基呋喃类药物的残留状况。硝基呋喃类药物及其代谢物可引起溶血性贫血、多发性神经炎、眼部损害和急性肝坏死等残疾而对人类健康造成危害，对人体有致畸、致癌、致突变的作用。

14.3.3 动物性食品中兽药残留最高限量

2019 年 9 月 6 日国家卫健委牵头发布 GB 31650—2019《食品安全国家标准　食品中兽药最大残留限量》，该标准于 2020 年 4 月 1 日正式实施。该标准规定了动物性食品中阿苯达唑等 104 种（类）兽药的最大残留限量；规定了醋酸等 154 种允许用于食品动物，但不需要制定残留限量的兽药；规定了氯丙嗪等 9 种允许作治疗用，但不得在动物性食品中检出的兽药。例如地塞米松只能使用于猪、牛、马的养殖过程中，在猪、牛、马的肌肉、肝、肾、牛奶中的最大残留量分别为 1.0 μg/kg、2.0 μg/kg、1.0 μg/kg、0.3 μg/kg；庆大霉素可使用于猪、牛、鸡以及火鸡的养殖过程中，其中猪、牛的肌肉、脂肪、肝、肾中的最大残留量分别为 100 μg/kg、100 μg/kg、2 000 μg/kg、5 000 μg/kg，牛奶中的最大残留量分别为 200 μg/kg，鸡、火鸡的可食组织中的最大残留量均为 100 μg/kg；巴胺磷只能使用在羊的养殖过程中，在羊的脂肪、肾中的最大残留量均为 90 μg/kg，并且在泌乳期禁用。食品用动物养殖者应严格按照国家规定的药物品种、使用范围、用药剂量和安全间隔期使用兽药，降低兽药残留对人体健康的潜在危害。

14.3.4 动物性食品中兽药残留的控制

动物性食品中兽药残留主要有 3 个来源：兽药使用不当、违禁使用兽药及饲料添加剂和饲养环境污染。兽药使用不当情形包括治疗和预防动物疾病时用药的品种、剂型、剂量、实施部位不当、不遵守安全间隔期等。违禁使用兽药及饲料添加剂情形包括为了增加瘦肉率，减少肉品的脂肪含量而在动物饲料中加入非食用激素、为使甲鱼和鳗鱼长得肥壮而使用违禁的己烯雌酚、用抗生素菌丝体及其残渣作为饲料添加剂来饲养食用动物等。饲养环境污染带来的兽药残留主要来源药物通过动物排泄方式，以原形或代谢物的形式随粪、尿等进入生态环境或直接进入环境，造成环境土壤、表层水体、植物和动物等的兽药蓄积或残留。因此，应针对兽药残留的上述 3 个来源进行控制，有效减少兽药残留对人体的健康危害。

（1）合理使用兽药

养殖从业人员和企业应熟悉农业农村部规定允许使用的兽药和饲料添加剂，和相应兽药规定的使用对象、期限、剂量，兽药在动物性食品中的允许残留量等信息。加强治疗性用药和预防性用药的区别使用管理，限制或禁止使用人畜共用的抗菌药物。对允许使用的兽药要遵守休药期规定，严格落实食用动物屠宰前的休药期以及产蛋、产乳期动物用药后蛋、乳上市期限等要求。如在产蛋鸡产蛋期间应停止或慎用某些抗菌药物和添加剂、指定用于非泌乳牛的药物，不得用于泌乳牛、一些抗球虫药指明产蛋鸡禁用、只准用于肌肉注射的药物，不能通过其他途径给药。

（2）不得使用禁用兽药

养殖从业人员和企业不得使用农业农村部禁止在饲料和动物饮用水中使用的物质名录中的药物，包括肾上腺素受体激动剂、性激素、蛋白同化激素、精神药品、抗生素等。食品安全管理人员应掌握国家相关公告，了解对食品中可能违法添加的非食用物质，在原料采购环节索要票证和建立台账，选择正规供应商，做好信息追溯工作，杜绝食品中的兽药残留。

（3）规范养殖

针对饲养环境中兽药残留污染，养殖企业应推广良好的养殖规范、通过改善动物饲养环境卫生条件、改善营养等措施减少兽药的使用，提升畜牧业饲养管理水平，提高畜禽的机体抵抗能力，减少动物疾病的发生，减少用药机会或使用无残留或低残留的药物，从而有效地使畜产品中兽药残留量降到最低或无残留。

14.4　污染物的控制

14.4.1　食品中常见污染物

食品污染物是指食品从生产（包括农作物种植、动物饲养和兽医用药）、加工、包装、贮存、运输、销售，直至食用等过程中产生的或由环境污染带入的、非有意加入的化学性危害物质。除上文提及的农药残留和兽药残留之外，食品中化学性污染还包括无机污染物和有机污染物。无机污染物包括重金属、类金属、硝酸盐、亚硝酸盐等，有机污染物包括环境持久性有机污染物，如芳香烃、多环芳烃、二噁英、多氯联苯、邻苯二甲酸酯等，和加工过程中产生的有机污染物，如杂环胺类化合物、丙烯酰胺等。

1. 重金属

密度大于 4.5 g/cm^3的金属称为重金属，如铅、镉、汞、锡、镍、铬、铜、锰等。重金属污染环境后，一般很难被微生物降解，重金属在自然中蓄积达到安全限值以上就会对人体产生危害。重金属可以通过食物链富集并产生生物放大作用，有些重金属进入人体后可转变为毒性更强的化合物。重金属对人体的危害隐蔽性高，不易在短时间内发现，长期过量暴露可导致慢性中毒，甚至具有致癌、致畸和致突变作用。目前，影响食品安全的重金属主要是铅、镉、汞和砷等。对于重金属污染，控制手段主要是防止工矿业“三废”、交通运输业尾气排放等对空气、土壤、水体的污染而间接导致的食物重金属污染。

（1）铅

铅污染主要来源是汽车等交通工具排放的废气造成道路附近的农田、水源的污染。废气中铅通过空气传播沉降于植物和土壤表面，从而造成植物通过叶片吸收大气中的铅。动物性食品中的铅污染通常低于植物。食物是非职业性接触人群受铅污染的主要来源。铅在人体的生物半衰期为 4 年，大部分铅与红细胞结合，随后逐渐以磷酸铅盐形式积于骨骼中，取代骨中的钙，在骨骼中的生物半衰期可达 10 年。铅对人体的造血系统、神经系统和肾脏的损害以慢性损害为主。儿童对铅较成人更敏感，过量铅摄入可影响其生长发育，导致智力低下。

（2）镉

镉广泛存在与自然中，工业“三废”尤其是含镉废水的排放、土壤以及海水中都存在镉元素。对于非工业镉暴露人体而言，镉进入人体的主要途径是通过食物摄入。几乎所有食品都含有镉元素，大多数食物中的镉含量很低，因此高消费量食品对镉的膳食暴露贡献较大。人体对镉的排泄能力较差，人体生物半衰期为 15~30 年。镉中毒主要损害肾脏、骨骼和消化系统。镉对动物和人体有一定的致畸、致癌和致突变作用。海水产品和动物性食品以及内脏中镉含量高于植物性食品，而植物性食品中以谷物、块茎植物和绿叶蔬菜中镉含量较高，说明植物在生长过程中会从土壤中吸收镉并蓄积。

（3）汞

汞是广泛存在于环境中的重金属元素。汞对人体危害的严重程度与摄入汞的形态、剂量及摄入途径密切相关。一般来说，无机汞的危害较为轻微，有机汞毒性较强，后者在食物链中主要以甲基汞形态积聚。食品中的金属汞几乎不被吸收，90% 以上的汞是随便排出体外，而有机汞中毒性较大的甲基汞 90% 以上可被人体吸收。鱼类和贝类是膳食中有机汞的主要来源，对一般人群而言，甲基汞暴露主要来自水产品。由于甲基汞能溶于水并迅速被胃肠道吸收，迅速分布到全身组织和器官并逐渐蓄积，汞在人体内的生物半衰期平均为 70 天左右，在脑内的半衰期长达 180~250 天。汞蓄积达到一定剂量时会引起急性毒性、致癌性、生殖毒性、神经毒性、发育毒性、遗传毒性等危害。发育中的胎儿、婴幼儿对甲基汞特别敏感。鱼类甲基汞含量与其品种、生活环境、觅食模式及年龄相关。一般来说，寿命越长及在食物链的位置越高的鱼类（如体型较大的捕猎鱼类），体内蓄积的甲基汞会越多。此外，汞也可通过含汞农药的使用残留和污水灌溉等途径污染农作物和饲料，造成谷类、蔬菜、水果和动物性食品的汞污染。

（4）砷

砷是一种类金属元素，但具有类似于金属的理化性质。食品中的砷会以多种形式存在，其中无机砷的毒性大于有机砷，三价砷的毒性大于五价砷。水生生物包括鱼类、螃蟹、可食藻类等是膳食砷暴露的主要来源，尤其是甲壳类和某些鱼类对砷有很强的富集能力。但是鱼类中的砷多以低毒的有机砷形式存在，而植物性食品中的砷多以高毒的无机砷形式存在。毒性较低的有机砷进入人体后分布于全身，以肝、肾、肺、皮肤、毛发、指甲和骨骼中蓄积量最高，生物半衰期为 80~90 天。砷可造成代谢障碍，急性中毒表现为胃肠炎症状，严重者可致中枢神经系统麻痹而死亡；慢性中毒主要表现为神经衰弱综合征、皮肤色素异常（白斑或黑皮症）、皮肤过度角化和末梢神经炎症状等。

2. 硝酸盐和亚硝酸盐

硝酸盐和亚硝酸盐对人体的健康影响源于它们在人体代谢过程中产生具有潜在致癌性的 *N*-亚硝基化合物。在研究过的300多种亚硝基化合物中，发现90%以上对动物有不同程度的致癌性。*N*-亚硝基化合物的前体物质包括硝酸盐、亚硝酸盐和胺类，广泛存在于人类的生活环境中，如绿叶蔬菜通常天然地含有高浓度的硝酸盐，亚硝酸盐主要是作为食品添加剂用于肉制品加工和保存中。食品和水源中的硝酸盐和亚硝酸盐可引起胃癌和食管癌，习惯食用腌制品可能导致上述慢性中毒的现象，也是肝癌发生的危险性因素。把亚硝酸盐误当作食盐而摄入过多，或误服工业用亚硝酸盐是造成亚硝酸盐急性中毒的主要原因。亚硝酸盐急性中毒剂量为0.2~0.5克左右，致死剂量约为3克。亚硝酸盐急性中毒表现为呼吸困难、头痛，严重病症为血管扩张、血压下降，休克甚至死亡。因此，食品企业要妥善保存亚硝酸盐，严格遵守GB 2760—2014《食品安全国家标准　食品添加剂使用标准》规定的使用范围和限量加工食品。

3. 有机污染物

有机污染物具有低水溶性，高分子质量，在环境中具有很高的持久性和稳定性，通常与食品中的脂肪结合。食品中的有机污染物质可分为外源性有机污染物和内源性有机污染物。外源性有机污染物通常指工业生产活动中产生是有机物对食物链的污染；内源性有机污染物指食品加工工艺中产生的具有一定的毒性的副产品，通常与高温高热的烹饪方式相关。有机污染物对食品安全的影响在近年来得到了广泛关注，环境有机污染物进入食物链的可能性和持续性与其本身的工业生产规模、使用模式、存在浓度等有密切的关系。目前已发现可能造成人体健康风险的有机污染物主要包括芳香烃、多环芳烃、多氯联苯、二噁英等有机物及其衍生物。

（1）多环芳烃

多环芳烃化合物是已知的环境致癌物，具有全球性广泛分布的特点。多环芳烃化合物从化石燃料燃烧过程中释放出来，通过大气循环在土壤水体中沉积分配，其中苯并［a］芘是多环芳烃的典型代表。多环芳烃化合物在谷物、脂肪和油类食品中均有发现，与农作物源头的环境污染、烹调和加工方法、生产方式等有关。例如，烧烤等加工方式对食品成分发生热解和热聚反应生成苯并［a］芘、柏油路上晾晒粮食和油料种子等也是食品受到多环芳烃化合物污染的情形。防范多环芳烃化合物的污染可以从加强农田环境的保护、改进烹饪加工方法以及防止食品生产加工过程中的润滑油污染等方面进行管理。

（2）多氯联苯

多氯联苯（PCBs）是一类以联苯为原料在金属催化剂的作用下经高温氯化而生成的氯代芳烃，常见的多氯联苯有130多种，因其良好的绝缘性、抗热性和化学稳定性广泛用作蓄电池、变压器、电容器、润滑油、涂料、防尘剂、杀虫剂等的制造。多氯联苯结构中的氯取代数目和位置决定了它们的毒性大小。PCBs具有高度的脂溶性，主要蓄积在脂肪组织中。它们能穿透胎盘并从母乳中分泌出来，影响胎儿和婴儿的健康。PCBs的生物降解率极低，在环境中极易蓄积并通过食物链的逐级放大作用在某些生物体内达到很高的浓度，从而造成生态和人体的健康损伤。PCBs具有难降解、易蓄积和易远距离迁移等特性，其生物毒性主要体现为致癌性、生殖毒性、发育毒性、神经毒性和内分泌干扰毒性等。斯德哥尔摩公约将多氯联苯列入首批全球控制的12种持久性有机污染物之一。该公约2004年5月17日生效，即公约签署国应禁止生产和使用PCBs，并采取措施减少或消除多氯联苯污染的排放。

（3）二噁英

二噁英是指在结构、化学性质和毒性方面相近的一类多氯联苯类有机物，主要包括多氯二苯并二噁英（75种）、多氯二苯并呋喃（135种）和二噁英样多氯联苯（209种）等共419种物质。二噁英类物质属于典型的环境污染物，在环境中无处不在，可自然形成（例如火山爆发和森林大火释出）、燃烧生成（例如废物焚化）、工业过程（例如制造化学品、以氯漂白纸浆、冶炼金属）等产生的副产品。二噁英类物质在环境中难以降解，具有持久性和生物蓄积性，在体内的半衰期为7~11年，可通过食物链由植物到动物，再由动物到人类逐渐累积。人类接触二噁英90%以上是通过食品，其中主要是肉制品和乳制品、鱼类和贝类。水产品中二噁英类物质残留一般由水体污染或受污染的饲料带入。二噁英类物质是已知化合物中毒性最强的物质。1998年，国际癌症研究机构（IARC）已把二噁英类物质列为人类Ⅰ级致癌物。长期摄入二噁英类物质还会导致免疫系统、生殖功能、内分泌系统及发育中神经系统的损害。加强对工业企业、交通运输、垃圾焚烧等环境污染物的源头治理，是减少二噁英食品污染的重要措施。

（4）丙烯酰胺

富含碳水化合物的食品如炸薯条、炸薯片、谷物和面包等，经高温加工或油炸烹饪后都可能产生丙烯酰胺。丙烯酰胺的最佳生成温度为140~180℃，烘烤和油炸食品的时间越长、温度越高，生成的丙烯酰胺越高。丙烯酰胺的主要前体物为游离氨基酸（天门冬氨酸）与还原糖，两者发生美拉德反应后产生。丙烯酰胺具有潜在的神经毒性、遗传毒性和致癌性。因此，对于需要烘烤和油炸的食品，应尽量避免过高温度和过长时间的烹饪，或者改变烹饪方式采用水煮或微波炉等烹调方法。此外，食品在高温烹调加工过程，化学分子容易受热发生聚合反应，形成杂环胺类化合物等高分子量的稳定物质，该类物质结构与具有致癌风险的大分子物质近似，而人体对该类物质的代谢能力研究有限，因此建议通过改变高温油炸的烹调方式和饮食习惯来避免该类物质的过多摄入。

（5）邻苯二甲酸酯

邻苯二甲酸酯是一类具有增塑和软化功能的有机高分子化合物，可增加塑料的柔韧性，因此又被俗称为增塑剂，广泛应用于食品包装材料。对普通人群，食物是该类物质的主要暴露途径。邻苯二甲酸酯在生产和使用期间可能向环境中释放，同时食品包装材料中邻苯二甲酸酯的迁移也可能导致食品如食用油、酒类等中含有低浓度的邻苯二甲酸酯。

邻苯二甲酸酯不是食品原料，也不是食品添加剂，严禁在食品、食品添加剂中人为添加。邻苯二甲酸酯对人体内分泌系统有干扰作用，有明确的生殖和发育毒性。国际癌症研究组织（IARC）将邻苯二甲酸酯列入2B类致癌物。我国规定食品容器、食品包装材料中使用邻苯二甲酸酯类物质应当严格执行GB 9685—2016《食品安全国家标准　食品接触材料及制品用添加剂使用标准》规定的品种、范围、最大使用量、特定迁移量和最大残留量，不得接触油脂类食品和婴幼儿食品。

食品企业在选择食品容器和包装材料时应严格把关，避免使用添加了增塑剂的食品容器和包装材料；在食品生产工艺中所使用的设备、管道应避免或减少含有增塑剂的塑料配件使用；食物储运过程中控制好适宜温度，防止因温度升高造成增塑剂污染食品。

14.4.2 食品中污染物限量

我国 GB 2762—2017《食品安全国家标准　食品中污染物限量》规定了 13 种污染物在食品原料和/或食品成品可食用部分中允许的最大含量水平。该标准列出了可能对公众健康构成较大风险的污染物，制定限量值的食品是对消费者膳食暴露量产生较大影响的食品。需要指出的是，无论是否制定污染物限量，食品生产经营者均应采取控制措施，使食品中污染物的含量达到最低水平。食品中污染物限量以食品通常的可食用部分计算，有特别规定的除外。限量指标对制品有要求的情况下，其中干制品中污染物限量以相应新鲜食品中污染物限量结合其脱水率或浓缩率折算。不同类别的食品污染物的限量不同，例如鱼类镉的限量为 0.1 mg/kg，甲壳类水产品镉的限量为 0.5 mg/kg，双壳类、腹足类、头足类、棘皮类水产品镉的限量值均为 2.0 mg/kg。

14.5 常见非法添加物质的基础知识

原卫生部曾公布过 6 批食品中可能违法添加的非食用物质名单，包括苏丹红、三聚氰胺、罂粟壳、革皮水解物、工业明胶、甲醛等 64 种非食用物质（表 14－1）。这些物质不属于传统上认为的食品原料、不属于批准使用的新资源食品、不属于原卫生部公布的食药两用物质、不作为普通食品管理，也未列入我国食品添加剂、营养强化剂公告中的新品种名单。这些物质主要由于食品从业人员缺失诚信而非法添加，以达到改善食品外观和口感、延长保质期、以次充好和掺假等目的。非食用物质有时通过常规检测方法不易被发现和追溯，对人体健康带来严重隐患。

表 14－1　我国公布的 64 种非食用物质名单

序号	名　　称	可能添加的食品品种
1	吊白块	腐竹、粉丝、面粉、竹笋
2	苏丹红	辣椒粉、含辣椒类的食品（辣椒酱、辣味调味品）
3	王金黄、块黄	腐皮
4	蛋白精、三聚氰胺	乳及乳制品
5	硼酸与硼砂	腐竹、肉丸、凉粉、凉皮、面条、饺子皮
6	硫氰酸钠	乳及乳制品
7	玫瑰红 B	调味品
8	美术绿	茶叶
9	碱性嫩黄	豆制品
10	工业用甲醛	海参、鱿鱼等干水产品、血豆腐
11	工业用火碱	海参、鱿鱼等干水产品、生鲜乳

续 表

序号	名　　称	可能添加的食品品种
12	一氧化碳	金枪鱼、三文鱼
13	硫化钠	味精
14	工业硫黄	白砂糖、辣椒、蜜饯、银耳、龙眼、胡萝卜、姜等
15	工业染料	小米、玉米粉、熟肉制品等
16	罂粟壳	火锅底料及小吃类
17	革皮水解物	乳与乳制品
		含乳饮料
18	溴酸钾	小麦粉
19	β-内酰胺酶（金玉兰酶制剂）	乳与乳制品
20	富马酸二甲酯	糕点
21	废弃食用油脂	食用油脂
22	工业用矿物油	陈化大米
23	工业明胶	冰淇淋、肉皮冻等
24	工业酒精	勾兑假酒
25	敌敌畏	火腿、鱼干、咸鱼等制品
26	毛发水	酱油等
27	工业用乙酸	勾兑食醋
28	肾上腺素受体激动剂类药物（盐酸克伦特罗、莱克多巴胺等）	猪肉、牛羊肉及肝脏等
29	硝基呋喃类药物	猪肉、禽肉、动物性水产品
30	玉米赤霉醇	牛羊肉及肝脏、牛奶
31	抗生素残渣	猪肉
32	镇静剂	猪肉
33	荧光增白物质	双孢蘑菇、金针菇、白灵菇、面粉
34	工业氯化镁	木耳
35	磷化铝	木耳
36	馅料原料漂白剂	焙烤食品
37	酸性橙Ⅱ	黄鱼、鲍汁、腌卤肉制品、红壳瓜子、辣椒面和豆瓣酱
38	氯霉素	生食水产品、肉制品、猪肠衣、蜂蜜
39	喹诺酮类	麻辣烫类食品
40	水玻璃	面制品
41	孔雀石绿	鱼类

续 表

序号	名　　称	可能添加的食品品种
42	乌洛托品	腐竹、米线等
43	五氯酚钠	河蟹
44	喹乙醇	水产养殖饲料
45	碱性黄	大黄鱼
46	磺胺二甲嘧啶	叉烧肉类
47	敌百虫	腌制食品
48	邻苯二甲酸二（2-乙基）己酯（DEHP）	乳化剂类食品添加剂、使用乳化剂的其他类食品添加剂或食品等
49	邻苯二甲酸二异壬酯（DINP）	
50	邻苯二甲酸二苯酯	
51	邻苯二甲酸二甲酯（DMP）	
52	邻苯二甲酸二乙酯（DEP）	
53	邻苯二甲酸二丁酯（DBP）	
54	邻苯二甲酸二戊酯（DPP）	
55	邻苯二甲酸二己酯（DHXP）	
56	邻苯二甲酸二壬酯（DNP）	
57	邻苯二甲酸二异丁酯（DIBP）	
58	邻苯二甲酸二环己酯（DCHP）	
59	邻苯二甲酸二正辛酯（DNOP）	
60	邻苯二甲酸丁基苄基酯（BBP）	
61	邻苯二甲酸二（2－甲氧基）乙酯（DMEP）	
62	邻苯二甲酸二（2－乙氧基）乙酯（DEEP）	
63	邻苯二甲酸二（2－丁氧基）乙酯（DBEP）	
64	邻苯二甲酸二（4－甲基－2－戊基）酯（BMPP）	

此外，2012 年原国家食品药品监督管理总局公布保健品中可能非法添加的物质名单（第一批）（表 14－2），包括西布曲明、麻黄碱、巴比妥、红地那非等 47 种具有治疗用途的药物成分，涉及减肥、调节血糖、抗疲劳、调节免疫、改善睡眠、调节血脂等 6 类功能保健品。上述药物（成分）对特定病症的预防和治疗具有良好效果，但必须遵循医嘱。在保健食品中添加药物成分，对人体具有潜在危害，因此，我国《食品安全法》（2021 年版）第三十八条明确规定，生产经营的食品中不得添加药品。

表 14－2　保健食品中可能非法添加的物质名单（第一批）

序号	保健功能	可能非法添加物质名称	检测依据
1	声称减肥功能产品	西布曲明、麻黄碱、芬氟拉明	国家食品药品监督管理总局药品检验补充检验方法和检验项目批准件 2006004
2	声称辅助降血糖（调节血糖）功能产品	甲苯磺丁脲、格列苯脲、格列齐特、格列吡嗪、格列喹酮、格列美脲、马来酸罗格列酮、瑞格列奈、盐酸吡格列酮、盐酸二甲双胍、盐酸苯乙双胍	国家食品药品监督管理总局药品检验补充检验方法和检验项目批准件 2009029
3	声称缓解体力疲劳（抗疲劳）功能产品	那红地那非、红地那非、伐地那非、羟基豪莫西地那非、西地那非、豪莫西地那非、氨基他达那非、他达拉非、硫代艾地那非、伪伐地那非和那莫西地那非等 PDE5 型（磷酸二酯酶 5 型）抑制剂	国家食品药品监督管理总局药品检验补充检验方法和检验项目批准件 2008016，2009030
4	声称增强免疫力（调节免疫）功能产品	那红地那非、红地那非、伐地那非、羟基豪莫西地那非、西地那非、豪莫西地那非、氨基他达那非、他达拉非、硫代艾地那非、伪伐地那非和那莫西地那非等 PDE5 型（磷酸二酯酶 5 型）抑制剂	国家食品药品监督管理总局药品检验补充检验方法和检验项目批准件 2008016，2009030
5	声称改善睡眠功能产品	地西泮、硝西泮、氯硝西泮、氯氮卓、奥沙西泮、马来酸咪哒唑仑、劳拉西泮、艾司唑仑、阿普唑仑、三唑仑、巴比妥、苯巴比妥、异戊巴比妥、司可巴比妥、氯美扎酮	国家食品药品监督管理总局药品检验补充检验方法和检验项目批准件 2009024
6	声称辅助降血压（调节血脂）功能产品	阿替洛尔、盐酸可乐定、氢氯噻嗪、卡托普利、哌唑嗪、利血平、硝苯地平	国家食品药品监督管理总局药品检验补充检验方法和检验项目批准件 2009032

第 15 章 食品的物理性危害

15.1 基 础 知 识

15.1.1 常见的物理性污染物

相较于生物性污染和化学性污染，食品中的物理性污染物的科学研究较少，但越来越得到人们的重视和关切。食品的物理性污染和食品的生物性污染和化学性污染一起，成为影响食品安全的三大污染性因素。

物理性污染根据其来源可细分为两类，即放射性核素污染物和杂物。随着核工业的发展，放射性核素在能源、医疗、科学研究等方面广泛利用，造成的放射性废物排放以及自然灾害导致的核素泄漏等不确定事件，都增加了食品在生产加工过程中吸收外来放射核素的风险。食品中的杂质污染包括偶然性杂物污染和人为性掺杂掺假。前者的出现存在一定的偶然性，可能不直接影响人体健康，如食品中出现毛发、碎屑等；后者则是人为故意向食品中加入杂物的过程，如猪肉中注水、粮食中掺入砂石等行为。人为掺杂掺假多为食品经营者为非法牟利而采取的恶劣行为，引发消费者对食品安全问题担心，也破坏了市场经济秩序。

15.1.2 对人体造成的危害

1. 放射性核素污染

放射性核素污染物经食物链的各个环节造成对人体的危害。由于地球环境中存在天然核素，因此大部分食品中都具有低浓度的天然本底辐射剂量，只要不超过国家规定的标准，通过食物摄入的辐射剂量对人体健康不会造成健康影响。但当核泄漏事故意外发生时，如1986 年苏联切尔诺贝利核电站事故和 2011 年日本福岛核电站事故，在事故的发生地及其周边地区，泄漏的人工放射性核素会污染环境和食品，使食品中含有的辐射剂量急剧上升，超过规定安全限量要求。当人体摄入含有较大辐射剂量食品后，在机体组织内形成内照射，其射线对人体会产生持续辐射，直至放射性核素衰变成稳定性核素或全部排出体外为止。辐射会造成人体免疫力下降及多系统损害，并可能造成致畸、致癌、致突变后果。

2. 杂质污染

杂物污染可能不直接对人体健康造成潜在健康风险，但可能严重影响了食品应有的外观性状和营养含量，使得食品质量无法保证。近年来，食品中人为添加杂物的污染事件日渐增多，道德性风险已经引起人们对食品经营者诚信的担忧和顾虑，并影响整个食品行业的健康发展。

15.2 放射性物质危害的控制

15.2.1 放射性物质的来源

放射性污染来源于自然环境和人类的生产与生活等活动，可分为天然放射性物质和人工放射性物质。天然放射性物质主要包括^{40}K（钾）和少量的^{226}Ra（镭）、^{228}Ra（镭）、^{210}Po（钋）、^{232}Th（钍）、^{238}U（铀）等。这些核素在自然界中天然存在，是不受人类活动影响的电离辐射核素。因此，绝大多数食品中都含有天然放射性辐射本底剂量，但是不同食品中的天然放射性本底值差异较大。人工放射性物质主要包括^{131}I（碘）、^{32}P（磷）、^{3}H（氢）和^{14}C（碳）等。这些核素在能源、食品、医疗、科学研究等方面广泛应用，这些放射性核素的辐射剂量、时长、废物排放以及核素的意外泄漏都可能导致食品和食品生产地区辐射水平的整体上升，造成食品外源性的放射性污染。此外，环境中放射性物质被生物富集，使某些动物和植物特别是一些水生生物体内的放射性核素比环境值增高数倍，导致食品的放射性污染而导致健康风险。

辐照作为一种冷杀菌技术在国内外食品工业广泛应用。辐照与核污染不同。当辐照处理食品时，食品本身不直接接触放射源，不会沾染放射性物质。FAO、IAEA 以及 WHO 等国际组织多次提出，经 10 kGy 以下剂量辐照食品是安全的。相对于其他食品工艺，辐照工艺并不会带来更多的营养损失。目前消费者对辐照食品所表现的恐惧，更多地来源于对辐照技术的不了解，以及辐照食品因未标示而带来的消费知情权的缺失。我国对食品辐照加工实行许可制度，辐照食品应严格按照我国允许的辐照食品范围和辐照限定剂量执行，以确保辐照食品安全。

15.2.2 放射性物质对食品安全的影响

通过食物造成的放射性危害主要表现为内照射危害，即摄入食品中的放射性核素进入人体后，对体内组织进行辐射，人体器官和细胞在长期内照射效下，受到持续性的低剂量照射，造成细胞的损伤，导致器官的畸形、癌变、突变等严重后果。由于辐射核素在人体内位置的不确定性，容易造成辐射剂量分布的不均匀，受辐射剂量较多的器官越容易发生病变。因此，在一定剂量下，常观察到某些器官的局部效应。当内照射剂量很大时，人体可能出现如出现头痛、头晕、食欲下降、睡眠障碍等神经系统和消化系统的症状，继而出现白细胞和血小板减少等。食品放射性污染对人体的危害主要表现为小剂量长期内照射作用下所引起的慢性及远期效应。小剂量放射性核素在体内长期作用，能引起的放射病潜伏期较长且多引起癌变、白血病和遗传障碍等。超剂量放射性物质可产生远期效应，如致癌、致畸和致突变。

对于食品从业人员和企业而言，通过核素检测来确定食品的安全性所产生的费用和时间成本较高，因此防止食品受到放射性物质的污染，企业和相关人员需要做好溯源管理工作，在食品可能对人体造成潜在放射性危害前进行紧急应对措施。

食品生产企业应远离核电站、化工工厂、科研机构等可能排放放射性废物的单位。采用辐照工艺作为食品保藏和改善品质的食品企业，要严格控制辐照剂量和辐照时间，使得食品中的辐射含量符合国家规定的限量标准。食品经营者，尤其是对进口食品需密切关注食品原产地的放射性核素污染情况，遇到突发事件或国家临时限制性禁令时，做好应急管理措施，拒绝进口来自污染严重地区的食品，保障消费者的健康权益。为了防止放射性物质对食品造成污染，相关政府部门要定期对食品中放射性物质的含量进行监测。

15.3　杂质危害的控制

15.3.1　杂质的来源

食品在生产、储运、销售过程中，可能受到杂物的污染途径包括：原料收集过程中的杂物混入，如粮食收割时混入土壤、杂草等；生产车间洁净度不佳、密闭性不好，造成废纸、烟头、个人物品和杂物被带入生产区域；动物在宰杀时血渍、毛发及粪便对畜肉的污染；食品加工过程中设备的老化或故障引起加工管道中金属颗粒或碎屑混入成品中；流水线员工未穿戴防护设备，导致毛发、指甲、随身佩戴饰品等对食品的污染。此外，杂物污染还包括昆虫和动物的毛发、粪便以及尸体等对食品的污染。食品运输过程中，车辆、装运工具、不清洁铺垫物和遮盖物对食品的污染。

掺杂掺假是一种人为故意的行为，指经营者向食品中加入杂物，以达到非法牟利的行为。近年来由于掺杂掺假而引发的食品安全问题频频出现，涉及的食品种类和杂物种类众多，如小麦粉中掺入滑石粉、火锅中添加罂粟、糯米中掺入大米、肉中注入水等。杂物污染可能不直接对人体健康造成潜在健康风险，如糯米中掺入大米和猪肉中注水等，但是对食品本身具有营养成分、营养价值造成人为改变，降低了食品应有的理化性质和营养来源，损害的是消费者的经济利益和对食品行业整体质量的诚信的信任。

15.3.2　杂质对食品安全的影响

对于偶然性杂物混入的污染控制，食品企业要落实食品安全主体责任，食品企业和从业人员需加强食品生产、储存、运输、销售过程的管理把控，把好产品的质量关，通过执行良好生产规范，参照 ISO 9001、HACCP 等管理体系要求，完善潜在污染控制点的管理。食品企业应提升加工过程自动化程度，采用多重筛选方式，解决杂物带入的问题。在出厂检验环节，增设杂物检视项目，降低不符合要求的食品流入市场的概率。储存运输环节做好二次污染防范工作，定期清理和检查杂物，有效应对虫害鼠害对食品的污染。

防止掺杂掺假行为的发生，首先需要食品企业和从业人员加强自身责任意识，承担起主体责任。通过掺杂掺假来降低成本的行为，损害的不仅是自身产品的质量价值，还对整个食品行业和消费者造成伤害。这种因道德性风险所带来的食品污染事件需要广大食品企业和从业人员共同努力，转变经营理念，通过生产高质量的食品取得消费者青睐，以达到更高的经济收益。对于食品的掺杂掺假行为，食品监管部门也要加强企业的监督管理，对企业的违法行为要加大处罚力度，确保食品安全。

第 16 章　食源性疾病与食物中毒

16.1　基 本 概 念

《食品安全法》明确，食源性疾病是指食品中致病因素进入人体引起的感染性、中毒性等疾病，包括食物中毒。

食物中毒是指食用了被有毒有害物质污染的食品或者食用了含有毒有害物质的食品后出现的急性、亚急性食源性疾病。食物中毒不包括因暴饮暴食而引起的急性胃肠炎、食源性肠道传染病和寄生虫病等。

根据致病源的不同，食源性疾病的病因一般可分为致病微生物、有毒有害化学物、霉菌毒素、有毒动植物四类。

16.2　致病微生物引起的食源性疾病

致病性微生物引起的食源性疾病主要包括细菌、病毒和寄生虫引起的食源性疾病。

16.2.1　细菌引起的食源性疾病

细菌引起的食源性疾病，指人们食用被细菌或细菌毒素污染的食品而引起的疾病。细菌性食物中毒全年皆可发生，夏秋季节的发生率比冬春季节偏高。

1. 细菌的基本特征

致病性细菌称为病原菌或致病菌，是导致大多数食源性疾病的罪魁祸首，目前本市食源性疾病中的80%以上是由它们引起。细菌可以在食品中存活和繁殖。食品的成品中带有病原菌，可能是由于加工时未彻底去除，但更多的是由于受到污染所致。污染通常可来自生的食物、操作环境、人和动物等。表 16 - 1 列出了引起食源性疾病的一些重要病原菌。

表 16 - 1　引起食源性疾病的重要病原菌

病 原 菌	常见食品和污染来源	发 病 表 现	主要预防措施
副溶血弧菌	海产品及受该菌污染的食品	腹痛、呕吐和腹泻	不吃生食海产品，避免交叉污染
金黄色葡萄球菌	生牛奶、熟肉、糕点及其他受该菌污染的食品，常由人体伤口、疖子、鼻子、口腔等污染	腹痛、呕吐	避免手部有伤口从业人员上岗，接触身体后洗手，控制食品加工与食用时间间隔及保存温度

续　表

病 原 菌	常见食品和污染来源	发 病 表 现	主要预防措施
沙门氏菌	家禽、蛋、生肉，亦可由老鼠、昆虫和污水污染	腹痛、腹泻、呕吐、高热	避免有腹泻等消化道症状从业人员上岗，食品烧熟煮透，避免交叉污染，严格洗手
蜡样芽孢杆菌	谷物（例如大米）、含淀粉食品、奶类、肉类、蔬菜，土壤和灰尘较常见	腹痛、腹泻、呕吐	剩余食品彻底加热，熟制后的食品保存在危险温度带之外
大肠杆菌	生牛肉、受到污染的食品（例如蔬果），常由动物粪便、污水等污染	腹痛、腹泻、血便，严重者并发溶血性尿毒综合征引起死亡	避免有腹泻等消化道症状从业人员上岗，食品烧熟煮透，避免交叉污染，严格洗手
痢疾杆菌	水、牛奶、色拉、蔬菜，常由人畜粪便污染的水、食品接触面和手污染	腹痛、腹泻（粪便中可带血）、发热、呕吐	避免有腹泻等消化道症状从业人员上岗，食品烧熟煮透，避免交叉污染，严格洗手，消灭苍蝇
单核细胞增生李斯特菌	冷藏后未经彻底加热的肉制品、水产品、水果蔬菜，常由土壤、污水、动物粪便等污染	发热、腹泻，重症可表现为败血症、脑膜炎、心内膜炎、肺炎、孕妇流产	冷藏食品彻底加热后食用，即食食品注意避免交叉污染
肉毒梭菌	自制发酵豆、谷类制品（例如面酱、臭豆腐），罐头，环境、土壤、人畜粪便中较常见	视物模糊、咀嚼无力、呼吸困难等，病死率高	正确冷却食品，自制酱类食品要经常搅拌，使氧气供应充足，自制罐头杀菌彻底
椰毒假单胞菌	发酵米面制品（例如饺子、菜包、饼子等）、变质银耳、南方汤圆	胃部不适、恶心、呕吐、腹胀、头晕、精神不振，重症者出现昏迷，甚至死亡	制备发酵米面制品要勤换水，保持卫生；不使用霉变的玉米制作食品；不食用变质的银耳及其制品
产气荚膜梭菌	畜禽肉、鱼类、牛乳、植物蛋白食品	腹痛、腹胀、腹泻，重症者出现虚脱、肠出血、肠梗阻等	剩余食品食用前应再次加热，避免生熟食品交叉污染，食品生产企业要加强生产过程中的卫生管理
志贺氏菌	凉拌菜、乳制品、禽肉、水果	发热、头痛、乏力、腹痛、腹泻、呕吐等	加强饮用水消毒，不喝生水；注意饮食卫生，不吃不洁净的蔬菜水果，不吃腐败变质的食品；生熟分开，严格消毒餐具

2. 细菌的芽孢和毒素

大部分食品中的细菌及其代谢产物在彻底加热后即被杀灭，但以下两种情况是例外的。

(1) 芽孢

某些细菌在缺乏营养物质和不利的环境条件下，可以转化为芽孢状态。处于芽孢状态的细菌对高温、紫外线、化学物质等都有很强的抵抗力。芽孢通常不会对人体产生危害，但一旦条件合适可以重新萌发成具有危害性的细菌。可产生芽孢的细菌在食源性疾病方面具有特殊的意义，因为这类细菌通常能够在加热温度下存活。

（2）毒素

许多病原菌可产生使人致病的毒素，大多数毒素在通常的加工温度条件下即被分解，但有些细菌的毒素（例如金黄色葡萄球菌肠毒素）即使经过通常的加热温度也不能破坏，因此污染了此类毒素的食品危险性极大。细菌产生毒素也需要一定的温度条件，温度越适宜，毒素产生的速度就越快。

3. 细菌性引起食源性疾病的常见原因

细菌引起的食源性疾病的原因具有共性，常见原因包括以下几方面。

（1）交叉污染

即食食品（包括熟食品和生食蔬菜、水果、生食水产品等即食生食品）在食用前一般不再加热，一旦受到致病菌污染，极易引起食源性疾病。如发生以下情况，就可能使其受到致病菌的污染：① 即食食品和食品原料在存放中相互接触；② 即食食品和食品原料的容器、工用具混用；③ 操作人员接触食品原料后双手未经消毒即接触即食食品等。

（2）人员带菌污染

一旦操作人员手部皮肤有破损、化脓、疖子，或出现呕吐、腹泻等症状，便会携带大量致病菌。如果患病仍继续接触食品，且不严格按要求进行手部的清洗消毒，就极易使食品受到致病菌污染，从而引发食源性疾病。

（3）食品未烧熟煮透

生的原料食品即使带有致病菌，通过彻底的加热可杀灭其中的绝大部分。但如果未烧熟煮透就不能彻底杀灭致病菌，从而引发食源性疾病。如发生以下情况，就可能发生未烧熟煮透的现象：① 加热时间过短；② 加热的食品未彻底解冻，或一批加工量太大，但仍按平常的时间加热；③ 设备的加热部分发生故障，但仍按平常的时间加热等。

（4）食品贮存温度、时间控制不当

容易腐败变质的食品在5~60℃的贮存时间如超过2 h，食品中的细菌就可能大量繁殖，有时甚至产生耐热性的毒素，极易引起食源性疾病。所以即食食品在危险温度条件下储存时间超过2 h，发生细菌性食源性疾病的概率将明显增加。

（5）容器、工用具不洁

接触即食食品的容器或工用具清洗消毒不彻底，或者消毒后受到二次污染，致病菌通过容器或工用具等污染到食品，也可以引起食源性疾病。

4. 细菌性引起食源性疾病的预防原则

针对上述常见的发生原因，应按照以下原则采取措施，预防细菌引起的食源性疾病：首先是防止食品受到细菌污染，其次是控制细菌生长繁殖，最后是杀灭病原菌。具体的措施如下。

1）防止食品受到细菌污染

（1）保持清洁：① 保持工具、操作台等食品接触表面的清洁；② 保持地面、墙壁、天花板等食品加工场所环境的清洁；③ 保持手的清洁，不仅在上岗操作前及受到污染后要洗手，在加工食物期间也要经常洗手；④ 避免老鼠、蟑螂等有害生物进入食品经营场所和接近食物。

（2）生熟分开：① 用于即食食品和食品原料的容器、工用具要有明显的区分标记；② 制作即食食品时，应消毒接触即食食品的工用具、容器和操作人员双手等。

（3）使用安全的水和食品原料：① 选择来源正规、优质新鲜的食品原料；② 冲调、稀释食品要使用净水或煮沸后冷却的水。

2）控制细菌生长繁殖

（1）控制温度：① 容易腐败变质的即食食品制作完成至食用的时间超过 2 h 的，应在低于 5℃或高于 60℃温度条件下保存；② 容易腐败变质的食品原料应冷冻或冷藏保存；③ 冷冻食品解冻应在 5℃以下的冷藏条件或 20℃以下的流动水中进行。

（2）控制时间：冷库或冰箱中的生鲜原料、半成品，储存时间不要太长，使用时要注意先进先出。加工后的成品需要冷藏或者冷冻的，应当及时冷藏或者冷冻，尽量避免在危险温度下存放。

3）杀灭病原菌

（1）烧熟煮透：① 加工食品时，必须使食品中心温度超过 70℃，保险起见最好能达到 75℃并维持 15 s 以上；② 冷冻食品原料应彻底解冻后加热，避免外熟内生。

（2）严格洗消：① 生食食品应在洗净的基础上进行消毒；② 接触成品的容器、工用具要彻底洗净消毒后使用；③ 接触即食食品的从业人员，手部要经常进行清洗消毒。

16.2.2 病毒引起的食源性疾病

1. 病毒的特点

病毒是一类比细菌更为微小的微生物，其具有以下特点。

（1）致病：病毒通常只需极少的数量即可使人致病。

（2）污染：携带病毒的人员如上厕所后不洗手，排泄物中的病毒可通过接触污染食品与水。

（3）传播：病毒可通过携带病毒的人员传播至食品或食品接触表面，也可在人与人之间传播。

（4）存活：病毒可以在冷藏、冷冻温度下存活。彻底加热可以灭活食品中的病毒。病毒不会在食品中繁殖。病毒被人体摄入后，可在肠道内繁殖。

表 16－2 是引起食源性疾病的三种重要病毒——甲肝病毒、诺如病毒和戊肝病毒的常见食品和污染来源、典型症状及主要预防措施。

2. 病毒性食源性疾病的传播

如果已出现病毒感染病人，应采取以下措施，防止病毒进一步传播：（1）及时掩闭并严格消毒覆盖病人呕吐物、排泄物（使用扫帚、拖把清理会使病毒更容易播散）；（2）严格消毒病人接触的场所和物品（例如操作间、厕所、衣物、地板、工具等）；（3）治疗并隔离病人。

表 16－2　甲肝病毒、诺如病毒和戊肝病毒

病　毒	常见食品和污染来源	典　型　症　状	主要预防措施
甲肝病毒	受污染的食物（例如生食贝类、沙拉）、受污染的水、餐具、病人或携带者	从发热、疲乏和食欲不振开始，继而出现肝功能损害	① 严格洗手消毒； ② 不生食鱼贝类水产品，食品烧熟煮透； ③ 盛装食品的容器及食品接触面彻底消毒
诺如病毒	受污染的食物（例如生食的鱼类、贝类以及沙拉）、受污染的水、病人或携带者	恶心、呕吐、腹痛、腹泻和痉挛、发热	
戊肝病毒	受污染的食物（例如生食的贝类、猪肝）	发热、不适、食欲不振、恶心、腹痛等	

16.2.3　寄生虫引起的食源性疾病

寄生虫是具有致病性的低等真核生物，可作为病原体，通过食物传播食源性寄生虫病。寄生虫在特定的宿主或寄主体内或附着于体外以获取维持其生存、发育或者繁殖所需的营养。

1. 寄生虫的特点

寄生虫具有以下共同特点。

（1）致病：人感染寄生虫大多是通过食用生的或半生的（包括未烧熟煮透）的食品引起。

（2）存活：寄生虫需在特定的宿主（人或动物）的体内才能繁殖。低温冷冻（－20℃ 7 天或－35℃ 15 小时）或彻底加热食品均能有效杀灭寄生虫。

（3）污染：蔬菜、水果、生食水产品、畜肉和水都有可能受到寄生虫的污染。

2. 食品中常见的寄生虫

食品中常见的寄生虫、来源、典型症状及主要预防措施见表 16－3。

表 16－3　食品中的几种致病性寄生虫

寄 生 虫	来　　源	典 型 症 状	主要预防措施
旋毛虫	受到旋毛虫污染的猪和其他畜类动物	首先便稀或水样便，可伴有腹痛或呕吐，随后出现中毒过敏性症状，最后出现肌痛、乏力、消瘦	肉品冷冻或彻底煮熟食品，不生食或半生食畜肉
肺吸虫	生或不熟的淡水蟹、虾	起病多缓慢，有轻度发热、盗汗、疲乏、食欲不振、咳嗽、胸痛及咳棕红色果酱样痰，腹痛、腹泻、恶心、呕吐、排棕褐色黏稠脓血便	水产冷冻或彻底加热，不生食或半生食淡水产品

续　表

寄生虫	来　源	典型症状	主要预防措施
肝吸虫	生或不熟的肉淡水鱼、虾	腹泻、腹胀、肝肿大、食欲差	水产冷冻或彻底加热，不生食或半生食淡水产品
姜片虫	生的荸荠、菱角、藕等水生植物	腹痛、腹泻、食欲减退、恶心、呕吐，患者便量增多，有腥臭，也有腹泻和便秘交错的	不生食水生植物
蛔虫	被蛔虫卵污染的蔬菜、瓜果或水源	食欲不振、恶心、呕吐、低热、间歇性脐周绞痛，有的可出现荨麻疹、营养不良，严重的可发生肠穿孔	生食瓜果必须严格清洗消毒，饭前便后要洗手
广州管圆线虫	生或半生的螺、虾、蟹等水产品	呕吐、腹痛、腹泻、皮疹，严重的可发生脑膜炎、脑脊髓膜炎、肺出血等	避免生食或半生食螺、虾、蟹等水产品
猪（牛）带绦虫	生或半生的猪肉、牛肉	腹痛、腹泻、头痛、呕吐、消化不良、体重减轻，严重的会出现肌肉酸痛、麻木、癫痫样发作与晕厥等	避免生食或半生食猪肉和牛肉

16.3　有毒有害化学物引起的食源性疾病

化学物质引起的食源性疾病主要为化学性食物中毒。化学性食物中毒是指食用被有毒有害化学品污染的食品而引起的食物中毒，常见的有瘦肉精食物中毒、有机磷农药食物中毒、亚硝酸盐食物中毒、桐油食物中毒等。化学物质中毒特点是发病快、潜伏期短，但是病死率较高。

16.3.1　“瘦肉精”食物中毒

（1）中毒原因：食用了含有盐酸克伦特罗（俗称“瘦肉精”）的畜肉及其内脏等。

（2）主要症状：一般在食用后 30 分钟 ~2 小时内发病，症状为心跳加快、肌肉震颤、头晕、恶心、脸色潮红等。

（3）预防方法：选择信誉良好的供应商，如果发现猪肉肉色较深、肉质鲜艳，后臀肌肉饱满突出，脂肪非常薄，这种猪肉则可能使用过瘦肉精。

16.3.2　有机磷农药食物中毒

（1）中毒原因：食用了使用违禁有机磷农药或者农药超标的蔬菜、水果等。

（2）主要症状：一般在食用后 2 小时内发病，症状为头痛、头晕、恶心、呕吐、视力模糊等，严重者瞳孔缩小、呼吸困难、昏迷，直至呼吸衰竭而死亡。

（3）预防方法：选择信誉良好的供应商；使用流水反复涮洗蔬菜（叶菜类蔬菜应掰开后逐片涮洗），次数不少于 3 次。

16.3.3 亚硝酸盐食物中毒

（1）中毒原因：误将亚硝酸盐当作食盐加入食物中，或食用了刚腌制不久的暴腌菜，也有可能食用了含亚硝酸盐过量的肉制品。

（2）主要症状：一般在食用后1～3 h内发病，主要表现为口唇、舌尖、指尖青紫等缺氧症状，自觉症状有头晕、乏力、心律快、呼吸急促，严重者会出现昏迷，大小便失禁，最严重的可因呼吸衰竭而导致死亡。

（3）预防方法：生产企业要严格按照我国法规标准的要求使用亚硝酸盐，确保食品中亚硝酸盐残留量符合国家标准要求。餐饮单位禁止采购、贮存、使用亚硝酸盐。消费者不要食用暴腌的蔬菜。

16.3.4 桐油食物中毒

（1）中毒原因：误将桐油当作食用油使用。

（2）主要症状：一般在食用后30分钟～4小时内发病，症状为恶心、呕吐、腹泻、精神倦怠、烦躁、头痛、头晕，严重者可意识模糊、呼吸困难或惊厥，进而引起昏迷和休克。

（3）预防方法：桐油具有特殊的气味，闻味即可辨别。

16.4 霉菌毒素引起的食源性疾病

一些生长在食品中的霉菌可产生毒素，人和动物摄入含有毒素的食品后可发生中毒（如霉变甘蔗中的节菱孢霉，霉变小麦和玉米中的呕吐毒素），或导致癌症（如霉变花生、坚果、玉米中的黄曲霉毒素 B_1），严重的可导致死亡。

16.4.1 霉变甘蔗中毒

（1）中毒原因：霉变甘蔗的病原菌是节菱孢霉，该菌产生的3-硝基丙酸是致病毒素。

（2）主要症状：食用霉变甘蔗十余分钟至十余小时后，出现呕吐、眩晕、阵发性抽搐、眼球偏侧凝视、昏迷，严重的可导致死亡，后遗症主要为锥体外系的损害，主要症状有屈曲、扭转、痉挛，肢体强直，静止时张力减低等。

（3）预防方法：加强甘蔗储存期间的管理，确保甘蔗不发生霉变。节菱孢霉感染霉变的甘蔗质软，瓤部比正常甘蔗色深，呈浅棕色，切开断面有红色丝状物，闻之有轻度霉味及酒糟味，口感甜中带酸。具有上述特征的甘蔗应当废弃，不应食用。

16.4.2 霉变小麦、玉米中毒

（1）中毒原因：霉变小麦、玉米中的呕吐毒素。

（2）主要症状：食用霉变小麦、玉米30分钟～7小时后，出现恶心、呕吐、腹痛、腹泻、头晕、头痛、嗜睡、流涎、乏力，少数患者有发热、畏寒、颜面潮红、步履蹒跚等。

（3）预防方法：干燥后贮存，控制存放环境湿度。不食用霉变小麦、玉米。

16.4.3　霉变花生、坚果、玉米中毒

（1）致病原因：霉变花生、坚果、玉米中的黄曲霉毒素 B_1。

（2）主要症状：急性中毒潜伏期 5~7 天，起病之初有头晕、乏力、厌食等，很快进入肝损坏阶段，有逐渐加重的黄疸、肝肿大、肝肿痛，严重的可导致死亡。长期食用含有黄曲霉毒素 B_1 霉变花生、坚果、玉米可引起肝脏等癌变。

（3）预防方法：干燥后贮存，控制存放环境温度和湿度。不食用霉变的花生、坚果、玉米。

16.5　有毒动植物引起的食源性疾病

有毒动植物中毒，指人们食用了指一些含有某种有毒成分动植物而引起的食物中毒，常见的有河豚鱼中毒、高组胺鱼类中毒、贝类毒素中毒、未煮熟豆浆中毒、发芽马铃薯中毒等。

16.5.1　河豚鱼食物中毒

（1）中毒原因：误食河豚鱼或河豚鱼加工处理中未去除有毒部位。河豚鱼中的河豚毒素是一种非蛋白质神经毒素，0.5 mg 就可致人死亡。

（2）主要症状：一般在食用后数分钟至 3 小时内发病，症状为腹部不适、口唇指端麻木、四肢乏力继而麻痹甚至瘫痪、血压下降、昏迷，最后因呼吸麻痹而死亡。

（3）预防方法：加强宣传教育，让消费者认识到河豚鱼有毒，不要食用生鲜河豚鱼和河豚鱼干制品（包括生制和熟制）。

（4）政策解读：2016 年 9 月，原农业部办公厅和原国家食品药品监督管理总局办公厅印发的《关于有条件放开养殖红鳍东方鲀和养殖暗纹东方鲀加工经营的通知》（农办渔〔2016〕53 号）规定，销售的养殖河豚必须来自经农业部备案的养殖源基地（可从农业农村部网站获悉具体养殖源基地），经具备条件的农产品加工企业去除有毒部位和河豚毒素并包装的河豚鱼制品，包装上应按照要求标示相关信息。禁止经营野生河豚鱼以及养殖河豚活鱼和未经加工的整鱼。河豚产品的河豚毒素含量不得超过 2.2 mg/kg（以鲜品计）。

16.5.2　青皮红肉鱼引起的食物中毒

（1）中毒原因：食用了不新鲜的青皮红肉鱼（如青专鱼、秋刀鱼、金枪鱼、三文鱼等），这些鱼中含有高水平的组胺，可引起急性过敏反应。组胺是一种生物胺，可以引起人体毛细血管扩张和支气管收缩，并同时刺激胃酸分泌，病人会出现低血压、心律失常等症状。

（2）主要症状：一般在食用后数分钟至数小时内发病，症状为面部、胸部及全身皮肤潮红，眼结膜充血，并伴有头疼、头晕、心跳呼吸加快等，皮肤可出现斑疹或荨麻疹。

（3）预防方法：采购新鲜的鱼，如发现鱼眼变红、色泽不新鲜、鱼体无弹性时，不要购买；运输、储存都要保持低温冷藏。

16.5.3　贝类毒素引起的食物中毒

（1）中毒原因：食用了含有贝类毒素的贝类水产品。贝类毒素包括麻痹性贝类毒素、腹

泻性贝类毒素、失忆性贝类毒素、神经性贝类毒素。贝类在“赤潮”时摄食了有毒的藻类后，藻类所含的有毒物质即进入了贝类，这种毒素对贝类本身没有毒性。人食用了有毒的贝类后，毒素会从贝类中释放出来对人体呈现毒性作用。

（2）主要症状

麻痹性贝类毒素：中毒的潜伏期短，仅数分钟到20分钟。首先出现唇、舌、指尖麻木，随后腿麻木、运动失调，并伴有头痛、头晕、恶心和呕吐，最后呼吸困难，严重者会因呼吸麻痹而死亡。

腹泻性贝类毒素：中毒潜伏期较短，约30分钟到3小时。主要症状为恶心、呕吐、腹痛、腹泻，并伴有头痛、发热。

失忆性贝类毒素：中毒潜伏期较短，约3~6小时。主要症状为腹痛、腹泻、呕吐，同时出现记忆丧失、意识障碍、平衡失调等，重症者多数为老人。

神经性贝类毒素：中毒的潜伏期短，仅数分钟到数小时。主要症状为恶心、腹痛、腹泻、呕吐、寒冷、运动失常、意识障碍、幻觉，严重者瘫痪。

（3）预防方法：对于发生赤潮的海域，加强对贝类等水产品的检查和监测，杜绝含有贝类毒素的水产品流入市场。

16.5.4 未煮熟豆浆引起的食物中毒

（1）中毒原因：豆浆未经彻底煮沸，其中的皂素、抗胰蛋白酶等有毒物质未被彻底破坏。

（2）主要症状：在食用后30分钟~1小时内，出现胃部不适、恶心、呕吐、腹胀、腹泻、头晕、无力等中毒症状。

（3）预防方法：生豆浆烧煮时将上涌泡沫除净，煮沸后再以文火维持沸腾5分钟左右。

（4）特别提示：豆浆烧煮到80℃时，会有许多泡沫上浮，这是“假沸”现象，应将上浮的泡沫除净后继续加热，煮沸后再以文火维持沸腾5分钟。

16.5.5 发芽马铃薯龙葵碱引起的食物中毒

（1）中毒原因：进食发芽的马铃薯后引起的一系列中毒症状。发芽马铃薯含有龙葵碱，龙葵碱对胃肠道黏膜有较强的刺激性及腐蚀性，对中枢神经系统有麻痹作用等。

（2）主要症状：发芽马铃薯中毒通常发生在食用后数十分钟至数小时，主要症状为咽喉部瘙痒和灼烧感、恶心、头晕、呕吐、腹痛、腹泻，严重者脱水、昏迷、抽搐，最终可能因呼吸中枢麻痹而导致死亡。

（3）预防方法：不吃发芽或未成熟、青紫色皮的马铃薯。利用龙葵素具有弱碱性的特点，在烹饪马铃薯的过程中加入适量醋，利用醋的酸性作用来分解龙葵素，可有效地避免食物中毒。

第 17 章　食品相关产品的基础知识

17.1　食品相关产品的种类

17.1.1　根据材质及用途分类

食品相关产品包括用于食品的包装材料、容器、洗涤剂、消毒剂和用于食品生产经营的工具、设备。在我国食品相关产品安全国家标准体系中，将用于食品的包装材料和容器，以及用于食品生产经营的工具、设备统称为食品接触材料及制品。根据材质类别及用途，食品接触材料可分为塑料、橡胶、涂料、黏合剂、油墨、纸及纸板、竹、木、金属与合金、搪瓷、陶瓷、天然纤维、玻璃等制品。

17.1.2　根据迁移特性分类

根据化学物质的迁移特性，食品接触材料可分为三大类。

(1) 表面迁移材料。包括金属及合金、玻璃、陶瓷、搪瓷等硬质材料，这些材料经过高温煅烧、熔化或冶炼，结构致密且有较好的功能阻隔作用，其内部的物质及非接触面的物质一般不会迁移到食品，只有接触表面的物质（通常为重金属）有可能迁移到食品。

(2) 部分迁移（或渗透）材料。大多数高分子材料属于这类材料，如塑料、橡胶、涂料等，这些材料一般对其中的化学物迁移有一定的阻力，但因材质不同、结晶度不同，高分子结构差异较大，因此对其中的物质迁移的影响也不同，比如聚对苯二甲酸乙二醇酯（PET）、聚偏二氯乙烯（PVDC）、聚酰胺（尼龙）等一般较聚烯烃（聚丙烯、聚乙烯）的阻隔性能要好。这类材料的化学物质迁移大多数发生在其接触表面及材料内部的物质，非接触面化学物质发生迁移的可能性较小。

(3) 完全迁移（或渗透）材料，也叫多空材料，如纸及纸板等植物纤维材料具有多空纤维网状结构，低分子量的物质几乎可以毫无阻力地从包装材料迁移到食品，这类材料不仅食品接触表面、材料内部的物质可能发生迁移，非接触面的化学物质（如印刷油墨）也可穿透材料层迁移到其包装的食品。

17.1.3　新型食品接触材料

活性食品接触材料、智能材料、纳米材料、生物可降解材料是近年来兴起的新型食品接触材料。

(1) 活性食品接触材料是指为了延长食品货架期或维持被包装食品的感官性状而有意在包装材料中添加某些组分，添加了这类物质的食品接触材料叫活性食品接触材料，如抗菌食品接触材料。

(2) 智能材料是指能够监测被包装食品及其微小环境状态的食品接触材料。

(3) 纳米材料是指天然或合成的、数目在50%以上粒子（包括游离态、聚集态或集块态）的一维或多维粒径为1~100 nm的材料。纳米材料的理化性质发生了很大改变，这种性状的改变可能会导致材料毒理学性质的改变，因此，欧美等许多国家与地区对此类食品接触材料进行逐一评估。我国的食品相关产品新品种相关规定也明确要求，纳米食品接触材料要逐一申报。

(4) 对生物发酵技术合成的生物可降解材料，许多国家也规定对该类物质进行逐一评估，而我国尚无相关规定。

17.2 常用接触材料及制品中有害物质的迁移

17.2.1 影响迁移的因素

任何食品接触材料都不是完全惰性的，其化学组分有可能向食品迁移而影响食品的安全。食品和饮料通常具有较强的腐蚀性，会与其接触的材料发生反应，如食品中的酸会腐蚀金属容器表面导致重金属的迁移，油脂会使塑料溶胀并使其中的化学物质析出，饮料会使未采取防水措施的纸及纸板分解。化学物质的迁移遵循动力学和热力学的扩散过程，迁移行为及过程非常复杂。

1. 食品接触材料中化学物特性及含量

对聚合物而言，分子量大于1 000道尔顿的大分子聚合物一般不会发生迁移，而未发生聚合反应的单体及其他起始物、反应助剂、添加剂、反应中间体、聚合物降解产物等小分子物质容易发生迁移。根据物质相似相容的特性，小分子量的极性有机化合物、盐类、重金属等容易迁移到酸性食品、水性食品和低度酒精饮料中，非极性有机物、亲脂类化学物则易迁移到油脂类食品及高度酒精饮料中，低分子量的挥发性物质最易迁移到表面无油脂的干性食品。如果迁移物在食品或饮料中的溶解度小，则无论放置多长时间迁移量都不会很高。食品接触材料中迁移物的含量越高越容易迁移。

2. 接触的食品的特性

有些物质在水中的迁移量较大，有些则在酸性食品中的迁移量较大（如铅、镉等重金属），有些在高浓度酒精饮料和油脂类食品中的迁移量较大（如邻苯二甲酸酯类物质），针对物质的这些特点，相关标准规定了水性、酸性、酒精、含油脂食品等4种作为检测食品接触材料迁移试验的食品模拟物。

3. 接触条件（包括接触温度、时间）以及接触面积

一般而言，接触温度越高、时间越长，迁移量就会越大，但到达迁移平台期后迁移量不再增加。此外，食品与食品接触材料的接触面积对迁移量也有一定影响，一般液态食品与食品接触材料的接触为无缝隙接触，实际接触面积较大，而固态食品与食品接触材料的接触不

够充分。单位质量食品的接触面积越大（比如小包装食品），则迁移量就越大。

4. 食品接触材料的材质类别及其理化特性

食品接触材料本身的理化特性对其中化学物的流动性有一定影响，如果化学物质与食品接触材料相容性较好，则化学物质迁移取决于其分子大小和结构、化学物与材料的相互作用以及材料本身对物质转运的内在阻力，如果两者不相容，则化学物质易在材料表面聚集，增加迁移量。

17.2.2　常见食品接触材料及制品的危害因素

为了预防和控制食品接触材料对食品安全及食品感官性状的影响，许多国家通过控制食品接触材料中相关化学物的使用量、残留量及其总迁移量、特定迁移量等来确保食品的安全。

（1）总迁移量是指从食品接触材料及制品迁移到食品中的物质的总量，总迁移量为非特异性指标，不能直接反应材料的安全性，控制总迁移量主要是为了避免迁移物质对食品感官性状的影响。

（2）特定迁移量是指某种对人体有潜在危害的化学物质从食品接触材料及制品迁移到食品中的量，特定迁移量直接反应危害风险，控制这些物质迁移到食品中量就可以确保食品的安全。

几类常见食品接触材料及其制品的主要危害因素如下。

1. 金属及合金、玻璃、陶瓷、搪瓷

对于金属及合金、玻璃、陶瓷、搪瓷等硬质食品接触材料而言，其主要危害物质为铅、镉等重金属。因在这些制品的加工成型过程，均经高温煅烧或熔化等超高温工艺，有机物质在高温下几乎全部灰化或挥发，这些材料表面含有的铅、镉等重金属是影响其食品安全的主要因素。材料内部的重金属或类金属危害物质，因受材料本市阻隔性能的阻挡发生迁移的可能性也较小。相关食品安全标准标准通过设定铅、镉等重金属的迁移限量来确保其安全。

2. 树脂或高分子聚合物

对于塑料、橡胶、硅橡胶、涂料、黏合剂等树脂或高分子聚合物材料，主要的危害物质为会发生迁移的化学物质，如聚合物合成所需的单体及起始物、催化剂、合成介质、合成助剂等，树脂或高分子材料加工成型过程中，添加的抗氧化剂、光稳定剂、杀菌剂、荧光增白剂等添加剂。此外，还有未聚合的起始物及其杂质、聚合中间产物、降解产物、加工过程中环境带入的污染物等非有意添加物。不同材质类别的聚合物，因单体或其他起始物以及聚合工艺、成型所需各种添加剂等有很大的不同，因而其潜在危害因素也有很大区别。如聚碳酸酯、双酚 A 型环氧树脂涂料、双酚 A 型聚砜的单体之一为双酚 A；聚氨酯类塑料制品、黏合剂等合成的主要单体是异氰酸酯，后者遇水可形成芳香族伯胺；尼龙 6、尼龙 66 合成的单体己内酰胺；软质聚氯乙烯有些含有邻苯二甲酸酯类增塑剂；聚乙烯、聚丙烯、聚异戊二烯等聚烯烃类聚合物一般含有抗氧化剂等。

3. 纸及纸板

对纸及纸板类包装材料而言，主要的迁移物质有杀菌剂、纸涂料、填充剂、增白剂、增强剂等。近年来，国际社会对用于纸及纸板防水防油剂中的中长链（C_8及以上）多氟或全氟碳化物的安全性高度关注。许多研究表明，全氟碳化物（Perfluorinated Compounds，PFCs）具有生物蓄积性和潜在的发育毒性。美国 FDA 于 2016 年 1 月发表声明表示即将禁止在食品接触用纸及纸板中使用三种涉及 C_8 含氟物质。2016 年 1 月，FDA 修订相关法规，删除上述三种 C_8 含氟物质。我国 GB 9685—2016《食品安全国家标准　食品接触材料及制品添加剂使用标准》也删除了相关物质，但不能保证这类物质确实已退出市场。此外，纸及纸板中使用的防腐防霉剂，如五氯苯酚钠等物质也是潜在的风险物质，应引起关注。

17.2.3　洗涤剂和消毒剂种类及潜在危害

1. 洗涤剂

食品用洗涤剂是指用于洗涤和清洁食品、餐饮具以及接触食品的工具和设备、容器和食品包装材料的物质。

（1）根据产品用途不同分为两类：A 类产品为直接用于清洗食品的洗涤剂；B 类产品为用于清洗餐饮具以及接触食品的工具、设备、容器和食品包装材料的洗涤剂，包括机用餐具催干剂。后者主要由非离子表面活性剂（如烷基酚聚氧乙烯乙醚、烷基酚聚氧乙烯苯醚、烷基聚氧乙烯苯醚等）、螯合剂和助溶剂组成。

（2）洗涤剂主要组分通常包括表面活性剂、助洗剂和添加剂等。表面活性剂包括阴离子表面活性剂、阳离子表面活性剂、非离子表面活性剂等。

（3）洗涤剂的潜在危害是其残留在食品或餐饮具及其他被洗涤物体表面的洗涤剂成分，如进入食品会对食品安全造成影响。但洗涤剂一般要经清水反复淋洗，因此残留在食品或餐饮具表面的量很小，因此，由洗涤剂引起的食品安全事件发生的可能性较小。

2. 消毒剂

食品用消毒剂是指直接用于消毒餐饮具、接触食品的工具和设备、容器和食品包装材料及水果、蔬菜的物质。

（1）食品用消毒剂原料

根据原卫生部办公厅印发的《食品用消毒剂原料（成分）名单（2009 版）》（卫办监督发〔2010〕17 号），目前批准使用食品用消毒剂有效成分和辅助成分的物质共有 68 种。臭氧及臭氧水、酸性氧化电位水由发生器或生成器产生，可直接使用；二氧化氯或次氯酸钠可通过二氧化氯或次氯酸钠发生器产生；列入 GB 2760—2014《食品安全国家标准　食品添加剂使用标准》的食品添加剂，可作为食品用消毒剂的辅助成分。

（2）消毒剂的潜在危害

消毒剂的潜在危害是其残留在食品或餐饮具等被消毒物体表面的成分，如进入食品会对食品安全造成影响。但消毒剂与洗涤剂有相似之处，消毒不仅要应尽可能降低消毒剂在食品或餐饮具等被消毒物体表面的残留量，而且要考虑消毒效果，如消毒效果不符合规定，会因致病微生物不能被彻底杀灭而引起食品安全事件。

3. 壬基酚的安全性

近几年，壬基酚（Nonyl Phenol，NP）的安全性引起国际社会的高度关注，该物质主要用于生产壬基酚乙氧基化物（Nonyl Phenol Ethoxylates，NPEO），后者可用作清洁剂、洗涤剂中的表面活性剂。大量研究表明，NP 及 NPEO 均具有雌激素样作用，NPEO 的雌激素样活性随链长的减小而增加，而 NP 的雌激素样活性高于 NPEO。然而，这些化合物的雌激素活性非常低，要比雌二醇低 3~5 个数量级。人群暴露的最大主要途径是鱼类的摄入，约占每日暴露量的 70%~80%，此外，另一个重要因素是植物块茎食物的摄入（1%~29%），食品包装材料的贡献率较低。NP 经口摄入后在胃肠道被快速吸收，吸收后大部分 NP 在肝脏中与葡萄糖醛酸盐或硫酸盐结合，随后从粪便排出。由于肝脏的这种首过代谢作用，经口摄入的非结合态壬基酚的生物利用度不超过摄入量的 10%~20%，壬基酚吸收进入血液后广泛分布于全身，脂肪组织含量最高。虽然 NP 和一些短链 NPEO 具有雌激素的潜力，但国际社会普遍认为目前的研究数据尚不足进行风险评估。GB 9685—2016《食品安全国家标准　食品接触材料及制品用添加剂使用标准》允许使用聚氧乙烯壬基酚磷酸酯、三（壬基酚）亚磷酸酯、壬基酚聚氧乙烯醚硫酸铵盐等含壬基酚化学物作为添加剂在塑料、涂料或黏合剂中按生产需要量使用，并规定壬基酚的特定迁移限量为不得检出（检出限 DL = 0.01 mg/kg）。

第18章　食品添加剂基础知识

为了改善食物的色、香、味等品质或补充食品在加工过程中失去的营养成分，以及防止食物变质，或保鲜、使食品加工顺利进行，常在食物中加入一些天然或化学合成的物质，这些物质统称为食品添加剂，如日常生活中经常接触到的发酵剂，就是常用的食品添加剂。目前，食品添加剂在食品生产过程中得到了非常广泛的使用，成为食品行业必不可少的一部分。

18.1　食品添加剂的定义和分类

《食品安全法》第一百五十条规定，食品添加剂的定义为：食品添加剂是指为改善食品品质和色、香、味以及为防腐、保鲜和加工工艺时需要加入食品中的人工合成或天然物质。包括营养强化剂。联合国粮农组织（FAO）和世界卫生组织（WHO）联合食品法规委员会对食品添加剂的定义为：食品添加剂是有意识地、一般以少量添加于食品，以改善食品的外观、风味和组织结构或储存性质的非营养物质。这一定义不包括营养强化剂，有别于中国、日本和美国对食品添加剂的定义。

食品法典标准 CODEX STAN 192－1995，Rev. 2016 中食品添加剂的定义为：食品添加剂是指其本身通常不作为食品消费，不用作食品中常见的配料物质，无论其是否具有营养价值。在食品中添加该物质的原因是出于生产、加工、制备、处理、包装、装箱、运输或储藏等食品的工艺需求（包括感官），或者期望它或其副产品（直接或间接地）成为食品的一个成分，或影响食品的特性。该术语不包括污染物，或为了保持或提高营养质量而添加的物质。

18.1.1　单一品种食品添加剂

根据食品添加剂功能，食品添加剂分为酸度调节剂、抗结剂、消泡剂、抗氧化剂、漂白剂、膨松剂、胶基糖果中基础剂物质、着色剂、护色剂、乳化剂、酶制剂、增味剂、面粉处理剂、被膜剂、水分保持剂、营养强化剂、防腐剂、稳定剂和凝固剂、甜味剂、增稠剂、抗结剂、食品香料、食品加工助剂等23类，但是每个添加剂在食品中常常具有一种或多种功能。

（1）酸度调节剂：用以维持或改变食品酸碱度的物质。

（2）抗结剂：用于防止颗粒或粉状食品聚集结块，保持其松散或自由流动的物质。

（3）消泡剂：在食品加工过程中降低表面张力，消除泡沫的物质。

（4）抗氧化剂：能防止或延缓油脂或食品成分氧化分解、变质，提高食品稳定性的物质。

（5）漂白剂：能够破坏、抑制食品的发色因素，使其褪色或使食品免于褐变的物质。

（6）膨松剂：在食品加工过程中加入的，能使产品发起形成致密多孔组织，从而使制品具有膨松、柔软或酥脆的物质。

（7）胶基糖果中基础剂物质：赋予胶基糖果起泡、增塑、耐咀嚼等作用的物质。

（8）着色剂：使食品赋予色泽和改善食品色泽的物质。

（9）护色剂：能与肉及肉制品中呈色物质作用，使之在食品加工、保藏等过程中不致分解、破坏，呈现良好色泽的物质。

（10）乳化剂：能改善乳化体中各种构成相之间的表面张力，形成均匀分散体或乳化体的物质。

（11）酶制剂：由动物或植物的可食或非可食部分直接提取，或由传统或通过基因修饰的微生物（包括但不限于细菌、放线菌、真菌菌种）发酵、提取制得，用于食品加工，具有特殊催化功能的生物制品。

（12）增味剂：补充或增强食品原有风味的物质。

（13）面粉处理剂：促进面粉的熟化和提高制品质量的物质。

（14）被膜剂：涂抹于食品外表，起保质、保鲜、上光、防止水分蒸发等作用的物质。

（15）水分保持剂：有助于保持食品中水分而加入的物质。

（16）防腐剂：防止食品腐败变质、延长食品储存期的物质。

（17）稳定剂和凝固剂：使食品结构稳定或使食品组织结构不变，增强黏性固形物的物质。

（18）甜味剂：赋予食品甜味的物质。

（19）增稠剂：可以提高食品的黏稠度或形成凝胶，从而改变食品的物理性状、赋予食品黏润、适宜的口感，并兼有乳化、稳定或使呈悬浮状态作用的物质。

（20）食品用香料：能够用于调配食品香精，并使食品增香的物质。

（21）食品工业用加工助剂：有助于食品加工能顺利进行的各种物质，与食品本身无关。如助滤、澄清、吸附、脱模、脱色、脱皮、提取溶剂等。

（22）营养强化剂：为了增加食品的营养成分（价值）而加入食品中的天然或人工合成的营养素和其他营养成分。

（23）其他：上述功能类别中不能涵盖的其他功能。

18.1.2 复配食品添加剂

为了改善食品品质、便于食品加工，将两种或两种以上单一品种的食品添加剂，添加或不添加辅料，经物理方法混匀而成的食品添加剂。

由单一功能且功能相同的食品添加剂品种复配而成的，应按照其在终端食品中发挥的功能命名，即“复配”+“食品添加剂功能类别名称”，如复配着色剂、复配防腐剂等。

由功能相同的多种功能食品添加剂，或者不同功能的食品添加剂复配而成的，可以其在终端食品中发挥的全部功能或者主要功能命名，即“复配”+“食品添加剂功能类别名称”，也可以在命名中增加终端食品类别名称，即“复配”+“食品类别”+“食品添加剂功能类别名称”。

18.2 食品添加剂的使用

目前 GB 2760—2014《食品安全国家标准 食品添加剂使用标准》以及原国家卫计委和国家卫健委公告允许使用的食品添加剂有 2 500 余种，其中狭义食品添加剂品种有 340 余种，食品用香料有 1 870 种（包括 393 种天然香料和 1 477 种合成香料），食品工业用加工助剂有 170 余种（其中包括 38 种可在各类食品加工过程中使用残留量不需要限定的加工助剂、80 种需要规定功能和使用范围的加工助剂和 54 种食品工业用酶制剂），营养强化剂有 150 余种。

18.2.1 食品添加剂的使用原则

1. 食品添加剂使用时应符合以下基本要求

（1）不应对人体产生任何健康危害；（2）不应掩盖食品腐败变质；（3）不应掩盖食品本身或加工过程中的质量缺陷或以掺杂、掺假、伪造为目的而使用食品添加剂；（4）不应降低食品本身的营养价值；（5）在达到预期效果的前提下尽可能降低在食品中的使用量。

2. 在下列情况下可使用食品添加剂

（1）保持或提高食品本身的营养价值；（2）作为某些特殊膳食用食品的必要配料或成分；（3）提高食品的质量和稳定性，改进其感官特性；（4）便于食品的生产、加工、包装、运输或者贮藏。

3. 带入原则

某些种类的食品按照 GB 2760—2014《食品安全国家标准 食品添加剂使用标准》规定不允许使用某种食品添加剂，但由于该种食品加工过程中使用的某些配料或辅料本身添加了允许在上述配料或辅料使用的食品添加剂，食品添加剂就随着配料或辅料带入成品中。

（1）在下列情况下食品添加剂可以通过食品配料（含食品添加剂）带入食品中：① 根据 GB 2760—2014《食品安全国家标准 食品添加剂使用标准》，食品配料中允许使用该食品添加剂；② 食品配料中该添加剂的用量不应超过允许的最大使用量；③ 应在正常生产工艺条件下使用这些配料，并且食品中该添加剂的含量不应超过由配料带入的水平；④ 由配料带入食品中的该添加剂的含量应明显低于直接将其添加到该食品中通常所需要的水平。

（2）当某食品配料作为特定终产品的原料时，批准用于上述特定终产品的添加剂允许添加到这些食品配料中，同时该添加剂在终产品中的量应符合 GB 2760—2014《食品安全国家标准 食品添加剂使用标准》的要求。在所述特定食品配料的标签上应明确标示该食品配料用于上述特定食品的生产。

18.2.2 食品用香料、香精的使用原则

（1）在食品中使用食品用香料、香精的目的是使食品产生、改变或提高食品的风味。食品用香料一般配制成食品用香精后用于食品加香，部分也可直接用于食品加香。食品用香料、香精不包括只产生甜味、酸味或咸味的物质，也不包括增味剂。

(2) 食品用香料、香精在各类食品中按生产需要适量使用。GB 2760—2014《食品安全国家标准 食品添加剂使用标准》表 B.1 中所列食品没有加香的必要，不得添加食品用香料、香精，法律、法规或国家食品安全标准另有明确规定者除外。除该表所列食品外，其他食品是否可以加香应按相关食品产品标准规定执行。

(3) 用于配制食品用香精的食品用香料品种应符合食品安全国家标准的规定。用物理方法、酶法或微生物法（所用酶制剂应符合该标准的有关规定）从食品（可以是未加工过的，也可以是经过了适合人类消费的传统的食品制备工艺的加工过程）制得的具有香味特性的物质或天然香味复合物可用于配制食品用香精。

(4) 具有其他食品添加剂功能的食品用香料，在食品中发挥其他食品添加剂功能时，应符合食品安全国家标准的规定。如苯甲酸、肉桂醛、瓜拉纳提取物、双乙酸钠（又名二醋酸钠)、琥珀酸二钠、磷酸三钙、氨基酸等。

(5) 食品用香精可以含有对其生产、贮存和应用等所必需的食品用香精辅料（包括食品添加剂和食品)。食品用香精辅料应符合以下要求：① 食品用香精中允许使用的辅料应符合相关标准的规定。在达到预期目的的前提下尽可能减少使用品种；② 作为辅料添加到食品用香精中的食品添加剂不应在最终食品中发挥功能作用，在达到预期目的的前提下尽可能降低在食品中的使用量。

(6) 食品用香精的标签应符合相关标准的规定。

(7) 凡添加了食品用香料、香精的食品应按照国家相关标准进行标示。

18.2.3 食品工业用加工助剂的使用原则

(1) 食品工业用加工助剂（以下简称加工助剂）应在食品生产加工过程中使用，使用时应具有工艺必要性，在达到预期目的的前提下应尽可能降低使用量。

(2) 加工助剂一般应在制成最终成品之前除去，无法完全除去的，应尽可能降低其残留量，其残留量不应对健康产生危害，不应在最终食品中发挥功能作用。

(3) 加工助剂应该符合相应的质量规格要求。

18.3 食品添加剂的使用限量和易滥用食品添加剂

18.3.1 食品添加剂的使用限量

食品添加剂应当严格按照标准要求进行使用，GB 2760—2014《食品安全国家标准 食品添加剂使用标准》规定了可以使用的食品添加剂品种、使用范围和使用限量或残留量。

GB 2760—2014《食品安全国家标准 食品添加剂使用标准》主体内容由下列表格组成:

表 A.1 食品添加剂的允许使用品种、使用范围以及最大使用量或残留量

表 A.2 可在各类食品（表 A.3 规定的食品类别除外）中按生产需要适量使用的食品添加剂名单

表 A.3 按生产需要适量使用的食品添加剂所例外的食品类别名单

表 B.1 不得添加食品用香料、香精的食品名单

表 B.2 允许使用的食品用天然香料名单

表 B.3　允许使用的食品用合成香料名单

表 C.1　可在各类食品加工过程中使用，残留量不需限定的加工助剂名单（不含酶制剂）

表 C.2　需要规定功能和使用范围的加工助剂名单（不含酶制剂）

表 C.3　食品用酶制剂及其来源名单

表 E.1　食品分类系统

如果要查询一种食品添加剂 A 是否可以在某种食品 B 中使用、最大食用限量是多少，可以用图 18－1 的方法查询。

先查看该食品添加剂 A 是否被列入表 A.1，如果列入表 A.1，标明可以在规定的食品种类中使用该食品添加剂 A；如果未列入表 A.1，标明不可以在食品中使用该食品添加剂 A 或者可以在部分种类食品（表 A.3）以外的食品中使用。还需要进一步查看该食品 B 在“表 E.1”的分类情况和分类号，再查看食品添加剂 A 是否在“表 A.2”中，如果在，再看该食品 B 是否在“表 A.3”中，如果不在，则表示该食品 B 可以按生产需要适量使用该食品添加剂 A；如果该食品 B 列入“表 A.3”中，则根据“表 A.1”规定的使用范围和最大使用限量使用。

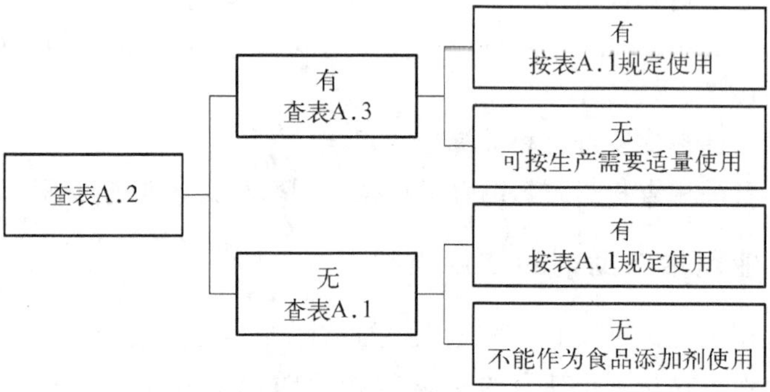

注意：查询某种食品添加剂在某类食品中的使用，食品类别归属以GB 2760—2014中食品分类系统为准。

图 18－1　食品添加剂使用相关规定的查询图

18.3.2　易滥用食品添加剂

为进一步打击在食品生产、流通、餐饮服务中违法添加非食用物质和滥用食品添加剂的行为，保障消费者健康，全国打击违法添加非食用物质和滥用食品添加剂专项整治领导小组自 2008 年以来陆续发布了《食品中可能违法添加的非食用物质和易滥用的食品添加剂名单》，易滥用（超量使用或超范围使用）的食品添加剂名单汇总如下。

表 18－1　食品中易滥用的食品添加剂名单及其检测方法

序号	食品品种	可能易滥用的添加剂品种	检测方法
1	渍菜（泡菜等）、葡萄酒	着色剂（胭脂红、柠檬黄、诱惑红、日落黄）等	GB 5009.35—2016 《食品安全国家标准　食品中合成着色剂的测定》 GB/T 5009.141—2016 《食品安全国家标准　食品中诱惑红的测定》

续　表

序号	食　品　品　种	可能易滥用的添加剂品种	检　测　方　法
2	水果冻、蛋白冻类	着色剂、防腐剂、酸度调节剂（己二酸等）	
3	腌菜	着色剂、防腐剂、甜味剂（糖精钠、甜蜜素等）	
4	面点、月饼	乳化剂（蔗糖脂肪酸酯等、乙酰化单甘脂肪酸酯等）、防腐剂、着色剂、甜味剂	
5	面条、饺子皮	面粉处理剂	
6	糕点	膨松剂（硫酸铝钾、硫酸铝铵等）、水分保持剂磷酸盐类（磷酸钙、焦磷酸二氢二钠等）、增稠剂（黄原胶、黄蜀葵胶等）、甜味剂（糖精钠、甜蜜素等）	GB 5009.182—2017《食品安全国家标准　食品中铝的测定》
7	馒头	漂白剂（硫黄）	GB 5009.34—2016《食品安全国家标准　食品中二氧化硫的测定》
8	油条	膨松剂（硫酸铝钾、硫酸铝铵）	GB 5009.182—2017《食品安全国家标准　食品中铝的测定》
9	肉制品和卤制熟食、腌肉料和嫩肉粉类产品	护色剂（硝酸盐、亚硝酸盐）	GB 5009.33—2016《食品安全国家标准　食品中亚硝酸盐与硝酸盐的测定》
10	小麦粉	二氧化钛、硫酸铝钾	
11	小麦粉	滑石粉	GB 5009.269—2016《食品安全国家标准　食品中滑石粉的测定》
12	臭豆腐	硫酸亚铁	
13	乳制品（除干酪外）	山梨酸	GB 5009.28—2016《食品安全国家标准　食品中苯甲酸、山梨酸和糖精钠的测定》
14	乳制品（除干酪外）	纳他霉素	GB/T 21915—2008《食品安全国家标准　食品中纳他霉素的测定　液相色谱法》
15	蔬菜干制品	硫酸铜	无
16	“酒类”（配制酒除外）	甜蜜素	GB 5009.97—2016《食品安全国家标准　食品中环己基氨基磺酸钠的测定》

续 表

序号	食品品种	可能易滥用的添加剂品种	检测方法
17	酒类	安赛蜜	
18	面制品和膨化食品	硫酸铝钾、硫酸铝铵	GB 5009.182—2017《食品安全国家标准 食品中铝的测定》
19	鲜瘦肉	胭脂红	GB 5009.35—2016《食品安全国家标准 食品中合成着色剂的测定》
20	大黄鱼、小黄鱼	柠檬黄	GB 5009.35—2016《食品安全国家标准 食品中合成着色剂的测定》
21	陈粮、米粉等	焦亚硫酸钠	GB 5009.34—2016《食品安全国家标准 食品中二氧化硫的测定》
22	烤鱼片、冷冻虾、烤虾、鱼干、鱿鱼丝、蟹肉、鱼糜等	亚硫酸钠	GB 5009.34—2016《食品安全国家标准 食品中二氧化硫的测定》

18.4 营养强化目的与特殊膳食用食品

食品营养强化、平衡膳食/膳食多样化、应用营养素补充剂是世界卫生组织推荐的改善人群微量营养素缺乏的三种主要措施。食品营养强化是在现代营养科学的指导下，根据不同地区、不同人群的营养缺乏状况和营养需要，以及为弥补食品在正常加工、储存时造成的营养素损失，在食品中选择性地加入一种或者多种微量营养素或其他营养物质。食品营养强化不需要改变人们的饮食习惯就可以增加人群对某些营养素的摄入量，从而达到纠正或预防人群微量营养素缺乏的目的。食品营养强化的优点在于，既能覆盖较大范围的人群，又能在短时间内收效，而且花费不多，是经济、便捷的营养改善方式，在世界范围内广泛应用。

18.4.1 营养强化的主要目的

（1）弥补食品在正常加工、储存时造成的营养素损失。

（2）在一定的地域范围内，有相当规模的人群出现某些营养素摄入水平低或缺乏，通过强化可以改善其摄入水平低或缺乏导致的健康影响。

（3）某些人群由于饮食习惯和/或其他原因可能出现某些营养素摄入量水平低或缺乏，通过强化可以改善其摄入水平低或缺乏导致的健康影响。

（4）补充和调整特殊膳食用食品中营养素和/或其他营养成分的含量。

18.4.2 营养强化剂的使用要求

（1）营养强化剂的使用不应导致人群食用后营养素及其他营养成分摄入过量或不均衡，

不应导致任何营养素及其他营养成分的代谢异常。

（2）营养强化剂的使用不应鼓励和引导与国家营养政策相悖的食品消费模式。

（3）添加到食品中的营养强化剂应能在特定的储存、运输和食用条件下保持质量的稳定。

（4）添加到食品中的营养强化剂不应导致食品一般特性如色泽、滋味、气味、烹调特性等发生明显不良改变。

（5）不应通过使用营养强化剂夸大食品中某一营养成分的含量或作用误导和欺骗消费者。

18.4.3　强化食品类别的选择要求

（1）应选择目标人群普遍消费且容易获得的食品进行强化。

（2）作为强化载体的食品消费量应相对比较稳定。

（3）我国居民膳食指南中提倡减少食用的食品不宜作为强化的载体。

18.4.4　营养强化剂的使用规定

（1）营养强化剂在食品中的使用范围、使用量应符合 GB 14880—2012《食品安全国家标准　食品营养强化剂使用标准》附录 A 的要求，允许使用的化合物来源应符合附录 B 的规定。

（2）特殊膳食用食品中营养素及其他营养成分的含量按相应的食品安全国家标准执行，允许使用的营养强化剂及化合物来源应符合 GB 14880—2012《食品安全国家标准　食品营养强化剂使用标准》附录 C 和/或相应产品标准的要求。

第四篇　餐饮服务的职业道德

餐饮服务从业人员保障食品安全的第一要素。因此，餐饮服务企业应当加强对食品从业人员有关食品安全教育、提高个人修养、注重食品安全职业道德培养、增强食品安全社会责任感对保障人民群众身体健康和生命安全具有至关重要的意义。

第 19 章　餐饮服务的职业道德概述

19.1　职业道德的概述

职业道德是所有从业人员在职业活动中应该遵循的行为准则，涵盖了从业人员与服务对象、职业与职工、职业与职业之间的关系。随着现代社会分工的发展和专业化程度的增强，市场竞争日趋激烈，整个社会对从业人员职业观念、职业态度、职业技能、职业纪律和职业作风的要求越来越高。社会大力倡导以爱岗敬业、诚实守信、办事公道、服务群众、奉献社会为主要内容的职业道德，鼓励人们在工作中做一个好建设者。餐饮服务从业人员保障食品安全的第一要素。因此餐饮服务从业人员加强食品安全意识、提高个人修养、注重食品安全职业道德培养、增强食品安全社会责任感对保障人民群众身体健康和生命安全具有至关重要的意义。

19.1.1　我国的社会主义道德规范体系的发展

社会主义道德规范体系是在社会主义经济、政治、文化基础上形成的，以集体主义道德原则为核心的道德行为准则系统。它是共产主义道德在社会主义阶段的具体表现形式。2001 年中共中央颁布的《公民道德建设实施纲要》是划时代的重大事件，它把我国社会主义道德体系的建设提到了一个崭新高度，它指出社会主义道德建设要坚持以为人民服务为核心，以集体主义为原则，要大力倡导“爱国守法、明礼诚信、团结友善、勤俭自强、敬业奉献”的基本道德规范。

2012 年，习近平总书记在党的十八大报告中提出了“社会主义核心价值观”。其中，“爱国、敬业、诚信、友善”，是公民基本道德规范，是从个人行为层面对社会主义核心价值观基本理念的凝练。它覆盖社会道德生活的各个领域，是公民必须恪守的基本道德准则，也是评价公民道德行为选择的基本价值标准。2017 年，习近平在党的十九大《决胜全面建成小康社会　夺取新时代中国特色社会主义伟大胜利》的报告中明确指出，要“加强思想道德建设。人民有信仰，国家有力量，民族有希望。要提高人民思想觉悟、道德水准、文明素养，提高全社会文明程度。”“没有高度的文化自信，没有文化的繁荣兴盛，就没有中华民族伟大复兴”。“要坚持中国特色社会主义文化发展道路，激发全民族文化创新创造活力，建设社会主义文化强国。”这些在新形势下对公民的思想道德培养提出的新要求，在推进公民道德建设中发挥了积极作用。

19.1.2　职业道德的特点与作用

1. 职业道德的特点

（1）职业性

职业道德的内容与职业实践活动紧密相连，反映着特定职业活动对从业人员行为的道德要求。每一种职业道德都只能规范本行业从业人员的职业行为，在特定的职业范围内发挥作用。

（2）实践性

职业行为过程，就是职业实践过程，只有在实践过程中，才能体现出职业道德的水准。

（3）继承性

在长期实践过程中形成的，会被作为经验和传统继承下来。即使在不同的社会经济发展阶段，同样一种职业因服务对象、服务手段、职业利益、职业责任和义务相对稳定，职业行为的道德要求的核心内容将被继承和发扬，从而形成了被不同社会发展阶段普遍认同的职业道德规范。

（4）多样性

不同的行业和不同的职业，有不同的职业道德标准。

2. 职业道德的作用

（1）调节职业交往人员关系

职业道德的基本职能是调节职能。一方面，职业道德可以调节从业人员内部的关系，即运用职业道德规范约束职业内部人员的行为，促进职业内部人员的团结与合作。另一方面，职业道德又可以调节从业人员和服务对象之间的关系。

（2）有助于维护和提高本行业的信誉

一个行业、一个企业的信誉，也就是它们的形象、信用和声誉，是指企业及其产品与服务在社会公众中的信任程度，提高企业的信誉主要靠产品的质量和服务质量，而从业人员职业道德水平高是产品质量和服务质量的有效保证。若从业人员职业道德水平不高，很难生产出优质的产品和提供优质的服务。

（3）促进本行业的发展

行业、企业的发展有赖于高的经济效益，而高的经济效益源于高的员工素质。员工素质主要包含知识、能力、责任心三个方面，其中责任心是最重要的。而职业道德水平高的从业人员其责任心是极强的，因此，职业道德能促进本行业的发展。

（4）有助于提高全社会的道德水平

职业道德是整个社会道德的主要内容。一方面，职业道德涉及每个从业者如何对待职业，如何对待工作，同时也是一个从业人员的生活态度、价值观念的表现，是一个人的道德意识，道德行为发展的成熟阶段，具有较强的稳定性和连续性。另一方面，职业道德也是一个职业集体，甚至一个行业全体人员的行为表现，如果每个行业，每个职业集体都具备优良的道德，对整个社会道德水平的提高肯定会发挥重要作用。

19.2 餐饮服务企业的职业道德

餐饮服务职业道德是餐饮服务企业从事食品生产经营的基本道德，它以一般的社会道德为基础，是从业人员的食品安全意识、食品安全责任、食品安全纪律和食品安全技能在餐饮服务过程中的综合反映，属于自律范围。通过加强餐饮服务安全职业道德建设，对餐饮服务过程予以道德性规范，既是对食品从业人员在职业活动中的行为要求，又是餐饮服务企业对社会应承担的道德责任。

餐饮服务职业道德是从业人员综合素质的反映，其基本要求是如何做人，如何对事，其根本目的在于提高餐饮服务从业人员的食品安全综合素质。从业人员的道德认识各有不同，但他们的道德观念直接影响食品安全流通。因此，加强餐饮服务职业道德建设是现代餐饮服务行业健康发展的先决条件。餐饮服务企业要高度重视餐饮服务人员职业道德教育培养，在行为上加以约束，在思想上加以引导。此外，帮助食品从业人员树立主人翁意识，从而使员工有集体荣誉感、工作稳定感、职业自豪感，进而促进食品安全的职业道德建设。

第 20 章 餐饮服务职业道德主要内容、行为准则

20.1 餐饮服务企业职业道德的主要内容

20.1.1 遵守法律法规，承担社会责任

餐饮服务企业应当认真学习并自觉遵守各种法律、法规、规范、办法，如《食品安全法》及其实施条例等法律法规。《上海市食品安全条例》第四条规定，食品生产经营者应当依照法律、法规、规章和食品安全标准从事生产经营活动，建立健全食品安全管理制度，采取有效措施预防和控制食品安全风险，保证食品安全，诚信自律，主动公开相关信息，对社会和公众负责，接受社会监督，承担社会责任。

20.1.2 配合执法，接受监督

监管部门的监督执法是行政机关依照法定权限和程序，行使行政管理职权、履行职责、贯彻和实施法律的活动，餐饮服务企业应当自觉配合监督执法，将其作为检验企业是否落实法律责任的契机。

20.1.3 坚持诚信经营，追求优质服务

诚信生产经营是食品行业的核心与基础。诚信既是食品安全职业道德的重要内容，又是餐饮服务企业在市场竞争中生存和发展的基石。餐饮服务企业必须在行为上诚实守信，严格按照餐饮服务的相关要求进行餐饮服务，不弄虚作假，不偷工减料，不以次充好，损害消费者的利益。

20.1.4 遵守操作规范，确保食品安全

餐饮服务人员是保证销售食品安全的责任人，餐饮服务人员应严格按照餐饮服务的相关标准销售食品，做好个人卫生，不销售禁止生产经营的食品，恪守食品安全。

20.2 餐饮服务企业职业道德的行为准则

20.2.1 自觉遵守食品安全各项法律法规

从业人员自觉遵守《食品安全法》等相关法律法规，树立良好的食品安全社会信誉与形象。

20.2.2　健全企业管理纪律

纪律是职业道德建设的首要条件，遵守餐饮服务职业道德应从食品安全纪律上约束员工。纪律有两方面的内容：一是企业制度，二是具体的岗位责任。从业人员应遵守公共的社会职业道德，并严格执行企业各项食品安全管理制度，在自己岗位上做好本职工作。

20.2.3　遵守市场交易规则

加强从业人员队伍素质建设，开展公平竞争，追求诚信第一。严禁弄虚作假，偷工减料，以次充好，提供优质服务，培养品牌和信誉。

20.2.4　加强职业道德组织管理

加强职业道德组织管理，把食品安全职业道德纳入常规考核。餐饮服务企业应当将销售人员的职业道德列入销售业绩考核的重要内容，明确考核要求，考核方法，考核结果与销售人员的分配相结合。

第21章　餐饮服务企业的诚信体系建设

21.1　诚信体系的概述

随着时代的发展，诚信已成为现代社会的重要基础，它不仅是一种道德资源，也是经济领域的无形资产。人无信不立，国无信不强，“诚信”作为“社会主义核心价值观”的重要内容。李克强总理指出要“让守信者处处受益、失信者寸步难行”，可见党中央对诚信体系建设的高度重视。

在我国国民经济中，食品工业占有重要的地位，同时，食品是人类赖以生存和发展的最基本的物质条件，食品安全涉及人类最基本权利的保障。加强食品安全监管，切实保障广大人民群众“舌尖上的安全”，必须加大对餐饮服务企业的监管力度，督促企业诚信、守法经营。近年来，我国频频发生的食品安全事件，主要原因与部分生产者和食品企业诚信缺失有很大关系。因此，加强食品企业诚信体系建设，不仅是保障食品安全的重要举措，也是促进行业健康发展的重要内容。

为全面推进上海市食品安全信用体系建设工作，营造守信受益、失信惩戒、诚信自律的良好社会氛围，根据国家食药监总局、上海市委和市政府的工作要求，市食品监管局积极贯彻实施国务院《社会信用体系建设规划纲要（2014—2020年）》《国务院关于加强政务诚信建设的指导意见》《食品药品监管总局关于推进食品安全信用体系建设的指导意见》《上海市社会信用体系建设“十三五”规划》《上海市食品药品安全“十三五”规划》《上海市食品安全条例》等，严格按照“四个最严”和“四有两责”的要求，全面推进食品安全信用体系建设，努力提升行政监管效能，着力构建食品安全预防保障体系。

21.2　餐饮服务企业诚信体系建设要求

21.2.1　总体要求

按照国家统一规划和部署，编制信用信息目录，确定各类信息公开共享范围，结合食品行业领域的实际情况，加快建设食品安全信用信息数据库和信息交换共享平台，加强信用信息收集、管理与公开，开展食品生产经营企业及相关人员信用等级评价，实现守信激励和失信惩戒，最大程度保障食品安全。

21.2.2　工作要点

（1）建立信用信息目录及管理制度。

（2）规范信用信息内容，包括基础信息、行政许可信息、监督检查信息、产品检验抽验信息、行政处罚信息、表彰、奖励信息。

（3）建立食品安全信用信息数据库。构建全国统一的食品药品安全信用信息数据库，并实现与相关部门信息系统互联互通。

（4）及时录入信用信息。

（5）开展企业信用等级评价。根据国家统一标准，将食品生产经营企业信用等级分为守信（A 级）、基本守信（B 级）、失信（C 级）、严重失信（D 级）四级。探索建立食品生产经营企业信用分级分类管理评级标准。按照分类合理、评价科学的原则，制定食品安全信用评价制度与方法。

（6）加强信用信息的使用。将信用信息作为食品安全监管部门行政审批和日常监管的重要参考。在行政许可事项的审批过程中，对于有不良信用记录的，视情节严重程度，增加其核查力度，暂停或者不予审批；在日常监管中，将有不良信用记录的食品生产经营者列入重点监管对象，加大监管力度，增加日常监督检查频次。

（7）实现跨部门联合惩戒和守信激励。对于存在严重失信行为的食品生产经营者，食品安全监管部门在加大监管和惩戒力度的同时，将名单汇总后，提供给负责实施联合惩戒的部门，由这些部门按照有关规定采取联合惩戒措施。对守法诚信的企业，食品监督管理部门联合有关部门加大宣传力度，发挥先进典型的示范作用，弘扬诚信文化，形成“让守信者处处受益，失信者寸步难行”的良好社会氛围。

（8）加强信用信息公开。各级食品安全监督部门要建立信用信息公开机制和公开网站，及时向社会公开食品企业信用评价等级、失信行为、受到的惩处情况以及诚信守法经营、获得表彰奖励等信息，公开期限不少于二年。鼓励各级食品监督管理部门不断扩大信用信息公开范围，创新信用信息公开方式。

（9）构建信用信息交换共享平台。建立和完善信用信息交换共享机制，强化食品监督管理部门系统内信用信息查询共享应用。建立公开查询窗口，方便人民群众查询，推进与相关监管部门信用信息交换共享，充分发挥联合惩戒机制作用，实现社会共治。

（10）开展信用体系建设试点。在试点基础上，总结经验，完善食品安全信用体系建设的相关内容，进一步推广应用，逐步在全国建立起食品安全信用体系运行长效机制。

（11）开展“信用示范企业”创建和宣传教育活动。充分发挥行业协会的组织引领作用，鼓励行业协会推动本行业信用文化建设，在食品生产经营企业中倡导开展“信用示范”创建和教育宣传活动，树立企业守信典范，营造“守信光荣，失信可耻”的良好风尚。

21.2.3　上海市食品生产经营企业诚信体系建设要点

1. 诚信体系建设要求

《上海市食品安全条例》第七十九条规定，食品安全监督管理部门应当建立食品生产经营者食品安全信用档案，记录许可和备案、日常监督检查结果、违法行为查处等情况，依法向社会公布并实时更新。食品安全监督管理部门根据食品生产经营者食品安全信用档案记录情况，进行食品安全信用等级评定，并作为实施分类监督管理的依据。对有不良信用记录或者信用等级评定较低的食品生产经营者，应当增加监督检查频次；对违法行为情节严重的食品生产经营者，将其有关信息纳入本市相关信用信息平台，并由相关部门按照规定在日常监管、行政许可、享受政策扶持、政府采购等方面实施相应的惩戒措施。

原上海市食品药品监督管理局颁布《上海市食品药品生产经营者信用信息管理规定》(沪食药监规〔2018〕2号）规定，食品生产经营者的信用信息包括本市各级食品安全监督管理部门在依法履行职责过程中产生或者获取的，可能对食品生产经营者信用状况有正面或者负面影响的，涉及行政许可（备案）、监督抽检、监督检查、行政处罚、信用等级评价、其他资质证明等信息。

2. 诚信体系建设要求

上海市食品生产经营企业诚信体系建设要点包括：

（1）推进信用平台应用工作，加大食品安全领域信用信息的互联互通与共享应用；

（2）加强食品生产经营质量信用分级分类监管制度的建立健全和贯彻实施，落实企业主体责任；

（3）全面推进食品信息追溯管理；

（4）积极推进食品高风险领域信用负面清单试点工作，发挥行业协会的组织引领作用，着力强化行业自律；

（5）加强食品行政处罚信息公开和食品“黑名单”制度的贯彻实施，强化信用联合惩戒；

（6）落实基层责任，强化基层食品信用体系建设；

（7）积极推进食品信用体系建设工作的区域信息化合作与共享；

（8）深入开展食品诚信宣传活动。

21.3 餐饮服务企业信用等级评定

上海市食品安全监管部门参照《食品药品监管总局关于推进食品药品安全信用体系建设的指导意见》《企业信用评价指标体系分类及代码 GB/T 23794—2015》等规定要求，制定食品生产经营者信用等级划分标准，一般按照生产经营者的守信程度高低依次设置 A、B、C、D 四个等级。D 级企业为因食品安全严重违法违规行为被责令停产停业、吊销行政许可的生产经营者。

食品安全监管部门按照生产经营者的守信程度高低依次设置 A、B、C、D 四个等级并根据等级对食品生产经营者采取惩戒与激励措施（D 级企业为因食品安全严重违法违规行为被责令停产停业、吊销行政许可的生产经营者）。

21.3.1 失信惩戒

1. 失信信息

《上海市食品药品生产经营者信用信息管理规定》规定，列入目录的食品生产经营者的失信信息包括：

（1）提供虚假材料、隐瞒真实情况，侵害食品药品安全管理秩序和社会公共利益的；

(2) 拒不执行生效法律文书的；

(3) 食品药品监管部门适用一般程序作出的行政处罚信息，但违法行为轻微或者主动消除、减轻违法行为危害后果的除外；

(4) 被食品药品监管部门处以市场禁入或者行业禁入的；

(5) 法律、法规和国家及本市规定的其他事项。

2. 惩戒措施

食品安全监管部门对有失信信息记录的食品生产经营者，根据失信情节的严重程度，依据相关规定，可以采取以下一项或者多项惩戒措施：

(1) 在实施行政许可等工作中，列为重点审查对象，不适用告知承诺等简化程序；

(2) 在日常监管中，列为重点监管对象，增加监管频次，加强现场检查；

(3) 在政策扶持中，作相应限制；

(4) 在行政管理中，限制享受相关便利化措施；

(5) 限制从事食品生产经营活动；

(6) 限制食品领域相关任职资格；

(7) 在行政处罚裁量范围内加大行政处罚力度；

(8) 国家和本市规定可以采取的其他措施。

21.3.2　激励措施

对信用记录良好的食品生产经营者，可以采取以下激励措施：

(1) 在实施行政许可中，根据实际情况给予优先办理、简化程序等便利服务措施；

(2) 在日常监管中，对于符合一定条件的食品生产经营者，优化检查频次；

(3) 国家和本市规定可以采取的其他措施。

上海市餐饮服务提供单位
食品安全知识培训大纲

（2022 年版）

依据《中华人民共和国食品安全法》《上海市食品安全条例》《上海市食品从业人员食品安全培训和考核管理办法》的有关规定，制订本大纲。

本大纲供上海市餐饮服务提供单位（含社会餐饮、集体用餐配送单位、企事业单位食堂和学校食堂）的负责人、食品安全管理人员、关键环节操作人员及其他相关从业人员开展食品安全知识培训时应用；可供食品安全培训机构开展食品安全知识培训时选用；也可供上海市食品安全监督管理部门对餐饮服务提供单位进行食品安全培训监督抽查考核参考。

餐饮服务提供单位的食品安全管理人员（C1），是指分管食品安全管理的负责人、内设食品安全管理部门的人员、内设其他部门（如采购管理部门、生产管理部门、检验部门）负责人、负责食品安全管理的人员、食品检验人员，包括直接负责食品安全管理工作的法定代表人或者主要负责人。应当通过 C1 类食品安全知识培训。

餐饮服务提供单位的负责人（C2），是指食品生产经营者的法定代表人或者主要负责人。应当通过 C2 类食品安全知识培训。

关键环节操作人员及其他相关从业人员（C3），是指食品原辅料采购人员、从事接触直接入口食品的生产加工操作人员、工用具或者餐饮具清洗消毒人员以及其他食品从业人员。应当通过 C3 类食品安全知识培训。

餐饮服务提供单位食品从业人员取得 C1 类培训合格证明的，可以从事相应行业 C2 类和 C3 类岗位的工作。

本大纲包括各类餐饮服务提供单位从业人员需要掌握、熟悉、了解的相关食品安全法律法规、食品安全标准、食品生产经营职业道德以及食品安全相关知识等。

上海市餐饮服务提供单位食品安全培训大纲

章　节	知　识　点	C1			C2			C3		
		掌握	熟悉	了解	掌握	熟悉	了解	掌握	熟悉	了解
第一篇　食品安全法律法规										
第 1 章	食品安全法律法规体系基础知识									
1.1　食品安全法律法规体系	1.1.1　法律、行政法规、部门规章及规范性文件	★				★				★
	1.1.2　法律	★				★				★

续 表

章 节	知 识 点	C1			C2			C3		
		掌握	熟悉	了解	掌握	熟悉	了解	掌握	熟悉	了解
1.1 食品安全法律法规体系	1.1.3 行政法规和地方法规	★				★				★
	1.1.4 行政规章	★				★				★
	1.1.5 规范性文件	★				★				★
1.2 国家食品安全法律法规	1.2.1 国家食品安全法律法规概况		★				★			★
	1.2.2 食品安全法律	★			★			★		
	1.2.3 食品安全行政法规	★				★			★	
	1.2.4 食品安全部门规章	★				★			★	
	1.2.5 国家食品安全规范性文件		★				★			★
1.3 上海地方食品安全法规规章	1.3.1 上海地方食品安全法规规章概况		★				★			★
	1.3.2 上海地方食品安全法规	★			★			★		
	1.3.3 上海地方食品安全规章	★				★			★	
	1.3.4 上海地方食品安全规范性文件	★					★			★
第2章	餐饮服务一般规定									
2.1 场所、环境与设备设施	2.1.1 餐饮服务场所与环境规定	★				★				★
	2.1.2 餐饮服务场所虫害控制	★				★				★
	2.1.3 餐饮服务设备设施	★				★				★
2.2 餐饮服务许可	2.2.1 餐饮服务许可的法律规定	★			★				★	
	2.2.2 餐饮服务许可的类别	★			★				★	
	2.2.3 餐饮服务许可的条件和申请	★				★				★
	2.2.4 餐饮服务许可的受理	★				★				★
	2.2.5 餐饮服务许可的审查与决定		★			★				★
	2.2.6 告知承诺方式审批流程	★				★				★
	2.2.7 食品经营许可证	★			★				★	
	2.2.8 餐饮服务许可的变更、延续、补办与注销	★			★					★
2.3 食品安全追溯	2.3.1 食品安全信息追溯的法律规定	★			★				★	
	2.3.2 食品安全追溯的基本要求	★			★				★	
	2.3.3 上海市食品安全信息追溯的范围	★				★				★
	2.3.4 信息上传的食品生产经营企业	★				★				★
	2.3.5 食品生产经营企业食品安全信息上传要求	★				★				★
	2.3.6 食品安全追溯信息上传要求与方式	★				★				★
	2.3.7 消费者有关追溯信息的知情权	★			★				★	

续 表

章节	知识点	C1			C2			C3		
		掌握	熟悉	了解	掌握	熟悉	了解	掌握	熟悉	了解
2.4 禁止性规定	2.4.1 食品生产经营禁止性规定	★			★			★		
	2.4.2 食品中不得添加药品的规定	★			★					★
	2.4.3 按照传统既是食品又是中药材的物质目录管理规定	★				★				★
	2.4.4 食品中可能违法添加的非食用物质	★				★				★
	2.4.5 食品中不得使用国家明令禁止的农业投入品	★				★				★
2.5 其他要求	2.5.1 明厨亮灶	★				★				★
	2.5.2 新食品原料规定	★				★				★
	2.5.3 食品添加剂新品种规定		★			★				★
	2.5.4 食品相关产品新品种规定		★				★			★
第3章	餐饮服务过程控制									
3.1 食品从业人员管理	3.1.1 食品安全管理人员的配置和职责	★				★				★
	3.1.2 食品从业人员培训考核	★				★				★
	3.1.3 食品从业人员健康管理	★			★			★		
	3.1.4 食品从业人员卫生管理	★			★			★		
3.2 食品安全管理制度与管理体系	3.2.1 餐饮服务提供企业应当建立的食品安全管理制度	★			★				★	
	3.2.2 餐饮食品安全管理体系简介	★			★				★	
3.3 餐饮服务全过程的控制	3.3.1 采购与查验	★			★				★	
	3.3.2 食品贮存	★			★				★	
	3.3.3 临近保质期食品	★			★				★	
	3.3.4 烹饪加工	★			★				★	
	3.3.5 供餐、用餐与配送烹饪加工	★			★				★	
	3.3.6 清洗消毒	★			★				★	
	3.3.7 废弃物处置	★			★				★	
	3.3.8 有害生物防制	★			★				★	
3.4 高风险食品的加工	3.4.1 冷菜加工的特殊要求	★			★				★	
	3.4.2 高危易腐食品冷却与再加热	★			★				★	
	3.4.3 即食生制动物性水产品加工的特殊要求	★			★				★	
	3.4.4 河豚鱼加工的特殊要求	★			★				★	

续　表

章　节	知　识　点	C1			C2			C3		
		掌握	熟悉	了解	掌握	熟悉	了解	掌握	熟悉	了解
3.5　食品的回收与召回	3.5.1　食品的回收	★			★				★	
	3.5.2　召回食品	★			★				★	
3.6　特定餐饮服务提供者	3.6.1　特定餐饮服务提供者的定义	★				★				★
	3.6.2　特定餐饮服务提供者的特殊管理要求	★			★				★	
	3.6.3　学校食堂及承包单位	★			★					★
	3.6.4　集体用餐配送单位和中央厨房	★			★				★	
3.7　网络餐饮服务	3.7.1　网络餐饮服务的基本概念	★				★			★	
	3.7.2　网络餐饮服务第三方平台的基本要求	★				★			★	
	3.7.3　仅提供信息发布服务平台的基本要求	★				★			★	
	3.7.4　入网餐饮服务提供者的基本要求	★				★			★	
	3.7.5　网络餐饮食品配送的基本要求	★				★			★	
3.8　食品摊贩	3.8.1　食品摊贩信息登记	★				★				★
	3.8.2　食品摊贩的基本条件	★				★				★
	3.8.3　食品摊贩的基本要求	★				★				★
3.9　小型餐饮服务提供者	3.9.1　小型餐饮服务提供者临时备案的申请条件	★			★					★
	3.9.2　小型餐饮服务提供者临时备案的办理	★				★				★
	3.9.3　备案小型餐饮服务提供者的经营要求	★			★					★
	3.9.4　备案小型餐饮服务者的禁止行为	★			★					★
3.10　进口食品	3.10.1　进口食品监督管理部门		★			★				★
	3.10.2　进口食品的基本要求	★				★				★
	3.10.3　进口食品经营的基本要求	★				★				★
第4章	食品的标签、说明书、广告									
4.1　食品标签基本要求	4.1.1　食品标签的概念、作用	★				★				★
	4.1.2　食品标签的标准体系	★				★				★
	4.1.3　食品标签的法律法规	★				★				★
4.2　预包装食品标签通则	4.2.1　预包装食品的基本概念	★				★				★
	4.2.2　预包装食品标签的基本要求	★			★					★
	4.2.3　预包装食品标签的一般要求	★			★				★	
	4.2.4　预包装食品标签的豁免	★				★				★

续　表

章　节	知　识　点	C1			C2			C3		
		掌握	熟悉	了解	掌握	熟悉	了解	掌握	熟悉	了解
4.2　预包装食品标签通则	4.2.5　预包装食品标签的推荐标示内容		★				★			★
	4.2.6　进口预包装食品标签	★			★					★
	4.2.7　其他	★			★					★
4.3　预包装食品营养标签	4.3.1　营养标签的基本概念	★				★				★
	4.3.2　基本要求	★			★					★
	4.3.3　强制标示内容	★			★					★
	4.3.4　可选择标示内容	★				★				★
	4.3.5　营养成分的表达	★				★				★
	4.3.6　允许误差范围	★				★				★
	4.3.7　豁免强制标示的预包装食品	★				★				★
	4.3.8　营养成分数值分析、产生和核查		★				★			★
4.4　预包装特殊膳食用食品营养标签	4.4.1　预包装特殊膳食用食品基本概念		★				★			★
	4.4.2　基本要求		★				★			★
	4.4.3　强制标示内容		★				★			★
	4.4.4　标示内容的豁免		★				★			★
	4.4.5　可选择标示内容		★				★			★
4.5　食品添加剂标签、说明书和包装的规定	4.5.1　食品添加剂标签、说明书和包装基本概念		★				★			★
	4.5.2　食品添加剂标识基本要求		★				★			★
	4.5.3　提供给生产经营者的食品添加剂标签		★				★			★
	4.5.4　提供给消费者直接使用的食品添加剂标签		★				★			★
	4.5.5　食品复配添加剂标签		★				★			★
4.6　食品广告	4.6.1　食品广告的真实性要求		★				★			★
	4.6.2　食品广告的合法性		★				★			★
	4.6.3　食品广告的虚假情形		★				★			★
	4.6.4　食品广告的禁止性要求		★				★			★
	4.6.5　关于食品广告的特殊性规定		★				★			★
第 5 章	食品安全事故处置									
5.1　分类分级	5.1.1　食品安全事故分类	★				★				★
	5.1.2　食品安全事故分级	★				★				★

续 表

章 节	知 识 点	C1			C2			C3		
		掌握	熟悉	了解	掌握	熟悉	了解	掌握	熟悉	了解
5.2 事故处置预案与方案	5.2.1 事故处置预案	★			★					★
	5.2.2 事故处置方案	★			★					★
5.3 处置基本原则与一般程序	5.3.1 处置原则	★				★				★
	5.3.2 一般程序	★				★				★
5.4 配合处置的义务	5.4.1 危害控制措施	★			★				★	
	5.4.2 配合调查处置义务	★			★				★	
第6章	食品安全监督管理									
6.1 食品安全监管体制	6.1.1 食品安全监管部门和职责		★			★				★
	6.1.2 食品安全监管工作内容	★			★					★
	6.1.3 食品安全监管部门有权采取的措施	★			★					★
6.2 食品安全监管制度	6.2.1 责任约谈制度	★				★				★
	6.2.2 食品追溯制度	★				★				★
	6.2.3 食品安全管理人员抽查考核制度	★				★				★
	6.2.4 企业自查制度	★				★				★
	6.2.5 食品召回制度	★				★				★
6.3 食品安全风险等级管理	6.3.1 概况		★				★			★
	6.3.2 风险等级划分标准	★				★				★
	6.3.3 评定程序		★				★			★
	6.3.4 结果运用		★				★			★
	6.3.5 风险分级管理制度与其他食品安全监管制度之间的关系		★				★			★
	6.3.6 上海餐饮服务食品安全量化分级管理制度		★				★			★
6.4 日常监督检查	6.4.1 基本原则		★				★			★
	6.4.2 监管部门		★				★			★
	6.4.3 监督检查的基本程序		★				★			★
	6.4.4 对监管人员的要求		★				★			★
	6.4.5 检查的事项		★				★			★
	6.4.6 法律责任		★				★			★
6.5 抽样检验	6.5.1 基本概念		★				★			★
	6.5.2 实施抽样检验的部门		★				★			★

续 表

章　节	知　识　点	C1			C2			C3		
		掌握	熟悉	了解	掌握	熟悉	了解	掌握	熟悉	了解
6.5　抽样检验	6.5.3　经营者的配合义务	★			★					★
	6.5.4　抽样计划和实施		★				★			★
	6.5.5　开展检验		★				★			★
	6.5.6　不合格结果告知		★				★			★
	6.5.7　对检验结论有异议处理与复检	★				★				★
	6.5.8　食品安全监管部门后处理		★				★			★
	6.5.9　结果公布		★			★				★
	6.5.10　法律责任		★				★			★
6.6　投诉举报与处置	6.6.1　概念和原则	★				★				★
	6.6.2　受理	★					★			★
	6.6.3　监督与责任	★					★			★
6.7　信息报告	6.7.1　信息报告的内容	★				★				★
	6.7.2　信息报告的要求	★				★				★
第7章	食品安全法律责任									
7.1　行政责任	7.1.1　行政责任的定义	★			★					★
	7.1.2　行刑衔接	★			★					★
	7.1.3　违反《食品安全法》《上海市食品安全条例》等法律法规、规章的行为将承担的行政责任	★			★					★
7.2　民事责任	7.2.1　民事责任的定义	★			★					★
	7.2.2　违反《食品安全法》《上海市食品安全条例》的行为将承担的民事责任	★			★					★
	7.2.3　惩罚性赔偿责任	★			★					★
7.3　刑事责任	7.3.1　刑事责任的定义	★			★				★	
	7.3.2　涉嫌犯罪案件的移送		★			★				★
	7.3.3　违反食品安全法律法规的行为将承担的刑事责任	★			★				★	
	7.3.4　从重原则	★				★				★
	7.3.5　共犯原则	★				★				★
	7.3.6　罚金原则	★				★				★

续 表

章节	知识点	C1			C2			C3		
		掌握	熟悉	了解	掌握	熟悉	了解	掌握	熟悉	了解
第二篇　食品安全标准										
第 8 章	食品安全标准基础知识									
8.1　食品安全标准的历程			★				★			★
8.2　食品安全标准的意义及分类	8.2.1　意义	★				★				★
	8.2.2　分类	★				★				★
8.3　食品安全标准的内容		★				★				★
8.4　食品安全通用标准与产品标准的关系		★				★				★
8.5　食品安全标准的制修订及发布	8.5.1　概述		★				★			★
	8.5.2　标准的管辖与组织机构		★				★			★
	8.5.3　制修订流程		★				★			★
8.6　食品安全标准跟踪评价			★				★			★
第 9 章	食品安全国家标准									
9.1　概述			★				★			★
9.2　通用标准	9.2.1　食品中污染物限量	★				★				★
	9.2.2　食品中真菌毒素限量标准	★				★				★
	9.2.3　食品中农药残留限量	★				★				★
	9.2.4　食品中致病菌限量标准	★				★				★
	9.2.5　食品中兽药最大残留限量	★				★				★
9.3　主要的食品标准	9.3.1　粮食及粮食制品	★				★				★
	9.3.2　食用植物油料、油脂及其制品	★				★				★
	9.3.3　调味品	★				★				★
	9.3.4　肉及肉制品	★				★				★
	9.3.5　水产品及水产制品	★				★				★
	9.3.6　乳及乳制品	★				★				★
	9.3.7　蛋及蛋制品	★				★				★
	9.3.8　休闲食品		★				★			★
	9.3.9　饮料及饮料酒	★				★				★
	9.3.10　甜味料	★				★				★
	9.3.11　糖果及巧克力		★				★			★
	9.3.12　其他普通食品		★				★			★
	9.3.13　特殊食品		★				★			★

续 表

章节	知识点	C1			C2			C3		
		掌握	熟悉	了解	掌握	熟悉	了解	掌握	熟悉	了解
9.4 食品添加剂标准	9.4.1 食品添加剂使用标准	★				★				★
	9.4.2 营养强化剂使用标准	★				★				★
	9.4.3 食品添加剂的质量安全标准		★				★			★
	9.4.4 食品用香精、香料		★				★			★
9.5 食品相关产品标准	9.5.1 概述		★				★			★
	9.5.2 通用标准		★				★			★
	9.5.3 产品标准		★				★			★
	9.5.4 洗消剂	★				★				★
	9.5.5 迁移试验方法		★				★			★
9.6 主要的卫生规范	9.6.1 概述			★			★			★
	9.6.2 食品生产通用卫生规范			★			★			★
	9.6.3 食品经营过程卫生规范	★				★				★
	9.6.4 餐饮服务通用卫生规范	★				★				★
	9.6.5 食品冷链物流卫生规范	★				★				★
	9.6.6 即食鲜切果蔬加工卫生规范	★				★				★
	9.6.7 餐（饮）具集中消毒卫生规范	★				★				★
9.7 主要的检验方法	9.7.1 概述		★				★			★
	9.7.2 食品企业常规检测项目		★				★			★
	9.7.3 食品补充检验方法		★				★			★
第10章	食品安全地方标准									
10.1 概述	10.1.1 食品安全地方标准制定的条件		★				★			★
	10.1.2 制定食品安全地方标准的依据		★				★			★
	10.1.3 食品安全地方标准的范围		★				★			★
	10.1.4 制定食品安全地方标准的程序		★				★			★
	10.1.5 食品安全地方标准的查阅		★				★			★
10.2 主要的产品类食品安全地方标准	10.2.1 食用干制肉皮		★			★				★
	10.2.2 集体用餐配送膳食	★				★				★
	10.2.3 预包装冷藏膳食	★				★				★
	10.2.4 现制饮料	★				★				★

续 表

章节	知识点	C1			C2			C3		
		掌握	熟悉	了解	掌握	熟悉	了解	掌握	熟悉	了解
10.3 主要的卫生规范类食品安全地方标准	10.3.1 餐饮服务单位食品安全管理指导原则	★				★				★
	10.3.2 食品生产小作坊卫生规范		★				★			★
	10.3.3 豆芽工业化生产卫生规范		★				★			★
	10.3.4 冷鲜鸡生产经营卫生规范	★				★				★
	10.3.5 预包装冷藏膳食生产经营卫生规范	★				★				★
	10.3.6 即食食品现制现售卫生规范	★			★				★	
	10.3.7 即食食品自动售卖（制售）卫生规范	★			★				★	
第11章	企业标准									
11.1 企业标准的制定			★				★			★
11.2 企业标准的发布与备案	11.2.1 企业标准的发布		★				★			★
	11.2.2 食品的企业标准备案		★				★			★
	11.2.3 食品相关产品的企业标准备案		★				★			★
	11.2.4 其他食品企业的公开		★				★			★
第三篇 食品安全基础知识										
第12章	食品安全危害与风险的基本知识									
12.1 食品安全的基本概念	12.1.1 食品	★				★				★
	12.1.2 食品添加剂	★				★				★
	12.1.3 食品相关产品	★				★				★
	12.1.4 食品安全	★			★			★		
12.2 危害与控制	12.2.1 危害的概念	★				★			★	
	12.2.2 危害的控制	★				★				★
12.3 风险与控制	12.3.1 风险的概念	★				★				★
	12.3.2 风险的控制	★			★				★	
第13章	食品的生物性危害									
13.1 基础知识	13.1.1 常见食品生物性污染	★				★				★
	13.1.2 生物性污染对食品安全质量的影响	★					★			★
	13.1.3 生物性污染对人体健康的危害	★					★			★
	13.1.4 影响食品中微生物生长繁殖的条件	★					★			★

续 表

章节	知识点	C1			C2			C3		
		掌握	熟悉	了解	掌握	熟悉	了解	掌握	熟悉	了解
13.2　食品的细菌控制	13.2.1　细菌的种类	★				★				★
	13.2.2　食品细菌污染的评价指标	★					★			★
	13.2.3　常用控制方法	★					★			★
13.3　食品的真菌控制	13.3.1　常见的真菌种类	★				★				★
	13.3.2　真菌污染的控制	★				★				★
13.4　食品的病毒控制	13.4.1　常见病毒种类与传播途径	★				★				★
	13.4.2　食源性病毒的控制	★				★				★
13.5　食品的寄生虫控制	13.5.1　食品中常见的寄生虫	★				★				★
	13.5.2　食源性寄生虫的控制	★				★				★
第14章	食品的化学性危害									
14.1　基础知识	14.1.1　常见食品化学性危害	★				★				★
	14.1.2　化学性污染物残留限量定义	★					★			★
	14.1.3　食品生产经营过程中产生的化学性危害	★					★			★
	14.1.4　人为因素导致的食品化学性危害	★					★			★
	14.1.5　常见食品化学性危害的防控措施	★					★			★
14.2　农药残留的控制	14.2.1　常用农药的种类与风险		★				★			★
	14.2.2　食用农产品中禁用的农药		★				★			★
	14.2.3　食品中农药最大残留限量		★				★			★
	14.2.4　食品中农药残留的控制		★				★			★
14.3　兽药残留的控制	14.3.1　常用兽药的种类与风险			★			★			★
	14.3.2　动物性食品中禁用的兽药			★			★			★
	14.3.3　动物性食品中兽药残留最高限量			★			★			★
	14.3.4　动物性食品中兽药残留的控制			★			★			★
14.4　污染物的控制	14.4.1　食品中常见污染物	★				★			★	
	14.4.2　食品中污染物限量	★				★				★
14.5　常见非法添加物质的基础知识			★			★				★
第15章	食品的物理性危害									
15.1　基础知识	15.1.1　常见的物理性污染物	★				★				★
	15.1.2　对人体造成的危害		★				★			★

续　表

章节	知识点	C1			C2			C3		
		掌握	熟悉	了解	掌握	熟悉	了解	掌握	熟悉	了解
15.2　放射性物质危害的控制	15.2.1　放射性物质的来源		★				★			★
	15.2.2　放射性物质对食品安全的影响		★				★			★
15.3　杂质危害的控制	15.3.1　杂质的来源		★				★			★
	15.3.2　杂质对食品安全的影响		★				★			★
第 16 章	食源性疾病与食物中毒									
16.1　基本概念		★			★				★	
16.2　致病微生物引起的食源性疾病	16.2.1　细菌引起的食源性疾病	★			★				★	
	16.2.2　病毒引起的食源性疾病	★			★				★	
	16.2.3　寄生虫引起的食源性疾病	★			★				★	
16.3　有毒有害化学物引起的食源性疾病	16.3.1　“瘦肉精”食物中毒	★			★				★	
	16.3.2　有机磷农药食物中毒	★			★				★	
	16.3.3　亚硝酸盐食物中毒	★			★				★	
	16.3.4　桐油食物中毒	★			★				★	
16.4　霉菌毒素引起的食源性疾病	16.4.1　霉变甘蔗中毒	★				★				★
	16.4.2　霉变小麦、玉米中毒	★				★				★
	16.4.3　霉变花生、坚果、玉米中毒	★				★				★
16.5　有毒动植物引起的食源性疾病	16.5.1　河豚鱼食物中毒	★			★				★	
	16.5.2　青皮红肉鱼引起的食物中毒	★			★				★	
	16.5.3　贝类毒素引起的食品中毒	★			★				★	
	16.5.4　未煮熟豆浆引起的食物中毒	★			★				★	
	16.5.5　发芽马铃薯龙葵碱引起的食物中毒	★			★				★	
第 17 章	食品相关产品的基础知识									
17.1　食品相关产品的种类	17.1.1　根据材质及用途分类		★				★			★
	17.1.2　根据迁移特性分类		★				★			★
	17.1.3　新型食品接触材料		★				★			★
17.2　常用接触材料及制品中有害物质的迁移	17.2.1　影响迁移的因素		★				★			★
	17.2.2　常见食品接触材料及制品的危害因素		★				★			★
	17.2.3　洗涤剂和消毒剂种类及潜在危害	★				★				★
第 18 章	食品添加剂的基础知识									
18.1　食品添加剂的定义和分类	18.1.1　单一品种食品添加剂		★				★			★
	18.1.2　复配食品添加剂		★				★			★

续 表

章节	知识点	C1			C2			C3		
		掌握	熟悉	了解	掌握	熟悉	了解	掌握	熟悉	了解
18.2 食品添加剂的使用	18.2.1 食品添加剂的使用原则		★				★			★
	18.2.2 食品用香料、香精的使用原则		★				★			★
	18.2.3 食品工业用加工助剂的使用原则		★				★			★
18.3 食品添加剂的使用限量和易滥用的食品添加剂	18.3.1 食品添加剂的使用限量	★				★			★	
	18.3.2 易滥用食品添加剂	★				★			★	
18.4 营养强化目的与特殊膳食用食品	18.4.1 营养强化的主要目的	★				★				★
	18.4.2 营养强化剂的使用要求	★				★				★
	18.4.3 强化食品类别的选择要求		★				★			★
	18.4.4 营养强化剂的使用规定		★				★			★
第四篇 餐饮服务的职业道德										
第 19 章	餐饮服务的职业道德概述									
19.1 职业道德的概述	19.1.1 我国的社会主义道德规范体系的发展		★			★				★
	19.1.2 职业道德的特点与作用	★				★				★
19.2 餐饮服务企业的职业道德		★				★			★	
第 20 章	餐饮服务职业道德主要内容、行为准则									
20.1 餐饮服务企业职业道德的主要内容	20.1.1 遵守法律法规，承担社会责任	★				★			★	
	20.1.2 配合执法，接受监督	★				★			★	
	20.1.3 坚持诚信经营，追求优质服务	★				★				★
	20.1.4 遵守操作规范，确保食品安全	★				★			★	
20.2 餐饮服务企业职业道德的行为准则	20.2.1 自觉遵守食品安全各项法律法规	★				★			★	
	20.2.2 健全企业管理纪律	★				★			★	
	20.2.3 遵守市场交易规则	★				★			★	
	20.2.4 加强职业道德组织管理	★				★			★	
第 21 章	餐饮服务企业的诚信体系建设									
21.1 诚信体系的概述			★			★				★
21.2 餐饮服务企业诚信体系建设要求	21.2.1 总体要求	★				★				★
	21.2.2 工作要点	★				★				★
	21.2.3 上海市食品生产经营企业诚信体系建设要点	★				★				★
21.3 餐饮服务企业信用等级评定	21.3.1 失信惩戒	★				★				★
	21.3.2 激励措施	★				★				★

参考文献

[1] 丁晓雯，柳春红. 食品安全学［M］. 2版. 北京：中国农业大学出版社，2016.
[2] 孙长颢. 营养与食品卫生学［M］. 8版. 北京：人民卫生出版社，2017.
[3] 王硕，王俊平. 食品安全学［M］. 北京：科学出版社，2016.
[4] 李蓉. 食品安全学［M］. 北京：中国林业出版社，2009.
[5] 陈家旭. 食源性寄生虫病［M］. 北京：人民卫生出版社，2009.
[6] 柳春红，刘烈刚. 食品卫生学［M］. 北京：科学出版社，2016.
[7] 厉曙光. 营养与食品卫生学［M］. 上海：复旦大学出版社，2012.
[8] 张小莺，殷文政. 食品安全学［M］. 2版. 北京：科学出版社，2017.
[9] 孙秀兰. 食品安全学：应用与实践［M］. 北京：化学工业出版社，2021.
[10] 黄昆仑，车会莲. 现代食品安全学［M］. 北京：科学出版社，2018.